高等院校新能源专业系列教材

普通高等教育新能源类“十四五”精品系列教材

融合教材

# The Principle and Technology of Wind Energy Utilization

# 风能利用原理与技术

主　编　汪建文

副主编　李　岩　杨　华　许　昌

中国水利水电出版社

www.waterpub.com.cn

·北京·

## 内 容 提 要

本书全面而系统地介绍了风能利用相关的原理与技术。本书共分 7 章，主要包括绪论、风与风资源、风轮工作原理、风电机组、风力发电机、风电场和风能其他利用。本书由多所学校联合共建，结合案例教学和各个学校的专业特色和优势，设计了大量案例、设计实例、拓展阅读和习题，每章配有相应的数字资源，方便师生讲授、学习、理解。

本书适用于风能、新能源专业或理工科背景相关的高校师生参考使用，也可供对新能源有兴趣的人员借鉴参考。

图书在版编目（CIP）数据

风能利用原理与技术 / 汪建文主编. -- 北京 : 中国水利水电出版社, 2024. 6. -- ISBN 978-7-5226-2076-3

Ⅰ. TK81

中国国家版本馆CIP数据核字第20247NU774号

| 书　　名 | 风能利用原理与技术<br>FENGNENG LIYONG YUANLI YU JISHU |
| --- | --- |
| 作　　者 | 主　编　汪建文<br>副主编　李　岩　杨　华　许　昌 |
| 出版发行 | 中国水利水电出版社<br>（北京市海淀区玉渊潭南路 1 号 D 座　100038）<br>网址：www.waterpub.com.cn<br>E-mail：sales@mwr.gov.cn<br>电话：（010）68545888（营销中心） |
| 经　　售 | 北京科水图书销售有限公司<br>电话：（010）68545874、63202643<br>全国各地新华书店和相关出版物销售网点 |
| 排　　版 | 中国水利水电出版社微机排版中心 |
| 印　　刷 | 天津嘉恒印务有限公司 |
| 规　　格 | 184mm×260mm　16 开本　18.75 印张　456 千字 |
| 版　　次 | 2024 年 6 月第 1 版　2024 年 6 月第 1 次印刷 |
| 印　　数 | 0001—3000 册 |
| 定　　价 | **59.00** 元 |

# 序

加快发展可再生能源、实施可再生能源替代行动，是推进能源革命和构建清洁低碳、安全高效能源体系的重要举措，是我国实现“碳达峰、碳中和”目标的重要力量。风能作为重要的清洁绿色低碳能源，在我国能源转型和高质量发展中发挥着关键作用，同时也是构建新型电力系统不可或缺的能源。

我国风资源丰富、分布广泛，“十四五”时期我国风电产业迈上了新台阶。随着风电产业的崛起，人才需求量急剧增加。培养适应风电产业发展需要、具有理论与工程实际相结合的高质量创新型人才，需求相当迫切。

基于上述背景，出版社遴选了在风能教学及科研领域耕耘多年、经验丰富、来自不同高校的教师，组成了该教材的编写团队，首先介绍了风与风资源、风力发电机组的工作原理、各个系统功能和结构、运行控制及相关技术；其次介绍了风电场的组成及分类、规划与选址、施工与管理、监测与维护、功率预测与并网、项目及开发；最后简明扼要介绍了风力提水、风力致热和制冷、风力制氢、风力制水等其他风能利用形式，此外还给出了风能的几种储存形式。本教材作为新形态教材，以纸质为核心，还融合许多数字内容资源，便于学生更好地学习。

教材的编写是一项长期艰巨的任务，不可一蹴而就，需要编写团队再接再厉，不断修订完善。该教材具有理论性和应用指导性，可为从事电力与新能源相关的工程技术人员，以及高校电气工程、能源动力工程、储能科学与工程等专业师生提供参考。

何雅玲

西安交通大学教授

2024 年 4 月 28 日

# 前　言

全球发展最迅速、最早的可再生能源是风能。现在，风能利用已经成为最成熟的可再生能源之一。在全世界大力推动可再生能源大规模、高比例、市场化发展，提高可再生能源在能源、电力消费中比重的能源革命过程中，风能利用举足轻重。

在全国新能源科学与工程专业联盟组织下，在中国水利水电出版社的大力支持下，本教材由风能行业的知名专家教授共同编写完成。本教材适应国家战略性新兴产业发展的需求，抓住全球可再生能源的长期未来发展前景和路径，推动我国“能源生产和消费革命”，及时吸收了风能行业最新科学研究与工程技术开发的成果。本教材既考虑通俗性，又坚持内容的深入性，具有知识的连续性、系统性和完整性。

本教材共7章。第1章为绪论，包括风能利用历史、风能特点、风能的地位与能源革命；第2章为风与风资源，包括风、风的特征、风的测量、数据处理、理论风能、全球及我国风资源分布；第3章为风轮工作原理，包括风轮的分类、风轮气动特性分析、风能转换基本原理、风轮气动性能、风轮的简单设计；第4章为风电机组，包括概述、风轮、机舱、塔架与基础、传动系统、变桨系统、偏航系统、其他辅助系统；第5章为风力发电机，包括风力发电机分类、风力发电机工作原理、风力发电机运行控制、风力发电机并网；第6章为风电场，包括风电场的组成与分类、风电场规划与选址、风电场施工与管理、风电场监测与维护、风功率预测与并网、风电场项目及开发；第7章为风能其他利用，包括风力提水、风力致热与制冷、风力制氢、风力制水与风力海水淡化、风能与其他能源互补利用、风能储存。

本教材由汪建文任主编，李岩、杨华、许昌任副主编。第1、第2章由汪建文、闫思佳、吴鹏、葛铭纬编写；第3章由杨华、王相军、杨俊伟编写；第4章由李岩、冯放、张立栋编写；第5章由杨华、李逦璐编写；第6章由许昌、钟淋涓、薛飞飞编写；第7章由李岩、张宏喜、姜铁骝、徐峰编写。全书由汪建文统稿。

本教材在编写过程中，参考了国内外的有关文献资料，在此谨向相关文献资料的作者表示诚挚的谢意！

本教材既可作为普通高等院校新能源科学与工程专业本科生教材，又可作为非专业公共课程通识性本科生教材，并可供有关教师、科研人员和工程技术人员参考。

由于编者水平所限，书中难免存在疏漏与不足之处，请广大同行和读者批评指正。

**编者**

2023年10月

# 目　录

序
前言
第 1 章　绪论 …… 1
1.1　风能利用历史 …… 1
1.2　风能特点 …… 9
1.3　风能的地位 …… 11
1.4　能源革命 …… 14
思考与习题 …… 15
参考文献 …… 16
第 2 章　风与风资源 …… 17
2.1　风 …… 17
2.2　风的特征 …… 23
2.3　风的测量 …… 29
2.4　数据处理 …… 33
2.5　理论风能 …… 36
2.6　全球风资源分布 …… 40
2.7　我国风资源分布 …… 41
思考与习题 …… 42
参考文献 …… 43
第 3 章　风轮工作原理 …… 44
3.1　风轮的分类 …… 44
3.2　风轮气动特性分析 …… 52
3.3　风能转换基本原理 …… 66
3.4　风轮气动性能 …… 81
3.5　风轮的简单设计 …… 88
思考与习题 …… 101
参考文献 …… 104
第 4 章　风电机组 …… 105
4.1　概述 …… 105
4.2　风轮 …… 107

4.3　机舱 …… 118
4.4　塔架与基础 …… 121
4.5　传动系统 …… 133
4.6　变桨系统 …… 142
4.7　偏航系统 …… 147
4.8　其他辅助系统 …… 150
思考与习题 …… 160
参考文献 …… 162

**第 5 章　风力发电机** …… 164
5.1　风力发电机分类 …… 164
5.2　风力发电机工作原理 …… 165
5.3　风力发电机运行控制 …… 171
5.4　风力发电机并网 …… 188
思考与习题 …… 192
参考文献 …… 194

**第 6 章　风电场** …… 195
6.1　风电场的组成与分类 …… 195
6.2　风电场规划与选址 …… 199
6.3　风电场施工与管理 …… 208
6.4　风电场监测与维护 …… 214
6.5　风功率预测与并网 …… 228
6.6　风电场项目及开发 …… 235
思考与习题 …… 242
参考文献 …… 244

**第 7 章　风能其他利用** …… 245
7.1　风力提水 …… 245
7.2　风力致热与制冷 …… 250
7.3　风力制氢 …… 259
7.4　风力制水与风力海水淡化 …… 262
7.5　风能与其他能源互补利用 …… 270
7.6　风能储存 …… 279
思考与习题 …… 290
参考文献 …… 291

# 第1章 绪论

风能取之不尽用之不竭。基于当前化石能源短缺与环境保护等现状，风能凭借其储量大、可再生、分布广、无污染的特性，成为全球利用普遍且较为成熟的可再生能源。风力发电是目前全球规模化、商业化开发前景最好的可再生能源发电方式之一，并且随着陆上风电向海上风电转化，风电技术和产业进一步升级，对于调整我国能源结构具有重要意义。本章将着重介绍风能利用历史、风能的特点与风能的地位。

## 1.1 风能利用历史

人类利用风能的历史可以追溯到公元前。古埃及人被认为是最先实际利用风能的，约在公元前2800年，他们就开始用风帆来协助奴隶们划桨，后来又使用风帆来协助役畜做诸如磨谷和提水等工作。公元前2世纪，古波斯人就利用垂直轴风车碾米。公元11世纪，风车在中东获得广泛的应用。被称为“风车之国”的荷兰，由于坐落在地球的盛行西风带，同时濒临大西洋，是典型的海洋性气候国家，海陆风长年不息，这就给缺乏水力和其他能源的荷兰利用风能提供了优越的条件。荷兰风车最初仅用于磨制谷物之类。到了16—17世纪，风车对荷兰的经济起到了重要的推动作用。1887—1888年间，美国人Charles F. Brush建造了第一台风电机组，当时可为12组电池、350盏白炽灯、2盏碳棒弧光灯和3个发动机提供电力。到了19世纪末，丹麦人Poul la Cour建造了两台试验风电机组，并对风道进行了研究。Poul la Cour的试验风电机组至今仍保留在丹麦的Askov。在20世纪的前50年间，风力发电技术被广泛应用于美国和许多欧洲国家偏远地区的供电，当时单台风电机组的额定容量仅为2～3kW，风电机组不断面临着来自燃煤发电厂的竞争压力。然而，第二次世界大战期间，由于燃煤和石油的缺乏，人们对风电的需求又开始增长。1941年，全球首台兆瓦级风电机组在美国佛蒙特州诞生，并接入当地电网，其重约240t，叶片长约1.905m。1957年，Johannes Juul建造的Gedser风电机组已初具现代风电机组的雏形。Gedser风电机组由一个发电机和三个旋转叶片组成。世界最大的风电系统供应商丹麦维斯塔斯风力技术公司（Vestas）创建于1945年，于1979年开始制造风力发电机，并为其客户交付了第一批风电机组，自此，Vestas开始致力于在可再生能源领域的投资，并在动力工业上起到了积极作用，生产车间遍布丹麦、德国、印度、意大利、英国、西班牙、中国、瑞典、挪威及澳大利亚。

1980 年，由 20 台风电机组成的全球首个风电场在美国 New Hampshire 建成。2003 年，英国首个海上风电场 North Hoyle 在 Wales 海岸建成，其由 20 台 2MW 风电机组组成。近几十年间，随着技术的发展，风电机组的尺寸和装机容量不断增大，装机成本也不断降低。2004 年年初，Vestas 与尼格麦康（NEG Micon）合并，无可争议地成为风电行业的全球领导者。

我国的风电事业起步稍晚：1986 年，在山东荣成建成我国第一座风电场（马兰风电场）；1989 年，新疆达坂城风电场（当时亚洲最大的风电场）正式并网，总装机容量为 2050kW；1998 年，金风科技股份有限公司（以下简称金风科技）以 300 万元注册资金成立了公司前身新疆新风科工贸有限责任公司；1999 年，我国第一台国产风电机组 S600 正式通过国家验收，成为我国风电发展的里程碑，从此，我国风电事业开始加速发展；到 2010 年，我国累计风电装机容量达 44.7GW，正式超过美国成为全球第一风电大国。

### 1.1.1　风力助航

我国是世界上最早利用风能的国家之一。公元前数世纪我国人民就开始利用风力作为动力帮助提水、灌溉、磨面、舂米的工作，并利用风帆推动船舶前进。从河南安阳殷墟出土的甲骨文上的“日”（帆）字可以推知，我国至少在 3000 多年前的商代就已利用风帆助航，“日”形象地说明了当时可能是用双桅杆的方帆。我国帆船利用的鼎盛时代是明朝，当时帆船的设计和制造水平居全球领先地位。1405—1433 年，我国著名的航海家郑和曾先后七次率领 27800 多人乘坐包括 62 艘“宝船”在内的 200 余艘船只，利用风力作为动力，扬帆远航下西洋，到达 30 多个国家，总航程超过 50000km，为中外文化技术交流做出了不可磨灭的贡献。据历史记载，郑和第一次出航的“宝船”长 44 丈（约 147m）、宽 18 丈（约 60m），采用撑条式硬帆和多桅多帆，排水量约 3100t，载重量约 900t，可载 500 人左右，可称得上是当时的远洋货轮，郑和“宝船”如图 1-1 所示。由此可见，风力应用和帆翼的控制在当时已达到了一个非常协调、非常高的水平。

与同时代的东方相比，欧洲的造船和航海术却相对落后。7 世纪以后，欧洲开始使用可以转动的三角形纵帆，15 世纪才出现多桅多帆。全装置帆在 16 世纪基本定型，此后几个世纪，欧洲帆船的标准装置多为 3 桅 26 帆。

帆船技术在 17 世纪以后没有更进一步的发展。随着 18—19 世纪蒸汽机和内燃机的发明，风帆船逐渐被取代，到 20 世纪中叶几乎从远洋运输中消失。

### 1.1.2　荷兰风车

荷兰为什么被称为“风车之国”

1229 年，荷兰人发明了全球上第一座风车，从此开始了人类使用风车的历史。风车首先在荷兰出现主要得益于荷兰独特的地理位置和荷兰人对动力的迫切需求。荷兰这一国名在英语和荷兰语中都是“低洼之地”的意思，荷兰是全球著名的低洼之国，国内 3/5 的土地低于海平面，余下的 2/5 海拔不到 1m。荷兰风车对荷兰的经济有着特别重大的意义。在 16—17 世纪，世界商业中占首要地位的各种原料从

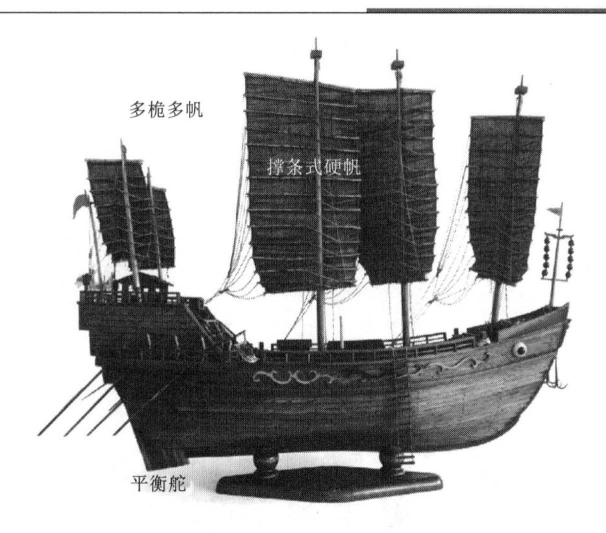

图 1-1 郑和“宝船”模型

各路水道运往荷兰，利用风车加工，其中包括北欧各国和波罗的海沿岸各国的木材、德国的大麻子和亚麻子、印度和东南亚的肉桂和胡椒。在荷兰的大港鹿特丹和阿姆斯特丹的近郊，有很多风车的磨坊、锯木厂和造纸厂。随着荷兰人民围海造陆工程的大规模开展，风车在这项艰巨的工程中也发挥了巨大的作用。风车是征服内陆湖泊和沼泽的有力工具，当时风车主要的用途是抽水。根据当地湿润多雨、风向多变的气候特点，荷兰对风车进行了改革，使荷兰风车比传统风车的结构更加坚固。荷兰风车的主要原理是将风力转化为叶轮转动的机械动力。从物理上讲，就是将风能转化为机械能，将低处的水提上来，这个提水的工作现在已由电力驱动的抽水机代替。如今，荷兰有一个全欧洲最大的抽水站。1927 年起，实际的抽水工作主要由柴油机抽水站完成，风车不再被使用。在第二次世界大战中，由于柴油机缺乏燃料而不能驱动抽水机，风车又一次得到使用，这也是人们最后一次使用风车进行抽水工作。风车是荷兰的象征，全球没有一个国家拥有像荷兰那么多的风车。据统计，20 世纪末，荷兰全国有 11000 多座风车，现在只剩下大约 1000 座，大多是为了供人观赏。荷兰的风车与小屋如图 1-2 所示。

图 1-2 荷兰的风车与小屋

### 1.1.3 发展现状

当前，风能已经成为可再生能源高效利用最主要的能源形式之一。随着风电相关技术不断成熟、设备不断升级，全球风电行业高速发展，风电新增装机容量保持较快

增长的态势，2011—2022年全球风电新增装机容量统计如图1-3所示，累计装机容量统计如图1-4所示，可以看出全球范围内的风电场安装在近几年持续显著增长。

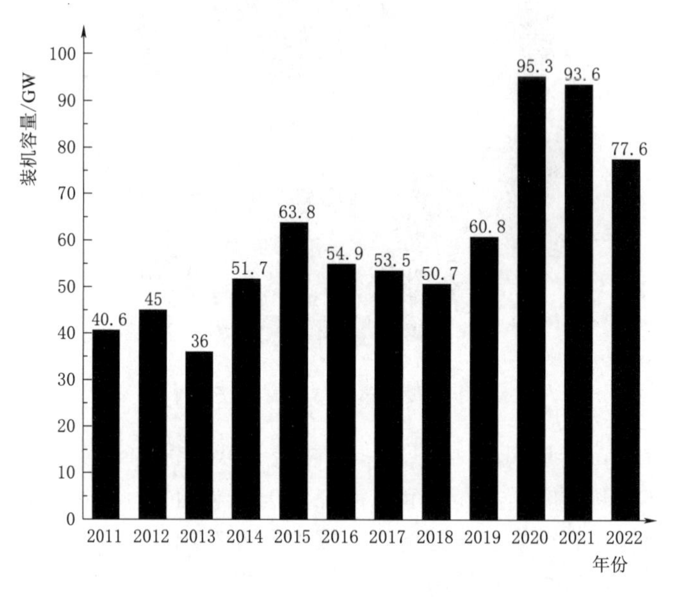


图1-3　2011—2022年全球风电新增装机容量统计图

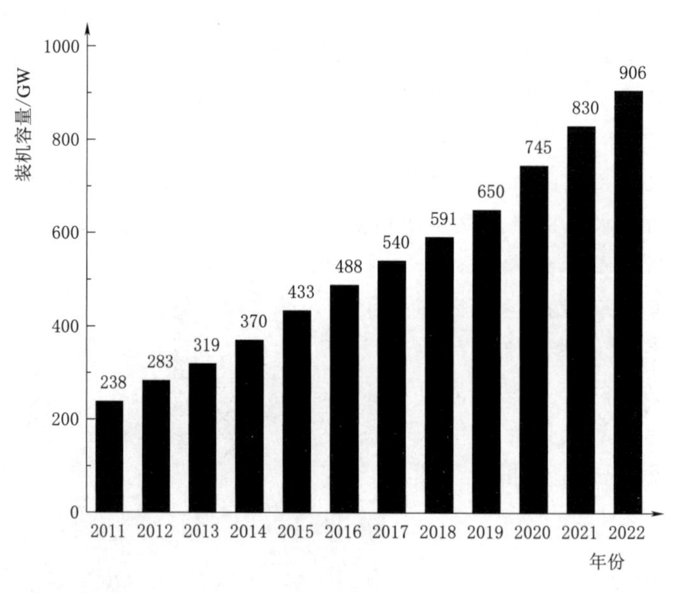


图1-4　2011—2022年全球风电累计装机容量统计图

近年来，我国风电行业呈现非常迅猛的发展势头，2011—2022年间每年的新增装机容量均在1000万kW以上（图1-5）。2011—2022年我国风电累计装机容量如图1-6所示，截至2022年年底，我国风电累计装机容量达到365440MW，占全球风电总装机容量的40.34%，占比呈现持续增长状态。可见无论是新增装机容量还是累计装机容量，我国都已成为全球规模最大的风电市场。2022 年国家发展改革委和国家能源局印发《“十四五”现代能源体系规划》（发改能源〔2022〕210 号），指出应着力推动能源生产消费方式绿色低碳变革，着力提升能源产业链现代化水平，加快构建清洁低碳、安全高效的能源体系。

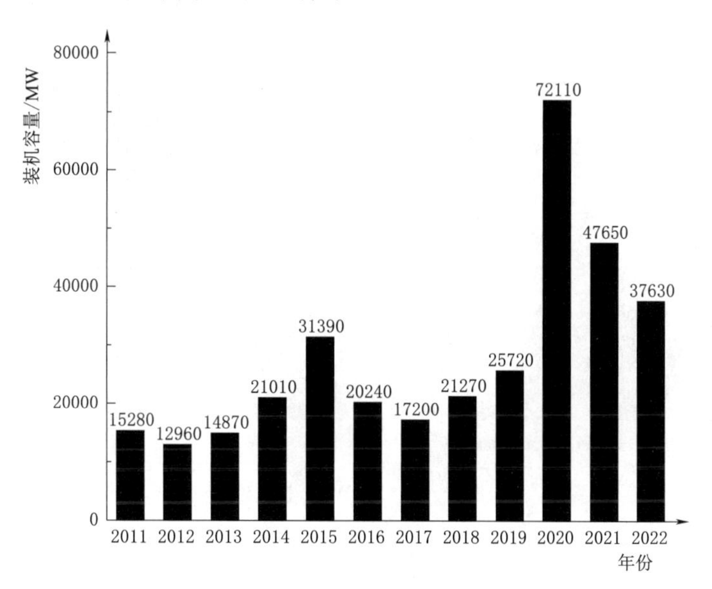


图 1-5　2011—2022 年我国风电新增装机容量统计图

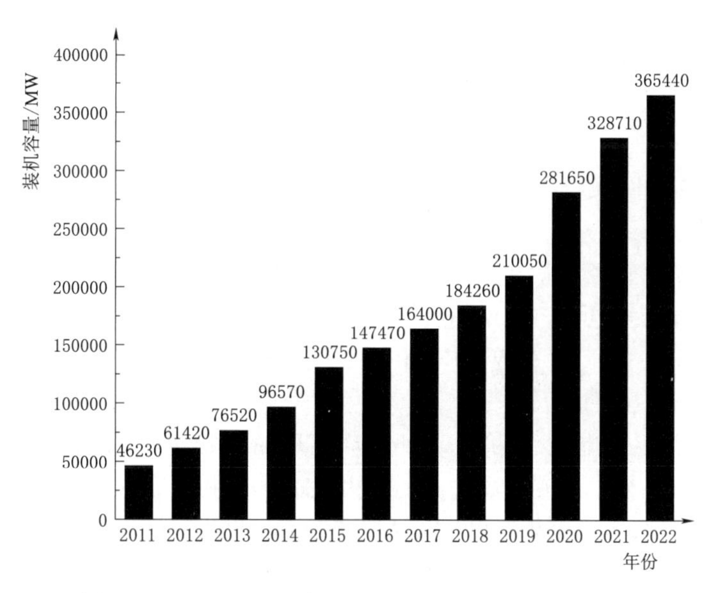


图 1-6　2011—2022 年我国风电累计装机容量统计图

#### 1.1.3.1　国外风电机组

1. 丹麦 Vestas

目前，主流风电机组单机容量在 2～10MW。如丹麦 Vestas V90 风电机组具有 1.8MW 和 2MW 两种版本，2MW 风电机组如图 1-7 所示，Vestas V90 采用主动

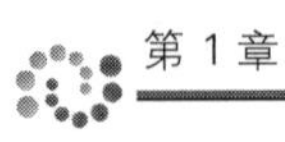

变桨技术，通过齿轮箱连接异步发电机，风轮转速范围为9.0～14.9r/min。在叶片变桨控制系统作用下，在高风速区域可保持恒定的额定功率输出，具有独立的液压刹车装置和机械刹车装置。

(a) 丹麦Vestas V90

(b) 西班牙Ecotecnia 80

图1-7 2MW风电机组

2. 西班牙 Ecotecnia

西班牙 Ecotecnia 80 风电机组［图1-7（b）］具有2MW装机容量，为变桨风电机组，通过齿轮箱连接双馈异步电机，风轮转速范围为9.7～19.9r/min，发电机转速范围为1000～1800r/min。Ecotecnia 80 利用变速变桨控制技术，为电网提供稳定的电能，同时通过变桨可实现气动刹车停机、减小传动系统载荷等功能。

3. 美国 GE

美国GE作为欧美最主要的风电制造商之一，开发了多种装机容量的陆上风电机组和海上风电机组，如图1-8所示。3MW陆上风电机组为三叶片上风向水平轴风力发电机，风轮直径为130～137m，轮毂高度为85～164.5m，采用变速变桨控制系统和双馈异步发电机，利用偏航控制系统进行主动对风。GE 3MW陆上风电机组系列包括3MW-117、3MW-130和3MW-137等，单机容量为3.2～4.2MW，发电机频率为50～60Hz。

GE 6MW海上风电机组为 Haliade 150，风轮直径150m，采用永磁直驱发电机，适用于海上条件，具有更高的海上风力发电效率和可靠性，可降低海上能源成本。Haliade 150 海上风电机组可以为大约5000个欧洲家庭提供电力。目前，这台6MW海上风电机组正在为德国以及罗德岛的数万户家庭供电。2016年，GE在布洛克岛建造并安装了美国第一座海上风电场。

**1.1.3.2 国产风电机组**

在《彭博新能源财经（BNEF）2020年全球风电整机制造商排名》中，前10位的风电整机制造商中有7家来自中国，中国金风科技仅次于美国GE，位居全球第二，如图1-9所示。丹麦制造商 Vestas 排名全球第三。BNEF根据新安装的风

（a）3MW陆上风电机组

（b）6MW海上风电机组

图 1-8　美国 GE 风电机组

电机组总容量来计算其评级。中国风电整机制造商的增长归因于中国风力发电能力的强劲增长。在 BNEF 报告中可见，到 2020 年，全球新装风电装机容量中已有一半以上是中国建造的。上榜的中国风电整机制造商包括金风科技、远景能源有限公司（以下简称远景能源）、明阳智慧能源集团股份公司（以下简称明阳智能）、上海电气风电集团股份有限公司（以下简称上海电气）、浙江运达风电股份有限公司（以下简称浙江运达）、中国中车集团有限公司（以下简称中车）和三一重工股份有限公司（以下简称三一重工）等。全球主要海上风电整机制造商前三名为西门子歌美飒、上海电气、明阳智能排名，第四～十的依次为远景能源、金风科技、中国船舶集团海装风电股份有限公司（以下简称中国海装）、丹麦 Vestas、Senvion、中国东方电气集团有限公司（以下简称东方电气）和韩国斗山集团。

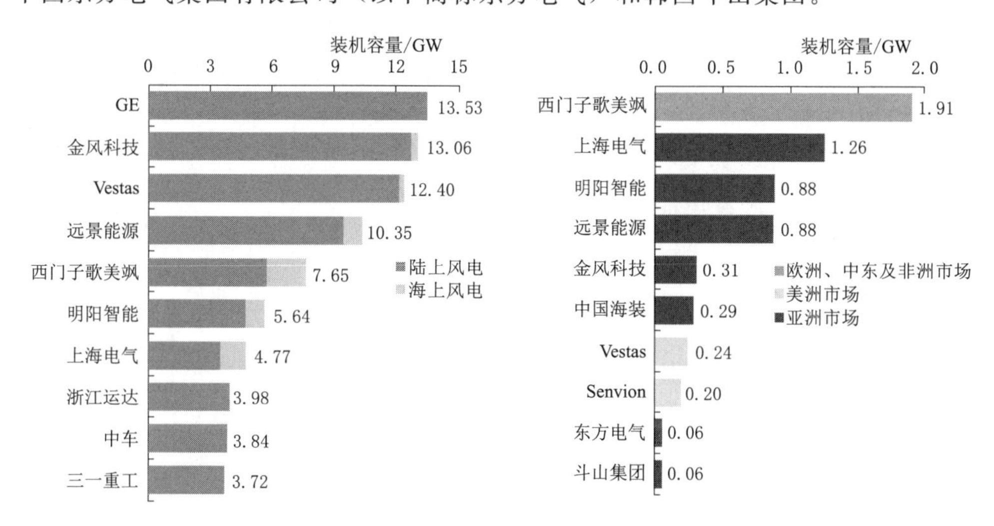


（a）陆上及海上新增装机容量排名

（b）主要海上风电制造商新增容量及市场分布

图 1-9　2020 年全球风电整机制造商排名

1. 上海电气

上海电气基于丰富的兆瓦级机组研发经验，依托产品技术平台与系统设计经验，采用先进的平台化和模块化理念，制作了多款广受市场欢迎的风电机组，如图1-10所示。针对中高风速环境，推出了4MW大容量低度电成本（Levelized cost of energy，LCOE）的陆上风电机组平台，4MW风电机组叶轮直径包括146m和155m，为平价风电项目提供最优的兆瓦机组方案。这款国产风电机组适用于依托特高压项目的“三北”（西北、华北和东北）市场，可满足IEC Ⅰ类及以下中高风速区域需求，根据场址环境可扩容至5MW，可大幅度节省机位数量、降低道路与集电线路成本等风电机组外围设备造价，满足平价上网需求。上海电气4MW风电机组采用鼠笼异步发电机与全功率变流器技术，在电网故障穿越、电网振荡抑制、有功/无功控制精度上具备显著优势。

(a) 4MW陆上风电机组

(b) 4MW海上风电机组

图1-10　上海电气风电机组

上海电气针对海上风能开发推出了4MW海上风电机组，在中国海上风电市场占据绝对优势。上海电气针对浙南等台风低风速市场，开发了台风型风电机组，风轮直径达到146m，单位千瓦扫风面积达到4.19$m^2$，在7.5m/s年平均风速下年满发小时数可以达到3000h以上，可提高低风速环境下的风能吸收效率，为台风低风速海域带来经济保证。其采用鼠笼异步发电机、全功率变流器一体化设计，具有更快速的转矩响应，故障穿越能力强，电网友好性更高。

2. 中车

2020年由中车永济电机有限公司自主研制的10MW半直驱永磁风电机组成功下线。这款国产大型化风力发电机配套明阳智能MySE8-10MW平台机组，采用海上半直驱永磁风电机组，技术达到国际领先水平。电机采用紧凑型设计，将海上风电的专业技术、绝缘技术创新融合，能够满足海上风电特殊环境对产品应用的严苛要求。与传统风电机组相比，10MW半直驱永磁风电机组具有效率高、可靠性高、可维护性高、智能化程度高、温升低、振动低、噪声低等特点和优势。

3. 东方电气

2020年东方电气10MW海上风电机组在福建兴化湾完成吊装并成功并网发电，

这是当前我国自主研发的单机容量亚太地区最大、全球第二大的海上风力发电机，刷新了我国海上风电单机容量新纪录。东方电气成为国内首家，全球第二家取得10MW等级大型海上风电机组IEC设计认证证书的整机制造商。东方电气10MW风电机组针对国内外海上风资源特点，采用平台化设计，运用直驱永磁结合全功率变频技术路线，具备优异的主动抗台风性能，采用冗余设计理念，在确保高可靠性的同时，可有效降低海上风电全生命周期内综合度电成本。同等装机容量下，相比采用5MW风电机组，采用10MW风电机组的风电场成本可降低30%。大容量海上风力发电机能够减少装机台数，节省用海面积，降低安装和工程成本，提高风电场发电量，具有显著的经济性。

4. 金风科技

金风科技与中国长江三峡集团有限公司联合研制的全球首台16MW海上风电机组，2022年在福建三峡海上风电国际产业园下线，2023年6月完成安装，2023年7月成功并网发电。16MW海上风电机组如图1-11所示，轮毂中心高度152m，相当于50层楼高，单只叶片长123m，可容纳约300名成年人并肩而立，叶轮扫风面积约5万$m^2$，相当于7个标准足球场，每年可输出超过6600万kW·h的清洁电能，满足3.6万户家庭年用电量。国产16MW超大容量海上风电机组标志着我国海上风电大容量机组研发制造及运营能力再上新台阶，达到国际领先水平。

(a) 风电机组下线

(b) 风电机组高度

图1-11 16MW海上风电机组

国产大型化风力发电机的成功研制与应用，标志着我国具备10MW以上大容量海上风电机组的自主设计、研发、制造、安装、调试、运行能力，标志着我国风电开发能力实现历史性跨越，跻身世界第一方阵，是实现风电重大装备国产化，打造风电大国重器的重要成果，对进一步提高我国风电装备能力具有里程碑式的意义。

## 1.2 风能特点

空气具有流动性，风能是运动的空气所具有的能量。风受地理环境和时间因素的影响，其状态变化很大。从风能的角度来看，风资源最显著的特性是不稳定和变化大，并且具有明显的优点和缺点。

### 1.2.1　风能的优点

（1）蕴量巨大。据世界气象组织（World Meteorological Organization，WMO）估算，在全球范围内，风能总量为 $1.3\times10^{12}$kW，一年中约有 $1.14\times10^{16}$kW·h 的能量，这相当于目前全球每年化石燃料燃烧所产生能量的 3000 倍。

（2）可以再生。风能是太阳能的一种转化形式。太阳内部发生氢核的聚变热核反应，从而释放出大量光和热，这就是太阳能的来源。根据科学家测算，氢核稳定燃烧时间可达 60 亿年以上，也就是说太阳能可以像现在这样近于无期限地产生。故人们常以“取之不竭，用之不尽”来形容太阳能和风能利用的长久性。

（3）分布广泛。如果将 10m 高处、密度大于 $150W/m^2$ 的风能称为有利用价值的风能，则全球约有 2/3 的地区拥有这样有价值的风能。虽然风能分布也有一定局限性，但是与化石燃料、水能和地热能等能源相比，仍称得上是分布较广的一种能源。同时风力发电系统可大可小，便于风能分散利用。

（4）没有污染。化石燃料在使用过程中会释放出大量有害物质，使人类赖以生存的环境受到破坏和污染。而风能在开发利用过程中不会给空气带来污染，是一种清洁安全的能源。

### 1.2.2　风能的缺点

（1）密度低。这是风能的一个重要缺陷。密度，是指物质单位体积具有的质量，分为固体密度、液体密度、气体密度。风能或太阳能的能量密度是参考密度概念而来，只不过把密度定义中的质量变成能量，体积变成面积，即单位面积具有的能量。由于风能来源于空气流动，而空气本身的密度极低，只有水的 1/816，因此风能的能量密度也很低，给风能利用带来了许多不便。

（2）不稳定。由于空气流动瞬息万变，因此风的脉动、月变化、季变化以至年际变化都十分明显，波动很大，极不稳定。

（3）差异大。受地形影响，风能的地区差异性非常明显。两个邻近区域，有利地形的风能可达不利地形风能的几倍甚至几十倍。

风能虽然具有上述不可避免的缺点，但它仍然具有巨大的发展优势与潜力。风能是地球上最重要的能源之一。据估计，虽然到达地球的太阳能中大约只有 2%转化为风能，但其总量仍十分可观。据世界气象组织估计，整个地球上可以利用的风能总量为 $2\times10^7$MW，为地球上可以利用水能总量的 10 倍，全球每年燃烧煤炭得到的能量还不及风能的 1%。全球风力发电已形成年产值超过 50 亿美元的产业，使得风力发电这一风能利用形式在近几十年来随着社会进步与经济迅猛发展已经越来越受到全球各国高度重视。

图 1-12 给出了全球和我国 2000 年一次能源消费构成，当时全球原油、原煤、天然气的消费占比相差不大，而我国的原煤消费占比接近 2/3。到了 2022 年（图 1-13），全球原油、原煤、天然气的消费占比仍然较为接近，而我国原煤消费占比为 56.2%，水电、核电、其他类可再生能源的消费占比由 2000 年的 6.8%提升到 2022

年的17.5%，而全球的提升速度是从2000年的12.6%到2022年的17.7%，可见，我国的可再生能源发展速度明显高于全球可再生能源发展速度。但整体上看，当今全球能源结构变化非常之快，各国均朝着清洁高效的能源利用和无污染的方向快速发展。

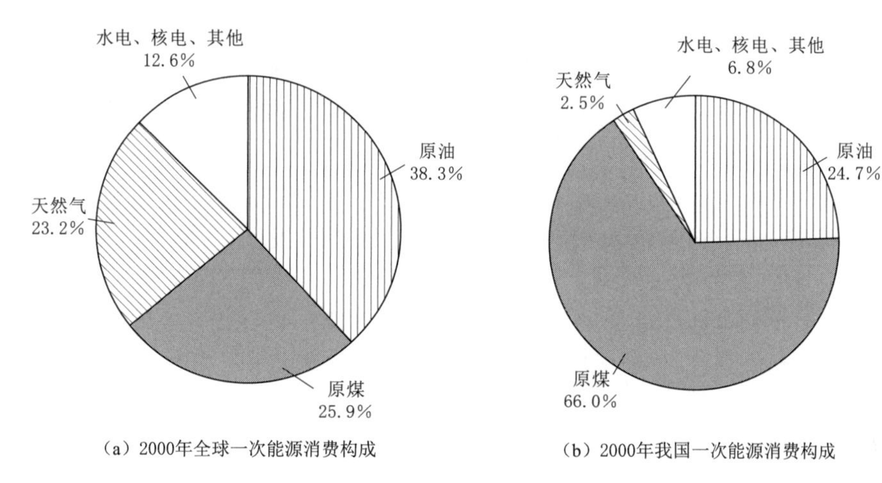


图1-12　2000年全球和我国一次能源消费构成

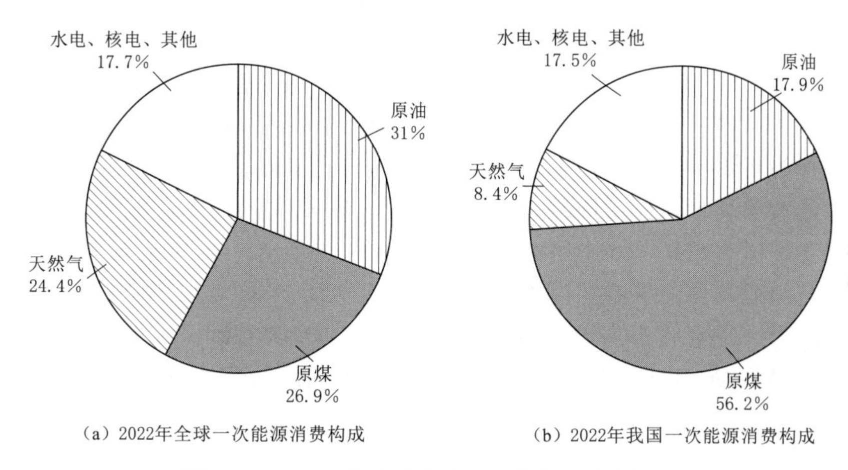


图1-13　2022年全球和我国一次能源消费构成

# 1.3　风能的地位

## 1.3.1　我国风能利用发展历程

我国的风能利用发展主要经历了四个阶段。

（1）早期在航海和提水系统中的应用。我国是最早使用帆船和提水风车的国家之一，唐代有“长风破浪会有时，直挂云帆济沧海”的诗句，可见那时风帆船已广泛用于江河航运。最辉煌的风帆船时期是在明代，15世纪初叶我国航海家郑和七下西洋，所使用的庞大的风帆船队是人类利用风能助力航海的最好例证。20 世纪 50 年代，帆布风轮斜杆式传统风车在我国广泛使用，在农业排灌方面发挥了突出作用。这类传统风车在江苏、浙江和福建沿海地区仍非常盛行，被当地农民用来灌田或排水；盐场工人用其来提盐水晒盐，仅江苏省就有近 20 万台提水风车在运行。20 世纪 80 年代至 90 年代末，已研制成功十多种现代风力提水机，形成了高扬程小流量风力提水机组和低扬程大流量风力提水机组两大系列。前者主要用于为北方农牧民提供人畜饮用水或小面积草场、农田灌溉；后者主要适用于东南沿海地区的农田灌溉、盐场制盐、水产养殖等的提水作业。

(2) 风力发电方面的应用及风电机组的演变。20 世纪初，我国主要进行的是小型风电场的建立以及风电机组的研制，因此陆续研发了 5kW、10kW、20kW、50kW 和 100kW 的直驱永磁式并网风电机组，并出口到欧美国家为中小型加工企业或农场提供生产和生活用电。20 世纪后期，为了解决内蒙古牧区农牧民和偏远无电地区人民生活用电问题，我国研发了百瓦和千瓦级小型风电机组。由 5kW 和 10kW 小型风电机组与光伏组件集成的小型风光互补发电系统在移动通信基站领域开辟了新的市场和应用；之后，引进了几十千瓦到几百千瓦风电机组，进行了风电机组的并网运行试验。

(3) 大规模风电机组的安装和风电场的建设。从 2006 年 1 月《中华人民共和国可再生能源法》施行以来，风电进入快速发展阶段。2006 年 9 月 13 日，国电龙源电力公司与西门子歌美飒公司签订一次性购买外方生产的单机 850kW 的风力发电机 601 台，占当时我国现有风力发电机台数的 1/3，掀起了大规模风电机组安装和风电场建设的高潮。21 世纪初期，丹麦 Vestas 公司、美国通用电气（GE）公司、西门子歌美飒公司、德国瑞能（Repower）公司、印度苏司兰公司等企业研发的双馈型变速恒频风电机组技术日益成熟，成为欧洲和美国风电场应用设备的主流，并迅速向亚洲各国扩展。为了跟上国际风电机组前进的步伐，我国风电企业积极引进国外先进技术并开展国际合作，提升国内风电机组研发水平。自从 2005 年我国华锐风电科技（集团）股份有限公司引进德国弗兰德公司高速齿轮箱驱动的双馈型风电技术以来，东方电气、广东明阳电气股份有限公司、国电联合动力技术有限公司等陆续从德国引进开发了 1.5MW、2MW 功率的双馈型风电机组。这些双馈型风电机组迅速进入市场，在我国陆上风电场建设中发挥了主要作用，并成为主流机型，在 2015 年仍占据我国 70%的市场份额。与此同时，我国一些企业则把发展的目光投向了直驱永磁型风电机组。2007 年，金风科技引进德国 Vinces 公司的直驱永磁型风电技术，首先制造了 1.5MW 及以上功率的直驱永磁型风电机组，并逐步扩大了市场份额。此后，湘潭电机股份有限公司与日本原弘产株式会社合资组建了湘电风能有限公司，开发了 2MW 直驱永磁型风电机组，并成功进入国内风电市场。2013 年以后，金风科技陆续自主研发了 2MW、2.5MW、3MW 和 6MW 直驱永磁型系列风电机组，成为全球最大的直驱永磁型风电机组研发和生产企业。

随着风电机组技术引进和产业化生产，国内风电整机制造企业对风电技术的复杂性和对产品研发的挑战性的认识日益深入，风电机组研发速度与质量日益提高，

截至2021年，我国风电装机容量首次突破3亿kW，连续12年实现装机容量全球第一，同年西门子歌美飒宣布退出我国陆上风电市场，剩下的三大国际巨头（西门子歌美飒、Vestas、GE）占我国的市场份额仅4%左右，我国风电机组市场已经彻底转变为国内企业主导的格局，其中金风科技、远景能源、明阳智能、浙江运达位居前四。2023年，内蒙古能源杭锦风光火储热生态治理项目获批，其中风电部分采用了多台单机容量为9MW的风电机组，成为国内首个选择大规模安装9MW风电机组的陆上风电项目，陆上风电机组大型化进程再提速。

（4）海上风电机组的开发和智能化风电场的建设。在海上风电场技术方面，2008年以后，我国开始尝试在海上安装风电机组，并于2010年年底建成了亚洲第一个装机容量为10万kW的上海东海大桥海上风电场。此后，我国陆续建设了多个潮间带风电场和近海风电场，为我国海上风电场的规模化发展积累了经验。到2016年年底，我国海上风电累计装机容量约150万kW，4MW风电机组成为海上风电场的主流机型，5MW风电机组已在海上风电场小批量并网发电，2016年，我国投入运行的最大海上风电机组的单机容量已达到6MW。“十三五”期间，我国海上风电实现了规模化发展。进入“十四五”，受政策调整影响，2021年的海上风电装机容量创历史新高，达到了16.49GW，截至2022年年底，我国海上风电累计装机并网容量达到30.46GW。而主流单机容量也由6MW级迈向8MW级，同时最大单机容量为16MW和18MW的风电机组在2023年年初分别下线，并在福建安装运行。截至2022年，海上风电机组制造厂商前五分别为上海电气、明阳智能、中国海装、远景能源和金风科技。至此，我国已基本具备大规模开发海上风资源的能力，未来我国海上风电将朝着大型化、智能化和专业化的方向发展。

### 1.3.2 全球风电制造业大环境发展趋势

全球发展最迅速、最早的可再生能源是风能，其最主要的利用形式是风力发电，目前全球有70多个国家利用风能发电，2022年风电从业人数达130万人。有报告称，2021—2025年，在全球范围内将需要48万名具备全球风能组织（Global Wind Organization，GWO）标准培训的技术人员才能满足预测期间内陆上和海上风电市场需求。国际可再生能源署（IRENA）与国际劳工组织（ILO）最新发布的《2023可再生能源与就业年度报告》（*Renewable Energy and Jobs：Annual Review* 2023）显示，2022年全球可再生能源直接和间接就业岗位达到1370万个。

欧洲国家早在20世纪70年代就在政府优惠政策扶持下，逐步形成完整的风电产业链。高效的风能利用增强了欧洲的核心竞争力，使其在国际可再生能源利用格局中处于有利地位。截至2015年，欧洲发电装机容量达到了具有里程碑意义的100GW，凭借这个数据，欧洲进一步巩固了其风力发电全球领先的地位。欧洲最初花了大约20年时间才实现了10GW风电并网，但后来的90GW风电并网只用了13年。如此快速的增长体现了欧洲为应对气候变化而付出的努力，到2020年，欧洲已实现能源的20%来自太阳能、风能等可再生能源。欧洲每年的风力发电量相当于燃煤电站燃烧 7200 万 t 标准煤所产生的电量。德国风电装机容量最大，为 29GW；其次是西班牙，为 21GW；法国排名第三，为 6.8GW。虽然大多数装机容量为陆上风电，但是欧洲国家的海上风电增长也很迅速。尽管 100GW 的装机容量只利用了欧洲丰富风资源的一小部分，但风力发电对欧洲能源安全和环境保护发挥了重大作用，还为欧洲创造了众多绿色就业机会和技术出口收益。

美国领土面积较大，风资源也很好。2000 年以来，美国风电机组装机容量就像过山车一样逐年震荡，到 2013 年年底，其风电装机容量达 61GW，位居全球第二。美国风电市场增长主要依赖于税务减免以及可再生能源配额。2007—2013 年，风力发电在美国新增电力装机容量中，占全部装机容量的 33%。

GWO 对未来风能发展进行了动态预测分析。由于风能低风险的特点及全球各国对可再生能源的需求，风电行业仍将吸引更多投资商投资。越来越多的政府制定优惠政策，鼓励自主发电厂、中小型企业和社会基层企业开展多种形式分散式投资，这些都将成为未来可持续能源利用的主力军。

## 1.4　能　源　革　命

近几年来，国际社会开始深入探讨可再生能源的长期未来发展前景和路径，领跑者主要集中在目前的发达国家和地区。欧洲《2050 年能源路线图》提出，到 2050 年可再生能源占全部能源消费的 55%以上；德国《能源方案》提出，到 2050 年可再生能源占能源消费总量的 60%和电力消费的 80%；英国能源与气候变化部在《2050 年能源气候发展路径分析》中探讨了远期可再生能源满足约 60%能源需求的前景；美国能源部支持完成的《可再生能源电力未来研究》认为，可再生能源可满足 2050 年 80%的电力需求。

2012 年年底，我国首次提出“推动能源生产和消费革命”。推进能源革命，包括能源消费革命、供给革命、技术革命、体制革命四个方面。在“十三五”时期，我国经济发展的显著特征就是进入新常态，这个新常态应该包括能源结构供给侧改革。2020 年 9 月，我国在第 75 届联合国大会上提出了力争于 2030 年前实现碳达峰、2060 年前实现碳中和的目标，同时，将推动可再生能源大规模、高比例、市场化发展，提高可再生能源在能源、电力消费中的比重，使可再生能源在“十四五”时期成为一次能源消费增量主体。为此，我国加快推进以沙漠、戈壁、荒漠地区为重点的大型风电光伏基地项目建设，积极推进黄河上游、新疆、冀北等多能互补可再生能源基地建设，优化推进新疆、青海、甘肃、内蒙古、宁夏、陕北、晋北、冀北、辽宁、吉林、黑龙江等地区陆上风电和光伏发电基地化开发，重点建设广东、福建、浙江、江苏、山东等地区的海上风电基地。除此之外，随着 5G、人工智能和大数据等技术的发展，依托移动智能技术，通过优化整合本地电源侧、电网侧、负荷侧资源，以先进技术突破和体制机制创新为支撑，探索构建源网荷储高度融合的新型电力系统发展路径。《2030 年前碳达峰行动方案》则提及了通过“光储直柔”提高建筑终端电气化水平。为建设“十四五”现代能源体

系，我国坚持多种方式并举，强化储备，完善供销体系，构建开放共赢的国际能源合作新格局。

## 思考与习题

1. 风能的优缺点有哪些？

回答：风能的优点有蕴量巨大、可以再生、分布广泛、没有污染；风能的缺点有密度低、不稳定、差异大。

2. 我们说郑和下西洋，使风力应用和帆翼的控制达到了一个非常协调、非常高的水平。为什么？

回答：因为那一时期蒸汽机和内燃机还没有出现，郑和 1405—1433 年前后七下西洋，总航程超过 50000km，所有船只使用的帆船都是靠风来驱动的。因为海上刮风有时顺风、有时逆风、有时侧风，时大、时小、时无、时激，他们从南京出发，在江苏太仓的刘家港集结，至福建福州长乐太平港驻泊伺风开洋，远航西太平洋和印度洋，拜访了 30 多个国家和地区，其中包括爪哇、苏门答腊、苏禄、彭亨、真腊、古里、暹罗、榜葛剌、阿丹、天方、左法尔、忽鲁谟斯、木骨都束等地，已知最远到达东非、红海，开辟了贯通太平洋西部与印度洋等大洋的航线。

大家知道，风吹到帆翼上有升力和阻力，船要前行就要通过大大小小的帆翼的角度变化和调整，使得风吹到帆翼上总的力是前进的推力。由此可见，这确实达到了非常协调、非常高的控制水平。

3. 全球风电制造商主要包括哪些国外企业？全球主要海上风电制造商包括哪些中国企业？

回答：国外企业包括 GE、Vestas 和西门子歌美飒；中国企业包括上海电气、明阳智能、远景能源、金风科技、中国海装和东方电气。

4. 碳达峰、碳中和是什么意思？

回答：气候变化是人类面临的全球性问题，随着各国二氧化碳的排放，温室气体猛增，已对生命系统形成威胁。在这一背景下，各国以全球协约的方式减排温室气体，我国在第 75 届联合国大会上提出了力争于 2030 年前实现碳达峰、2060 年前实现碳中和目标。碳达峰是指二氧化碳排放量达到历史最高值，然后经历平台期进入持续下降的过程，是二氧化碳排放量由增转降的历史拐点，标志着碳排放与经济发展实现脱钩；碳中和是指某个地区在一定时期内人为活动直接或间接产生的温室气体排放总量，通过植树造林、节能减排等形式全部抵消掉，实现二氧化碳“零排放”。

5. 我国的风能利用发展主要经过哪几个阶段？

回答：分四个阶段：

（1）早期在航海和提水系统中的应用。

（2）风力发电方面的应用及风电机组的演变。

（3）大规模风电机组的安装和风电场的建设。

（4）海上风电机组的开发和智能化风电场的建设。

# 参　考　文　献

[1]　国家能源局. 国家能源局发布 2022 年全国电力工业统计数据 [EB/OL]. (2023-01-18) [2023-09-25]. http://www.nea.gov.cn/2023-01/18/c_1310691509.htm.

[2]　沈德昌. 我国风能技术发展历程 [J]. 太阳能, 2017 (8): 9-10.

[3]　Morten Dyrholm, Ben Backwell, Elbia Gannoum, et al. Global wind report [R]. Brussels: Global Wind Energy Council, 2022.

# 第2章 风与风资源

第2章 风与风资源

风能是空气流动产生的动能。由于地形因素的不同，各地所受太阳辐射不同，从而导致空气温度和密度的不同，进一步引起各地气压的差别，空气在水平方向从高压区流向低压区，即风的形成。我国幅员辽阔，具有较长的海岸线，在沿海、岛屿、“三北”地区以及深海，风资源分布均较为丰富。本章将着重介绍风、风的特征、风的测量、数据处理和理论风能，最后简要介绍了全球和我国风资源的分布情况。

## 2.1 风

风是自然界无处不在的一种现象，由于大气中热力和动力的空间不均匀性而形成。大气运动的垂直分量很小，特别是在近地面附近，因此风通常指水平方向的空气运动。尽管大气运动很复杂，但始终遵循大气动力学和热力学变化的规律，空气的流动形成了风，空气流动得越快，风就越大。

### 2.1.1 风的形成

风的形成是空气流动的结果。地球绕太阳运转时，由于日地距离和方位不同，地球上各纬度所接收的太阳辐射强度各异。赤道和低纬度地区太阳辐射强度比极地和高纬度地区强，地面和大气接收的热量多，因而温度高。这种温差形成了南北半球间的气压梯度，在北半球等压面向北倾斜，空气向北流动。

地球上的风主要包括大气环流、季风环流和局地环流三种形式。

#### 2.1.1.1 大气环流

由于地球表面受热不均，引起大气层中空气压力不均衡，形成了地面与高空的大气环流。各环流圈的高度，以热带最高，中纬度次之，极地最低，这主要是由于地球表面热量随纬度升高而降低的缘故。大气环流在地球自转偏向力的作用下，形成了赤道到纬度30°的环流圈（哈德来环流，又称信风环流圈或热带环流圈）、纬度30°～60°的环流圈（费雷尔环流圈）和纬度60°～90°的环流圈（极地环流圈），这就是著名的三圈环流。地球的三圈环流如图2-1所示。

#### 2.1.1.2 季风环流

世界上季风明显的地区主要有南亚、东亚、非洲中部、北美东南部、南美巴西

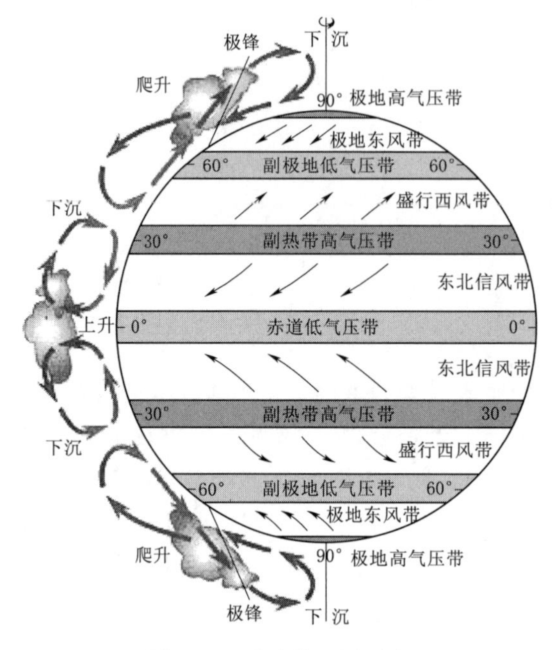


图 2-1　地球的三圈环流

东部以及澳大利亚北部，其中以印度季风和东亚季风最为著名。东亚的季风主要分布在我国的东部、朝鲜、日本等地区；南亚的季风分布以印度半岛最为显著，即为世界闻名的印度季风。

我国位于亚洲的东南部，所以主要受东亚季风和南亚季风影响。形成我国季风环流的因素很多，其中主要是由于海陆分布、行星风带的季节转换以及地形特征等综合形成的。

（1）海陆分布对我国季风环流的作用。海洋的热容量比陆地大得多。冬季，陆地比海洋冷，大陆气压高于海洋，气压梯度是从大陆指向海洋，风从大陆吹向海洋；夏季则相反，陆地很快变暖，海洋相对较冷，陆地气压低于海洋，气压梯度由海洋指向大陆，风从海洋吹向大陆。我国东临太平洋，南临印度洋，冬夏的海陆温差大，所以季风明显。

（2）行星风带的季节转换对我国季风环流的作用。从图 2-1 可以看出，地球上存在信风带、盛行西风带、极地东风带，南半球和北半球呈对称分布。这些风带，在北半球的夏季都向北移动，而冬季则向南移动。冬季盛行西风带的南缘地带，夏季可以变成东北信风带。因此，冬夏盛行风就会发生 180°的变化。

（3）地形特征对我国季风环流的作用。青藏高原占我国陆地面积的 1/4，平均海拔在 4000.00m 以上，对周围地区具有热力作用。在冬季，高原上温度较低，周围大气温度较高，形成下沉气流，从而加强了地面高压系统，使冬季风增强；在夏季，高原相对于周围大气是一个热源，加强了高原周围地区的低压系统，使夏季风得到加强。另外，在夏季，西南季风由孟加拉湾向北推进时，受地形影响，将会沿着青藏高原东部南北走向的横断山脉流向我国的西南地区。

#### 2.1.1.3　局地环流

1. 海陆风

海陆风的形成原因与季风相同，也是由大陆与海洋之间温度差异的转变引起的。不过海陆风的范围小，以日为周期，势力也薄弱。

由于海陆物理属性的差异，造成海陆受热不均，白天陆上增温较海洋快，空气上升，而海洋上空气温度相对较低，风从海洋吹向大陆，补充大陆地区的上升气流，而陆上的上升气流流向海洋上空后下沉，补充海洋吹向大陆的气流，形成一个完整的热力环流；夜间环流的方向正好相反，在地面上风从大陆吹向海洋。这种白天从海洋吹向大陆的风称为海风，夜间从陆地吹向海洋的风称为陆风，一天中海陆之间的周期性环流总称为海陆风。海陆风形成原理如图 2－2 所示。

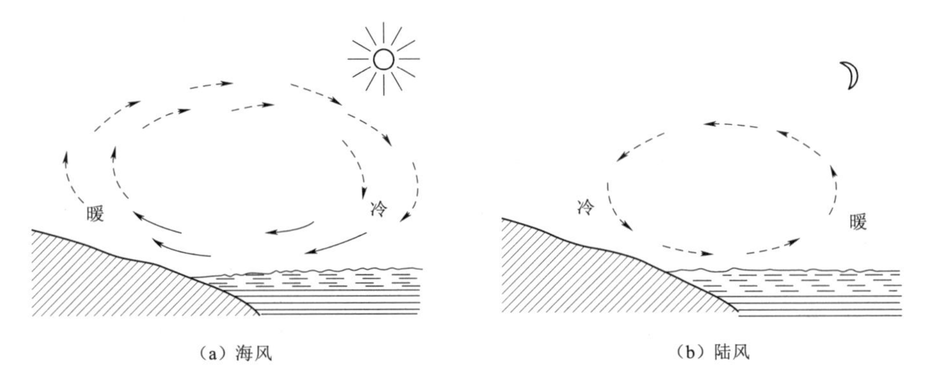


（a）海风　　（b）陆风

图 2－2　海陆风形成原理图

海陆风的强度在海岸最大，并随着离岸的距离而减弱，一般影响距离为 20～50km。海风的风速比陆风大，在典型的情况下，风速可达 4～7m/s，而陆风风速一般仅为 2m/s。海陆风最强烈的地区，发生在温度日变化最大及昼夜海陆温度差最大的地区。低纬度地区太阳辐照度强，所以海陆风较为明显，尤以夏季为甚。

此外，在大湖附近，同样日间有风自湖面吹向陆地，称为湖风；夜间自陆地吹向湖面，称为陆风，合称湖陆风。

2. 山谷风

山谷风的形成原理跟海陆风类似。白天，山坡接收太阳光照较多，空气升温较多；而山谷上空，同样高度的空气因离地较远，升温较少。于是山坡上的暖空气不断上升，并从山坡上空流向山谷上空，谷底的空气则沿山坡向山顶补充，这样便在山坡与山谷之间形成一个热力环流。由于下层风是由谷底吹向山坡，称为谷风。到了夜间，山坡上的空气受山坡辐射冷却影响，空气降温较多；而谷底上空，同高度的空气因离地面较远，降温较少。于是，山坡上的冷空气因密度大，顺山坡流入谷底，谷底的空气因汇合而上升，并从谷底上空向山顶上空流去，形成与白天相反的热力环流。此时由于下层风是由山坡吹向谷底，称为山风。山风和谷风合称为山谷风。山谷风形成原理如图 2－3 所示。

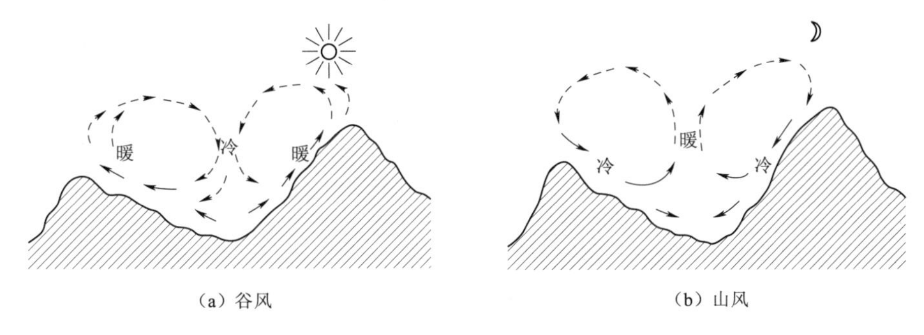


（a）谷风　　（b）山风

图 2－3　山谷风形成原理图

山谷风风速一般较弱，谷风比山风大一些，风速一般为 2～4m/s，有时可达 6～7m/s。谷风通过山隘时，风速加大。山风风速一般仅为 1～2m/s，但在峡谷中，风力还能增大一些。

## 2.1.2　风向与风速

### 2.1.2.1　风向

风向是描述风的一个重要参数。大自然的风向是时时刻刻在变化的，某水平方向的实际风向-时间历程曲线如图 2-4 所示。

气象上把风吹来的方向定义为风向。风来自北方，称为北风；风来自南方，称为南风。气象台预报风时，把风向在某个方向左右摆动不能确定时，则加以“偏”字，如在北风方位左右摆动，则称为偏北风。风向测量单位，陆地一般用 16 个方位表示，海上则多用 36 个方位表示。若风向用 16 个方位表示，则用方向英文首字母的大写组合来表示，包括北东北（NNE）、东北（NE）、东东北（ENE）、东（E）、东东南（ESE）、东南（SE）、南东南（SSE）、南（S）、南西南（SSW）、西南（SW）、西西南（WSW）、西（W）、西西北（WNW）、西北（NW）、北西北（NNW）、北（N）；静风记为“C”。图 2-5 为风向 16 位方位图。

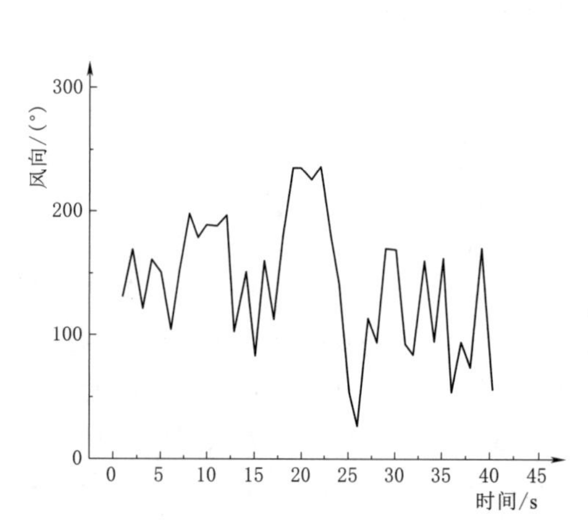


图 2-4　某水平方向的实际风向-时间历程曲线图

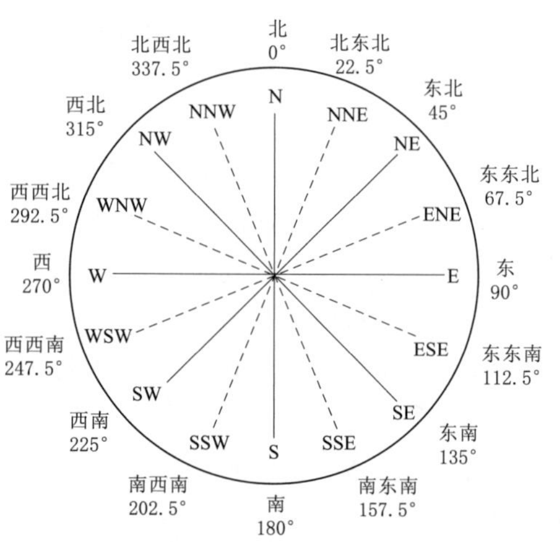


图 2-5　风向 16 位方位图

定义在一定时间内各种风向出现次数占总观测次数的百分比为风向频率，即

$$\text{风向频率}=\frac{\text{某风向出现次数}}{\text{风向总观测次数}}\times 100\% \tag{2-1}$$

风速频率则反映了风速的重复性，指在一个月或一年的周期中发生相同风速的时数占这段时间刮风时数的百分比。

风速和风向的信息都可以以风玫瑰图的形式呈现。风玫瑰图表示不同方向的风特性分布，可划分成 8 等分、12 等分甚至 16 等分的空间区域来表示不同的方向，根据各方向风特性出现的频率，按相应的比例长度绘制在该图上。风频玫瑰图可表示以下信息：

（1）盛行风向。根据当地多年观测资料的年风向玫瑰图，风向频率较大的方向为盛行风向，以季度绘制的风玫瑰图则可以呈现出四季的盛行风向。

（2）风向旋转方向。在季风区，一年中风向由偏北逐渐过渡到偏南，再由偏南逐渐过渡到偏北。也存在一些地区，风向不是逐步过渡而是直接交替，风向旋转不存在。

（3）最小风向频率。最小风向频率指与两个盛行风向对应轴大致垂直的两侧为风向频率最小的方向，当盛行风向有季节风向旋转性质时，最小风向频率应该在旋转方向的另一侧。

用同样的方法表示各方向的平均风速，称为风速玫瑰图。用相同方法表示不同方向获取的能量，称为风能玫瑰图。某场址的风玫瑰图如图 2-6 所示。

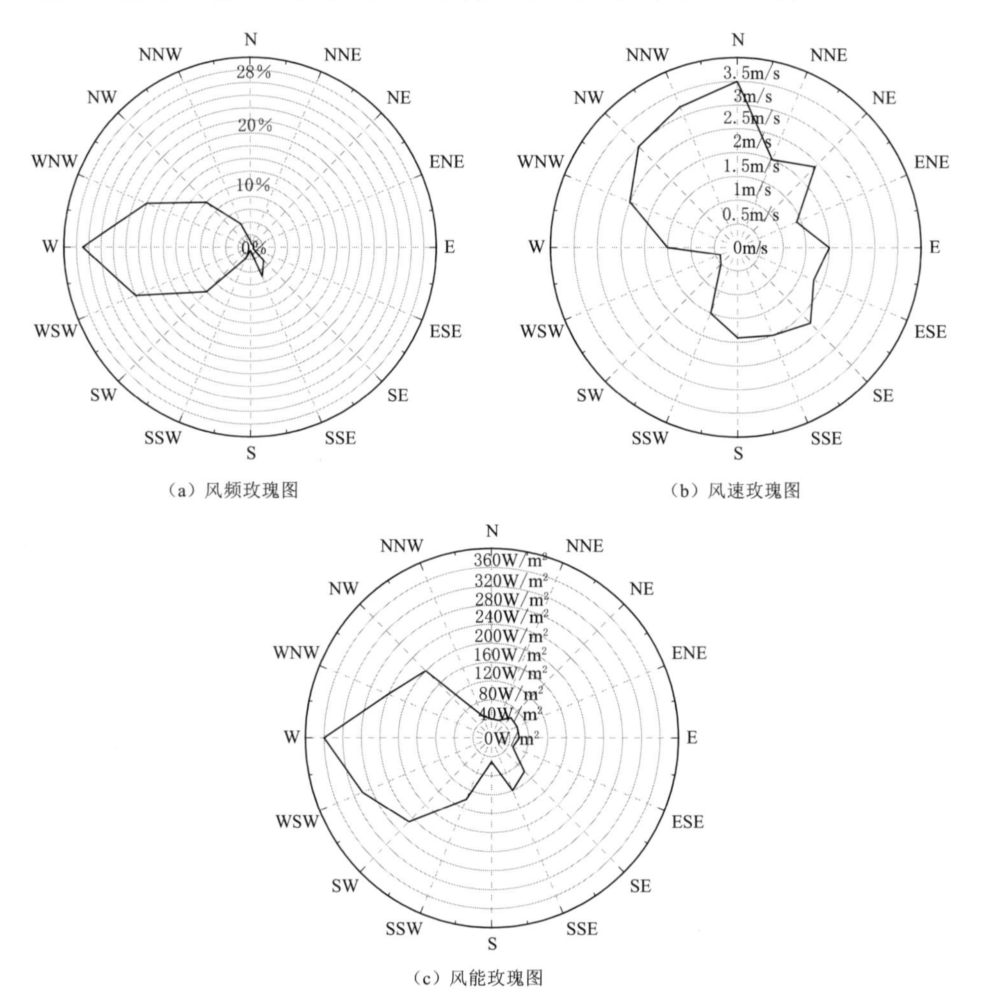


图 2-6　某场址的风玫瑰图

风向是风电场选址的一个重要参考因素。若欲从某一特定方向获取所需的风能，则必须避免此气流方向上存在任何的障碍物。

#### 2.1.2.2　风速

风速是描述风的又一重要参数。它表示风移动的速度，即单位时间内空气流动所经过的距离。一般是米/秒（m/s）或者千米/小时（km/h），用 $v$ 表示。风速可以用风速计测量。图 2-7 给出了某水平方向的实际风速-时间历程曲线图。

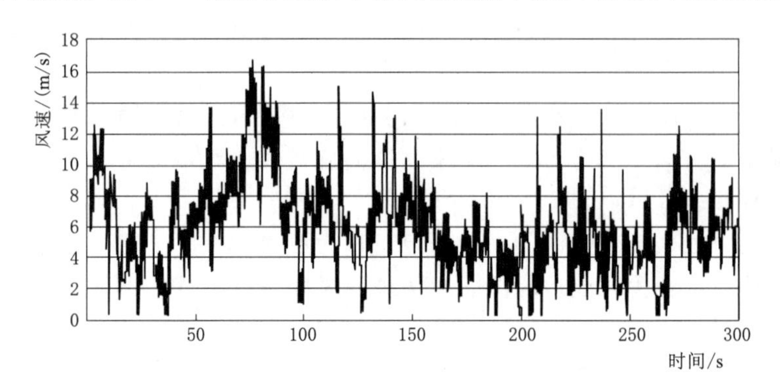


图 2-7　某水平方向的实际风速-时间历程曲线图

由图 2-7 可知，风速和风向在时间及空间上的变化是随机的。在研究大气边界层特性时，通常风是由平均风和脉动风两部分组成的，即

$$v(t)=\overline{v}+v'(t) \tag{2-2}$$

式中　$v(t)$——瞬时风速，m/s；

$\overline{v}$——平均风速，m/s；

$v'(t)$——脉动风速，m/s。

目前习惯使用平均风速的概念来衡量一个地方风资源的状态。平均风速除了与测试点有关外，还与测试高度有关。我国规定的标准高度是 10m，即测风位置距离地面的垂直高度为 10m。除了特殊说明外，通常的文献及气象风资源数据就是指标准高度的水平方向风速值。

平均风速是指在某一时间间隔中，空间某点瞬时水平方向风速的数值平均值，即

$$\overline{v}=\frac{\int_{t_1}^{t_2} v(t)\mathrm{d}t}{\Delta t} \tag{2-3}$$

式中　$v(t)$——瞬时风速，m/s；

$\overline{v}$——平均风速，m/s；

$t_1$——初始时刻，s；

$t_2$——终了时刻，s。

式（2-3）表明，平均风速的计算与时间间隔 $\Delta t=t_2-t_1$ 有关，不同的时间间隔计算的平均风速存在差异。目前国际上通行的计算平均风速的时间间隔都取为 10～120min。在评估风资源时，为了减少计算量，常用 60min（1h）时间间隔计算平均风速。

气象上对风速（风力）作了分级，一般把风的大小分成 12 级，见表 2-1。

风级的划分

表 2-1 风级的划分

| 级别 | 风速/(m/s) | 陆地 | 海面 | 浪高/m |
|---|---|---|---|---|
| 0 | <0.2 | 静烟直上 | 水面平静，几乎看不到水波 | — |
| 1 | 0.3～1.5 | 烟能表示风向，但风标不能转动 | 出现鱼鳞似的微波，但不构成浪 | 0.1 |
| 2 | 1.6～3.3 | 人的脸部感到有风，树叶微响，风标能转动 | 小波浪清晰，出现浪花，但并不翻滚 | 0.2 |
| 3 | 3.4～5.4 | 树叶和细树枝摇动不息，旌旗展开 | 小波浪增大，浪花开始翻滚，水泡透明像玻璃，并且到处出现白浪 | 0.6 |
| 4 | 5.5～7.9 | 沙尘风扬，纸片飘起，小树枝摇动 | 小波浪增长，白浪增多 | 1 |
| 5 | 8.0～10.7 | 有树叶的灌木摇动，池塘内的水面起小波浪 | 波浪中等，浪延伸更清楚，白浪更多（有时出现飞沫） | 2 |
| 6 | 10.8～13.8 | 大树枝摇动，电线发出响声，举伞困难 | 开始产生大的波浪，到处呈现白沫，浪花的范围更大（飞沫更多） | 3 |
| 7 | 13.9～17.1 | 整个树木摇动，人迎风行走不便 | 浪大，浪翻滚，白沫像带子一样随风飘动 | 4 |
| 8 | 17.2～20.7 | 小的树枝折断，迎风行走很困难 | 波浪加大变长，浪花顶端出现水雾，泡沫像带子一样清楚地随风飘动 | 5.5 |
| 9 | 20.8～24.4 | 建筑物有轻微损坏（如烟囱倒塌、瓦片飞出） | 出现大的波浪，泡沫呈粗的带子随风飘动，浪前倾、翻滚、倒卷，飞沫挡住视线 | 7 |
| 10 | 24.5～28.4 | 陆上少见，可使树木连根拔起或造成建筑物严重损坏 | 浪变长，形成更大的波浪，大块的泡沫像白色带子随风飘动，整个海面呈白色，波浪翻滚 | 9 |
| 11 | 28.5～32.6 | 陆上很少见，有则必引起严重破坏 | 浪大高如山（中小船舶有时被波浪挡住而看不见），海面全被随风流动的泡沫覆盖。浪花顶端刮起水雾，视线受到阻挡 | 11.5 |
| 12 | 32.7 以上 | 陆上极少 | 空气里充满水泡和飞沫，变成一片白色，影响视线 | 14 |

# 2.2 风的特征

风速和风向最大的特征是变化，表现出极大的随机性。这种变化存在短期波动、昼夜变化、季节变化，随着地理环境位置也在变化。

## 2.2.1 风速随时间的变化

风速随时间不断变化。由图 2-8 所示的 30s 内的风速变化可知，在 30s 内，风速只是在一定范围内波动，这种变化是当地地理环境和气候条件引起的。图 2-9 所示的 24h 内的风速变化则揭示了昼夜 24h 内的风速变化规律。昼夜风速的变化主要由海上和陆地表面之间的温差引起。可以看出，普遍规律是白天的风较强，晚上的风较弱。图 2 - 10 所示的 12 个月内的风速变化为某地区由于地球的倾斜和椭圆形绕日轨道导致的各个季节风速不同。由年风速和时间曲线可以得到年平均风速，年平均风速可以简单初步地衡量一个地区的风资源状态。

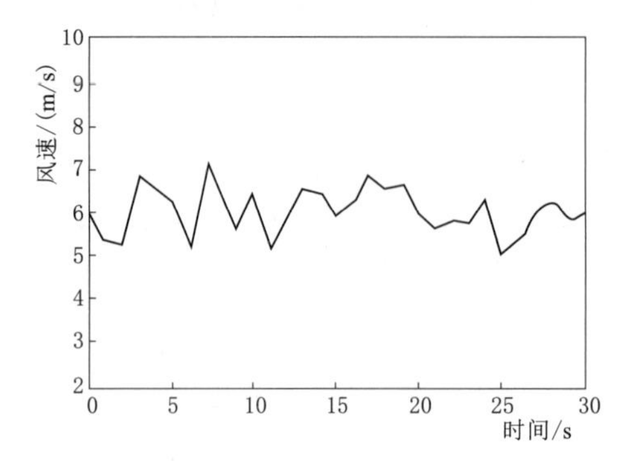


图 2 - 8　30s 内的风速变化

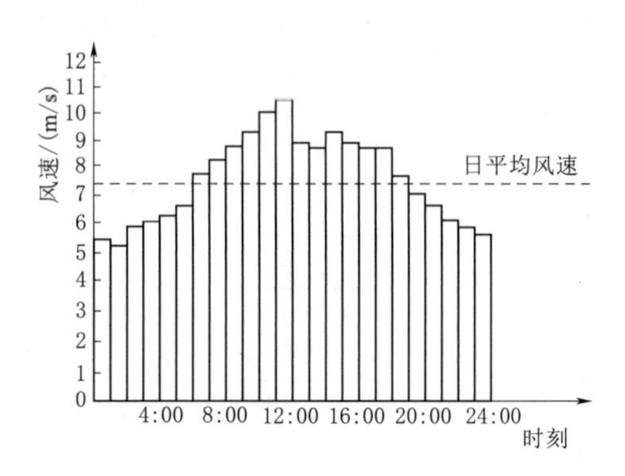


图 2 - 9　24h 内的风速变化

## 2.2.2　风速随高度的变化

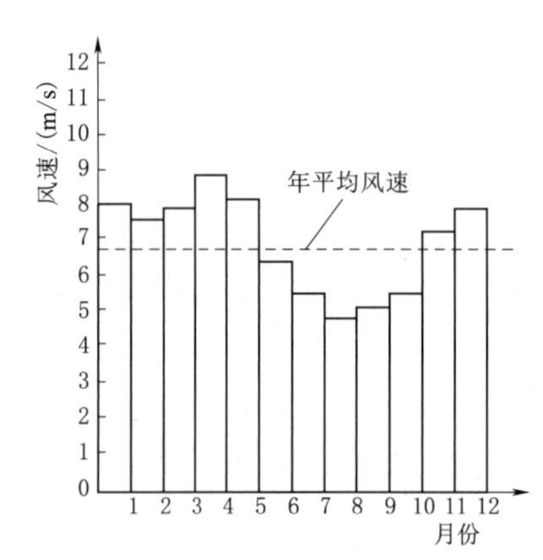


图 2 - 10　12 个月内的风速变化

风速随垂直高度增加而发生变化，靠近地面的风速较低，离地面越高风速越大，这种现象称之为风切变。实际上，在从地表到大约 1000m 的高空层内，空气的流动受到各种扰动较大，再加上地面粗糙度引起的摩擦因素，使地表附近风速下降。离地面高度越大，地面粗糙度对风速的影响就越小，因而风速随高度的不同而不同。风速随高度的变化曲线如图 2 - 11 所示。

大气边界层中平均风速随高度变化规律称为风廓线，通常采用对数分布、指数分布、半指数半对数分布和幂指数分布，仅介绍前两种。

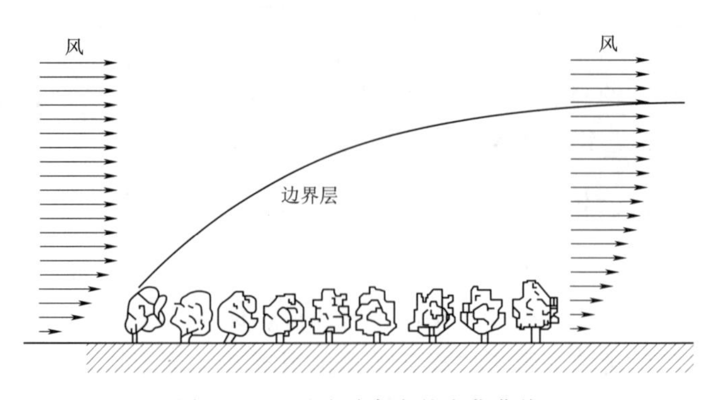


图 2 - 11　风速随高度的变化曲线

1. 对数分布

大气稳定度即某一高度大气气块垂直运动和水平运动的稳定性，处于中性状态时，平均风速随高度的变化可以通过对数法则的理论以及实验来表示，即

$$v(z)=\frac{v^*}{\kappa}\ln\frac{z}{z_0} \tag{2-4}$$

式中 $v(z)$——高度为 $z$ 时的平均风速，m/s；

$v^*$——摩擦速度，m/s；

$\kappa$——卡门（Karman）常数，一般近似取 0.41；

$z_0$——粗糙长度，其值在表 2-2 中给出，m。

**表 2-2　不同地表面状态下的粗糙长度 $z_0$**

| 地表面状态 | 粗糙长度/m | 地表面状态 | 粗糙长度/m |
|---|---|---|---|
| 城市 | 1～5 | 草木 0.1～1m 高的牧场 | 0.01～0.15 |
| 田野、村庄 | 0.2～0.5 | 海面或粗糙积雪表面 | 0.0001～0.01 |
| 森林 | 0.3～1 | 平坦的积雪表面 | 0.00014 |
| 田地或草地 | 0.01～0.3 | 水面（$U_{10}$=2m/s） | 0.00027 |
| 4m 高的果园 | 0.5 | 水面（$U_{10}$=12m/s） | 0.00033 |
| 0.1～0.8m 高的水稻 | 0.005～0.1 | 平坦光秃的地面 | 0.0001 |

注　$U_{10}$ 为 10m 高度处风速。

地表面被森林覆盖时，高度 $z$ 由 $z-h$ 来代替，即

$$v(z)=\frac{v^*}{\kappa}\ln\frac{z-h}{z_0} \tag{2-5}$$

式中 $h$——森林的平均高度，m。

由于 $\ln z$ 和 $v(z)$ 成直线比例关系，当推算其他高度风速时，可以通过气象数据对参考点（例如 10m 高度处）的摩擦速度 $v^*$ 和粗糙长度 $z_0$ 进行推算，从而准确计算出风速随高度的分布情况。

2. 指数分布

水平风速随高度的变化率也称之为风切变指数，其变化规律通常用无量纲幂指数表示，即

$$\frac{v_2}{v_1}=\left(\frac{z_2}{z_1}\right)^\alpha \tag{2-6}$$

式中 $v_1$、$v_2$——高度在 $z_1$ 和 $z_2$ 处的风速，m/s。

对式（2-6）进行变换，可得到由测量的平均风速和高度确定的 $\alpha$，即

$$\alpha=\frac{\lg\frac{v_2}{v_1}}{\lg\frac{z_2}{z_1}} \tag{2-7}$$

根据式（2-7），计算前对风速取平均值，就可以很方便地得到时间平均的风切变指数 $\alpha$。受到地表覆被、地形、时刻和其他因素的影响，风切变指数的变化范

围可以从不到0.1到大于4.0。表2-3给出了不同场址条件下的年平均风切变指数值。

**表2-3　　不同场址条件下的年平均风切变指数值**

| 地形类型 | | 土地覆被 | 年平均风切变指数值 |
|---|---|---|---|
| 平坦或起伏地形 | | 中低高度植被 | 0.12～0.25 |
| | | 散落树木或森林 | 0.25～0.40 |
| 复杂地形，谷地 | 被掩蔽的 | 多样 | 0.25～0.60 |
| | 峡谷或河谷 | | 0.10～0.20 |
| 复杂地形，山脊线 | | 中低高度植被 | 0.15～0.25 |
| | | 森林 | 0.20～0.35 |
| 海上 | 温带 | 水面 | 0.10～0.15 |
| | 热带 | | 0.07～0.10 |

## 2.2.3　大气边界层

大气运动的能量来自太阳。由于地球是球形的，其表面接收的太阳辐射能量随着纬度的不同而存在差异，因此永远存在南北方向的气压梯度，推动大气运动。

除了气压梯度力外，大气运动还受到地转偏向力、摩擦力和离心力的影响。地转偏向力是由地球自转产生的，垂直于运动方向，其大小取决于地球的转速、纬度、物体运动的速度和质量。摩擦力是地球表面对气流的拖拽力（地面摩擦力）或气团之间的混乱运动产生的力（湍流摩擦力）。离心力是使气流方向发生变化的力。空气相对于地球表面运动的过程中，在接近地球表面的区域，由于地表植被、建筑物等影响会使风速降低。通常把受地表摩擦阻力影响的大气层称为大气边界层，大气边界层如图2-12所示。

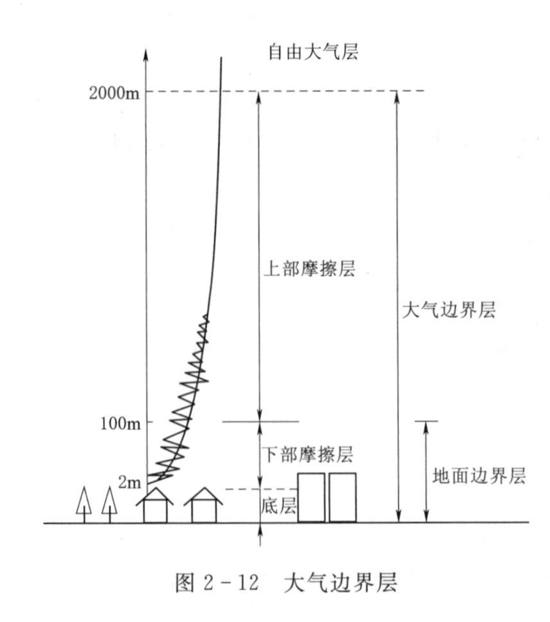

图2-12　大气边界层

从工程的角度，通常把大气边界层划分为三个区域：①离地面2m以内，称为底层；②2～100m的区域，称为下部摩擦层；③100～2000m的区域，称为上部摩擦层。底层和下部摩擦层又统称为地面边界层。把2000m以上的区域看作不受地表摩擦影响的自由大气层。

大气边界层内空气的运动规律十分复杂，目前主要用统计学的方法来描述，在高度方向上的主要特征有以下方面：

（1）由于气温随高度变化引起的空气上下对流运动。

（2）由于地表摩擦阻力引起的空气水平运动速度随高度变化。

（3）由于地球自转的偏向力随高度变化引起的风向随高度变化。

（4）由于湍流运动动量垂直变化引起的大气湍流特性随高度变化。

## 2.2.4 风的尺度

地球表面的大气运动在时间上不断变化，但在不同的时间和空间尺度范围内的大气运动变化规律不一样，形成了地球上不同的天气和气候现象，也对风能的利用产生影响，气流运动的时间和空间尺度如图 2-13 所示。一般而言，气流运动的空间尺度越大，维持的时间也越长。大气运动尺度的分类并无统一标准，一般分类如下：

（1）小尺度。空间数米到数千米，时间维持数秒到数天。气流运动主要包括地方性风和小尺度旋涡、尘卷等。这一尺度范围的风特性对于风电机组的设计产生主要影响。

（2）中尺度。空间数米到数百千米，时间维持数分钟到一周。气流运动的主要形式包括台风和雷暴等，破坏力巨大。

（3）天气尺度。空间数百千米到数千千米，时间维持数天到数周。

（4）行星尺度。空间数千千米以上，时间维持数周。该尺度的大气运动可以支配全球的季节性天气变化，甚至气候变化。

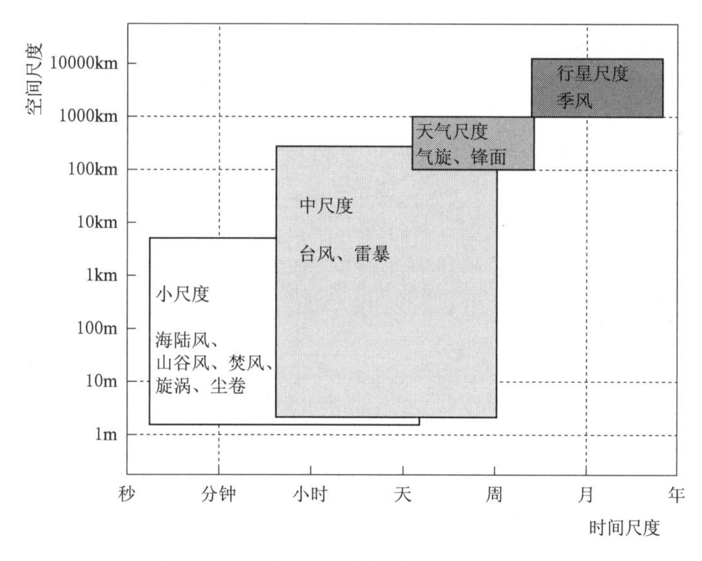


图 2-13 气流运动的时间和空间尺度

## 2.2.5 风速频率分布

风速频率分布是某个区间的风速，通常以 1m/s 为一个风速区间，统计每个风速区间内风速出现的次数，风速频率是每个风速区间内风速出现的次数占总次数的比例。从小的风速区间开始对风速频率进行相加，其和称为平均风速的累积分布。

风况曲线表明了风速和平均风速的累积分布关系。通常 1 小时记录 1 次观测数据，1 年能统计很多数据，在使用观测数据时，频度越小，采样误差越大。利用观测数据得到的频率分布，可用于分析其适合于哪种函数关系。

风速频率分布曲线左右是非对称的，其最大值偏向于弱风一侧。通常，在描述风速频率分布时，采用威布尔（Weibull）分布，即

$$f(v)=\frac{k}{c}\left(\frac{v}{c}\right)^{k-1}\mathrm{e}^{-\left(\frac{v}{c}\right)^{k}} \tag{2-8}$$

式中　$f(v)$——风速为 $v$ 时的风速频率；

$c$——尺度参数；

$k$——形状参数。

不同形状参数的威布尔分布函数如图 2-14 所示，表明风速频率分布曲线随形状参数的改变而变化。$k=1$ 时，曲线呈指数函数分布；$k=2$ 时，曲线呈瑞利（Rayleigh）分布；$k=3.5$ 时，曲线接近正态分布。

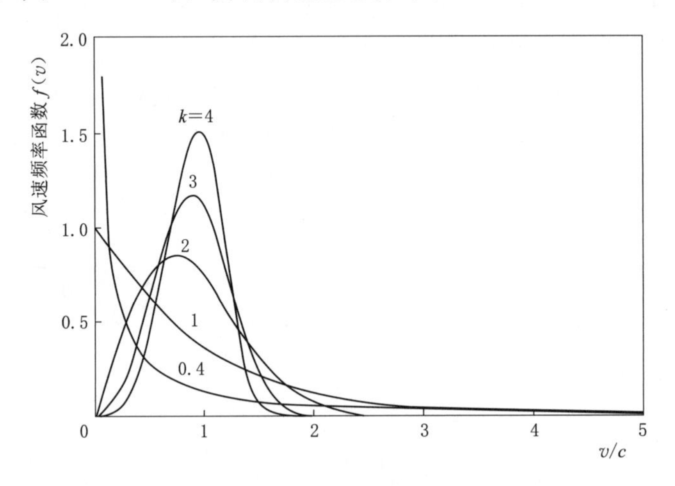


图 2-14　不同形状参数的威布尔分布函数

威布尔累积分布函数可以表示为

$$F(v)=1-\mathrm{e}^{\left(\frac{v}{c}\right)^{k}} \tag{2-9}$$

式中　$F(v)$——风速小于 $v$ 时的风速频率的累积。

当风速符合威布尔分布时，平均风速为

$$\overline{v}=c\Gamma\left(1+\frac{1}{k}\right) \tag{2-10}$$

风速三次方的平均，有

$$\overline{v}^{3}=c^{3}\Gamma\left(1+\frac{3}{k}\right) \tag{2-11}$$

式中　$\Gamma$——系数，范围为 0.8～2.2，年平均风速在 5m/s 以上时，更多出现在 1.5～2.2 范围内。

# 2.3 风的测量

风的测量包括风向测量和风速测量。准确地把握风能特性对风电项目的规划和实施至关重要，所需基本信息包括不同时间段盛行风的风速和风向。风向测量是指测量风的来向，风速测量是测量单位时间内空气在水平方向上所移动的距离。为了对风电场风能特性进行精确的分析，必须采用精确可靠的仪器来测量风速和风向。

## 2.3.1 测风塔

测风塔是一种用于测量风能参数的高耸塔架结构，即一种用于对近地面气流运动情况进行观测、记录的塔形构筑物。测风塔是应风资源数据采集的需要而新兴的一种塔，测风塔架设在目标风电场内，目的是分析该风电场内风资源的实际情况。图 2－15 为测风塔结构示意图。

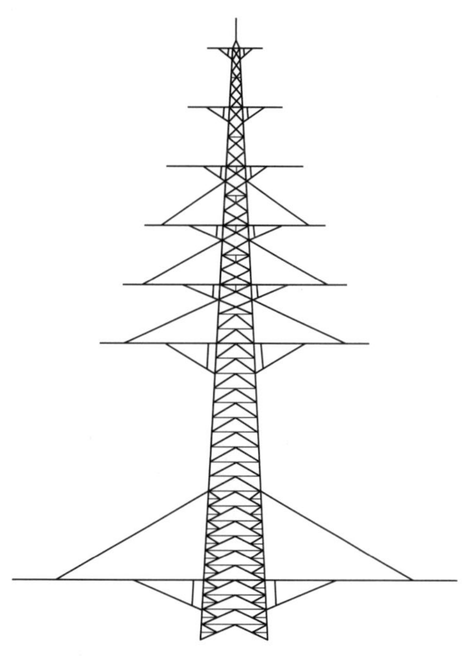

图 2－15 测风塔结构示意图

在塔体不同高度处安装有风速计、风向标以及温度、气压等的监测设备，可全天候不间断地对场址风力情况进行观测，测量数据被记录并存储于安装在塔体上的数据记录仪上。通常需要开展 3～5 年风资源观测工作，才能满足为风电场风能条件进行评估的要求。测风塔多为折架式结构和圆筒式结构，采用钢绞线斜拉加固方式，高度一般为 10～150m。根据我国现行标准，测风塔高度普遍为 100m。

## 2.3.2 测风仪器

测风包括测量风向和测量风速。

### 2.3.2.1 测量风向的仪器

测量风向的最通用装置是风向标。风向标一般是由尾翼、指向杆、平衡锤及旋转主轴组成的首尾不对称的平衡装置，有单翼型、双翼型和流线型等。其重心在旋转主轴的轴心上，整个风向标可以绕旋转主轴自由摆动，在风的动压力作用下取得指向风的来向的一个平衡位置，即为风向的指示。指示风向标所在方位的方法很多，有电触点盘、环形电位、自整角机和光电码盘四种类型，其中最常用的是光电码盘。

### 2.3.2.2 测量风速的仪器

从生态指标和气象站获取的风速数据可以帮助设计者找到合适的风电场场址，但最终场址的确定基于短期的实地测量。

测风塔高度为风电机组轮毂高度时，能避免因地表面剪切风而需进一步修正风速。风电机组发电功率随风速的变化很敏感，故要求在测量风速时，采用敏感、可靠、正确校准且质量好的风速仪。

风速仪根据工作原理，可分为旋转式风速仪（杯状风速仪和螺旋桨式风速仪）、压力类风速仪（压力板风速仪、压力管风速仪）、热电风速仪（热线风速仪）、相移风速仪（超声波风速仪）等。

1. 杯状风速仪

最常用的风速仪是杯状风速仪。这种风速仪由三个风杯与短轴连接，等角度地安装在垂直的旋转轴上。风杯的外形或者是半球形的，或者是圆锥状的，由轻质材料制成，杯状风速仪如图 2－16 所示。杯状风速仪是一个阻力装置，当置于流场中时，风能会使得杯状物有阻力，该阻力 $D$ 可表示为

图 2－16　杯状风速仪

$$D=\frac{1}{2}c_D A\rho v^2 \qquad (2-12)$$

式中　$c_D$——阻力系数；

$\rho$——空气密度，$kg/m^3$；

$A$——杯状物沿风向的投影面积，$m^2$；

$v$——风速，m/s。

凹面的阻力系数比凸面的高，故凹侧风杯受到更大的阻力，阻力差驱动风杯绕旋转轴旋转，转轴下部驱动一个被包围在定子中的多极永磁体。指示器测出随风速变化的电压，显示出对应的风速值。当风速达 1～2m/s 时，杯状风速仪就可以启动，旋转速度与风速成正比。

杯状风速仪能适应多种恶劣的环境，随风很快加速，使其停止转动的风速却很慢。风杯达到匀速转动的时间要比风速的变化来得慢，存在滞后性，这种现象在风速由大变小时较为突出。如当风速从较大值很快地变为 0 时，因为惯性作用，风杯将继续转动，不能很快停下来。这种滞后性使得杯状风速仪测量的瞬时风速并不可靠。同时，这种滞后性消除了许多风速脉动现象，使得风速仪测定平均风速比较好。试验证明：三杯比四杯好，圆锥形比半球形好，因为阻力和密度成正比，空气密度稍有改变，都会影响测量速度的准确性。

2. 螺旋桨式风速仪

螺旋桨式风速仪如图 2－17 所示，它是由若干片桨叶按照一定的角度等距离地安装在统一垂直面内。桨叶由轻质材料制成，正对风向，在升力的作用下旋转，旋转速度正比于风速。螺旋桨式风速仪启动风速较高，灵敏度不及杯状风速仪。

3. 压力板风速仪

压力板风速仪是一种利用压力来测量风速的仪表，如图 2－18 所示，它包含摆动盘、风向标、水平臂、垂直轴。摆动盘通过水平臂安装在可自由旋转的垂直轴上，风向标使摆动盘始终垂直于气流，在气流压力作用下向内摆动。

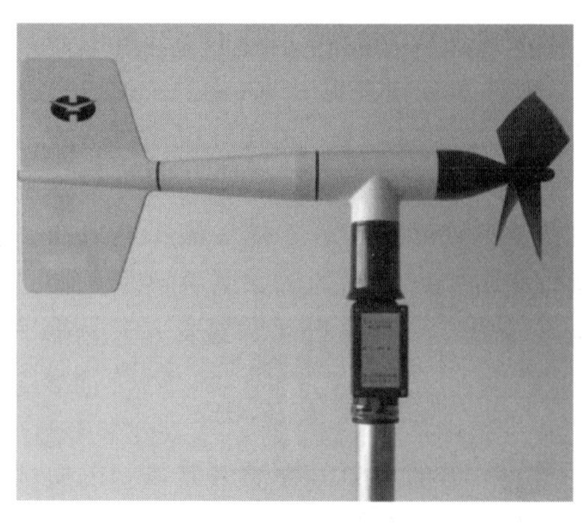

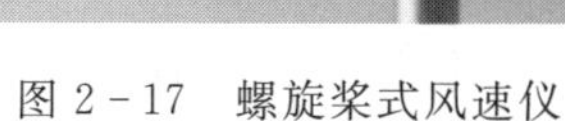

图 2-17 螺旋桨式风速仪

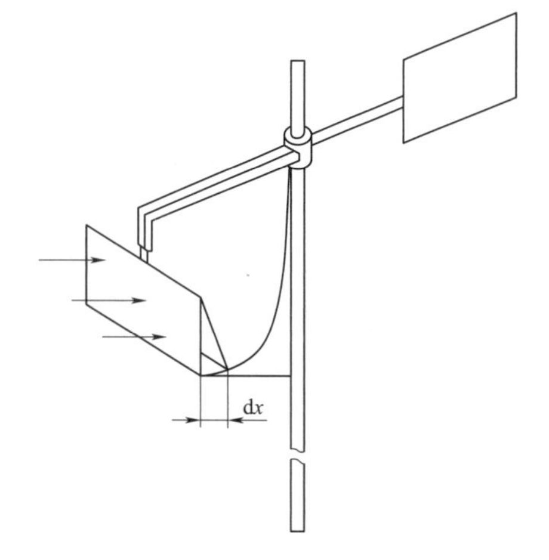


图 2-18 压力板风速仪

当把垂直于平板的气流看作一个整体时，平板所受的压力 $p$ 为

$$p=\frac{1}{2}\rho v^2 \tag{2-13}$$

式中 $\rho$——空气密度，$kg/m^3$；

$v$——风速，m/s。

压力 $p$ 使摆动盘向内旋转，其向内摆动的幅度取决于风的强度，故摆动盘可用来直接校准风速。这种风速仪比较适用于测量大风。

4. 压力管风速仪

利用压力来测风速的风速仪为压力管风速仪，如图 2-19 所示。压力管风速仪满足不可压缩流体的伯努利方程，在平行于风的管子里，压力为

$$p_1=p_a+\frac{1}{2}C_1\rho v^2 \tag{2-14}$$

同样，在垂直于风的管子里，压力为

$$p_2=p_a-\frac{1}{2}C_2\rho v^2 \tag{2-15}$$

式中 $p_a$——大气压力；

$C_1$、$C_2$——系数。

用 $p_1$ 减去 $p_2$，化简得出

$$v=\left[\frac{2(p_1-p_2)}{\rho(C_1+C_2)}\right]^{0.5} \tag{2-16}$$

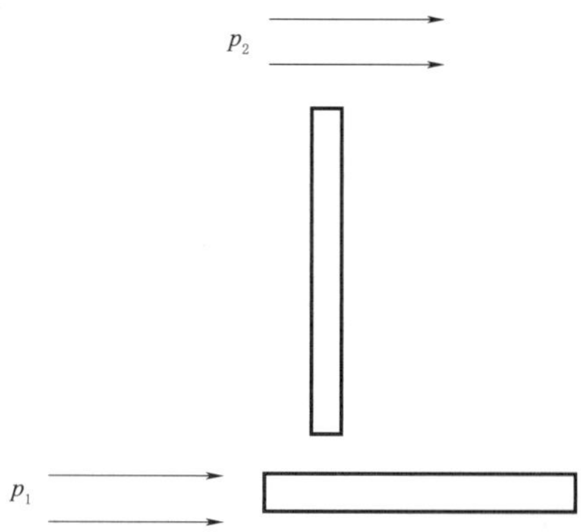

图 2-19 压力管风速仪

因此，通过测量两个管子内的不同压力，即可得出风速。$C_1$、$C_2$ 值可根据仪器查出，压力通过标准压力表或压力传感器测得。压力管风速仪的主要优势是没有运动部件，但在开放的地区，如有灰尘、潮湿的和有昆虫的地方测量时会影响精度。

压力管风速仪中最常见的就是利用皮托管的工作原理，它包括总压探头和静压

探头。利用空气流的总压和静压之差测量风速。通过合理调整皮托管各部分尺寸，可以使总压和静压的测量误差接近于0。标准皮托管的结构如图2-20所示，其校准系数为1.01～1.02，且在较大的流动马赫数 $Ma$ 和雷诺数 $Re$ 范围内保持定值。图中的0.1$d$ 处为风的静压取压小孔。

5. 热线风速仪

热线风速仪由热线探头、信号传输和数据处理系统构成。热线探头迎风向垂直放置，通过探头在气流中的热量散失强度与气流速度之间的函数关系测量风速。探头的几何尺寸和热惯性较小，可用于微风速、湍流风速的测量。图2-21为某手持式热线风速仪。

6. 超声波风速仪

超声波测风工作原理

超声波风速仪是一款利用超声波在空气中传播的时间差来测量风速、风向的高精度风速风向测量仪器，如图2-22所示。超声波风速仪一般设置多个传感器探头，通过空气向上或向下发出声波信号，利用声波在大气中的传播速度与风速的函数关系测量风速。声波在大气中的传播速度为声波传播速度与气流速度的代数和，它与气温、气压和湿度等因素有关。在一定的距离内，声波顺风和逆风传播有一个时间差，利用这个时间差，便可以测得气流速度。

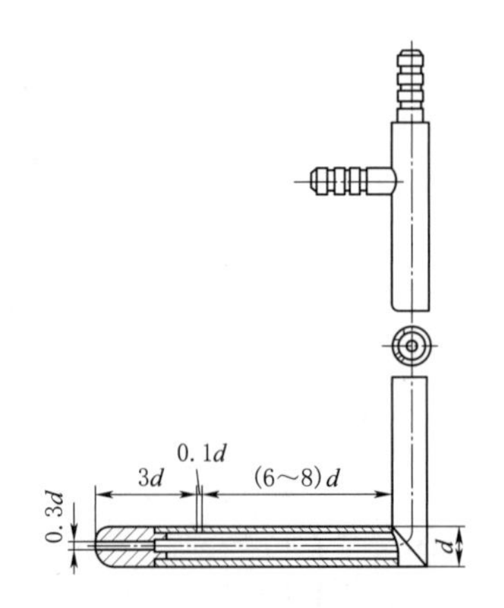

图2-20　标准皮托管的结构

图2-21　手持式热线风速仪

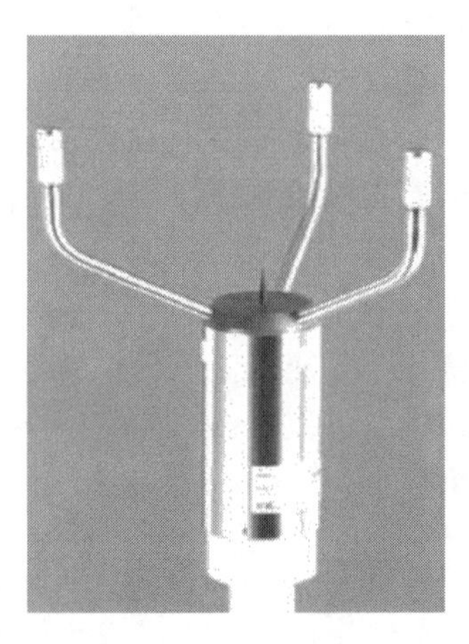
图2-22　超声波风速仪

超声波风速仪在0～65m/s范围内测得的风速比较准确，而且没有转动部件，响应快，能测定任何指定方向的风速，但是价格昂贵。

除了上述这些风速仪外，测量某些特定条件下的风速还可以有些特殊手段。例如，要测量高度在30～200m的风速，还可以利用烟火箭。将烟火箭发射出去，按照一定的时间间隔从侧面拍摄烟带照片，通过对烟带位置的分析判断出各处的风向和风速。

### 2.3.3　数据获取方式

风速数据的获取通过信号转换的方法来实现，通常有以下方式：

（1）机械式。当风速感应器旋转时，通过蜗杆带动蜗轮转动，再通过齿轮系统带动指针旋转，从刻度盘上直接读出风程，除以时间得到平均风速。

（2）电接式。由风杯驱动的蜗杆，通过齿轮系统连接到一个偏心凸轮上，风杯旋转一定圈数，凸轮使相当于开关作用的两个触头闭合或打开，完成一次接触，表示一定的风程。

（3）电机式。风速感应器驱动一个小型发电机中的转子，输出与风速感应器转速成正比的交变电流，输送到风速的指示系统。

（4）光电式。风速旋转轴上装有一个圆盘，盘上有等距的孔，孔上面有一红外光源，正下方有一光电半导体，风杯带动圆盘旋转时，由于孔的不连续性，形成光脉冲信号，经光敏晶体管接收放大后变成电脉冲信号输出，每一个脉冲信号表示一定的风程。

## 2.4 数 据 处 理

通过测风采集了大量风况数据后，需要对这些数据进行处理分析，以评价该区域的风资源情况。通常是将现场采集的短期数据（1 年以上测风期）和附近气象站的长期测风资料进行相关性分析，获得长期风速数据，从而对风电场 20 年寿命期内的发电量进行估算。

### 2.4.1 数据整理

在进行数据分析前，需要对数据进行整理，以确保数据的质量满足要求。通常要求现场数据完整率高于 98%，有效数据完整率高于 90%。使用预先设定的条件对这些数据进行完整性、连贯性和合理性校验，剔除不合理数据；并通过相关分析，补齐缺失部分后，就可以进行统计分析。

1. 数据校验

采集的测风数据需要进行检查，判断其完整性、连贯性和合理性，挑选出不合理的、可疑的数据以及误测、漏测的数据，对其进行适当的修补处理，从而整理出较为合理的完整数据以供进一步分析处理。完整性检查包含：检查测风数据的数量是否等于测风时间内预期的数据数量。连贯性检查包含：时间顺序是否符合预期的开始、结束时间，时间是否连续。合理性检查包含：测风数据范围检验，即各测量参数是否超出实际极限；测风数据合理性检验，即同一测量参数在不同高度的值差是否合理；测风数据的趋势检验，即各测量参数的变化趋势是否合理等。

2. 数据处理方法

（1）替代法。如果某一风速为不合理风速，可以使用同一测风塔相同高度的合理风速等值替代。没有相同高度风速时，使用其他高度风速进行比例替代。该比例为两个高度风速平均值的比值，这两个平均值应为两个通道所有合理值的平均值。

（2）插值法。如果某一时刻，所有通道的数据均为不合理数据，且该时刻的前一时刻和后一时刻均为合理数据，则可以用前后时刻的平均值代替该时刻的不合理数据。

（3）相关法。如果在一段时间内，某个测风塔不合理数据较多，且无法使用替代法或插值法，则可以选择与该塔距离较近、相关性较好的塔的数据，对本塔进行相关性插补。从理论上讲，在统一天气系统下，相邻两点各风向下的风速有一定相关性。其方法是建一直角坐标系，横坐标为基准风速，纵坐标为测风塔的风速。按风电场测点在某一象限内（如NW风）的风速值，找到参考站对应时刻的风速值点图，求出相关性，最好能建立回归方程式，对于其他象限重复上述操作，可获得16个风向测点的相关性，然后按照各方向对缺测的数据进行订正。

3. 数据的订正

数据的订正是根据风电场附近长期测站的观测数据，将验证的风电场测风数据订正为一套反映风电场长期平均水平的代表性数据，即风电场测风高度上代表年的逐小时风速、风向数据。

长年数据订正风电场风资源数据，虽然有1～2年的资料，但是若想取得历年之间以及各季之间的风速变化资料，则需要根据相邻气象站或者水文站、海洋站的长年代（30年以上）资料进行订正。

从长年代来看，由于风电场测风的年代所测的风速可能是正常年，也可能是大风年或者是小风年的风速，如果不修正，则有风能估计偏大或者偏小的可能。但是也不能简单地将气象站30年的资料拿来进行比对。因为气象要素随时间的变化不仅有气候变化的影响，还有测风方式变化的影响，以及站址搬迁、站址周围建筑物和树木的成长等变化的影响。往往气象站的风速有逐年减小的趋势。所以，不能简单地认为风电场测风数据比气象站的测风数据大就是大风年，应该分析气象站资料，特别是近年来气象站周围环境的变化，再确定相应风电场那一年属于什么年（大风年、小风年或者正常年），最后再以每年与气象站风速的差值推算出风电场长年代资料，即反映风电场长期平均水平的代表性资料。

### 2.4.2 参数计算

将订正后的数据处理成评估风电场风资源所需要的各种参数，包含不同时段的平均风速、风功率密度、风能密度、风切变指数、湍流强度、风速频率分布和风能频率分布，详细技术可参见风电场选址相关内容或书籍。

### 2.4.3 安全分级

为保证风电机组的安全性和长期稳定可靠运行，风电机组的设计需要考虑运行环境条件和电力环境的影响，这些影响主要体现在载荷、使用寿命和额定工况等几个方面。各类环境条件分为正常外部条件和极端外部条件，其中正常外部条件涉及长期疲劳载荷和运行状态，极端外部条件出现机会很少，但它是潜在的临界外部设计条件。风电机组的设计需要同时考虑这些外部条件和风电机组运行模式。

为了最大限度地利用特定风电场的风资源，同时保证风电机组的安全可靠运行，《风力发电机组　设计要求》（GB/T 18451.1—2022）对风电机组进行了Ⅰ、Ⅱ、Ⅲ级安全分级。在对应的安全分级之下，风电机组的设计寿命至少为20年。

风电机组的等级取决于风速和湍流参数。分级是为了达到充分利用的目的，使风速和湍流参数在不同的场地大体再现，而不是与某一特定场地精确吻合。分级为风电机组提供了一个由风速和湍流参数决定的明显的界定。表2-4为确定风电机组等级的基本参数，根据GB/T 18451.1—2022的要求将风速为15m/s时的湍流强度分为A、B、C三级并记为$I_{15}$。如果设计人员和用户需要一个更高的风电机组等级，可定为S级，用于特定风况或特定外部条件或一个特定的安全等级。S级的设计值由设计者选取并在设计文件中详细说明。特定设计中，选取的设计值所反映的环境条件要比预期的用户使用环境更为恶劣。

**表2-4　风电机组等级的基本参数**

| 风电机组等级 | Ⅰ | Ⅱ | Ⅲ | S |
|---|---|---|---|---|
| $v_{ref}$/(m/s) | 50 | 42.5 | 37.5 | 由设计者规定各参数 |
| A | $I_{15}=0.16$ | | | |
| B | $I_{15}=0.14$ | | | |
| C | $I_{15}=0.12$ | | | |

注　1. 各数值应用于轮毂高度。

2. $v_{ref}$表示参考风速10min的平均值；A表示较高湍流特性级；B表示中等湍流特性级；C表示较低湍流的特性级；$I_{15}$表示在风速为15m/s时的湍流强度特征值。

## 2.4.4 数据标准化

数据标准化的目的是对每一个变量通过固定公式的方法提升结果的精确度，这将在一定程度上允许比较来自不同数据组的结果，使它们达到相似的量级。对风切变、空气密度和湍流强度进行标准化的方法如下。

1. 风切变标准化

如果风轮区域以上的风速不变，则轮毂高度风速可以代表风轮区域以上的风速并且轮毂高度风速的使用是合理的。然而，对于大型风电机组，点的风速（例如在轮毂高度）代表风轮区域以上风速的假设是不具代表性的。因此，必须考虑轮毂高度风速的修正和高于风轮的风切变引起的变化，以下定义了三个工程量：

(1) 风轮等效风速。

(2) 风切变修正系数。

(3) 风切变修正的风速。

2. 空气密度标准化

所选数据组应至少被标准化到一个参考空气密度下。参考空气密度应是测量空气密度的平均值，测量空气密度是测试期间现场有效采集的数据。

对于具有恒定桨距和恒定转速的失速型风电机组，测量输出功率进行标准化的计算式为

$$P_n = P_{10min}\left(\frac{\rho_0}{\rho_{10min}}\right) \tag{2-17}$$

式中　$P_n$——标准化的输出功率，W；

$P_{10min}$——测量功率的 10min 平均值，W；

$\rho_0$——参考空气密度，$kg/m^3$；

$\rho_{10min}$——空气密度的 10min 平均值，$kg/m^3$。

对于有功功率控制的风电机组，需要对风速进行标准化，即

$$v_n = v_{10min}\left(\frac{\rho_{10min}}{\rho_0}\right)^{1/3} \tag{2-18}$$

式中　$v_n$——标准化风速，m/s；

$v_{10min}$——测量风速的 10min 平均值，m/s；

$\rho_0$——参考空气密度，一般取标准大气压 15℃时的空气密度，$kg/m^3$；

$\rho_{10min}$——推导得到的空气密度的 10min 平均值，其计算式为

$$\rho_{10min} = \frac{1}{T_{10min}}\left[\frac{B_{10min}}{R_0} - \Phi P_W\left(\frac{1}{R_0} - \frac{1}{R_W}\right)\right] \tag{2-19}$$

式中　$\rho_{10min}$——推导的空气密度 10min 平均值，$kg/m^3$；

$T_{10min}$——测量的绝对温度 10min 平均值，K；

$B_{10min}$——修正到轮毂高度的气压的 10min 平均值，Pa；

$R_0$——干燥空气的气体常数，取 28705J/(kg·K)；

$\Phi$——相对湿度，范围为 0%～100%；

$R_W$——水蒸气的气体常数，取 4615J/(kg·K)；

$P_W$——蒸汽压力，$P_W = 0.0000205e^{0.0631846T_{10min}}$，Pa。

3. *湍流强度标准化*

风电机组功率测量受湍流强度的影响。湍流强度影响的一个重要部分是由测量输出功率的 10min 平均值和测量风速的 10min 平均值引起的。通过标准化功率数据找到参考湍流强度从而在测量中去除这种影响。在功率测试之前应定义参考湍流强度，即为轮毂高度处的风速的函数。如果没有定义参考湍流强度，则使用 10%的参考湍流强度。应考虑湍流强度标准化的不确定度，如果没有做功率数据的湍流强度标准化，则应估算由于湍流强度影响引起的功率的不确定度。

## 2.5 理　论　风　能

### 2.5.1　空气密度

空气密度由温度和气压决定，随季节的变化可能有 10%～15%的波动。如果有场址气压的测量值，空气密度可以由理想气体定律来计算，即

$$\rho = \frac{P}{RT} \tag{2-20}$$

式中 $P$——场址气压，Pa 或 N/m$^2$；

$R$——干燥空气的比气体常数，287.04J/(kg·K)；

$T$——开氏温标气温，其值为摄氏温度+273.15，K。

如果没有可用的场址气压，空气密度可由场址的海拔和温度来估算，即

$$\rho=\frac{P_0}{RT}e^{\frac{-gz}{RT}} \tag{2-21}$$

式中 $P_0$——标准海平面气压，101325Pa；

$R$——干燥空气的比气体常数，287.04J/(kg·K)；

$T$——开氏温标气温，其值为摄氏温度+273.15，K；

$g$——重力加速度，9.807m/s$^2$；

$z$——温度传感器的海拔，m。

将 $P_0$、$R$ 和 $g$ 的值代入式（2-21），则

$$\rho=\left(\frac{353.05}{T}\right)e^{-0.03417\frac{z}{T}} \tag{2-22}$$

由于气压并不是完全是指数函数，因此误差会随着高度的增大而增大。

### 2.5.2 湍流强度

湍流强度是反映风速在时间、空间上波动性强弱程度的特征量，用于衡量风脉动能量的大小，即风电场测量高度的湍流强度越大，气流的脉动效果越明显，风速波动得越剧烈，此参数是描述大气湍流运动特性的最重要的特征量。

湍流强度由时均速度样本数据来进行计算，某一高度 $z$ 的顺风向湍流强度 $I$ 定义为脉动风速均方根值与平均风速之比，即

$$I=\frac{\sigma_v(z)}{\overline{v}(z)} \tag{2-23}$$

式中 $\sigma_v(z)$——平行于平均风速的脉动风速，m/s；

$\overline{v}(z)$——风电场测量高度的平均风速，m/s。

### 2.5.3 风功率密度

风功率密度定义为单位截面上风的动能通量，单位为 W/m$^2$。它与风电场场址的风速分布和空气密度一起，反映了场址的可能风能，即

$$\omega=\frac{1}{2N}\sum_{i=1}^{N}\rho v_i^3 \tag{2-24}$$

式中 $N$——区间内的记录个数；

$\rho$——空气密度，kg/m$^3$；

$v_i$——记录 $i$ 的平均风速，m/s。

### 2.5.4 风能的计算

风能的利用就是将流动的空气拥有的动能转化为其他形式的能量，因此，计算风能的大小也就是计算流动空气所具有的动能。

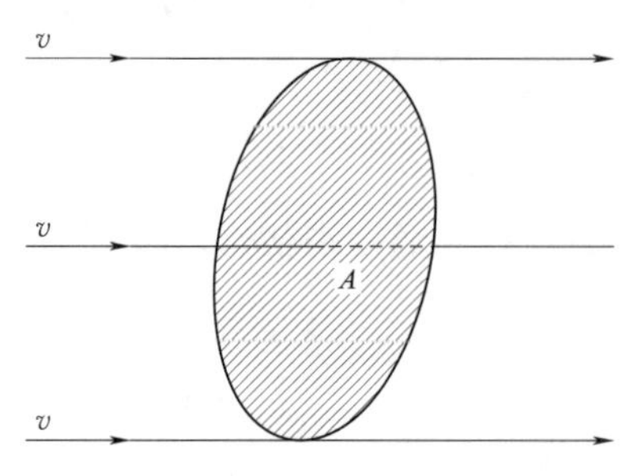


图 2-23　垂直流过截面A 的风

如图 2-23 所示，密度为 $\rho$、速度为 $v$、在时间 $t$ 内垂直流过截面 $A$ 的空气具有的风能为

$$E=\frac{1}{2}mv^2=\frac{1}{2}\rho Avtv^2=\frac{1}{2}\rho Atv^3 \tag{2-25}$$

而单位时间内垂直流过截面 $A$ 的空气拥有的做功能力称为风能功率，即

$$P=\frac{1}{2}\rho Av^3 \tag{2-26}$$

由式（2-26）可见，风能功率 $P$ 的大小与风速 $v$ 的三次方成正比，也与流动空气的密度和它垂直流过的面积成正比。

## 2.5.5　理论可用风能

流动空气所具有的动能在通过风电机组转化为其他形式的能量时，还有一个转化率的问题，风能转化率 $C_p$（功率系数，又称风能利用系数）与风能的乘积即为理论可用风能。因此，理论上一年内的可用风能 $E$ 采用风能密度-时间曲线与时间坐标之间的面积乘以 $C_p$ 来表示，即

$$E=\int_0^T C_p\omega \mathrm{d}t=C_p\overline{\omega}\mathrm{d}t \tag{2-27}$$

式中　$E$——年理论可用风能，kW·h/m²；

$\omega$——风功率密度，W/m²；

$\overline{\omega}$——平均风功率密度，W/m²；

$t$——时间，s；

$T$——一年的时间，为 8760h。

理想的风能转化率 $C_{p,max}=0.593$。

## 2.5.6　有效可用风能

事实上，由于风电机组在太小和过大的风速下都不能工作，并且其自身效率 $\eta<1$，因此风电机组不可能全部获取流动空气中的理论可用风能 $E$。

如图 2-24（a）所示，当风由微速增加到启动风速 $v_m$ 时，风电机组才开始做功，并且，在这一风速下，风轮轴上的功率等于整机空载时自身消耗的功率，风电机组还不能对用户输出功率。之后，风速继续增加，风电机组开始对外界输出功率。达到额定风速 $v_N$ 时，风电机组输出额定功率。高于额定风速时，由于调节系统控制，风电机组的功率将保持不变。如果风速继续增加，达到顺桨风速或停机风速 $v_M$，为了保证风电机组的安全，超过这个风速必须停机，风电机组不再输出功率。

考虑到这些因素的制约，最终有效可用风能为图 2-24（b）中阴影部分的面积。将阴影面积值乘以风电机组的效率 $\eta$ 就得到真正的有效可用风能。

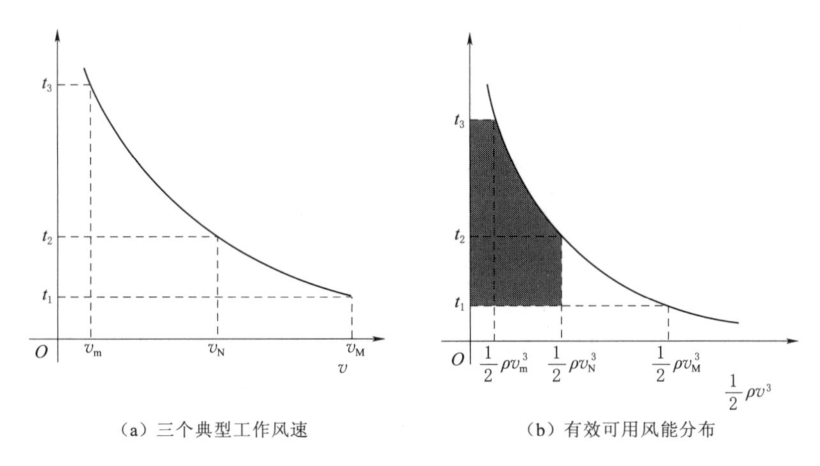


(a) 三个典型工作风速 (b) 有效可用风能分布

图 2-24 风速与风能密度的分布

1. 年平均有效风能密度

年平均有效风能密度是指一年中有效风速在 $v_m \sim v_M$ 范围内的平均风能密度，即

$$\overline{\omega_e} = \int_{v_m}^{v_M} \frac{1}{2}\rho v^3 P'(v)\mathrm{d}v \tag{2-28}$$

式中 $P'(v)$——有效风速范围内风能密度的条件概率分布函数，即在 $v_m \leqslant v \leqslant v_M$ 风速范围内发生的风能密度的概率。依条件概率的定义，存在以下关系

$$P'(v) = \frac{P(v)}{P(v_m \leqslant v \leqslant v_M)} = \frac{P(v)}{P(v \leqslant v_M) - P(v \leqslant v_m)} \tag{2-29}$$

根据式 (2-29)，也可以方便地计算年平均有效风能密度（即年有效风能密度的均值）。设风速在 $v_m \leqslant v \leqslant v_M$ 条件下的概率分布为 $P'(v)$，并且风速的威布尔参数已知，则风速三次方的数学期望 $E'(v^3)$ 为

$$\begin{aligned} E'(v^3) &= \int_{v_m}^{v_M} v^3 P'(v)\mathrm{d}v \\ &= \int_{v_m}^{v_M} v^3 \times \frac{P(v)}{P(v \leqslant v_n) - P(v \leqslant v_m)}\mathrm{d}v \\ &= \frac{1}{e^{-\left(\frac{v_m}{\lambda}\right)^c} - e^{-\left(\frac{v_N}{\lambda}\right)^c}} \int_{v_m}^{v_N} v^3 \frac{c}{A}\left(\frac{v}{A}\right)^{c-1} e^{-\left(\frac{v}{\lambda}\right)^c} \mathrm{d}v \end{aligned} \tag{2-30}$$

2. 风能可利用时间

风能可利用时间也是衡量一个地区风资源状况的重要参数，风资源越好，则风能可利用时间越长。在风速概率分布确定以后，还可以计算风能的可利用时间。有效风力范围内的风能可利用时间为

$$\begin{aligned} t &= N\int_{v_1}^{v_2} P(v)\mathrm{d}v \\ &= N\int_{v_1}^{v_2} \frac{k}{c}\left(\frac{v}{c}\right)^{k-1} e^{-\left(\frac{v}{c}\right)^k} \mathrm{d}v \end{aligned}$$

$$= N\left[e^{-\left(\frac{v_1}{c}\right)^k} - e^{-\left(\frac{v_2}{c}\right)^k}\right] \quad (2-31)$$

式中　$N$——统计时段的总时间，h；

$v_1$——风电机组的启动风速，m/s；

$v_2$——风电机组的停机风速，m/s。

一般年风能可利用小时数在 2000h 以上为风能可利用区。

由上可知，只要给定了威布尔分布参数 $c$ 和 $k$ 之后，平均风功率密度、有效风功率密度、风能可利用时间都可以方便地求得。另外，知道了分布参数 $c$ 和 $k$，风速的分布形式便给定了，具体风电机组设计的各个参数同样可以加以确定，而无须逐一查阅和重新统计所有的风速观测资料，这无疑给实际使用带来许多方便。一些研究结果还表明，威布尔分布不仅可用于拟合地面风速分布，也可用于拟合高层风速分布，其参数在近地层中随高度的变化很有规律。当已知一个高度风速的威布尔分布参数后，便不难根据这种规律求出近地层中任意高度风速的威布尔分布参数。由于这些特点，使得用威布尔分布拟合风速概率分布较之用其他分布拟合更为方便。

## 2.6　全球风资源分布

### 2.6.1　全球风资源分布

全球风资源十分丰富，根据相关资料统计，每年来自外层空间的辐射能约为 $1.5\times10^{18}$kW·h，其中的 2.5%，即 $3.8\times10^{16}$kW·h 的能量被大气吸收，产生大约 $4.3\times10^{12}$kW·h 的风能，远远超过全球电厂年总功率。

### 2.6.2　全球风资源划分

由于风资源受地形影响很大，全球风资源多集中在沿海及开阔大陆收缩的地带，如加利福尼亚州沿岸和北欧一些国家。根据全球气象组织发表的全球风资源估计分布表（表 2-5），按平均风能密度和相应的年平均风速将全球风资源分为 10 个等级，8 级以上的风能高值区主要分布于南半球中高纬度洋面和北半球的北大西洋、北太平洋以及北冰洋的中高纬度部分洋面上，陆地上风能一般不超过 7 级，其中以美国西部、西北欧沿岸、乌拉尔山顶部和黑海地区等多风地带较大。

全球风电发展最快的15个国家

表 2-5　　全球风资源估计分布表

| 地　区 | 陆地面积 /$km^2$ | 风力为 3～7 级所占的面积/$km^2$ | 风力为 3～7 级所占的比例/% |
|---|---|---|---|
| 北美 | 19339 | 7876 | 41 |
| 拉丁美洲和加勒比 | 18482 | 3310 | 18 |

续表

| 地　　区 | 陆地面积/km² | 风力为3～7级所占的面积/km² | 风力为3～7级所占的比例/% |
|---|---|---|---|
| 西欧 | 4742 | 1968 | 42 |
| 东欧和独联体 | 23049 | 6783 | 29 |
| 中东和北非 | 8142 | 2566 | 32 |
| 撒哈拉以南非洲 | 7255 | 2209 | 30 |
| 太平洋地区（中国） | 21354（9597） | 4188（1056） | 20（11） |
| 中亚和南非 | 4299 | 243 | 6 |
| 总　计 | 106662 | 29143 | 27 |

## 2.7 我国风资源分布

### 2.7.1 我国风资源分布

我国风资源特点之一为明显的季节性。我国风资源的季节性主要表现在夏季匮乏，春、秋、冬三季较为丰富。这是由于我国大陆主要受季风强烈影响，在春、冬两季风力较大且持续时间长，从而风资源较为丰富。

我国风资源另一个特点是地理分布不均。我国大陆北方地区有非常丰富的风资源，但其风力负荷较小，风能建设得不到有效发展；而沿海地区对电力需求较大，但没有较大面积的陆地可以有效利用丰富的风资源，造成很多风资源浪费等情况。总体上，很多地方风能利用效率低，没有形成规模性开发。

我国幅员辽阔，海岸线长，风资源比较丰富。据国家气象局估算，全国风能密度为100W/m²，风资源总储量约为1.6×10⁵MW，特别是东南沿海及附近岛屿、内蒙古和甘肃走廊、东北、西北、华北和青藏高原等部分地区，每年风速在3m/s以上的时间近4000h，一些地区年平均风速可达6～7m/s甚至更高，具有很大的开发利用价值。

### 2.7.2 我国风资源区划分

我国地域辽阔，风资源丰富。风资源的分布与天气、气候、地形等有密切关系，具有一定的规律性。我国的风能分布划分为4个大区，30个小区，其中4个大区分别是风资源丰富区、风资源较丰富区、风资源可利用区和风资源贫乏区，见表2-6。

（1）风资源丰富区。我国风资源丰富区主要分布在东南沿海、山东半岛和辽东半岛沿海区、“三北”（东北、华北、西北）地区，以及松花江地区。

**表 2-6　　我国风能区域划分标准**

| 项　目 | 风资源丰富区 | 风资源较丰富区 | 风资源可利用区 | 风资源贫乏区 |
|---|---|---|---|---|
| 年有效风能密度/($W/m^2$) | >200 | 200~150 | 150~50 | <50 |
| 风速大于等于3m/s的年小时数/h | >5000 | 5000~4000 | 4000~2000 | <2000 |
| 占全国面积/% | 8 | 18 | 50 | 24 |

东南沿海、山东半岛和辽东半岛沿海区，邻近海洋，海平面平坦，阻力小，风力大；越向内陆风速越小。这里的陆地表面较复杂，摩擦阻力大，在相同的气压梯度下，海平面的风力比陆地大。我国气象站风速大于7m/s的地方，除了高山气象站以外都集中在东南沿海。这一地区春季风能最大，冬季次之，其中，福建平潭年平均风速为8.7m/s，是全国平均地上风能最大的地区。

(2) 风资源较丰富区。我国风资源较丰富区主要分布在东南沿海内陆和渤海沿海区，以及“三北”地区的南部区域和青藏高原区。“三北”地区是内陆风资源最好的区域。这一地区受蒙古高压控制，每次冷空气南下都会造成较强风力，地面平坦，风速梯度小，春季风能最大，冬季次之。青藏高原海拔较高，离高空西风带较近，春季随地面增热，对流加强，风力变大，夏季次之。东南沿海内陆和渤海沿海区、长江口以南风能秋季最大，冬季次之；长江口以北风能春季最大，冬季次之。“三北”地区的南部区域，内蒙古和甘肃北部，终年在西风带控制之下，又是冷空气入侵的通道，风速较大，形成了风能较丰富区。内蒙古地区风资源非常丰富，在全区118.3万$km^2$的土地上，风能总储量达到8.98万kW，风能技术可开发利用量为1.5亿kW，占全国可利用风能储量的40%。内蒙古风速的季节变化和日变化基本上与生产和生活用电规律相吻合，且地域辽阔，人口稀少，大部分地区为平坦的草场，十分适宜建设大型风电场。这一地区风能分布范围广，是我国连成一片的最大风资源区。

(3) 风资源可利用区。我国风资源可利用区分布于“两广”(广东、广西)沿海区，大、小兴安岭地区及中部地区。大、小兴安岭地区的风力主要受东北低压影响，春、秋季风能最大。中部地区是指东北长白山开始，向西经华北平原到西北我国最西端，贯穿我国东西的广大地区。其中，西北各省、川西和青藏高原东部、西部风能春季最大，夏季次之；四川中部为风能欠缺区。黄河和长江的中、下游风能春、冬季较大。“两广”沿海岸地区在南岭以南，位于大陆南端，冬季有强大的冷空气南下，冬季风能最大；秋季受台风影响，风力次之。

(4) 风资源贫乏区。四川、云南、贵州和南岭山地区、甘肃、陕西南部、塔里木盆地、雅鲁藏布江和川都区为风能贫乏区。这些地区多为“群山环抱”，风能潜力低，利用价值小。

## 思 考 与 习 题

1. 自然界的风是如何形成的?

回答：太阳辐射造成地球表面大气层受热不均，产生温差，从而引起大气压力分布不均。在压差作用下，空气沿水平方向由高压区向低压区流动，引起大气的对流运动，从而形成风。

2. 风速和风向的定义是什么？

回答：气象上把风吹来的方向定义为风向；风速是风移动的速度，即单位时间内空气流动所经过的距离。

3. $10m^2$ 的叶片受到垂直于叶片表面的 10m/s 风，所得到理论功率是多少呢？

回答：$\rho=1.225kg/m$，$v=10m/s$，理论功率为 $P=\frac{1}{2}\times1.225\times10\times10^3=6215(W)$。

4. 风的最大特征是什么？

回答：风的最大特征是风速和风向总是在变化，表现出极大的随机性。

5. 统计每个风速区间内风速出现的次数一般用什么分布函数？

回答：威布尔（Weibull）分布。

6. 什么是湍流强度？

回答：脉动风速均方根值与平均风速之比，它是反映风速在时间、空间上波动性强弱程度的特征量。

7. 什么是风功率密度？

回答：风功率密度定义为单位截面上风的动能通量，单位为 $W/m^2$。

$$\omega=\frac{1}{2N}\sum_{i=1}^{N}\rho v_i^3$$

式中 $N$——区间内的记录个数；

$\rho$——空气密度，$kg/m^3$；

$v_i$——记录 $i$ 的平均风速，m/s。

# 参考文献


[1] 贾彦，常泽辉. 风力机原理与设计 [M]. 北京：中国电力出版社，2015.

[2] 宋海辉. 风力发电技术及工程 [M]. 北京：中国水利水电出版社，2009.

[3] 王亚荣. 风力发电技术 [M]. 北京：中国电力出版社，2012.

[4] 牛山泉，刘薇，李岩. 风能技术 [M]. 北京：科学出版社，2009.

[5] 赵振宙，王同光，郑源. 风力机原理 [M]. 北京：中国水利水电出版社，2016.

[6] 布劳尔，刘长浥，张菲，等. 风资源评估：风电项目开发实用导则 [M]. 北京：机械工业出版社，2014.

[7] 汪建文，李永华，武文斐，等. 可再生能源 [M]. 北京：机械工业出版社，2012.

第3章　风轮工作原理

# 第3章　风轮工作原理

风轮作为风电机组最为核心的组件，其性能及效率直接影响着风电机组的输出功率和转换效率。风轮可将风能转化为机械能，并通过控制系统调整桨距角和旋转速度来提升风能转换效率，使得其能够在不同风速和风向条件下高效运行，并提供较为稳定的功率输出。本章主要包含风轮的分类、风轮气动特性分析、风能转换基本原理、风轮气动性能和风轮的简单设计五部分内容。

## 3.1　风轮的分类

风轮是将风能转化为机械能的一种装置，是风电机组最为关键的部件之一，通常由多个叶片和轮毂组成。风轮按风电机组型式可分为水平轴和垂直轴两种形式，水平轴风电机组风轮的旋转轴与水平面平行，而垂直轴风电机组风轮的旋转轴则与水平面垂直。风轮安装的方式可以多样，例如有的具有反转叶片的风轮；有的在一个塔架上安装多个风轮，以便在输出功率一定的条件下减少塔架成本；有的则是利用锥形罩，使气流通过水平轴风轮时风速增加；还有在风轮周围产生漩涡，集中气流并增加气流速度，从而达到提高功率的目的。通过风电机组，风轮可将风能转化为电能，为城市和农村提供清洁的电力能源，还可以用于农田灌溉、海上油井开采辅助动力等领域。随着不断改进和创新，风轮的气动效率及可靠性将进一步提高，为清洁能源产业做出更大的贡献。

### 3.1.1　水平轴风电机组风轮

水平轴风电机组风轮的叶片围绕一个与地面保持水平的轴进行旋转，旋转平面与风向垂直。来流风带动风轮旋转，再通过主轴使机舱内的发电机运行。风轮的尺寸可以根据风电机组的规模和需求进行设计，叶片通常由玻璃纤维增强材料或碳纤维增强材料等复合材料制成，具有高强度和耐久性。风轮转轴将风轮的旋转产生的机械能传递到发电机，发电机再将机械能转化为电能。转轴连接机舱的发电机，机舱内部还包括控制系统和电气设备，用于监测和调节转速、叶片角度和风轮的运行状态。塔架作为风电机组的支撑结构，通常由钢制构件组成，具备足够的强度和稳定性，以承受风力对风轮的作用，塔架的高度决定了风轮能够获取到的平均风速，从而决定输出功率。

1. 转速与叶片数量的关系

按转速的快慢划分，风轮可分为高速风轮和低速风轮，如图 3-1 所示。高速风轮叶片数量较少，一般采用三叶片的形式，其最佳转速对应的风轮叶尖线速度为 5～15 倍的来流风速。在高速运行时，高速风轮有较高的风能利用系数，但是其启动风速也较高，由于叶片数量较少，在输出功率相同的条件下，高速风轮的质量比低速风轮的质量要轻很多。低速风轮通常叶片较多，这种风轮在低速运行时具有较高的风能利用系数和较大的转矩。它的启动力矩大，启动风速低，适用于提水灌溉等应用。风轮叶片数视风轮用途而定，用于风力发电的风轮的叶片数一般取 1～3 片，用于风力提水的风轮的叶片数一般取 12～24 片。

（a）高速风轮

（b）低速风轮

图 3-1 水平轴风轮

2. 水平轴风电机组风轮与塔架的位置关系

图 3-2 中，水平轴风电机组风轮面向来流方向时称为上风向风轮，风轮在背离来流方向时则称为下风向风轮。上风向风轮必须有偏航装置使风轮对风；下风向风轮则能够做到随风移动，无须偏航装置。对于下风向风轮而言，由于部分来流先通过塔架，然后吹向风轮，塔架干扰了流经叶片的气流，形成塔影效应，这会降低风轮的气动性能。

3. 偏航装置

大多数水平轴风电机组风轮需要配置偏航装置以进行转向操作，能随风向改变而转动风轮平面，以确保风轮始终面向风的方向，从而最大限度地捕获风能。风轮采用风向传感器监测风的方向，并将这一信息传递给偏航装置。偏航装置基于风向传感器提供的信息，通过伺服电动机构调整风轮的方向。此外，偏航装置的控制软件和算法可根据风向传感器的数据和事先设定的规则对偏航控制系统进行优化调整，确保风轮始终指向风的方向。

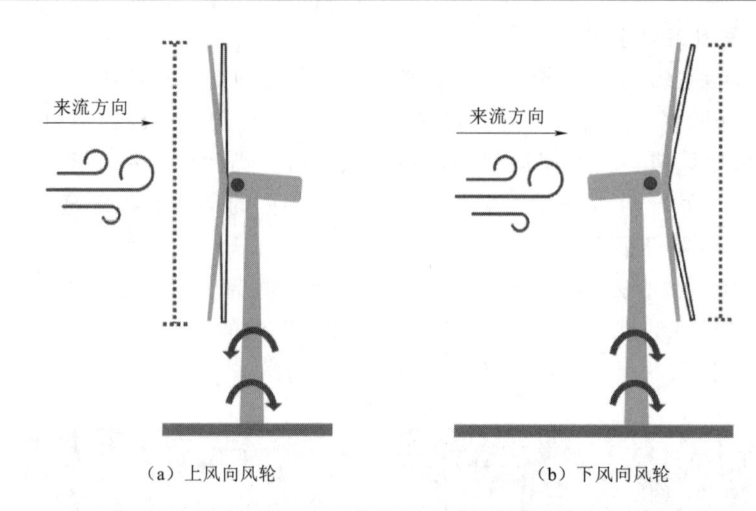


图 3-2 水平轴风轮与塔架的关系

小型水平轴风电机组风轮（图 3-3）需要依靠尾部折叠或偏航来增强抵抗大风的能力。其中比较常用的方法是折叠尾部进行保护，当风速较高时，该保护措施启动，发电机速度下降。但是这样的保护措施会直接导致风电机组功率降低，无法实现高效的风能转换。同时，长期保持尾部折叠也会降低机构的机械稳定性，导致尾杆断裂。且传统带尾部折叠功能的水平轴风电机组风轮由于结构原因不能完全密封，无法防止渗水以及粉尘侵蚀。在实际应用中，水平轴风电机组风轮的尾舵轴和轴套均会出现不同程度的磨损，影响尾舵的工作，这会使尾舵失去作用，在强风中烧毁发电机，造成严重的损坏。

图 3-3 小型水平轴风电机组风轮

4. *发展现状*

水平轴风电机组风轮目前应用广泛，技术手段相对成熟。但是水平轴风电机组风轮在结构上还存在一些难以克服的问题，如由于重力和惯性力共同影响，在叶片旋转过程中，重力的方向保持不变，但惯性力的方向不断变化，使得叶片受到的载荷具有时变性。这容易造成旋转风轮叶片的损坏，对叶片的抗疲劳非常不利。同时，叶片的造价也较为昂贵，叶片制造材料的要求比较严格。此外，水平轴风电机组风轮通常安装在空中数十米甚至数百米的塔架上，安装、检修和维护都很困难，这些因素都制约了水平轴风电机组容量的进一步提高。

5. *关键技术问题*

在水平轴风电机组的发展过程中，风轮的气动设计和控制系统优化是其中最重要的问题。

水平轴风电机组风轮作为一种典型的旋转流体机械，涉及流体三维旋转边界层理论、三维湍流流场数值计算、动态旋转流场测量等关键技术，这些都是有关风轮的前沿研究领域。水平轴风电机组风轮所用叶片具有较大展向长度，且相对弦长小，叶片柔韧性强，易振动变形。风对叶片结构的影响较为复杂，叶片结构的变形和振动不仅会对叶片产生附加应力，影响其结构强度，而且会影响叶片本身的气动性能，改变叶片上的气动力分布，气动与结构的相互作用也会形成复杂的流固耦合现象。同时，由于风在时间和空间上的变异性，风对塔架结构的影响同样是非常复杂的，塔架结构的变形和振动不仅会影响其结构强度，而且影响风轮顶部的空间位置，以及风轮的气动载荷，进一步影响叶片的结构变形和振动。因此，在风轮气动设计过程中，必须考虑塔架结构的动力特性以及它在时变载荷作用下的动力响应。同时，风能的高效率捕获是风轮气动设计的核心技术问题之一，由于风的速度和方向的变化，风轮需要能够灵活地调整方向、角度和旋转速度，确保将风能的捕获和转化效率最大化。因此，风电机组需要配备高精度的风速和风向传感器，以及快速响应的控制系统，以确保风轮能够始终面向风的方向。

控制系统优化也是关键技术问题之一。通过对风轮的控制系统进行优化，可以提高整个系统的稳定性、可靠性和发电效率并可，考虑风电机组运行的安全性、尺寸和重量的限制，以及响应风速和风向变化的能力，在各种复杂的环境条件下实现风轮的最佳控制策略。

### 3.1.2 垂直轴风电机组风轮

垂直轴风电机组风轮主要受力点集中于轮毂，为避免叶片脱落、断裂和叶片飞出等问题，垂直轴风电机组的叶片按相同的角度差形成圆周，这样的设计可以降低对中心支架的压力。

1. 垂直轴风电机组风轮分类

翼型与来流风向之间的攻角决定垂直轴风电机组的升力系数和阻力系数。由于翼型的上下曲率不同，导致气流流经翼型两侧表面的路径长度不等。考虑到质量守恒，通过翼型下方和上方的空气是恒定的，因此，路径长度的差异会导致流过翼型的气流速度不同。根据伯努利方程可知，这种变化会导致翼型两侧产生压力差（或出现压力梯度）。垂直轴风电机组风轮可分为升力型和阻力型，如图 3 - 4 所示。

升力型风轮通常利用翼型的升力做功，可忽略气流中的黏性效应，气动力仅取决于翼型表面的压差，如图 3 - 5 所示。升力型风轮是由法国工程师 Darrieus 发明的，于 1931 年获得专利，但一直未被重视，直到 20 世纪后期，经加拿大国家空气动力实验室和美国 Sandia 实验室大量的试验研究，认为此装置是垂直轴风电机组中风能利用系数最高的。根据叶片的形状，升力型风轮可分为直叶片和弯叶片（Φ 型）两种，叶片的翼型剖面多为对称翼型。弯叶片主要是使叶片只承受张力，不承受离心力，但其几何形状固定不变，不便采用变桨距方法控制转速，而且弯叶片制造成本比直叶片高。直叶片一般都采用轮毂臂和拉索支撑，以防止离心力引起过大

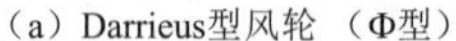
（a）Darrieus型风轮 （Φ型）

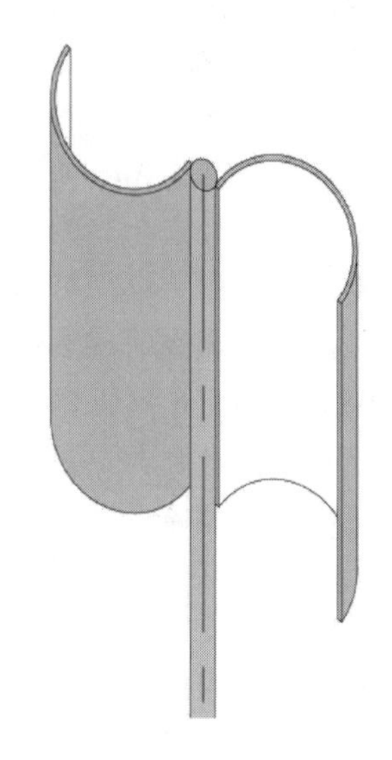

（b）Savonius型风轮

图 3-4　典型垂直轴风电机组风轮

的弯曲应力，但这些支撑会产生气动阻力，降低效率。在叶片旋转过程中，阻力随着转速的增加而急剧减小，而升力则增加，因此升力型风轮的效率要高于阻力型。

阻力型风轮主要以空气通过叶片产生的阻力为动力，主要有萨沃纽斯型（Savonius）、涡轮型、风杯型、平板型等。如图 3-6 所示，阻力型风轮运行过程中叶片攻角随相位角发生周期性变化，且其计算值在迎风区与背风区呈角对称分布。当叶尖速比 $\lambda$ 为 0.4 时，叶片攻角幅值均可达到 90°；而当叶尖速比 $\lambda$ 超过 1.0 时，叶片攻角幅值不断降低。由于垂直轴风电机组风轮的叶片攻角随着方位角而发生变化，每个叶片攻角对应的最大升力系数只有一个位置，所以垂直轴风电机组风轮的风能利用系数低。为克服这一缺点，需要把垂直轴风轮的叶片设计成一边随风轮旋转一边调整叶片自身攻角的形式，使其时刻处于最佳攻角状态，这样就给结构设计带来了新的挑战，也增添了叶片攻角控制的复杂程度。

图 3-5　升力型风轮

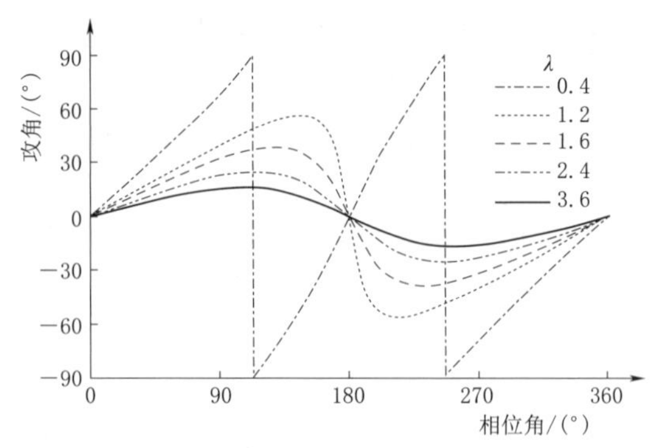


图 3-6　攻角随相位角变化曲线

2. 发展现状

2000 年后，垂直轴风电机组的小型化研究已成为风电行业的研究热点。国内外各生产厂家和研究机构纷纷开始了小型垂直轴风电机组的研究，并相继推出了性能优良的产品。加拿大 Cleanfield Energy 推出了 H 型 Darrieus 风电机组，功率为 3.5kW，具有启动风速低和抗风性好等特点，装有刹车系统，结构简单，使用寿命长达 20～30 年。芬兰 Windside 推出的 WS 系列风电机组装有两个螺旋叶片，启动风速为 1m/s，在 60m/s 的风速下仍能工作，此风电机组装有蓄电池，在较低风速下可对电池充电。美国 PacWind 生产的海鹰 1kW 风电机组属阻力型风电机组，风轮直接驱动电机，具有结构紧凑、启动风速低等优点。

图 3-7 是英国 Quietrevolution 制造的一种新型的垂直轴风电机组 QR5v1.2，风速范围为 4～16m/s，3 个 S 型螺旋状叶片的设计可以在获取风能的同时消除噪声和振动，只有一个可移动部件，密封性好，易于日常维护，叶片、支撑杆、转矩管都采用高强度的碳纤维增强树脂，直驱式内嵌发电机安装于支撑杆中，具有自动关闭和电力高峰跟踪的功能。

芬兰 Windside 基于航天工程原理开发了一种外形独特的 WS 型垂直轴风电机组，如图 3-8 所示，其突出特点是在风速很低的情况下就可以给电池充电，且风轮扫掠面积越大，启动风速越低，可在风速低至 1m/s 时下工作。在芬兰海岛地区进行的真实环境测试中，WS 系列垂直轴风电机组的年发电量比同一地区传统型水平轴风电机组的发电量增加 50%，有着极强的风况适应能力。即使风速低于 5m/s，WS 风轮的效率也较高。

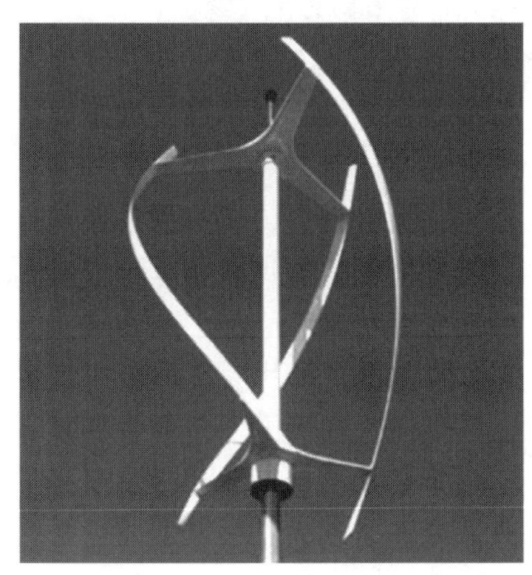

图 3-7 英国 Quietrevolution QR5v1.2 型垂直轴风电机组

图 3-8 芬兰 Windside 的 WS 系列垂直轴风电机组

国内也有较多厂家推出了性能优异的小型垂直轴风电机组。江苏模斯翼风力发电设备有限公司推出的 FDM 系列垂直轴风电机组具有启动风速低、安全性强、噪声低、抗风能力强等优点。广州云攀风能科技有限公司推出 1kW H 型垂直轴风电机组采用永磁转子结构，有效降低了发电机的阻转矩，风轮与发电机的匹配较好，主要用于沿海城市的市政路灯工程设施。上海麟风风力发电设备有限公司开发出较多型号的小型垂直轴风电机组，功率范围200W～10kW，工作风速4～4.5m/s。

图3-9为安装在城市中的垂直轴风电机组，由于发电机功率相对较小以及启动性能差阻碍了其广泛应用，但是垂直轴风电机组依然有着不可忽视的优点。水平轴风电机组机舱放置在很高的塔顶处，安装维护不便，而且风电机组重心高，易翻倒。而垂直轴风电机组的发电机、齿轮箱在底部，重心低，稳定性好，并且维护方便，极大降低了成本；而且垂直轴风电机组不需要偏航装置，可以接收360°方位中任何方向的来风。垂直轴风电机组叶片的叶尖速比要比水平轴的小，气动噪声小，在城市公共设施、路灯、民宅等噪声不可过高的地方，都可以使用垂直轴风电机组。

图3-9 安装在城市中的垂直轴风电机组

目前，垂直轴风电机组在国内外的发展趋势主要体现在以下方面：

（1）对叶片外形进行优化。由于对风轮气动特性的需求越来越高，进行合理的叶片结构的优化是风轮发展的新方向。

（2）采用支撑式磁力悬挂系统。在风电机组的辅助设备中采用磁浮技术，能够达到不产生机械摩擦、噪声小、高效能的目的。在磁浮、磁控和微型垂直轴风电机组风轮的智能化控制方面，磁浮技术将是今后的发展趋势。

（3）可使用离线供电系统。离线供电系统由垂直轴风电机组、控制装置、逆变器及蓄电池组成，主要用于路灯照明。该系统的主要功能是连接在垂直轴风电机组风轮上，可以用作紧急情况下的供电。

（4）补充能源结构。垂直轴风电机组与其他型式的风电系统结合使用，具有风电互补的特点。

3. 水平轴风电机组风轮与垂直轴风电机组风轮的优缺点比较

（1）水平轴风电机组风轮的主要优点如下：

1）风能利用效率高。水平轴风电机组风轮采用面对风向的叶片设计，可以使

风能较高效地转化为机械能。

2）功率输出较高。由于水平轴风电机组风轮较大的叶片直径，可以提供较高的功率输出，适用于大规模的商业和工业应用。

3）适应多样化的风电场。水平轴风电机组风轮在不同的风速和风向条件下表现相对稳定，适应范围较广。

4）技术成熟度高。水平轴风电机组风轮是目前市场上应用最广泛的风轮类型之一，其设计和技术成熟度较高，有丰富的经验和成熟的市场供应链，相对容易优化和提高效率。

（2）水平轴风电机组风轮的主要缺点如下：

1）需调整迎风方向。水平轴风电机组风轮需要根据风向旋转，因此需要一个可以自动调整方向的机械或电子系统，这增加了复杂性和维护成本。

2）受限于风电场高度。水平轴风电机组风轮的叶片受制于高空的加速气流，因此一般需要较高的塔筒和基础结构，这增加了建设和安装的成本。

3）振动和噪声问题。水平轴风电机组风轮的旋转带来一定的振动和噪声，特别是在高速旋转时，可能对周围环境和居民造成一定的干扰。

（3）而垂直轴风电机组风轮的旋转与风向无关，无须采用水平轴风电机组类似的迎风装置。另外垂直轴风电机组风轮的叶片是以简支梁或多跨连续梁的力学模型架设在风电机组转子上的，这和水平轴风电机组风轮需要用碳纤维增强树脂在非常严格的条件下制造出来的要求相比，材质上的要求和制造难度降低，完全能够实现国产化。垂直轴风电机组风轮的主要优点包括以下几点：

1）多方向迎风。垂直轴风电机组风轮能够接收各向来流风，所以它无须像水平轴风电机组风轮一样安装偏航装置，减小了设计复杂度。同时，多向受风的特性使其更加适应风向多变的区域。

2）噪声小，环保优势强。风电机组的噪声源主要包括气流流经高速旋转的叶片时产生的气动噪声和机组设备的机械噪声。在气动噪声方面，垂直轴风电机组风轮运行的叶尖速比相对较低，造成的噪声影响较弱；在机械噪声方面，垂直轴风电机组的发电机组设备基本在塔架底部，其噪声由于地面阻挡物不易传播。噪声低的优势使其在城市等人口密集区的适用度更高。

3）受力特性恒定，生命周期长，大型化限制少。垂直轴风电机组风轮受到的重力和惯性力保持恒定方向，不易疲劳破坏；而水平轴风电机组风轮的惯性力方向不断变化，导致其在惯性力和重力的共同作用下承受着周期性的变化载荷，其疲劳寿命相比垂直轴风电机组风轮要短很多。

4）对环境的适应力强。其中：①垂直轴风电机组风轮在湍流中可具备更好的表现；②风轮叶片常常受到尘埃、冰冻等污染而使其实际外形发生变化，垂直轴风电机组风轮由于运行速度较低，对微小的外形变化敏感度低。

（4）垂直轴风轮的主要缺点是发电效率相对较低。相比于水平轴风轮，垂直轴风轮一般效率较低，无法提供大规模的功率输出。且由于结构本身的原因，会存在一定的摩擦和阻力损失，一般适用于小型和低功率需求的场景。

# 3.2　风轮气动特性分析

当来流经过叶片时，会对叶片产生作用力，从而带动风电机组的风轮旋转，旋转的风轮将机械能传递给与其相连的主轴，并带动发电机发电，这样就实现了从风能到电能的转换。因此，风力发电的根本就在于风对叶片产生的作用力，也就是叶片的气动力。本节重点针对水平轴风电机组风轮的工作原理进行气动特性分析。

## 3.2.1　叶片的气动力

叶片与空气做相对运动时所受到的来自空气的作用力称为叶片的气动力。风轮使用的叶片通常细而长，垂直叶片展向对叶片进行剖切，还可以发现剖面都是前圆后尖的独特外形。这种十分具有特色的空气动力外形是叶片可以产生气动力的几何原因。当气流流经叶片的上下表面时，其独特的气动外形会迫使流线沿其表面弯曲。根据流体力学的流线曲率定理，当流动发生弯转时，亦即流线发生弯曲时，会产生一定的压力梯度，即

$$\frac{\partial P_0}{\partial r}=\frac{\rho v_0^2}{k} \tag{3-1}$$

式中　$P_0$——大气压力，Pa；

$\rho$——气流密度，kg/m$^3$；

$v_0$——风轮来流速度，m/s；

$k$——流线的曲率，1/m。

压力梯度的作用类似质点做圆周运动时受到的向心力。同时，在叶片上下表面的无穷远处，压力为大气压力 $P_0$，上下表面就会因为不同曲率变化产生不同的压力，这种压力差就造就了叶片的升力。除了升力外，此时也有阻力的存在，这种压差阻力即是主要的气动阻力来源。

如图3-10所示，垂直于风轮来流速度 $v_0$ 的方向的气动力分量为升力 $F_L$，平行于 $v_0$ 的分量为阻力 $F_D$，合力用字母 $R$ 表示，诱导速度（叶片随风轮周向的切速度，即风轮旋转后叶片某点轴向的切向速度）为 $\omega r$，合速度为相对速度 $v_{rel}$，对应的攻角为 $\alpha$。

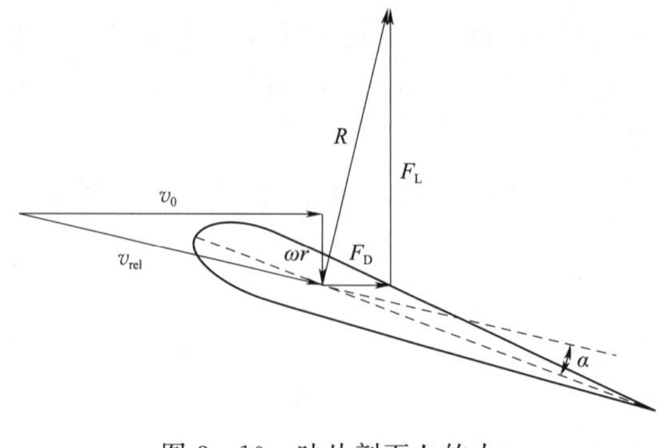


图3-10　叶片剖面上的力

上述受力分析针对的是水平轴风电机组风轮，对于垂直轴风电机组风轮而言，叶片上下表面压力差会迫使气流在叶尖位置从相对压力较大的下表面向压力较小的上表面流动，这将使得叶片上表面的流线向内偏斜，下表面的流线则向外偏斜，因此叶片的后缘位置就会产生切向速度的阶

跃，使尾迹中形成连续的涡流层（自由涡）。根据离散涡的升力线理论，通过毕奥-萨伐尔（Biot-Savart）定律可以得出，自由涡在叶片的任何位置都会导致一个向下的速度分量，即诱导速度分量。整个诱导速度就是由叶片的一个剖面处的所有涡共同作用产生的，且诱导速度的存在会为叶片附加诱导阻力，这是气动阻力的另一项来源。升力型垂直轴风电机组风轮通常可以忽略气流中的黏性效应，气动力仅仅取决于翼型表面的压差。而阻力型风轮则依靠摩擦力来形成阻力。

风轮的气动力和气动载荷的计算方法可以分为理论计算、试验方法以及计算流体力学（computational fluid dynamics，CFD）方法。理论计算包括叶素动量理论（blade element momentum，BEM）方法、升力线、升力面、面元法等；试验方法包括现场实测和风洞试验；CFD 方法包括有限体积法、有限差分法及有限元法等。这三种方法各有优缺点。

1. 理论计算

BEM 是最为经典的气动计算理论，由叶素理论和动量理论融合得到。

（1）叶素理论。假设叶片可以被分割为互相独立的叶素（厚度无限薄的叶片单元），每个叶素上的气动力可以根据局部流动条件以及对应二维翼型的气动数据进行气动计算。将这些气动力沿着叶片展向求和，就可以计算出施加在风轮上的总的气动力和气动转矩。

（2）动量理论。假设风轮平面的压力或动量的损失是由风轮平面的气流对叶素所做功引起的，利用动量理论可以通过轴向和切向的动量损失计算诱导速度。诱导速度影响流经风轮平面气流的速度，对叶片气动力的确定至关重要。

（3）BEM。将上述两种理论耦合在一起，并建立迭代过程来确定叶片上的气动力与转子附近的诱导速度。将叶片沿半径方向分割为叶素，空气流过叶素时，叶素表面的压力差形成进出叶素的气流动量变化，从而推动风轮转动做功。按此流动模型形成气动设计方法，用于现代风电机组气动设计。由于采用二维翼型的气动数据，计算实现较为方便。但是该理论基于一定的假设，同时也缺少诸多针对真实情况的修正，比如 Prandtl 叶尖损失、三维失速等，对于大型风电机组叶片实际设计，这是一个复杂的多目标优化问题，目前工程上大都采用“气动设计—结构设计—验证—改进”的流程化设计思路，将叶片的气动设计和结构设计分开，依靠经验来实现众多变量、目标和约束之间的协调，获得可行解，并通过改进设计方法实现叶片的最优化设计，可以有效地增加风电机组的风能利用效率，从而提高风电场的整体经济效益。

除上述应用于水平轴风电机组风轮的分析方法外，对于垂直轴风电机组风轮的气动理论分析方法主要包括动量模型、涡流模型和激励圆筒模型等。

动量模型是风电机组分析中常用的方法之一，该模型将经过风轮的气流气动力等同于动量变化率来计算流速。通过建立流场中的动量守恒方程，动量模型可以计算风轮的转速、功率输出、升力和阻力等关键参数，可以有效分析风电机组性能和效率。

涡流模型基于湍流理论，考虑风轮和周围空气之间的相互作用。涡流模型将风轮和空气流场看作是连续的涡旋流体系统，通过求解纳维-斯托克斯（Navier - Stokes）方程（质量守恒方程和动量守恒方程）或雷诺平均 Navier - Stokes 方程（RANS 方程），涡流模型可以模拟风轮产生的湍流和涡旋的动态行为，以及其对风电机组性能的影响。

激励圆筒模型是基于 BEM 方法提出的一种简化的数值模型，将风电机组的风轮近似为圆筒体，通过给圆筒体施加来自风电场的外部激励而模拟风电机组的运动行为。激励圆筒模型假设风电机组的运动主要受到来流速度和风轮受力的影响，通过求解运动方程和动力学方程，可以预测风电机组的响应和性能。

2. 试验方法

试验包括现场实测和模型试验两类。现场实测因风轮大尺寸的特点，多在室外大环境进行；模型试验则利用相似准则，在风洞试验平台即可进行。但实际情况中很难保证相似准则数全都保持相等，需要根据具体情况选择主要的准则。而风洞试验可以精确控制入流条件，受气候环境影响较小，并且模型和测试仪器的安装、操作和使用都比较方便。但是，有限空间的本质使得风洞试验会存在洞壁边界干扰（试验模型的投影面积小于风洞试验段面积的 5%时，可认为不存在阻塞效应），而真实大气环境是不存在这种干扰的；同时，试验器具和支架也会对流场形成干扰，增加误差。目前，一些学者将试验方法与数值模拟相结合，利用试验数据对数值模拟的准确性进行验证，或直接通过试验方法研究风电机组结构运动对其气动性能的影响。

3. CFD 方法

CFD 方法以经典流体力学和数值计算方法为基础，通过对流体力学的控制方程进行某种方式的离散，转换为方程组，并利用计算机进行求解，从而将流场的数值解定量地描述出来。由于 CFD 方法不需要额外的复杂控制或测试系统就可以对风轮旋转流场进行细节模拟，且系统分析成本相对较低，因此，该方法受到学者们越来越多的关注。该方法能反映流场流动细节，也能考虑到风剪切、湍流、尾流后的涡的三维特性等真实流动情况。但是受限于边界条件、湍流模型等设置的选择，CFD 方法一般需要实验来验证其计算结果的真实性。根据离散原理，计算流体动力学一般可分为三类，即有限差分法（finite difference method，FDM）、有限元法（finite element method，FEM）和有限体积法（finite volume method，FVM）。

FDM 是应用最早且最经典的一种计算流体动力学的方法。该方法利用有限网格节点代替连续区域，将求解区域划分为差分网格进行建模，并利用有限差分方程近似导数对微分方程进行近似解求解。但是，该方法需要对复杂的边界条件进行定义，其实际应用不如 FEM 或 FVM 方便。

20 世纪 80 年代，FEM 被首次用来对微分方程的边值问题进行近似解求解，但与 FDM 和 FVM 相比，该方法需要消耗更多的计算时间，因此没有得到广泛的应用。

FVM 是利用代数方程的形式对偏微分方程进行表示和求解的一种数值方法，该方法利用散度定理，将含有散度项的偏微分方程中的体积积分转化为曲面积分。

与 FDM 和 FEM 相比，在满足计算准确度的前提下，FVM 需要消耗的硬件资源和计算时间更少。因此，FVM 在目前计算流体动力学方法中的应用最为广泛。

## 3.2.2 水平轴风电机组翼型

### 3.2.2.1 翼型几何参数

风轮的叶片由不同翼型组合而成。在空气动力学中，翼型通常认为是二维的，即剖面形状不变且具有无限翼展。风轮常用的低速和亚声速翼型的典型几何参数如图 3-11 所示，后尖点称为后缘，翼型上距后缘最远的点称为前缘。前缘圆滑，后缘呈尖角形。翼型几何参数如下：

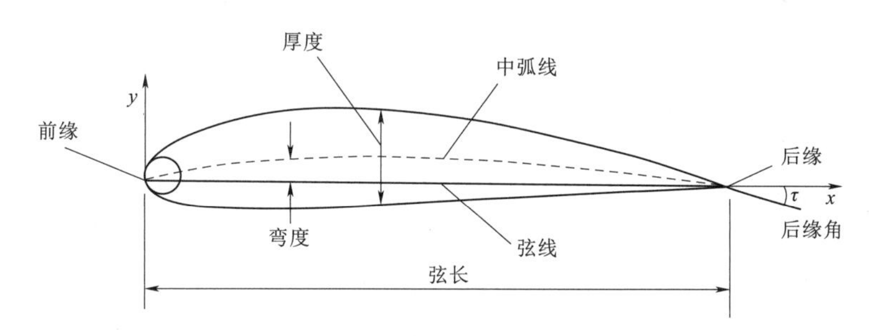


图 3-11　翼型典型几何参数示意图

（1）弦线：翼型前缘与后缘之间的连线称之为翼型的几何弦线。

（2）攻角：翼型弦线与来流风速矢量线之间的夹角，弦线相对于来流上偏时为正，反之为负，用符号 $\alpha$ 表示。

（3）中弧线：翼型周线内切圆圆心的连线称为中弧线，它是表示翼型弯曲程度的一条曲线。

（4）前缘与前缘半径：翼型中弧线最前点称之为翼型前缘，翼型前缘处的内切圆半径称之为前缘半径，前缘半径与弦长的比值称为相对前缘半径。

（5）后缘与后缘角：翼型中弧线最后点称之为翼型后缘，翼型后缘上下表面弧线的夹角被称为翼型的后缘角，钝尾缘翼型后缘处的厚度称为后缘厚度。

（6）弯度：翼型弦线到中弧线之间最大垂直距离被称为翼型弯度。

（7）厚度：翼型周线内切圆的直径被称为翼型厚度，最大翼型厚度与弦线的比值被称为翼型相对厚度。

从前缘开始，在翼型的上下表面的曲线之间作相切圆，一直到尾缘结束，将所有圆的圆心相连后得到的曲线被称为翼型的中弧线。以弦线为 $x$ 轴，弦线垂直方向为 $y$ 轴，前缘为原点，可以表征翼型的点坐标。在翼型的坐标表示中，多以弦长为基准，采用相对坐标。将翼型的厚度定义为上下表面的 $y$ 坐标的最大差值，也就是最大内切圆的直径。得出的厚度值是以弦长为基准的相对值，所以也被称为最大相对厚度。上下表面的 $y$ 坐标的最大差值所对应的 $x$ 坐标被定义为最大厚度位置。最大弯度对应为中弧线上最高点的 $y$ 坐标值，同样是相对于翼型弦长来定义，也被称为最大相对弯度。同理，其对应的 $x$ 坐标值为最大弯度位置。弯度为 0 时，翼型上下表面对称，中弧线和弦线重合。后缘角是上下表面在后缘处的切线的夹角，表示后缘尖锐度。

#### 3.2.2.2　翼型分类

1. NACA 四位数字翼型

NACA 四位数字翼型由美国国家航空咨询委员会（National Advisory Committee for Aeronautics，NACA）在 20 世纪 30 年代提出，可以分为对称翼型和有弯度翼型。对称翼型为基本厚度翼型，中弧线与弦线重合；有弯度翼型则由中弧线与基本厚度翼型叠加而成。翼型中弧线由两段抛物线构成，且两段抛物线在中弧线最高点处水平相切。NACA 四位数字翼型的相对厚度分布满足

$$y=\pm\frac{t}{0.20}(0.29690\sqrt{x}-0.12600x-0.35160x^2+0.284330x^3-0.10150x^4) \tag{3-2}$$

式中　$y$——相对厚度分布；

$t$——最大相对厚度；

$x$——翼型横坐标。

前缘半径表示为

$$r_{前}=1.1019t^2 \tag{3-3}$$

中弧线的计算为

$$\begin{cases} y=\dfrac{f}{h^2}(2hx-x^2) & x\leqslant h \\ y=\dfrac{f}{(1-h)^2}[(1-2h)+2hx-x^2] & x>h \end{cases} \tag{3-4}$$

式中　$f$——中弧线最高点纵坐标；

$h$——中弧线最高点对应横坐标。

在给定最大厚度、最大弯度以及最大弯度位置之后，就可以描述 NACA 四位数翼型，具体如图 3－12 所示。每个翼型采用“NACA”和四位数字来表示：第一位数字表示中弧线最高点的纵坐标，采用弦长的百分数形式；第二位数字表示中弧线最高点对应横坐标，采用弦长的十分数形式；最后两位表示翼型厚度，同样采用弦长的百分数形式。例如，翼型 NACA0012 是一个弯度为 0，厚度为 12％的对称翼型；翼型 NACA4418 最大相对弯度为 4％，最大弯度相对位置为 40％，最大相对厚度为 18％。

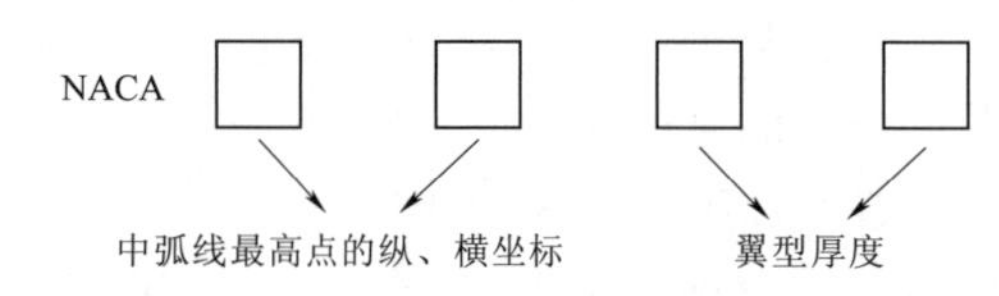


图 3－12　NACA 四位数字翼型表示方法

2. NACA 五位数字翼型

五位数字翼型采用与四位数字翼型相同的厚度分布，区别在于中弧线的不同。实验发现翼型最大弯度位置离开中弧线中点后，无论是前移还是后移，对提高翼型最大升力系数（无量纲量，指翼型在测试范围内所受到的升力与气流动压和参考面积的乘积之比的最大值）都有好处。但是往后移时会产生较大的俯仰力

矩（作用在翼型上的气动力对其重心所产生的力矩沿横轴的分量）；而往前移得太多的话，则需要修改原来四位数字翼型的中弧线形状，这样就变成了五位数字翼型。

如图 3-13 所示，五位数字的具体含义为：第一位表示翼型的弯度，但不等于弯度，其数值等于翼型设计升力系数的 3/20 倍；第二位和第三位数字联合表示最大弯度位置（翼型最大弧高所在位置到前缘的距离称为最大弯度位置），数值上等于实际位置的两倍，采用弦长的百分数形式；最后两位表示翼型厚度，同样采用弦长的百分数。例如翼型 NACA23012 的设计升力系数为 0.3，最大弯度的相对位置为 15%；中弧线后段为直线；最大相对厚度为 12%。

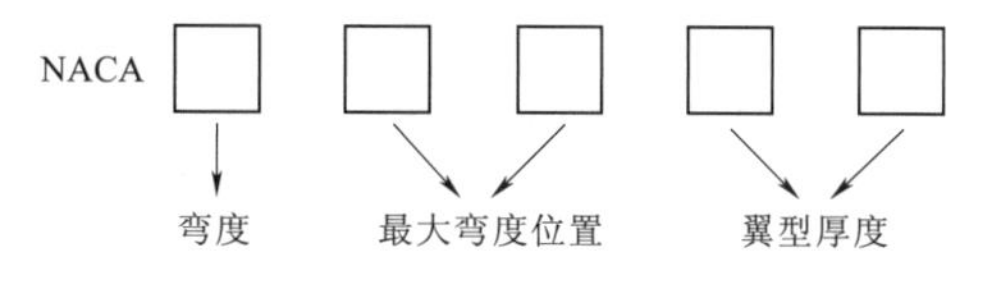

图 3-13　NACA 五位数字翼型表示方法

3. *NACA 四、五位数字修改翼型*

常见的四、五位数字修改翼型是改变前缘半径和最大厚度相对位置（翼型最大厚度所在位置到前缘的距离）。主要有两组类型：第一组类型的表达形式为 NACA ××××-××或 NACA ×××××-××，横线前面为未修改的四、五位数字翼型的表达式，横线后面第一个数字表示前缘半径大小，第二个数字表示最大厚度相对位置的十倍数值；第二组类型是德国航空研究中心（DVL）所作，这里不做具体介绍。

4. *层流翼型*

在攻角较大时，由于逆压力梯度的存在，边界层流动会从层流状态转变为湍流状态。而湍流状态的摩擦阻力系数要比层流状态大得多，这一点对于翼型表面的气流流动的影响十分深远。早期在 NACA 四、五位数字翼型的上表面流动中，气流有 95%以上的流动都是在处于逆压力梯度中，摩擦阻力较大。基于此点，研究者们重新设计了翼型的外形，以延长顺压力梯度为目标，设计出了层流翼型。目前常用的是 NACA6 族和 7 族层流翼型。最大厚度相对位置有 0.35、0.40、0.45 和 0.50 几种。中弧线形状是按载荷分布设计的，从前缘到某点载荷是常数，从该点到尾缘载荷线性降低到零，该点的位置一般在最大厚度位置之后。

（1）NACA6 族层流翼型示例如下：

1）NACA65，3-218，$a$=0.5。第一个数字 6 表示 6 族，第二个数字 5 表示在零升力时基本厚度翼型最低压强点位置在 0.50 弦长处；逗号后的 3 表示升力系数在设计升力系数±0.3 范围内，翼面上仍存在有利压力分布；横线后面的第一个数字 2 是设计升力系数的 10 倍，即该翼型的设计升力系数为 0.2，而有利压力分布（即抑制转捩）的升力系数范围是−0.1～0.5；最后两个数字表示最大相对厚度为 18%。等式 $a$=0.5 用于说明中弧线类型。

2）NACA$65_3$-218，$a$=0.5。与 1）中翼型表达式的差异在于下标 3 代替了逗号后的 3。下标 3 仍表示有利压力分布的升力系数范围，只是该翼型的厚度分布是从一系列的保角变换中得到的。该翼型是 NACA6 族翼型的修改翼型。

3）NACA65（318）-217，$a=0.5$。该翼型的厚度是从某种翼型按比例换算出来的。括号中的3仍表示有利压力分布的升力系数范围为±0.3；18表示原来翼型的相对厚度为18%；最后的17表示这种翼型的实际相对厚度为17%。该翼型也是NACA6族翼型的修改翼型。

4）NACA65-210和NACA65（10）-211。该翼型的最大相对厚度小于12%，其有利的升力系数范围小于±0.1。这时第三个表示有利压力分布的升力系数范围的数字就不标注了。

5）NACA65（215）-218，$a=0.5$。该翼型是从NACA65，3-215，$a=0.5$翼型按线性关系增加纵坐标得到的修改翼型；设计升力系数等于0.2，其余标记意义与第（1）种相同。

6）$NACA64_1A212$。这种翼型是经修改过的NACA6族翼型，或称NACA6A族翼型。该翼型的上下表面在最后弦长段都是直线。

（2）以NACA747A315为例阐述NACA7族层流翼型的表达形式：第一个数字表示族；第二个数字表示在设计升力系数下，上表面顺压力梯度相对坐标的十倍数值，即在设计升力系数下，上表面顺压力梯度为从0到40%；第三个数字表示下表面顺压力梯度相对坐标的十倍数值，即在设计升力系数下，下表面顺压力梯度为从0到70%；最后三个数字的含义与NACA6族层流翼型相同；夹在中间的字母表示基本厚度翼型与中弧线的不同组合。

5. SERI翼型族

为了更好地满足风电机组风轮翼型的使用要求，美国国家可再生能源实验室（National Renewable Energy Laboratory，NREL）针对各种直径的风电机组风轮设计了相应的SERI翼型族，该翼型族具有较高升阻比，失速时对翼型表面的粗糙度敏感性低。在SERI翼型族的设计过程中，假设风轮主要的功率产生区域集中在叶片展向的75%位置附近，并且预期用在这个主要功率产生区的翼型具有比较高的升阻比（为了使风能利用系数最大）、有限的最大升力系数（为了确保可靠的失速控制，特别是在低风速场合）、失速时对翼型族表面粗糙度的低敏感性（使失速控制性能保持恒定）和适当的相对厚度（为了保持满意的结构刚度和重量），由此设计出了SERI S805A翼型，如图3-14所示；同时，为叶片的根部和叶尖设计的翼型不仅要满足局部的空气动力学要求，而且要求它们的空气动力学性能从根部到叶尖是单调变化且具有流线型的叶片表面，出于结构因素的考虑，根部翼型应当较厚，而且具有较大的最大升力系数，叶尖处翼型应当较薄，具有较低的最小阻力和最大升力系数，由此设计出分别用于根部的SERI S807翼型和用于叶尖的SERI S806A翼型，如图3-15和图3-16所示。

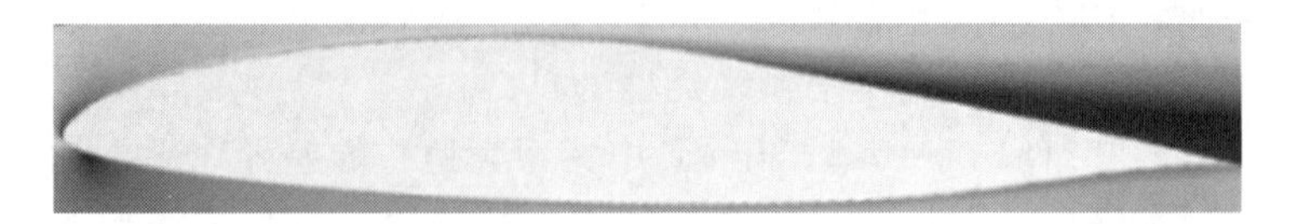

图3-14　SERI S805A翼型

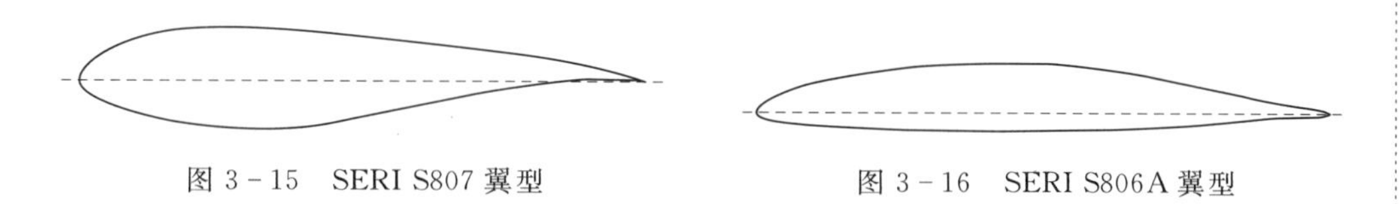

图 3-15 SERI S807 翼型　　图 3-16 SERI S806A 翼型

6. DU 翼型族

DU 翼型族的编号由字母 DU 和一串数字/字母组成，图 3-17 显示了几种 DU 翼型的编号及外形。DU 表示代尔夫特理工大学（Delft University of Technology），其后的两位数字表示翼型的设计年份，W 表示应用于风电机组，以区别于应用在帆船和普通航空器上的翼型，最后的 3 位数字是翼型最大相对厚度的 10 倍。如果在 W 后面有一个附加的数字，则表示当年设计了不止一个该相对厚度的翼型。

7. NREL_S 翼型族

NREL_S 系列翼型是由 NREL 主持研发的风电机组专用翼型，使用 Epper 翼型进行设计分析。NREL_S 翼型族的总体性能要求是具有对粗糙度不敏感的最大升力系数。该翼型族可满足风电机组失速调节控制、变桨距、变速的要求，能有效减小由于昆虫残骸和灰尘积累使叶片表面粗糙度增加而造成的转子性能下降，并且能增加能量输出和改善功率控制。

8. 瑞典 FFA-W 翼型族

瑞典 FFA-W 翼型族包括 FFA-W1、FFA-W2 和 FFA-W3 三类翼型。图 3-18 为 FFA-W3 翼型，图中 FFA-W3 后的数字为翼型的相对厚度。FFA-W1 翼型族具有较高的设计升力系数，在前缘粗糙的情况下仍具有良好的气动性能，可以满足低尖速比风电机组的要求。FFA-W2 翼型中的其他厚度的翼型可以通过减少相应厚度的 FFA-W1 翼型的弯度得到。FFA-W3 翼型在光滑和粗糙表面下均具有良好的性能，并克服了 NACA6 翼型族随着厚度增加，翼型表面粗糙增加导致翼型性能下降的缺点。

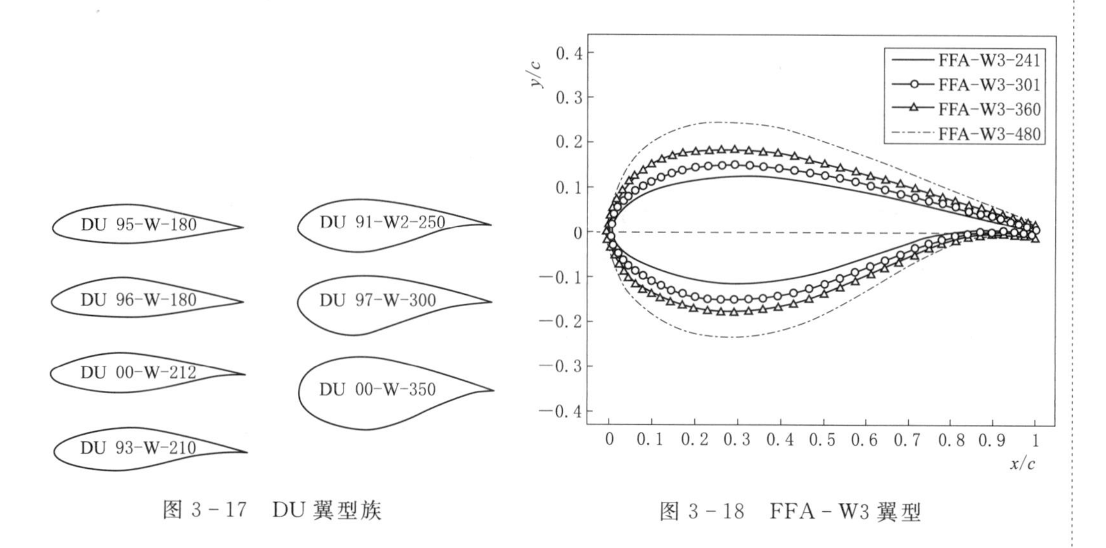


图 3-17 DU 翼型族　　图 3-18 FFA-W3 翼型

9. 其他翼型

中国空气动力研究与发展中心在我国最早开展了风电机组专用翼型的风洞试验研究工作，并编写了《风力机翼型大攻角气动性能手册》，初步探索了国内外常用的30种风电机组翼型的特点及性能，并在之后持续致力于风电机组翼型和叶片的设计工作。另外，随着风电产业的发展，人们逐渐开始重视风电机组专用翼型的开发，相继设计形成了多类满足结构相容性的高性能翼型族。我国于2007年成立了“十一五”863计划项目“先进风力机翼型族设计、实验与应用”，项目成员共同开发了NPU-WA翼型族，并开展了相应的风洞试验测量，达到了设计指标。2012年，国家还成立了“十二五”863计划项目“先进风力机翼型族设计与应用技术”，旨在开发适用于大型风电机组风轮的先进翼型族和叶片应用技术。除此之外，国内其他单位如重庆大学、南京航空航天大学等，也陆续开展了类似工作并在兆瓦级风电机组设计中实现应用。近年来，一方面，风电机组翼型的设计流程、参数化方法均已成熟，但针对多元化/复杂应用场景的翼型和相关数据依旧缺乏，如翼型在高雷诺数（$6.0\times10^6\sim1.0\times10^7$）下的气动数据；另一方面，大型多兆瓦级风电机组特别是海上风电机组，对翼型设计技术提出了新的挑战，翼型的开发仍有较大提高空间。

西北工业大学以及中国科学院工程热物理研究所等多家单位也在不断开展风电机组专用翼型方面的研发，因而有了WA和CAS等翼型族的问世。CAS-W1-×××翼型族包含最大相对厚度从15%到60%的11个不同厚度的翼型，该翼型族有良好的气动特性及几何兼容性。CAS-W1-×××翼型族的几何外形如图3-19所示。

西北工业大学与吉林重通成飞新材料有限公司合作开发国产翼型首支大型风力发电CGI90.5A叶片，叶片长度达90.5m，预计装机后发电额定功率将达到5MW。该叶片采用了西北工业大学的翼型、叶栅空气动力学国家级重点实验室研发的“NPU-MWA-180多兆瓦级风力机翼型”，是我国自主研发的翼型在90m+陆上最大容量风电机组叶片上的首次成功应用。NPU-MWA多兆瓦级风力机翼型族在科学技术部相关计划资助下自主研发，包含了相对厚度从18%到60%的8个翼型，具有高设计雷诺数（$9.0\times10^6$）、高设计升力系数（>1.2）、高升阻比和低粗糙度敏感性等优良特性。该翼型族的成功应用，有助于我国从根本上摆脱长期依赖国外翼型、核心技术受制于人的被动局面，保障国产化风电机组叶片的源头创新与跨越式发展。

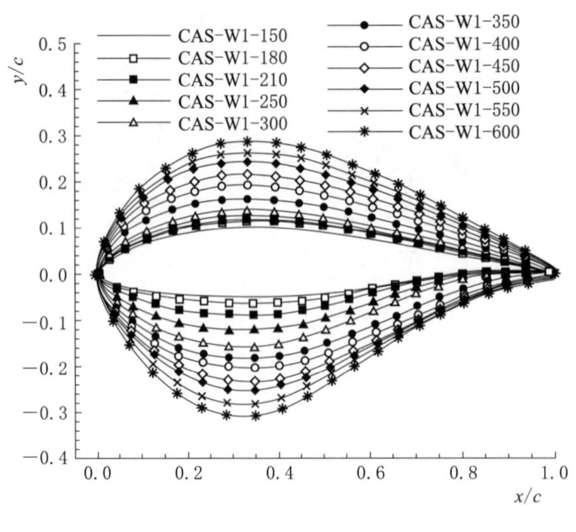

图3-19 CAS-W1-×××翼型族的几何外形

## 3.2.3　翼型受力分析

### 3.2.3.1　翼型的气动特性

如图3-10所示，将表面力进行合成得到翼型所受的合力。翼型所受的升力定义为合力在垂直于来流方向的分量，记为$F_L$；阻力定义为合力在平行于来流方向上的分量，记为$F_D$。两者的无量纲系数分别定义为升力系数$C_L$和阻力系数$C_D$，表达式为

$$C_L=\frac{F_L}{\frac{1}{2}\rho v_0^2 c} \tag{3-5}$$

$$C_D=\frac{F_D}{\frac{1}{2}\rho v_0^2 c} \tag{3-6}$$

式中　$F_L$——升力，N；

$F_D$——阻力，N；

$\rho$——气流密度，$kg/m^3$；

$v_0$——风轮来流速度，m/s；

$c$——翼型的弦长，m。

在二维翼型问题的分析中，一般取$x$轴正方向和来流方向一致，且取翼型展长为1m，即表达式中的$c$实际上是弦长与单位展长的乘积。这样规定的无量纲化的升力系数和阻力系数可使升力和阻力的方向与坐标轴一致。

严格来说，升力的来源既有法向力，也有切向力，因为翼型在$y$轴的投影并不为零。并且在正攻角下，切向力会产生负升力。但是切向力相对法向力要小得多，在攻角不大的情况下，可以忽略不计。同时，阻力也有一部分来自法向力，即表面压力的贡献。攻角较小时，气流在尾缘处有分离，压力贡献的阻力部分较小，可以忽略不计。但是当攻角较大时，上表面发生气流分离，分离后的气流不再继续减速，这就造成原本是“将翼型向前推和向后推的压力是相等的”这一局面转变，向前推的压力变得比向后推的压力更小，形成了压差阻力。攻角越大，这部分阻力占比就越大。大攻角下观察到的阻力急剧上升就是这一阻力来源的贡献。

升力的基本来源就是翼型升力面和压力面的压差。把每一小块的翼型表面的压力投影到$y$轴，再进行合成就能得到升力。升力的分布可以通过翼型表面的压力系数分布来获得。压力系数分布图以弦向为横坐标轴，纵坐标正方向一般取负压力系数。翼型的升力系数的表达式为

$$C_L=\int_0^1 (C_{P下}-C_{P上})\cos\alpha \, d\overline{x} \tag{3-7}$$

式中　$C_L$——升力系数；

$C_{P下}$——翼型下表面压力系数；

$C_{P上}$——翼型上表面压力系数；

$\alpha$——攻角，rad；

$\overline{x}$——翼型相对横坐标。

升力和弦线的交点称为压力中心。压力中心的位置取决于表面压力的分布。一般来说，攻角越大，上下表面的压力越大，吸力峰前移，压力中心向前缘移动。但是这个规律只限于失速之前。由翼型上下面的压力合成的力是升力，合成的力矩则称为俯仰力矩。俯仰力矩的作用点称为气动中心。当攻角增大，升力增大，压力中心前移，造成力臂缩短，但是力和力臂的乘积保持不变。气动中心的理论位置一般在距离前缘1/4弦长处，但实际位置随具体翼型存在较小差异。大多数翼型的气动中心位于0.23～0.24弦长处，层流翼型在0.26～0.27弦长处。俯仰力矩记为$M$，其无量纲系数记为$C_M$，定义为

$$C_M=\frac{M}{\frac{1}{2}\rho v_0^2 c^2} \tag{3-8}$$

式中　$M$——俯仰力矩，N·m；

$\rho$——气流密度，$kg/m^3$；

$v_0$——风轮来流速度，m/s；

$c$——翼型的弦长，m。

翼型的气动特性通常使用三条以攻角为自变量的曲线来表示，分别是升力系数、阻力系数以及力矩系数对攻角的变化曲线。对于力矩，使翼型抬头的方向为正，反之则为负。

翼型的气动特性按攻角大小一般可以分为附着流区、失速区和深失速区三个流动区。附着流区的攻角范围为$-10°$～$10°$，失速区的攻角范围为$10°$～$30°$，深失速区的攻角范围为$30°$～$90°$。翼型在附着流范围内的升力系数曲线是直线变化的，其斜率记为$C_L^\alpha$，满足

$$C_L^\alpha=\frac{dC_L}{d\alpha} \tag{3-9}$$

式中　$C_L$——升力系数；

$\alpha$——攻角，rad。

对于薄翼型，$C_L^\alpha$的理论值为$2\pi$ rad，实验值会因为气体黏性的存在而略小于理论值。对称翼型的升力系数曲线通过原点，而有弯度的翼型则不是，有弯度翼型的零升力点多存在于某个负攻角上，也称为零升力攻角。随着攻角的增大，升力系数先线性变化，然后开始弯曲。当攻角继续增大，升力系数就会达到最大值，记为$C_{Lmax}$，最大升力系数对应的攻角称为临界攻角，如果在此之后继续增大攻角，流动进入失速区，升力系数会开始下降，这个现象称为翼型失速，所以临界攻角也可以称为失速攻角。失速的原因是翼型上表面的气流流动产生了明显的分离。通常雷诺数的数量级越大，失速攻角越大，失速现象发生得越迟，最大升力系数也就越大。

流动进入深失速区，翼型的升力系数开始会随攻角增大而增大，出现第一个峰值，下降后又增大，出现第二个峰值，然后再逐渐下降；当攻角增加到45°时，升力系数和阻力系数接近相等，升力特性和平板类似；当攻角到90°时，升力系数接

近于 0，如图 3 - 20 所示。

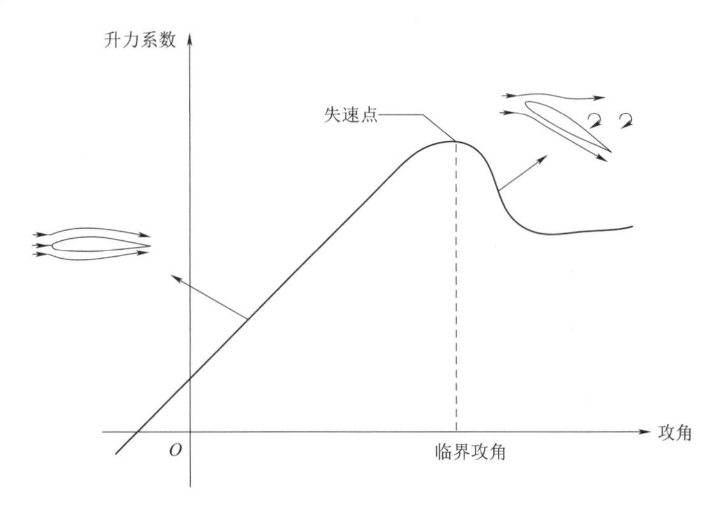


图 3 - 20 翼型升力系数与流动特性

阻力系数最低点对应的值称为最小阻力系数，记为 $C_{Dmin}$。这一点对应的升力系数可以不是零，对于有弯度的翼型，升力系数为一个较小的正值。在最小阻力系数所在点的两边，随着攻角的增大或者减小，阻力系数都会增大，并且起先增速较缓，这时的阻力以摩擦阻力为主；在一定攻角后阻力系数增速急剧增加，原因在于压差阻力的大幅增加；当攻角增加到 90°时，阻力特性和平板相类似。摩擦阻力和压差阻力也和雷诺数有关：雷诺数不同，阻力系数曲线也会有所变化；一般雷诺数大一些，阻力系数就会小一些。翼型表面粗糙度对阻力系数的影响也比较大：不同粗糙度的翼型在同一雷诺数条件下测得的最小阻力系数差异较大。在叶素动量理论方法中，翼型的升力系数和阻力系数数据是计算叶片的气动载荷的关键，两者十分重要。在失速攻角之前，力矩系数对攻角 $\alpha$ 的曲线基本是直线；超过失速攻角后，气流明显分离，力矩增加，力矩曲线弯曲变化。一般取零升力攻角对应的力矩为 $C_{m0}$。

#### 3.2.3.2 翼型形状对升阻力的影响

1. 前缘半径

当翼型的其他几何参数保持不变时，前缘半径变大，翼型的最大升力系数也变大；前缘半径较小时，翼型吸力面的顺压力梯度大，随着攻角的增大，气流会迅速在靠近翼型前缘的地方出现负压峰值，在逆压力梯度作用下，气流会在靠近前缘处发生层流到湍流的转捩，同时气流也易产生分离，从而使最大升力系数减小。

2. 最大相对厚度及其位置

最大相对厚度位置靠前时，最大升力系数较大，但这会造成流动转捩，从而使得翼型阻力系数增大。在同一翼型族中，当相对厚度增加时，将使最小阻力系数增大。另外，最大相对厚度位置靠后时，可以减小最小阻力系数。相对厚度对俯仰力矩系数影响较小。

3. 最大弯度及其位置

一般情况下，增加弯度可以增大翼型的最大升力系数，特别是对前缘半径较小和较薄的翼型尤为明显，但随着弯度增加，升力系数增加的程度逐渐减小，阻力系数同时增加，不同的翼型增加的程度也不同。另外，当最大弯度的位置靠前时，最大升力系数较大。

4. 表面粗糙度

表面粗糙度虽然不会改变翼型的整体形状，但是改变了翼型的局部外形，对流动的影响十分深远。表面粗糙度使边界层转捩位置前移，转捩后边界层厚度增加，减少了翼型的弯度，从而减小最大升力系数。另外，表面粗糙度可以使边界层转捩成湍流边界层，使摩擦阻力增加。

### 3.2.3.3　翼型绕流特性

当翼型处于正攻角时，气流流动的驻点（驻点是流场中流体局部速度为 0 的点）位于翼型的下表面，和前缘很接近。在驻点，流动的速度为 0，所以该点处的压强最大，压力系数为＋1.0。攻角越大，驻点和前缘就更加接近。流经驻点的流线将流动分割为上表面流动和下表面流动。

在上表面，气流先向前流动，然后绕过前缘，沿着上表面向后缘流动。气流在绕行前缘时的流速较大，并且攻角越大，速度峰值越大，对应点越靠近前缘。如图 3－21 所示，从最大速度点开始，气流不断减速。速度减小的速率取决于翼型表面沿流动方向的压力梯度，而压力梯度取决于翼型的外形。上表面的压力梯度总体上表现为从负值向正值变化，并且在某点压力梯度为 0。上表面顺压力梯度的范围越大，表示气流减速的范围越大，也就越容易产生湍流，从而产生较大的摩擦阻力。层流翼型的独特之处就在于其翼型边界层流动中的顺压力梯度被大大缩短。大部分区域的流动都是层流状态，摩擦阻力相对普通翼型更小。

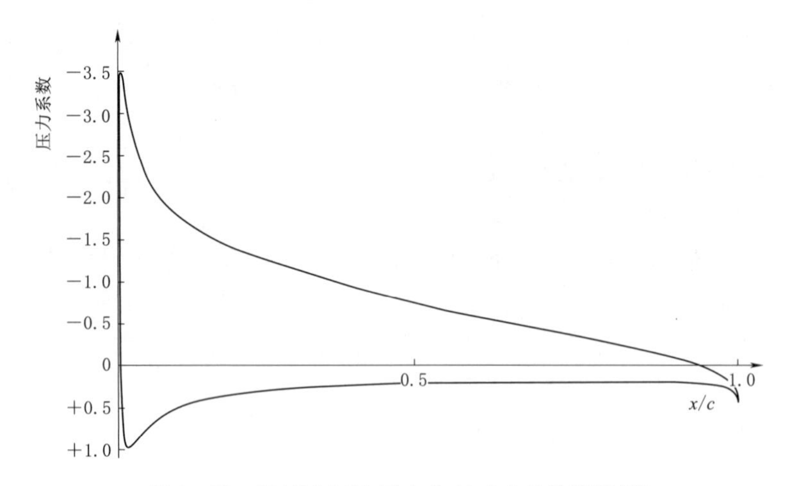


图 3－21　NACA2412 压力分布（xfoil 计算结果）

以图 3－21 中 NACA2412 在攻角为 7.4°时的流动情况为例，在翼型的下表面，气流从驻点到后缘基本都在加速状态。刚开始，翼型下表面压力梯度是一个较大的

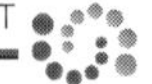

负值，因此气流加速也较快，随后开始减缓加速；在最后 1/5 弦长段，气流又有略微加速。攻角继续增大，下表面的压力系数依然保持正值，先是迅速减小，然后缓缓下降，在最后 1/4 弦长段有显著下降。但是当攻角较大时，下表面的压力系数也会变为负值。在攻角较小或者为负值时，流动的驻点和前缘点几乎重合，上下面的压力系数可以都为负值，但是前缘位置附近的小部分区域仍然为正值。

### 3.2.4 风电机组翼型的要求及特点

风电机组翼型的发展在某种程度上来说是建立在低速航空翼型应用的基础上的，例如滑翔机翼型、FX－77 翼型以及 NASA LS 翼型等。与传统的航空翼型相比，风电机组翼型有着不同的工作条件和性能要求，具体表现在：旋转风轮叶片是在相对较高的雷诺数下运行，一般量级为 $10^6$，在翼型的设计过程中，研究风电机组翼型周围流场的变化及其各气动性能参数就显得尤为重要。

翼型设计主要是满足气动和结构要求，两者之间存在很多矛盾，如高升阻比与翼型的大厚度相矛盾，较高的最大升力与前缘粗糙度的不敏感性相矛盾，还有高升力与低噪声之间的矛盾等，设计过程就是在这些矛盾的要求之间找到一种最佳的折中。翼型设计需要充分考虑功率范围、控制方式以及在叶片上的展向位置等不同要求。

风电机组一般采用较薄翼型，且大型风电机组更青睐于厚翼型以减小风轮实度，降低重量和成本。

对于定桨失速型风电机组，需要限制叶尖最大升力系数以保证可靠的失速控制，因此翼型大攻角失速特性显得尤为重要；而变桨距风电机组由于可自动调节叶片攻角，因此其所关心的主要是失速前线性段具有较大升阻比以保证在所有的风速下获得最大的功率。

不同展向位置的翼型要求各不相同。叶尖位置处翼型一般较薄，最大升力和最小阻力都较小但升阻比较高，它必须具有较低的噪声水平；根部采用较厚翼型可以获得更大的结构刚度和几何容积、减小塔架间隙并降低叶片质量，它可以有较高的最大升力系数，为了减小失速损失通常有较大的截面扭转角；而对于主要产生功率的 75％展长附近区域，要求翼型升阻比高且对粗糙度不敏感，失速要比较平缓，在失速区内能保持较大升力。

风电机组翼型的整体特点如下：

（1）翼型的最大相对厚度是最重要的结构参数。此外，翼型最大相对厚度的位置以及翼型的形状也是非常重要的因素。最大相对厚度的前移或后移对翼型的结构特性都有较大的影响，最大相对位置前移会使翼型的剪切中心和重心向气动中心靠近从而缓解气动弹性不稳定性，但是也拉大了和尾缘之间的距离，造成较大的最大应力。此外，承受负荷的翼梁的形状和位置对最大相对厚度点附近的翼型的几何形状有重要影响。

（2）几何兼容性对于同一翼型族的各个翼型来说非常重要。因为在叶片不同展向的位置，各翼型的相对厚度也不同，只有不同展向的翼型厚度光滑过渡才能保证叶片轮廓曲线的光滑，从而尽可能减小三维影响。此外，良好的几何兼容性还要求同一翼型族的各个翼型在前缘区域和压力面的尾部区域曲率半径具有光滑连续性。

（3）灰尘、昆虫残骸、制造误差、叶片腐蚀等因素常常会导致叶片前缘粗糙度的增加，从而引起翼型表面边界层提前从层流转捩为湍流，同时还会引起边界层厚度的增加，进而导致尾缘附近逆压力梯度加大，引发气流在该区域过早分离，继而引起最大升力系数的下降。过早转捩还会导致阻力增加、升阻比下降，最终导致风轮整体风能利用系数的降低。为使最大升力系数对前缘粗糙度不敏感，需通过合理设计前缘形状，确保气流在接近或达到临界攻角时吸力面上的转捩点位置尽可能靠近前缘点，使前缘要么处于转捩区要么处于湍流区，此时升力系数的变化较小，或者基本不变。不过这样也会限制最大升力系数的大小。

（4）设计升力系数的选择与叶片实度、风轮的设计点以及非设计工况的要求紧密相关。由于风速和风向经常变化，虽然风轮经常处于失速、偏航、湍流等非设计工况下运行，但是在非设计工况运行的程度与功率控制方式相关性更强。大多数情况下，翼型设计期望设计升力系数接近于最大升力系数，以保证在失速前有较大的升阻比。

（5）对于叶根部分来说，总是希望翼型有较大的最大升力系数，这样可以减小叶片实度。然而，叶根部分的功率贡献非常有限，因此在设计时不能以牺牲叶根部分的结构强度为代价来获得较高的升力系数，可以采用涡流发生器或者结合使用襟翼提高翼型的升力系数。

（6）对于叶尖部分，最大升力系数受结构和载荷要求、功率控制方式以及深失速特性等因素影响。研究显示，欲获得最小单位发电成本，需要深失速特性变化平缓，叶尖区域翼型则最好具有较高的最大升力系数。对于传统的失速控制方式，深失速特性使得翼型几乎不可能获取最大升力系数，因为这可能增加失速诱发的振动风险，进而导致较高的动态载荷。因此，对于传统的变桨距控制方式，风轮要严格避免在失速情况下运行，只要翼型不会产生结构问题，各截面翼型需要尽可能获取最大升力系数。

（7）风轮的噪声主要来自湍流流经翼型尾缘时产生的宽带噪声。这种类型的噪声主要取决于来流以及尾缘区域边界层的厚度和形状。入流速度是主要因素，但它取决于风轮转速。而尾缘区域边界层厚度则与翼型的形状紧密相关，因此翼型设计需要通过尽可能减小边界层厚度来降低噪声。

## 3.3　风能转换基本原理

### 3.3.1　一维动量理论

风轮吸收风中的动能并转换成为机械能，产生升力和推力，在这个过程中通过风轮轮盘的风速会下降。如果将绕过风轮轮盘而未受到影响的风分离出去，就可以画出只包含受到影响的空气团的边界面。在这种二维模型中，风轮可以看作一个可穿透的轮盘，也可看作是一台阻力设备，它将风轮来流速度 $v_0$ 降低到风轮平面处

的风速 $u$，再降低到尾流中的 $u_1$。同时，流线经过风轮平面时会产生扩散，风轮吸收风量的流管如图3-22所示，其中 $p_0$ 为大气压力，$A_0$ 为入口截面面积，$p$ 为风轮截面处压力，$A$ 为风轮前的横截面面积，$p_1$ 为出口处压力，$A_1$ 为出口截面面积。根据流体连续性方程可知，在流管中沿着流束方向，单位时间内通过任意一个截面的空气质量流量处处相等，因此风轮前的横截面 $A$ 会由于空气的减速而发生膨胀。同理，由于风轮后的空气流速进一步降低，这种膨胀也会发生在风轮平面后的一定距离内。

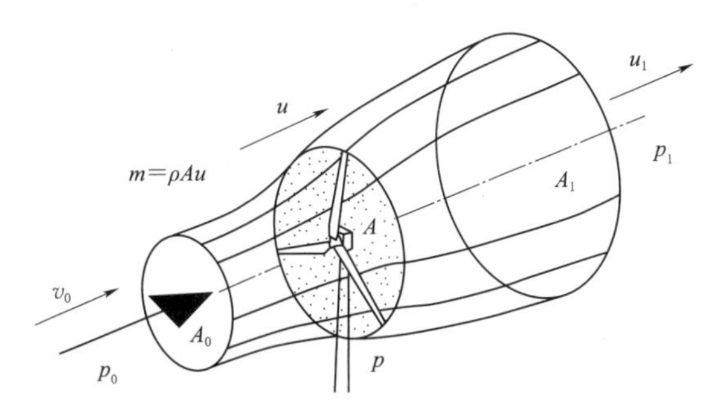


图3-22 风轮吸收风量的气流管示意图

忽略流动过程中的摩擦以及尾迹中的旋转速度分量，则可认为轮盘是理想的。紧靠风轮上游，压力从大气压力水平 $p_0$ 稍有上升，变化到 $p$；之后在风轮上有一个不连续的压力降 $\Delta p$。在风轮的下游，压力经过连续地增加恢复到大气压力水平。由于风轮运行中马赫数较小，可以认为空气密度不发生改变，因此轴向速度连续地从 $v_0$ 下降到 $u_1$。如图3-23所示，流线经过风轮时有所扩散；图3-24为风轮前后气流的轴向速度和压力变化特性。

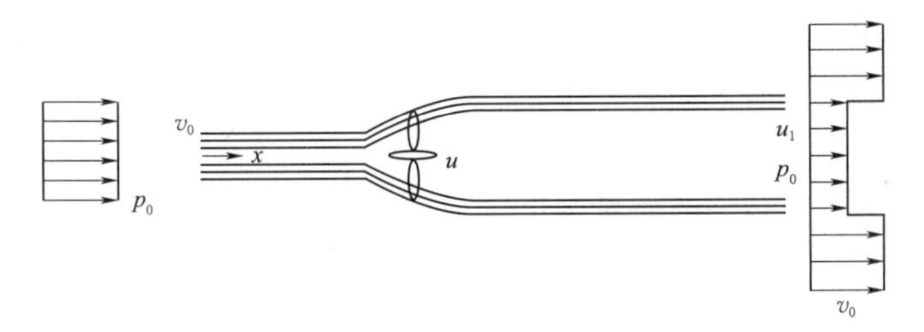


图3-23 经过风轮后的流线

在使用了理想风轮的假设后，根据连续性方程及动量定理可以推导出速度 $v_0$、$u_1$、$u$，以及推力 $F_1$ 和轴功率 $P$ 之间的关系式。推力是作用于风的流动方向的力，产生于风轮上的压力降，用来使风速从 $u$ 减少到 $u_1$，满足

$$F_1=\Delta pA \tag{3-10}$$

其中 $A=\pi R^2$

式中 $A$——风轮的扫掠面积。

可以认为流动过程是稳定的、不可压缩的并且无摩擦的，在风轮的上游和下游也没有外力作用在流体上。因此，从来流到风轮的正前端截面以及从风轮的正后端截面到尾流，由伯努利方程可得

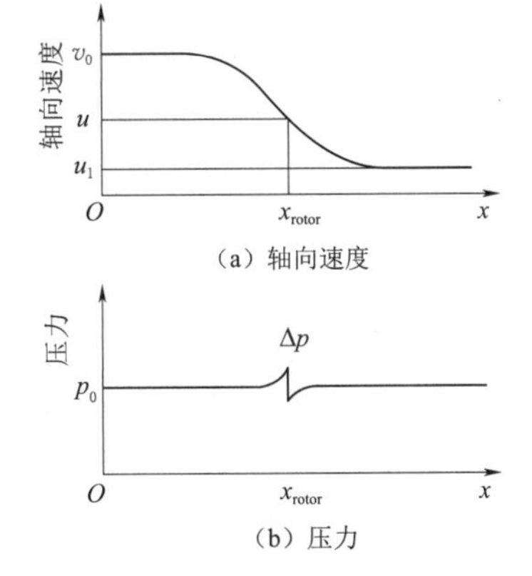


图3-24 风轮前后气流的轴向速度和压力变化特性

$x_{rotor}$—风轮所处位置

$$p_0+\frac{1}{2}\rho v_0^2=p+\frac{1}{2}\rho u^2 \tag{3-11}$$

$$p-\Delta p+\frac{1}{2}\rho u^2=p_0+\frac{1}{2}\rho u_1^2 \tag{3-12}$$

式中 $p_0$——大气压力，Pa；

$p$——风轮上游压力，Pa；

$\Delta p$——经过风轮压力降，Pa；

$v_0$——风轮来流速度，m/s；

$u$——风轮平面处速度，m/s；

$u_1$——风轮尾流速度，m/s；

$\rho$——气流密度，kg/m$^3$。

联立式（3-11）和式（3-12）可得

$$\Delta p=\frac{1}{2}\rho(v_0^2-u_1^2) \tag{3-13}$$

将积分形式的轴动量方程应用到横截面积为 $A_{cv}$ 的环形控制体中，得到

$$\frac{\partial}{\partial t}\iiint_{cv}\rho u(x,y,z)\mathrm{d}x\mathrm{d}y\mathrm{d}z+\iint_{cs}u(x,y,z)\rho v\mathrm{d}A=F_{ext}+F_{pres} \tag{3-14}$$

式中 $F_{ext}$——作用在控制体积上的黏性力的外力；

$F_{pres}$——作用在控制体积上的压力的轴向分量。

假设流动是稳定的，则式（3-14）中的第一项为0。d$A$ 是一个向量，其方向垂直于控制体积表面的微元并向外，其长度等于该微元的面积。由于作用在风轮两端表面的压力均为大气压力且作用面积相同，所以式（3-14）中的 $F_{pres}$ 也为0。另外，在如图 3-25 所示的控制体积的外侧边界上，由于压力而产生的力没有轴向分量。

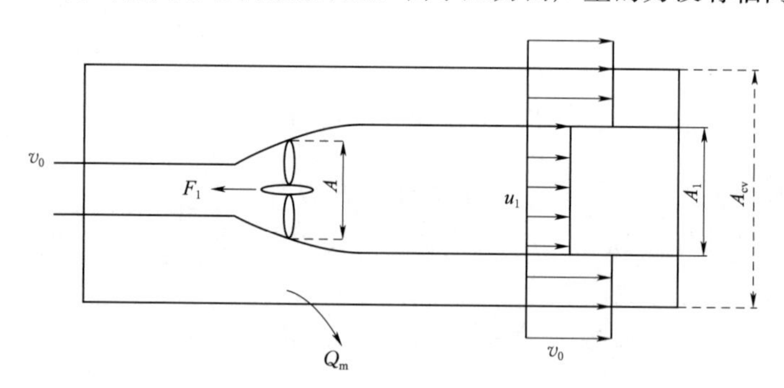


图 3-25 一维动量理论示意图（含外侧质量通量）

使用理想风轮的简化假设，式（3-10）变为

$$\rho u_1^2A_1+\rho v_0^2(A_{cv}-A_1)+Q_m v_0-\rho v_0^2A_{cv}=-F_1 \tag{3-15}$$

式中 $A_1$——风轮尾流面积，m$^2$；

$A_{cv}$——控制体面积，m$^2$；

$Q_m$——外部质量流量；

$F_1$——推力，N。

由质量守恒可以求得

$$\rho A_1 u_1 + \rho(A_{cv} - A_1)v_0 + Q_m = \rho A_{cv} v_0 \tag{3-16}$$

由此可得

$$Q_m = \rho A_1 (v_0 - u_1) \tag{3-17}$$

通过质量守恒也可以得到 $A$ 和 $A_1$ 的关系式，即

$$Q_m = \rho u A_1 = \rho u_1 A \tag{3-18}$$

联立式（3－15）、式（3－17）和式（3－18）可得

$$F_1 = \rho u A_1 (v_0 - u_1) = Q_m (v_0 - u_1) \tag{3-19}$$

如果推力采用式（3－10）形式那样以风轮上的压力降来代替，并使用式（3－13）中的压力降，可得

$$u = \frac{1}{2}(v_0 + u_1) \tag{3-20}$$

可以看出，风轮平面内的速度是来流速度 $v_0$ 和尾流中的最终速度 $u_1$ 的算术平均值。图 3－25 的控制体积的替换方案如图 3－26 所示。

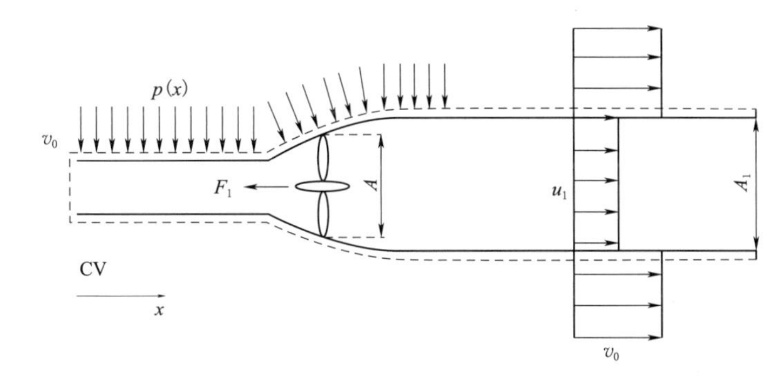


图 3－26　一维动量理论示意图（无外侧质量通量）

由于沿着该控制体积外侧壁的压力分布形成的压力未知，因此，净压力分布 $F_{pres}$ 也未知。在控制体积的替代方案中，由于外侧边界与流线一致，所以没有质量流量通过外侧边界。轴向动量由式（3－14）变为

$$F_1 = \rho u A (v_0 - u_1) + F_{pres} \tag{3-21}$$

显然，无论是使用图 3－25 中的控制体积，还是使用图 3－26 中的控制体积的替换方案，由于物理问题是相同的，比较式（3－19）和式（3－21）可以看出，沿流线方向的控制体积上的净压力为 0。

假定流动过程不存在摩擦，则从进口到出口内能没有变化，通过使用控制体积上的内能表达式，可以求得轴功率 $P$ 为

$$P = Q_m\left(\frac{1}{2}v_0^2 + \frac{p_0}{\rho}\right) - \left(\frac{1}{2}u_1^2 + \frac{p_0}{\rho}\right) \tag{3-22}$$

式中　$p_0$——大气压力，Pa；

$v_0$——风轮来流风速，m/s；

$u_1$——风轮尾流速度，m/s；

$\rho$——气流密度，kg/m$^3$。

并且，由于 $Q_m=\rho uA$，式（3－22）变为

$$P=\frac{1}{2}\rho uA(v_0^2-u_1^2) \tag{3-23}$$

轴向诱导因子 $a$ 定义为来流速度通过风轮后的变化率（轴向诱导速度因子为风轮处轴向诱导速度与风轮前来流速度之比），用公式表示为

$$u=(1-a)v_0 \tag{3-24}$$

将式（3－20）和式（3－24）联立，得

$$u_1=(1-2a)v_0 \tag{3-25}$$

将式（3－25）代入式（3－23）和式（3－19），得

$$P=2\rho v_0^3 a(1-a)^2 A \tag{3-26}$$

$$F_1=2\rho v_0^2 a(1-a)A \tag{3-27}$$

横截面积即风轮扫掠面积 $A$ 上可以获得的可用功率为

$$P_{avail}=\frac{1}{2}\rho A v_0^3 \tag{3-28}$$

将功率 $P$ 对可用功率 $P_{avail}$ 进行无量纲化，得到风能利用系数 $C_P$ 为

$$C_P=\frac{P}{\frac{1}{2}\rho A v_0^3} \tag{3-29}$$

同样地，推力系数 $C_T$ 也可以定义为

$$C_T=\frac{F_1}{\frac{1}{2}\rho v_0^2 A} \tag{3-30}$$

利用式（3－26）和式（3－27），一维理想风轮的风能利用系数和推力系数可以表示为

$$C_P=4a(1-a)^2 \tag{3-31}$$

$$C_T=4a(1-a) \tag{3-32}$$

将 $C_P$ 的表达式进行微分，可得

$$\frac{dC_P}{da}=4(1-a)\times(1-3a) \tag{3-33}$$

容易看出，当 $a=1/3$ 时，$C_{P,max}=16/27$。式（3－31）和式（3－32）如图 3－27 所示。对理想水平轴风轮而言，风能利用系数的理论最大值就是德国物理学家阿尔伯特·贝茨（Albert Betz）于 1919 年提出的贝茨极限。

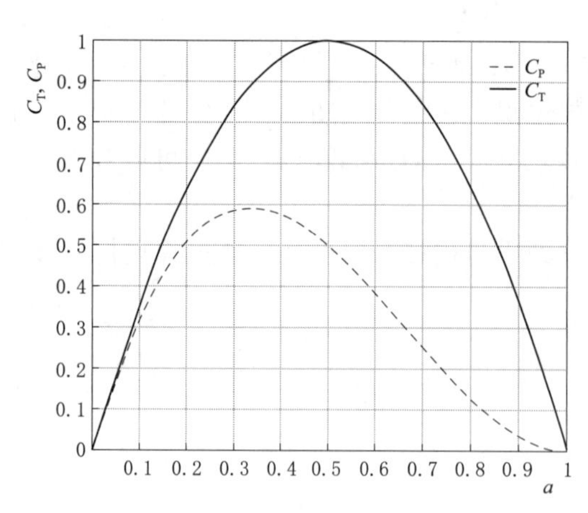

图 3－27　理想水平轴风轮的风能利用系数和推力系数与轴向诱导因子的函数关系

### 3.3.2 旋转效应及减少由于尾流旋转引起的损失

对理想风轮而言，尾流中没有旋转，即切向诱导因子 $a'$ 为 0，这里的切向诱导因子是指风轮叶片顶部与底部之间的风速差异。由于现代风电机组由没有静子的单个风轮组成，尾流中将包含一些如欧拉透平方程中可以直接看出的旋转，将它运用到厚度为 d$r$ 的微元控制体积，可得

$$\mathrm{d}P = Q_{\mathrm{m}}\omega r C_\theta = 2\pi r^2 \rho u_z \omega C_\theta \mathrm{d}r \tag{3-34}$$

式中 $C_\theta$——经过风轮后的绝对速度 $C=(C_r, C_\theta, C_a)$ 的方位角分量；

$u_z$——穿过风轮的轴向速度，m/s；

$\omega$——风轮旋转角速度，rad/s。

并且，从式（3-34）可以看出，对于给定的功率 $P$ 和风速，尾流中的方位角速度分量 $C_\theta$ 随风轮的旋转角速度 $\omega$ 的增加而减少。因此从效率的观点来看，风轮有一个较大的转速是有益的，因为这将使包含在旋转尾流中的动能损失减小。由于通过风轮的轴向速度由切向诱导因子 $a'$ 给出，因而 $C_\theta$ 可以表示为

$$C_\theta = 2a'\omega r \tag{3-35}$$

式（3-34）可以写为

$$\mathrm{d}P = 4\pi\rho\omega^2 v_0 a'(1-a) r^3 \mathrm{d}r \tag{3-36}$$

对 d$P$ 进行积分，就可以得到

$$P = 4\pi\rho\omega^2 v_0 \int_0^R a'(1-a) r^3 \mathrm{d}r \tag{3-37}$$

或者，其无量纲化形式为

$$C_{\mathrm{P}} = \frac{8}{\lambda^2}\int_0^\lambda a'(1-a) x^3 \mathrm{d}x \tag{3-38}$$

其中 $$\lambda = \omega R / v_0, x = \omega r / v_0$$

式中 $\lambda$——叶尖速比；

$x$——半径 $r$ 处的局部转速与风速的比值；

$a'$——切向诱导因子。

从式（3-37）和式（3-38）可以清楚地看出，为了优化功率，需要对下述表达式求最大值：

$$f(a, a') = a'(1-a) \tag{3-39}$$

如果局部攻角处于失速区之下，根据势流理论，反作用力垂直于叶片所观察到的局部速度，则轴向诱导因子 $a$ 和切向诱导因子 $a'$ 不是相互独立的。整个诱导速度 $\omega$ 的方向必然同作用力的方向相同，显然也垂直于局部速度。那么轴向诱导因子 $a$ 和切向诱导因子 $a'$ 之间满足

$$x^2 a'(1+a') = a(1-a) \tag{3-40}$$

式（3-40）可以直接从图 3-28 中导出，有

$$\tan\phi = \frac{a'\omega r}{a v_0} \tag{3-41}$$

当局部攻角处于失速区时，轴向诱导因子 $a$ 和切向诱导因子 $a'$ 通过式（3-40）

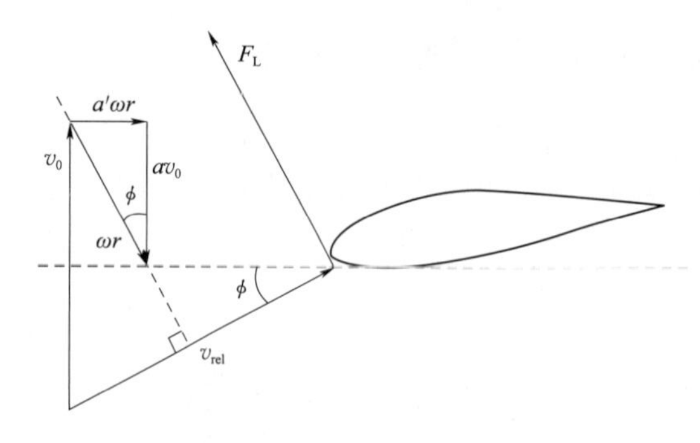


图 3-28　显示叶片截面诱导速度的速度三角形
（注：在小攻角情况下，整个诱导速度 $\omega r$ 垂直于相对速度 $v_{rel}$）

进行关联，因此最优化问题就是将式（3-39）的结果最大化并且同时还满足式（3-40）。由于切向诱导因子 $a'$ 是轴向诱导因子 $a$ 的函数，当 $\frac{\mathrm{d}f}{\mathrm{d}a}=0$ 时，式（3-39）取最大值，有

$$\frac{\mathrm{d}f}{\mathrm{d}a}=(1-a)\frac{\mathrm{d}a'}{\mathrm{d}a}-a'=0 \tag{3-42}$$

式（3-42）可以简化为

$$(1-a)\frac{\mathrm{d}a'}{\mathrm{d}a}=a' \tag{3-43}$$

将式（3-40）对 $a$ 进行微分，得

$$(1+2a')\frac{\mathrm{d}a'}{\mathrm{d}a}x^2=1-2a \tag{3-44}$$

如果式（3-43）和式（3-44）与式（3-40）联立，那么 $a$ 和 $a'$ 之间的最优关系式变为

$$a'=\frac{1-3a}{4a-1} \tag{3-45}$$

现在可以计算 $a$、$a'$ 和 $x$ 之间的相互关系，见表 3-1。$a$ 和 $a'$ 通过式（3-45）求出，$x$ 通过式（3-40）求出。

**表 3-1　$a$、$a'$ 和 $x$ 之间的相互关系**

| $a$ | $a'$ | $x$ | $a$ | $a'$ | $x$ |
|---|---|---|---|---|---|
| 0.26 | 5.500 | 0.073 | 0.31 | 0.292 | 0.753 |
| 0.27 | 2.375 | 0.157 | 0.32 | 0.143 | 1.150 |
| 0.28 | 1.333 | 0.255 | 0.33 | 0.031 | 2.630 |
| 0.29 | 0.812 | 0.374 | 0.33 | 0.003 | 8.580 |
| 0.30 | 0.500 | 0.529 | | | |

可以看出，当转速 $\omega$ 增加，也就是 $x=\omega r/v_0$ 增加时，$a$ 的最优值趋向 1/3，这与理想风轮的简单动量理论是一致的。使用表 3-1 中的数值，对式（3-38）进行积分就可以求得最优风能利用系数 $C_P$。针对不同的叶尖速比 $\lambda=\omega R/v_0$，英国科学家葛劳渥（Glauert）进行了相应计算。他将这个计算的最优风能利用系数与贝茨极限（$C_{P,max}=16/27$，也就是当尾流中的转速为 0 时的导出结果）进行了比较，见表 3-2。

**表 3-2 考虑尾流旋转时不同叶尖速比的最优风能利用系数同贝茨极限的比较**

| $\lambda=\omega R/v_0$ | $C_P/C_{P,\max}$ | $\lambda=\omega R/v_0$ | $C_P/C_{P,\max}$ |
|---|---|---|---|
| 0.5 | 0.486 | 2.5 | 0.899 |
| 1.0 | 0.703 | 5.0 | 0.963 |
| 1.5 | 0.811 | 7.5 | 0.983 |
| 2.0 | 0.865 | 10.0 | 0.987 |

## 3.3.3 经典叶素动量理论

为了理解叶素动量理论（blade element momentum，BEM），本节将对葛劳渥的经典的叶素动量模型进行说明。利用此模型，可以计算在不同风速、转速和桨距角配置下的稳态载荷以及推力和功率。为了能够计算在瞬时输入下的载荷变化，需要增加一些限定条件。在一维动量理论中，没有考虑风轮的实际几何形状——即叶片数、叶片的扭转和截面弦长沿展向的分布以及所使用的翼型。为此，叶素动量理论将动量理论与实际叶片上发生的局部情况结合起来，将一维动量理论中介绍的流管离散成多个环形单元，如图 3-29 所示。这些单元的外侧边界由流线形成，即单元之间没有流动。

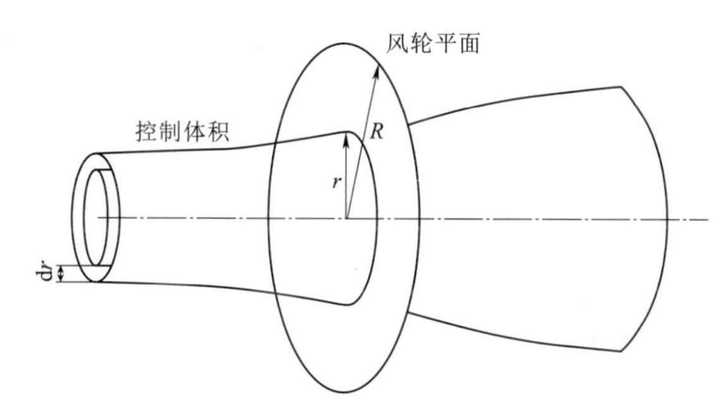


图 3-29 叶素动量模型中的环形单元的控制体积

在叶素动量模型中，对环形单元作如下假设：

（1）径向性质相互独立，即在某个单元发生的情况不影响其他单元。

（2）每个环形单元中，叶片作用在流动上的力是定常的（该假设对应于叶片数无穷的风轮）。

针对叶片数有限的风轮，引进普朗特叶尖损失因子来对假设（2）进行修正。

沿着包括尾流的弯曲流线的压力分布没有轴向力的分量，因此，图 3-31 中显示的环形控制体积也是这种假设情况。由于在风轮平面内的控制体积的横截面面积为 $2\pi r\mathrm{d}r$，通过积分动量方程可以求得轮盘作用在该控制体积上的推力为

$$\mathrm{d}T=(v_0-u_1)\mathrm{d}Q_m=2\pi r\rho u_z(v_0-u_1)\mathrm{d}r \tag{3-46}$$

式中 $u_z$——穿过风轮的轴向速度，m/s；

$u_1$——风轮尾流速度，m/s；

$v_0$——风轮来流风速，m/s；

$\rho$——气流密度，kg/m$^3$。

使用控制体积的动量矩积分方程可以求得环形单元的扭矩 $\mathrm{d}M$ 为

$$\mathrm{d}M=rC_\theta\mathrm{d}Q_m=2\pi r^2\rho u_z C_\theta\mathrm{d}r \tag{3-47}$$

从式（3-34）中也可以直接导出该式，即

$$dP = \omega dM \tag{3-48}$$

从理想风轮可以发现，尾流中的轴向速度 $u_z$ 可以表示成轴向诱导因子 $a$ 和风速的形式，将其代入式（3-46）和式（3-47），并利用式（3-24）和式（3-35）对 $a$ 和 $a'$ 的定义，推力和扭矩可以计算为

$$dT = 4\pi r\rho v_0^2 a(1-a)dr \tag{3-49}$$

$$dM = 4\pi r^3 \rho v_0 \omega (1-a)a' dr \tag{3-50}$$

式中 $a$——轴向诱导因子；

$a'$——切向诱导因子；

$\omega$——叶轮旋转角速度，rad/s。

如图3-30所示，$\theta$ 是叶片的局部桨距角，即弦长和风轮平面的局部夹角，此处桨距角是叶尖弦线与风轮平面的夹角。入流角 $\phi$ 是风轮平面和相对速度 $v_{rel}$ 的夹角，从图3-29中可以看出局部攻角 $\alpha$ 的表达式为

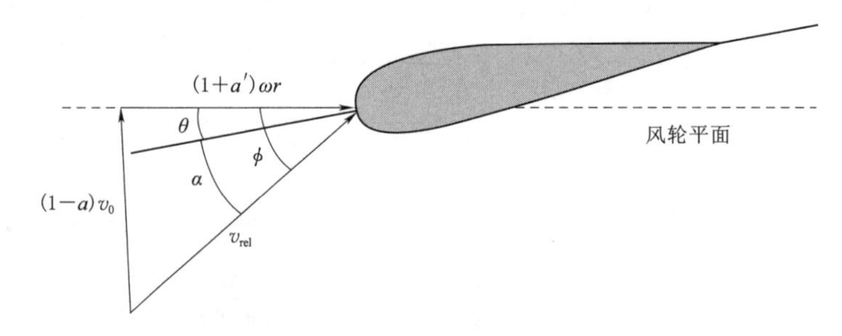


图3-30 风轮平面内的速度

$$\alpha = \phi - \theta \tag{3-51}$$

更进一步，可得

$$\tan\phi = \frac{(1-a)v_0}{(1+a')\omega r} \tag{3-52}$$

根据定义，升力垂直于翼型来流的速度方向，而阻力平行于该速度方向。更进一步，如果升力系数 $C_L$ 和阻力系数 $C_D$ 都已知，那么单位长度上的升力 $F_L$ 和阻力 $F_D$ 就可以通过升力系数 $C_L$ 和阻力系数 $C_D$ 的定义式（3-5）和式（3-6）求得，即

$$F_L = \frac{1}{2}\rho v_{rel}^2 c C_L \tag{3-53}$$

$$F_D = \frac{1}{2}\rho v_{rel}^2 c C_D \tag{3-54}$$

显然，我们只对与风轮平面垂直和相切的力感兴趣，那么可将升力和阻力投影到这些方向（参见图3-31），即

$$P_n = F_L\cos\phi + F_D\sin\phi \tag{3-55}$$

$$P_t = F_L\cos\phi - F_D\sin\phi \tag{3-56}$$

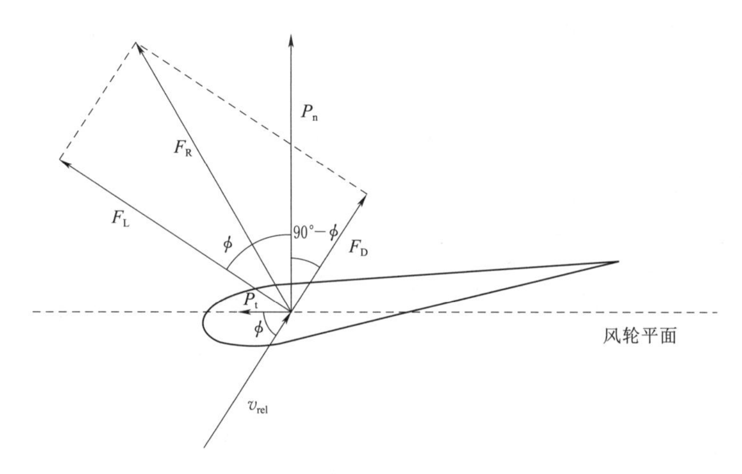


图 3-31 叶片上的局部力

（注：合力 $F_R$ 是升力 $F_L$ 和阻力 $F_D$ 的向量和；$P_n$ 和 $P_t$ 则分别是 $F_R$ 的法向和切向分量）

使用表达式$\frac{1}{2}\rho v_{rel}^2 c$ 对式（3-55）和式（3-56）进行归一化，得

$$C_n = C_L\cos\phi + C_D\sin\phi \tag{3-57}$$

$$C_t = C_L\sin\phi - C_D\cos\phi \tag{3-58}$$

其中

$$C_n = \frac{P_n}{\frac{1}{2}\rho v_{rel}^2 c} \tag{3-59}$$

$$C_t = \frac{P_t}{\frac{1}{2}\rho v_{rel}^2 c} \tag{3-60}$$

式中 $P_n$——法向压力；

$P_t$——切向压力；

$C_n$——法向力系数；

$C_t$——切向力系数。

从图 3-31 中可得

$$v_{rel}\sin\phi = v_0(1-a) \tag{3-61}$$

$$v_{rel}\cos\phi = \omega r(1+a') \tag{3-62}$$

实度 $\sigma(r)$ 定义为控制体积中环形面积被诸叶片覆盖的比值，即

$$\sigma(r) = \frac{c(r)B}{2\pi r_0} \tag{3-63}$$

式中 $B$——叶片数；

$c(r)$——局部弦长；

$r_0$——控制体积的径向位置。

由于 $P_n$ 和 $P_t$ 是单位长度上的力，厚度为 d$r$ 的控制体积上的法向力和扭矩是

$$\mathrm{d}T = BP_n\mathrm{d}r \tag{3-64}$$

$$\mathrm{d}M = rBP_t\mathrm{d}r \tag{3-65}$$

使用式（3-59）作为 $P_n$ 的表达式，式（3-61）作为 $v_{rel}$ 的表达式，则式（3-64）变为

$$dT=\frac{1}{2}\rho B\frac{v_0^2(1-a)^2}{\sin^2\phi}cC_n dr \tag{3-66}$$

类似地，如果使用式（3-60）作为 $P_t$ 的表达式，而式（3-61）和式（3-62）作为 $v_{rel}$ 的表达式，那么式（3-65）变为

$$dM=\frac{1}{2}\rho B\frac{v_0(1-a)\omega r(1+a')}{\sin\phi\cos\phi}cC_t r dr \tag{3-67}$$

式中　$a$——轴向诱导因子；

$a'$——切向诱导因子；

$c$——弦长；

$\phi$——入流角。

联立式（3-66）和式（3-49），并且利用实度的定义式，就可以得到轴向诱导因子 $a$ 的表达式，即

$$a=\frac{1}{\dfrac{4\sin^2\phi}{\sigma C_n}+1} \tag{3-68}$$

联立式（3-67）和式（3-50）相等，可以得到切向诱导因子 $a'$的表达式为

$$a'=\frac{1}{\dfrac{4\sin\phi\cos\phi}{\sigma C_t}-1} \tag{3-69}$$

实际中，由有限个叶片组成的风轮所形成的翼尖涡流和盘状叶轮所形成的涡流是不同的，为取得更贴合实际的计算结果，德国科学家普朗特对此做了纠正，普朗特叶尖损失因子便是对叶片数无穷假设的修正，即可修正为

$$a=\frac{1}{\dfrac{4F\sin^2\phi}{\sigma C_n}+1} \tag{3-70}$$

$$a'=\frac{1}{\dfrac{4F\sin\phi\cos\phi}{\sigma C_t}-1} \tag{3-71}$$

修正因子 $F$ 的计算式为

$$F=\frac{2}{\pi}\arccos e^{-f} \tag{3-72}$$

其中

$$f=\frac{B}{2}\frac{R-r}{r\sin\phi} \tag{3-73}$$

以上即为关于叶素动量理论的完整推导。

### 3.3.4　案例分析

为了更好地理解叶素动量理论在风轮上的应用，下面依据上述计算步骤进行Matlab编程求解。首先需要输入叶片几何外形，包括叶片半径、对应截面的弦长、

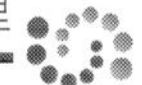

扭角、厚度等参数，见表 3－3。以半径为 40m 的三叶片水平轴风电机组为例，叶片选用翼型为 NACA634××翼型族，如图 3－32 所示。

**表 3－3　　水平轴风电机组叶片几何尺寸**

| 半径/m | 弦长/m | 扭角/(°) | 厚度/% |
| --- | --- | --- | --- |
| 1.3 | 2.42 | 5.00 | 99.99 |
| 3.2 | 2.48 | 5.37 | 96.41 |
| 5.2 | 2.65 | 6.69 | 80.53 |
| 7.2 | 2.81 | 7.90 | 65.08 |
| 9.2 | 2.98 | 9.11 | 51.67 |
| 11.2 | 3.14 | 10.19 | 40.30 |
| 13.2 | 3.17 | 9.39 | 32.53 |
| 15.2 | 2.99 | 7.16 | 28.40 |
| 17.2 | 2.79 | 5.45 | 25.62 |
| 19.2 | 2.58 | 4.34 | 23.77 |
| 21.2 | 2.38 | 3.50 | 22.25 |
| 23.2 | 2.21 | 2.86 | 20.99 |
| 25.2 | 2.06 | 2.31 | 20.03 |
| 27.2 | 1.92 | 1.77 | 19.40 |
| 29.2 | 1.80 | 1.28 | 19.03 |
| 31.2 | 1.68 | 0.90 | 18.79 |
| 33.2 | 1.55 | 0.55 | 18.60 |
| 35.2 | 1.41 | 0.23 | 18.39 |
| 37.2 | 1.18 | 0.03 | 17.95 |
| 38.2 | 0.98 | 0.02 | 17.39 |
| 39.2 | 0.62 | 0.93 | 16.33 |
| 39.6 | 0.48 | 2.32 | 15.70 |
| 40.0 | 0.07 | 6.13 | 14.84 |

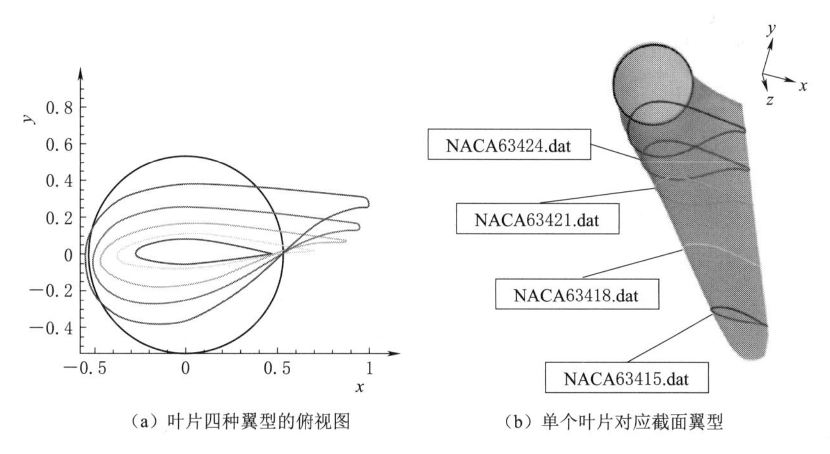


(a) 叶片四种翼型的俯视图　　(b) 单个叶片对应截面翼型

图 3－32　风轮叶片对应截面翼型

假设不同的控制体积之间是互相独立的，每一个单元都可以单独处理，因此可以单独求解每一个展向位置处的解，即对每一控制体积可以运用如下叶素动量理论稳态算法：

第1步，初始化设置，并读取叶片几何外形，如图3-33所示。

```
%% 初始化
rad=pi/180.0;
rho=1.225;
Clcoeff=1.0;
Cdcoeff=0.05;
%桨距角,转速，来流速度,叶片总长度,叶片数量的输入
nelm =40;
nb=3;
% 下面三项，注意每一个风速对应着一个转速和桨距角！
totpitch=-0.25*rad; % 查看实验数据 Power_exp.dat 第3列
Omega=1.1414;    % 查看实验数据 Power_exp.dat 第2列，注意原始数据是RPM
Vo=4;            % 查看实验数据 Power_exp.dat 第1列
```

图3-33　程序初始化

第2步，代入式（3-52），计算入流角$\phi$。

第3步，代入式（3-51），计算局部攻角$\alpha$，如图3-34所示。

```
function[phi,alpha] = angle_phi(a,a1,r,pitch,Vo,omega)
%a为轴向诱导因子，a1为切向诱导因子
x2=atan((abs(1-a)*Vo)/(abs(1+a1)*omega*r));%入流角计算
phi=abs(real(x2));
alpha=phi-pitch;
```

图3-34　计算入流角和局部攻角

第4步，输入叶片不同截面对应厚度的翼型气动数据，包含升阻力的翼型数据$C_L$和$C_D$。考虑到输入的气动数据是离散的，可能存在不完善，实际处理时需要把原始数据插值，使其与旋转叶片中叶素个数相对应，如图3-35所示。

可以得到如图3-36所示各翼型对应的气动数据。

第5步，根据式（3-57）和式（3-58）计算$C_n$和$C_t$，如图3-37所示。

第6步，初始化诱导因子$a$和$a'$，通常取$a=a'=0$。并根据式（3-68）和式（3-69）计算$a$和$a'$。

第7步，这一过程中如果$a$和$a'$的变化大于某一容许偏差，则返回第2步，否则计算完成。具体如图3-38所示。

第8步，计算叶片各个部分的局部载荷、功率及扭矩，具体如图3-39～图3-41所示。

需要说明的是，本章所介绍的叶素动量理论，是进行风电机组的叶片设计和气动性能计算的最基本方法，对于小型风电机组的叶片气动设计比较适合，可为风电机组设计提供初步的理论支撑。

```
%%针对原始数据ngeo长度，对应插值自己定义的数据长度nelm。
for i=1:nalfa
thick(i,:)=tki;
end
r=1.0:1.0/(nelm-1):1.0;
r=i(1,melm)+r(1,:).*(ri(ngeo,1)-ri(1,1));
r(1,nelm) = r(1,nelm)-1.0e-5;
tk= interpl(ri,thicknessi,r);
twist= interpl(ri,twisti,r);
chord = interpl(ri,chordi,r);
thickness = zeros(nalfa,nelm);
angle= zeros(nalfa,nelm);
%%功角数量为nalfa,厚度数量为nelm，综合在一起形成二维数据
for i=1:nalfa
thickness(i,:) = tk(1,:);
end
for i=1:nelm
angle(:,i)=anglei(:,1);
end
```

图 3－35　插值到给定的叶素单元

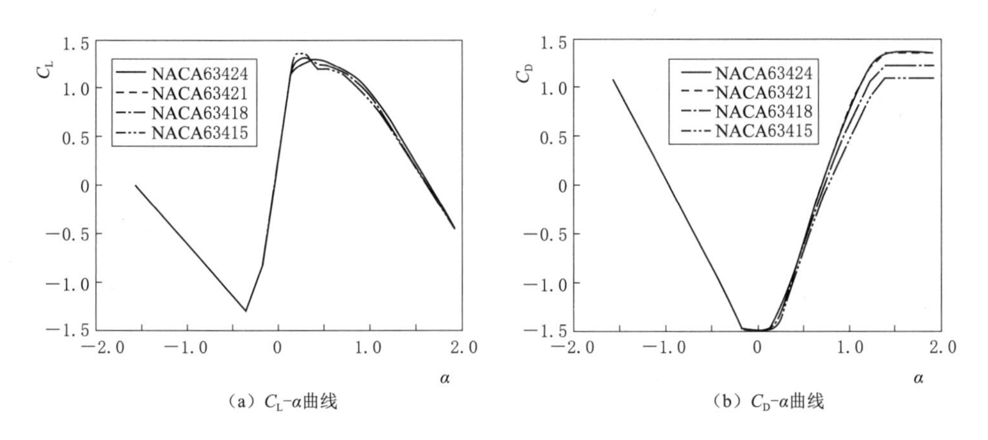


(a) $C_L$-$\alpha$曲线　　(b) $C_D$-$\alpha$曲线

图 3－36　各翼型对应的气动数据

```
function [Cn,Ct] = CnCtcoeff(Cl,Cd,phi)

Cn =(Cl*cos(phi)+Cd*sin(phi));
Ct =(Cl*sin(phi)-Cd*cos(phi));
```

图 3－37　$C_n$ 和 $C_t$ 计算

```
%%-----------求解诱导因子循环-----------------------------------------------------
while ((err> 0.001)) % Iteration of a and am
  j=j+1;
  [phi,alpha]=angle_phi(Wn,Wt,r(i),pitch,Vo,Omega,ptipf);
  Vrel = relvelocity(phi,Wn,Vo);
  ptipf= Prandtltipfactor(r(i),R,phi,nb);
  %此处根据目前求出的alpha,插值求出位于这个叶素部位的Clcoeff,Cdcoeff
  %--------------------------------------------------------------------------
  Clcoeff = interp1(angle(:,i),CI(:,i),alpha);
  Cdcoeff = interp1(angle(:,i),Cd(:,i),alpha);
  %--------------------------------------------------------------------------
  [Cn,Ct] = CnCtcoeff (Clcoeff,Cdcoeff,phi);
  Cn=Cn*ptipf;
  Ct=Ct*ptipr;?[Wn,Wt] = inductionG(Wn,phi,sigma,ptipf,Cn,Ct,Omega,Vo,Vrel,r(i));
  err = abs(Wn-Wn_old) + abs(Wt-Wt_old);
  Wn_old = Wn;
  Wt_old = Wt;
end
```

图 3-38　求解诱导因子循环

```
function [Fn,Ft] = FnFt(Cn,Ct,Vrel,chord,rho,nelm,ptipf)
%-----------------------------------------------------------
for i=1:nelm,
  pdyn =10.5*rho*Vrel(i)*Vrel(i)*chord(i);
  Fn(i)= Cn(i)*pdyn*ptipf(i);
  Ft(i)= Ct(i)*pdyn*ptipf(i);
end
```

图 3-39　求解切向力及法向力

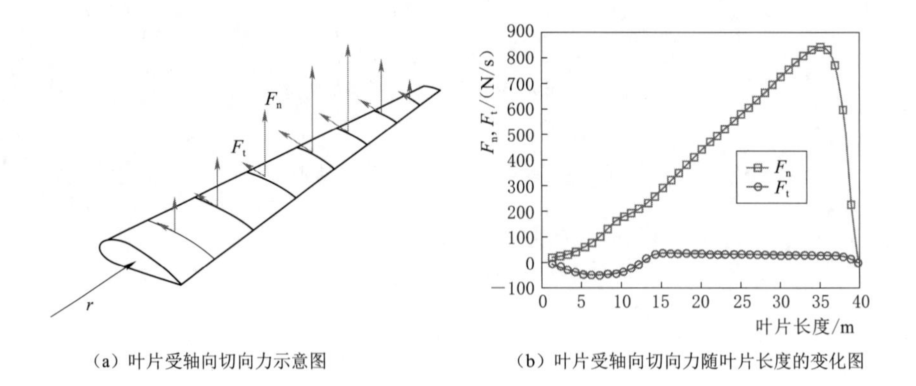


(a) 叶片受轴向切向力示意图　(b) 叶片受轴向切向力随叶片长度的变化图

图 3-40　轴向及切向载荷

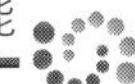

```
Wind Turbine Steady BEM

------------Output---------------------------------------------------
The blade length: 40 [m]
The rotor speed : 1.1414 [rad/s]
Wind velocity   : 4 [m/s]
Tip speed ratio : 11.414 [-]
Power output    :71.4164 [kW]
Total torque    :0 [kW]
Total thurst    :0 [kW]
Cthrust         :0.986961 [-]
Cp              : 0.362445 [-]
---------------------------------------------------------------------
```

图 3-41 推力及功率结果

# 3.4 风轮气动性能

## 3.4.1 风轮功率特性

### 3.4.1.1 功率曲线

功率曲线是风电机组运行性能的重要表现形式。功率曲线是以风速 $u_i$ 为横坐标，以有功功率 $P_i$ 为纵坐标的对应曲线。标准功率曲线所对应的环境条件是：温度为15℃，1个标准大气压（1013.3hPa），空气密度为1.225kg/m³。风电机组的实际效率主要通过风电机组实际运行的功率曲线得到反映，实际功率曲线的好坏综合反映了风电机组的经济性，所以良好的风轮功率输出特性是一个风轮气动设计所追求的最终目标。

### 3.4.1.2 风能与风轮输出功率的关系

风能是指空气流动所产生的动能。风电机组通过风轮吸收风能并将其转化成风轮旋转的机械能，带动发电机发电，从而实现能量的转换。风速为 $v_0$ 的气流经过风轮时，在单位时间作用到风轮上的理想风能为

$$E_k = \frac{1}{2} C_P \rho A v_0^3 \tag{3-74}$$

式中 $E_k$——空气流动所产生的动能；

$C_P$——风能利用系数；

$\rho$——空气密度，kg/m³；

$A$——风轮面积，m²；

$v_0$——风轮来流速度，m/s。

由于受气动特性的制约，风轮只能吸收转化一部分的风能。根据贝茨理论，在理想风轮条件下，风轮能够获得的理论上最大功率为

$$P_{max}=\frac{1}{2}C_P A\rho v_0^3 \tag{3-75}$$

式中　$P_{max}$——风轮能够获得的理论上最大功率。

#### 3.4.1.3　风能利用系数

风能利用系数 $C_P$ 表示风轮将风能转化成电能的转换效率。根据贝茨理论，风轮最大风能利用系数为0.593。用公式表示为

$$C_P=4a(1-a^3) \tag{3-76}$$

式中　$a$——轴向诱导因子。

风轮的功率特性通常由风能利用系数 $C_P$ 曲线来表示，图3-42给出了风能利用系数 $C_P$、叶尖速比 $\lambda$ 和桨距角 $\theta$ 的函数关系。风能利用系数 $C_P$ 曲线是旋转风轮的一个重要设计参数，通常在风轮的总体设计阶段就提出了。对于某一型号的旋转风轮，存在一个使风轮的效率达到最佳的最优叶尖速比。同时，对于某一固定桨距角，存在唯一的风能利用系数最大值，对应一个最优叶尖速比；对于任意的叶尖速比，桨距角 $\theta=0°$下的风能利用系数 $C_P$ 相对较大。桨距角 $\theta$ 增大，风能利用系数 $C_P$ 明显减小。基于此，变速恒频变桨距控制的理论依据为：在风速低于额定风速时，桨距角 $\theta=0°$，通过变速恒频装置，风速变化时改变发电机转子转速，使风能利用系数恒定在最大值，捕获最大风能；在风速高于额定风速时，调节桨距角从而减少发电机输出功率，使输出功率稳定在额定功率。在同一风速下，不同的转速会使风轮输出不同的功率。有一个最优的转速，风轮运行于最优转速时，就会达到最优叶尖速比，从而捕获最大的风能，输出最大功率。连接不同风速下与最优转速对应的最大功率点就可形成一条最佳功率曲线。

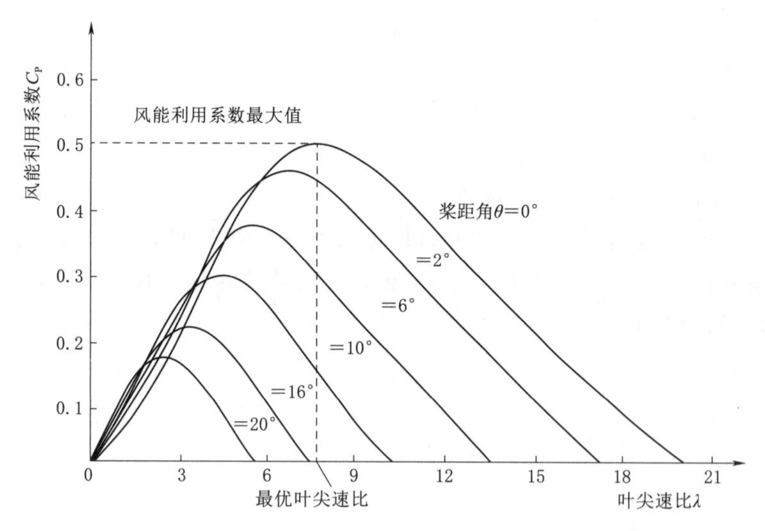


图3-42　风轮风能利用系数 $C_P$ 曲线

风轮的风能利用系数只有在一个特定的最优尖速比下才达到最大值，当风速变化时，如果风轮仍然保持某一固定的转速，那么必将偏离其最优值，从而使 $C_P$ 降低，即降低了风轮的风能利用效率。所以，为了提高风能利用效率，必须使得风速

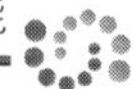

变化时机组的转速也随之变化从而保持最优尖速比。

为了达到最大风能利用系数捕获区，可以利用旋转风轮的功率、转矩和转速之间的关系，确定最优转速或转矩，并可据此实现发电机的控制和最大功率运行。为了实现最大功率点跟踪（maximum power point tracking，MPPT），人们研究了多种有效的控制方案，如：最优叶尖速比法、功率信号反馈法、爬山搜索法、最大功率小信号扰动法、三点比较法、实时追踪最大风能法等。

**3.4.1.4 风电机组运行区间**

具有固定桨距的水平轴风轮产生的扭矩随风速和转速变化，如果叶片的旋转速度太低，叶片将失速，风轮输出的扭矩随之下降。因此，为了从气流中取得最大功率输出（当气流速度变化时），必须改变叶片的桨距角或风轮的转速，现在很多风电机组的风轮都设计成变桨距叶片。风电机组的风轮转速若随风速改变，可从空气中取得最大功率，但对于由风轮驱动的发电机而言，这并不是最佳的。优化设计的解决方法是允许风轮转速随风速变化，同时使用变速恒频发电机，以得到所需恒定频率的电能。

在风轮的设计阶段，功率曲线可以从理论上可以确定风轮的功率特征与运行特点，并且可以从理论上来评估风电机组的发电量与发电效率，进而衡量风电机组的风能转换能力。因此功率曲线为风场选址提供了重要的技术考核指标，同时也是风电机组发电性能的一个重要指标。功率曲线是揭示风轮基本性能最为重要的指标。重要的技术考核指标，同时也是机组发电性能的一个重要指标。风速功率曲线的理论设计是风电机组整体设计的重要内容，IEC 61400—12 标准中有如下定义：

（1）风速：流经风轮扫掠区域的风的有效动能通量。

（2）切入风速：使风电机组开始发电的最低风速。

（3）切出风速：由于风速过高使得风电机组与电网断开的风速。

（4）功率：风电机组发电能力的度量。

通过这些定义指标，可将理论功率曲线刻画出来，使得风速与功率之间的关系达到一个平衡，可根据实际不同的运行条件辅助调整控制策略与运行方式，使风电机组的实际发电量最大。

典型风电机组功率曲线如图 3-43 所示。当风速小于切入风速时，风轮不能转动，无法启动风轮。风速达到启动风速后，风轮开始转动，带动发电机发电，输出电能供给负载以及给蓄电池充电，当蓄电池组端电压达到设定的最高值时，反馈的电压信号使控制系统进入稳压闭环控制，既保持对蓄电池充电，又不致使蓄电池过充，此阶段，输出功率随风速的增大而增大。在风速超过切出风速时，通过机械限速机构使风轮在一定转速限速运行或停止运行，以保证发电机不致损坏。普通风轮至少需要 3m/s 的风速才能启动，3.5m/s 的风速才能发电，一定程度

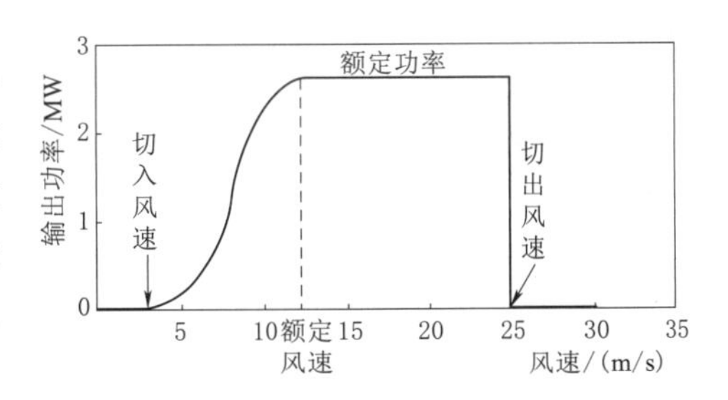


图 3-43 典型风电机组功率曲线

上限制了小型风电机组在我国很多地区的应用。

#### 3.4.1.5　风速区间

在标准空气密度的条件下，风电机组的输出功率与风速的关系曲线称为该风电机组的标准功率曲线。根据风轮的功率特性，可将风速划分为若干区间：

（1）当风速在额定风速以下时，机组运行在最佳叶尖速比区域。

（2）当风速在额定风速以上时，机组运行在恒转速区和恒功率区。

正常情况下，在额定风速以下运行时，机组应尽可能多的捕获风能，此阶段是发电机控制模式，使风电机组实现最大功率跟踪。

#### 3.4.1.6　不同运行阶段功率控制目标

由图3-44可知，根据风速的不同，可以将风轮的运行分为三个不同的阶段：启动阶段、最大功率跟踪阶段、恒功率控制阶段。

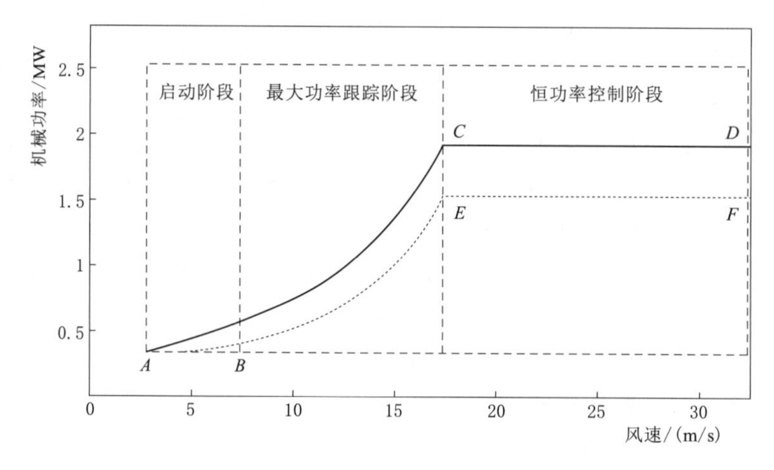


图3-44　某型号风电机组运行曲线图

当风轮运行在启动阶段时，即图3-44中的$AB$段，风轮的转速不断升高达到切入速度，风电机组开始启动。

当风轮运行在最大功率跟踪阶段时，即图3-44中的$BC$段和$BE$段，风电机组实现并网，但风速小于额定风速，采用变速控制方法，跟踪最大功率控制曲线，获取最大功率。

当风轮运行在恒定功率阶段时，即图3-44中的$CD$段和$EF$段，此时风速大于等于额定风速，由于风电机组各项性能限制需进行恒功率控制，保证风电机组的安全。

当风速大于额定风速，发电机输出功率达到额定功率以后，控制系统根据输出功率的变化调整桨距角的大小，降低风能利用系数，使发电机的输出功率保持在额定功率。

#### 3.4.1.7　风电机组输出功率影响因素

1. 环境因素

虽然风速是影响风电机组输出功率的主要因素，但是在实际风电机组工作过程中，还需要考虑其他环境因素对风轮输出功率的影响。

（1）风速。风轮输出功率与风速的三次方成正比，故而在风轮的设计技术要求范围内，风速越大，风轮输出功率将越大，如图 3－45 所示。而风速大小又受到其他诸多因素影响，如水平气压梯度（亦称大气压强）、地形、地面粗糙度及地形等。风是由于不同的大气压强差致使空气流动产生风，海拔高度差越大，大气压强差越大，致使空气流动越快，即风速越大。随着海拔的升高，风速相对增大，另外，风速也受到地表粗糙度、地形及障碍物等因素影响。因风速是自然性的形成，无法通过人为改变，所以在风电场建设前，应通过科学地测量各项指标后确定是否满足建设要求，同时在微观选址满足主风向时还应充分考虑地表粗糙度、地形及障碍物等因素。

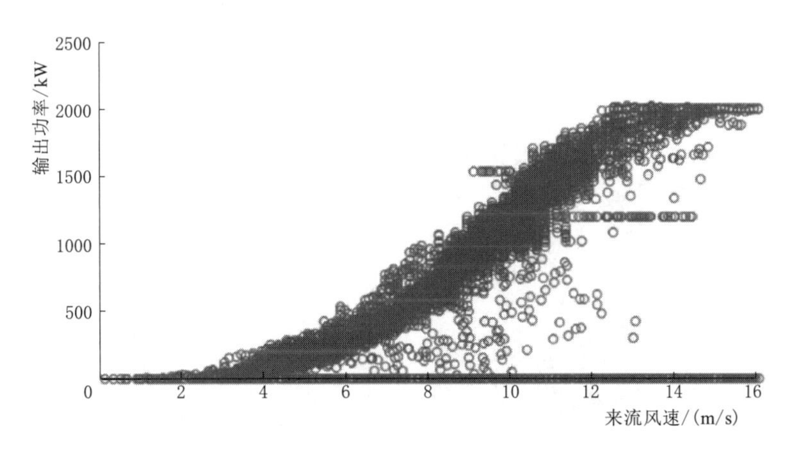


图 3－45　某风电机组输出功率与来流风速的关系

（2）空气密度。空气密度是影响风轮输出功率的另一个关键参数。风轮输出功率与空气密度成正比，即空气密度越大，风轮可输出功率越大。空气密度受大气压强、温度及湿度等因素影响，同样无法通过人为改变。在海拔相同的条件下，风速相同，气压越大，氧气含量越多，空气密度越大，风轮转速就越快。因此，为了得到更高的风轮的输出功率，可以选择在海拔较低的地方建立风电场。

（3）温度。温度的变化会影响到空气密度，从而影响到风轮的转速和风轮的发电量与效率。一般来说，当温度升高时，空气密度会降低，输出功率减小。相反，当温度降低时，空气密度会增加，输出功率增加。因此，在设计和建设风场时，需要考虑当地的温度情况，选择合适的风电机组布置方案和安装位置。同时在运行时，需要根据当天的温度情况调整风轮的工作状态，以保证风轮的效率和发电量。

（4）来流的湍流度。湍流会影响风轮的转速和旋转方向，进而影响风轮的发电量和效率。湍流会使风速不稳定，从而导致风轮转速不稳定，发电量变化较大，如图 3－46 所示。因此，在设计和建设时，需要考虑当地的湍流情况，选择合适的风轮布置方案和安装位置。在运行时，也需要密切关注湍流的变化。

只有对这些影响因素进行全面考虑和评估，才能获得更高的发电功率。当然，除了对功率影响因素的研究，叶片的气动性能也是值得研究的方向之一。

2. 覆冰对风力机的影响

国外对于覆冰问题的研究起步较早，F Lamraoui 等通过仿真研究了覆冰条件的改变对风轮叶片覆冰特性的影响规律，C Hochart 等通过研究认为覆冰会导致叶片气动性能恶化，严重时甚至会使风电机组停转。A Albert 考虑了覆冰概率和气象参数的联系，得到了叶片覆冰概率矩阵。M Kasper 对旋转风轮所用叶片翼型前缘进行了 CFD 覆冰模拟研究，认为覆冰使叶片升力减小，阻力加大。风电机组叶片覆冰，则它的空气动力学轮廓就会变形，减小风能利用系数，从而影响风电机组的输出功率，使发电量大大减少。另外，叶片表面的大量覆冰会引起风电机组的附加载荷与额外的振动，从而降低其使用寿命。如果采用主动除冰的方法，自然会增加其维护成本。若果采用被动除冰的方法，即在生产制造时就考到覆冰问题或增加除冰设备，会相应增加其运营和维护的成本。风电机组覆冰如图 3-47 所示。

图 3-46 湍流对风电机组影响

图 3-47 风电机组覆冰图

3. 偏航

风能本身存在风力大小、风密度、风向不确定等特点，三维空间内往往会引起湍流、风切变等影响水平轴风电机组稳定运行的不利因素。要想获得最大风功率，就需要让风轮尽量保持在正对来流方向，捕获最大风能。

对于偏航装置快速对风问题，国内专家提出各种基于不同算法的偏航控制策略以提高偏航装置的灵敏性，而高灵敏度的偏航装置即便在微弱的风向变化下也会作出偏航调整。由于风向几乎是时刻变化着的，偏航装置如果不间断处在动作—停止—动作状态，必然导致风电机组的机械劳损，降低其使用寿命，徒增风电机组运维成本。

针对上述问题，国内外很多专家对偏航控制策略展开大量研究，希望提出一种能实现更加快速、精准、有效对风，且不会频繁进行偏航操作导致器件磨损降低风电机组寿命的偏航控制策略。目前国内提出的偏航控制策略有模糊控制算法、爬山算法、BP 神经网络、偏航装置控制算法、人工神经内分泌免疫调节、卡尔曼滤波、半圆式双向监测等偏航控制策略。

4. 风电机组优化方向

(1) 由于风电机组设计和工艺的改进，性能和可靠性提高，加上塔架高度增加以及风场选址评估方法的改进等，所以未来风电机组的单机容量将增大。

（2）提高风轮的捕风能力，主要体现在风轮直径增大，单位千瓦扫掠面积提高。

（3）提高风能转换效率，使风电机组风能利用系数从 0.42 接近 0.5。

（4）风力发电面临各种极端天气条件，风电场风电机组布置分散，维护不便，风电机组质量问题会带来双重损失，不仅降低了设备的可利用率，还浪费了风资源，损失了发电量，因此有必要提高风电机组及部件质量。同时风电机组工作环境面临高温、高湿、高海拔、盐雾、风沙、低温等严峻的环境条件，需要增强风电机组环境适应性。

## 3.4.2 风轮转矩特性

### 3.4.2.1 风轮转矩的计算

空气流动形成风，即风所具有的能量就是空气的动能。对于风轮来说，当其受到来自风的作用力时，将会产生转动效应，而转矩就是表示这一转动效应的物理量。力和力臂的乘积为力矩，力矩是矢量，力对某一点的力矩的大小为该点到力的作用线所作垂线的长度乘以力的大小，其方向则垂直于垂线与力所构成的平面，可以用右手螺旋法则来确定。

风轮转动时，一部分空气动能转换为风轮的转动动能，风轮输出的转矩与风速和风轮的转速有关，转速与转矩成反比关系，表示为

$$T=\frac{1}{2}\rho\pi C_{\mathrm{T}}(\lambda)v_0^2R^3 \tag{3-77}$$

式中 $T$——转矩，N·m；

$\lambda$——叶尖速比；

$R$——风轮半径，m。

由式（3－77）可知，当风轮叶片的半径 $R$ 和风轮推力系数 $C_{\mathrm{T}}(\lambda)$ 已知时，就可以通过计算得到风轮的转矩。一般来说，风轮都具有图 3－48 所示形状的推力系数特性曲线。风轮的推力系数可以由风轮空气动力特性参数来确定，或者对于小型的风电机组，也可以在风洞中进行吹风试验得到。

### 3.4.2.2 风轮转矩特性的影响因素

1. 下击暴流对风轮转矩特性的影响

在大气边界层中，风剪切会使风电机组输出功率降低，机组承受载荷加剧。在风剪切来流条件下，风轮尾流效应更强，对大型风电场的整体性能与安全运行有重大影响。风剪切来流使风轮下游区域尾流分布呈现不对称性，且波动性增强。因此，在风轮气动设计阶段必须考虑到风剪切的影响。下击暴流是一种特殊的风剪切，

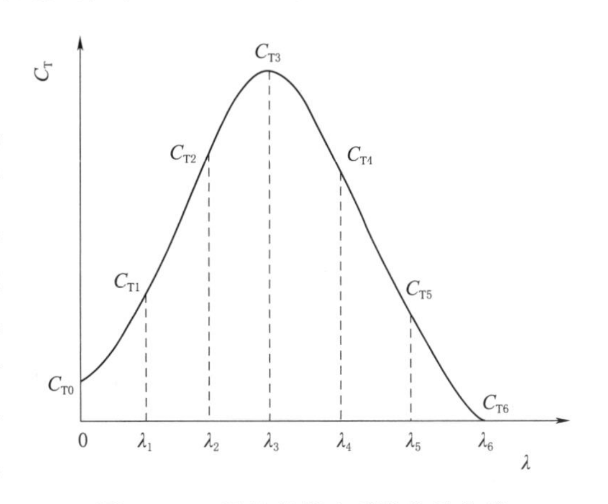


图 3－48 风轮的推力系数特性曲线

下击暴流在垂直方向存在先增大后减小的速度梯度分布规律，对风电机组的安全运行、发电质量有重大影响。因此研究下击暴流垂直风剪切来流对风轮转矩特性的影响十分重要。

目前在下击暴流水平风速模型的研究中，OBV模型是被普遍认可的，风速模型的数学表达式为

$$v_Z=1.22(e^{-\frac{0.15Z}{Z_{max}}}-e^{-\frac{3.2175Z}{Z_{max}}})-v_{max} \tag{3-78}$$

式中　$v_Z$——高度 $Z$ 处的来流风速，m/s；

$Z$——风速对应的高度，m；

$Z_{max}$——最大风速对应的高度，m；

$v_{max}$——下击暴流的最大水平风速，m/s。

与均匀来流和B类风电场（参考风速为42.5m/s，年平均风速为8.5m/s，50年一遇极限风速为59.5m/s，1年一遇极限风速为44.6m/s）风剪切相比，下击暴流垂直风剪切来流条件下，风轮低速轴转矩平均值降低，但标准差增大，转矩波动幅度增加，低速轴转矩功率谱如图3-49所示。因此下击暴流垂直风剪切将会导致风轮输出功率不稳定，降低其电能质量。

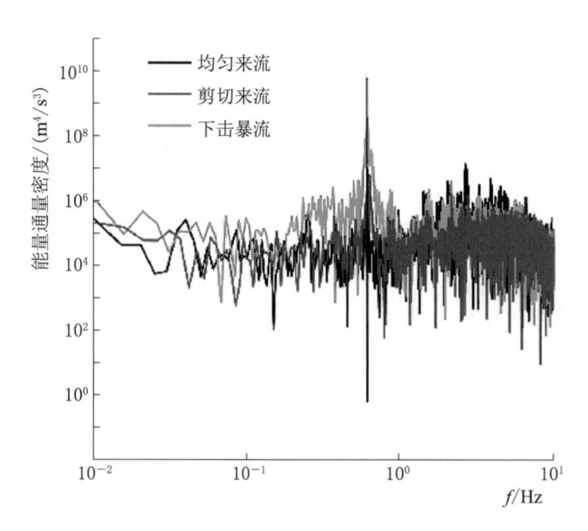


图3-49　低速轴转矩功率谱图

2. 风沙环境对风轮转矩特性的影响

在风沙环境下，由于来流密度的增加以及沙尘颗粒与风轮旋转叶片壁面的相互作用，叶片各翼型的压差增大（叶片压力面高压区的压力略高于洁净空气时的值，吸力面低压区的压力略低于洁净空气时的值），从而引起风轮转矩的增加。

风轮转矩随沙尘体积分数的增大先增大后减小；随沙尘颗粒直径的增大先增大后减小，最后趋于平稳，沙尘颗粒直径对风轮转矩的影响存在一个敏感区域，沙尘体积分数越大，该敏感区域越大；风沙流对旋转风轮叶片的流动状态影响较小，当绕翼型的流动为湍流流动时，沙尘颗粒的存在会加剧流动的紊乱性，为层流流动时，沙尘颗粒对流动的扰动较小，反映出较好的跟随性。

## 3.5　风轮的简单设计

风轮气动设计一直都是风能研究的重要方向，它不仅与风能的利用效率有关，还会对叶片的结构设计和生产制造产生很大的影响。旋转风轮叶片设计有多种理

论，从最初的简化设计法，到现在常用的葛劳渥设计法和威尔森（Wilson）设计法，经历了几十年的发展。本节利用威尔森设计法与PSO粒子群算法结合，对旋转风轮叶片气动外形进行设计，完成水平轴风轮的简单设计。

## 3.5.1 风轮初步气动设计理论

风轮的简单设计方法同样基于BEM理论，主要用于大致估算风轮相对叶片展向长度$r$处叶素产生的气动力，并以此初步确定叶片的弦长、扭角等基本参数沿叶片展向的分布。

弦长$c$的计算式为

$$c=\frac{16\pi}{9BC_L}\frac{R}{\lambda^2\sqrt{\lambda^2\left(\frac{r}{R}\right)^2+\frac{4}{9}}} \tag{3-79}$$

式中 $c$——弦长，m；

$B$——叶片数；

$C_L$——升力系数；

$\lambda$——叶尖速比；

$R$——风轮半径，m；

$r$——局部半径，m。

扭角$\beta$的计算式为

$$\beta=\operatorname{arccot}\left(\frac{3}{2}\frac{r}{R}\lambda\right)-\alpha \tag{3-80}$$

式中 $\beta$——扭角，rad；

$\alpha$——攻角，rad。

简单设计理论模型考虑的因素很少，叶尖损失等其他影响因素都未考虑在内。简单设计理论一般用于风轮叶片的初始估算设计。

### 3.5.1.1 葛劳渥方法

葛劳渥设计考虑了风轮的涡流流动，即叶片的轴向诱导因子$a$和切向诱导因子$a'$，翼型阻力和叶尖损失对叶片外形设计影响较小，故忽略不计。

对于有限长的叶片，风轮叶片的下游存在着尾迹涡，从而形成两个主要的涡区：一个在轮毂附近，一个在叶尖。风轮旋转时，通过每个叶片尖部的气流的迹线构成一个螺旋线。在轮毂附近存在同样的情况，每个叶片都对轮毂涡流的形成产生一定的作用。此外，为了确定速度场，可将各叶片的作用通过一个边界涡代替。对于空间某一给定点，其风速可被认为是由非扰动的风速和涡流系统产生的风速之和。由涡流系统产生的风速可看成是由下列三个涡流系统叠加的结果：集中在转轴上的中心涡、每个叶片的边界涡、每个叶片尖部形成的螺旋涡。葛劳渥理论用于风轮叶片设计时主要考虑的是诱导速度的影响。

入流角$\phi$和相对速度$v_{rel}$可表示为

$$\phi=\arctan\frac{(1-a)v_0}{(1+a')\omega r} \tag{3-81}$$

式中　$\phi$——入流角，rad；

$a$——轴向诱导因子；

$a'$——切向诱导因子；

$v_0$——风轮来流速度，m/s；

$\omega$——风轮旋转角速度，rad/s；

$r$——局部半径，m。

$$v_{\text{rel}}=\frac{(1-a)v_{\infty}}{\sin\phi}=\frac{\omega r(1+a')}{\cos\phi} \tag{3-82}$$

由此可以得到风轮叶片半径 $r$ 处叶素的输出功率为

$$\mathrm{d}P_{\mathrm{r}}=\omega\mathrm{d}T=4\pi\rho v_{\infty}\omega^2 a'(1-a)r^3\mathrm{d}r \tag{3-83}$$

式中　$P_{\mathrm{r}}$——$r$ 处叶素的输出功率，W；

$v_{\infty}$——无穷远处风速，m/s；

$T$——转矩，N·m；

$\rho$——空气密度，kg/m$^3$。

对应的风能利用系数为

$$C_{\mathrm{P_r}}=\int_0^{\lambda}\frac{\mathrm{d}P_{\mathrm{r}}}{\frac{1}{2}\rho\pi r\mathrm{d}rv_{\infty}^3}=\frac{8}{\lambda^2}\int_0^{\lambda}a'(1-a)\lambda_r^3\mathrm{d}\lambda_{\mathrm{r}} \tag{3-84}$$

式中　$C_{\mathrm{P_r}}$——$r$ 处叶素风能利用系数；

$\lambda_{\mathrm{r}}$——$r$ 处叶素叶尖速比。

最优风能利用系数可以通过对式（3-84）求导得到，约束条件为

$$\begin{cases}a'=\dfrac{1-3a}{4a-1}\\ a'\lambda_{\mathrm{r}}^2=(1-a)(4a-1)\end{cases} \tag{3-85}$$

得到每一个叶片半径 $r$ 处对应的每一个 $\lambda_{\mathrm{r}}$ 值后，接下来可以求得对应的轴向诱导因子 $a$ 和切向诱导因子 $a'$。叶片弦长为

$$c=\frac{8\pi a}{1-a}\frac{\sin^2\phi}{\cos\phi}\frac{r}{BC_{\mathrm{L}}} \tag{3-86}$$

式中　$c$——弦长，m。

扭角为

$$\beta=\arctan\left(\frac{1-a}{1+a'}\frac{1}{\lambda_{\mathrm{r}}}\right)-\alpha \tag{3-87}$$

威尔森设计法对葛劳渥设计法进行了改进，对叶尖损失和升阻比进行了研究，并且研究了风轮在非设计工况下的性能。与葛劳渥设计法相比，该方法更加先进，计算精度更高，考虑的影响因素更多，是目前风轮叶片设计中应用最为普遍的方法之一。与葛劳渥设计法一样，阻力对切向诱导因子的影响较小，所以在设计风轮叶片外形时，威尔森设计法忽略了阻力的影响，但是还需考虑叶尖损失的影响。因此，轴向诱导因子 $a$ 和切向诱导因子 $a'$的关系式分别为

$$\frac{BcC_L\cos\phi}{8\pi r\sin^2\phi}=\frac{(1-aF)aF}{(1-a)^2} \tag{3-88}$$

式中 $F$——叶尖损失系数。

$$\frac{BcC_L}{8\pi r\cos\phi}=\frac{a'F}{1+a'} \tag{3-89}$$

$$F=\frac{2}{\pi}\arccos(e^{-f}) \tag{3-90}$$

$$f=\frac{B}{2}\frac{R-r}{R\sin\phi} \tag{3-91}$$

可以得到能量方程为

$$a(1-aF)=a'(1+a')\lambda_r^2 \tag{3-92}$$

各叶片半径 $r$ 处风能利用系数为

$$dC_P=\frac{8}{\lambda^2}a'(1-a)F\lambda_r^3 d\lambda \tag{3-93}$$

当 $dC_P$ 值最大时，可以获得最大的风能利用系数 $C_P$。在满足能量方程的前提下，利用迭代法计算轴向诱导因子 $a$ 和切向诱导因子 $a'$，然后根据式（3-93）求出 $dC_P$ 的最大值。

将求得的最大 $dC_P$ 值对应的轴向诱导因子 $a$ 和切向诱导因子 $a'$ 以及叶尖损失系数 $F$ 代入诱导因子关系式，可以得到弦长和扭角的关系式为

$$\frac{BcC_L}{r}=\frac{(1-aF)aF}{(1-a)^2}\frac{8\pi\sin^2\phi}{\cos\phi} \tag{3-94}$$

$$\tan\beta=\frac{v_0(1-a)}{\Omega r(1+a')}=\frac{(1-a)}{(1+a')}\frac{1}{\lambda} \tag{3-95}$$

#### 3.5.1.2 叶片设计方法

以 1.5MW 风轮叶片设计为例。使用威尔森设计法对风轮叶片进行初步设计，确定总体参数，包括叶片数、风轮直径、额定风速（设计风速）、额定转速、翼型及其升阻系数随攻角变化参数曲线等。

1. 水平轴风轮功率

目前国内风电发展及市场的需求主要偏重于兆瓦级风电机组，此处设计的水平轴风电机组额定功率选择为 1.5MW。

2. 叶尖速比

叶尖速比与风轮效率密切相关，在水平轴风轮没有达到切出速度的条件下，高叶尖速比状态下的水平轴风轮具有较高的风轮效率。对于高速水平轴风轮而言，叶尖速比在 6～8 范围内有较高的风能利用系数，此处所确定的叶尖速比为 6。

3. 叶片数

风轮的叶片数取决于叶尖速比 $\lambda_0$，见表 3-4。高速水平轴风轮的叶片数一般是 1～3，表 3-4 为常规风轮叶片数与叶尖速比的关系，其中 3 片占多数，此处设计的水平轴风轮叶片数为 $B=3$。

表 3-4 风轮叶片数与叶尖速比的关系

| 叶尖速比 | 叶片数 | 风电机组类型 |
|---|---|---|
| 1 | 6～20 | 低速 |
| 2 | 4～12 | |
| 3 | 3～8 | 中速 |
| 4 | 3～5 | |
| 5～8 | 2～4 | 高速 |
| 8～15 | 1～2 | |

4. 风能利用系数

高速水平轴风轮风能利用系数一般取 0.4 以上，本兆瓦级风轮属于高速水平轴风轮，$C_P$ 取 0.44，空气密度 $\rho$ 取 1.225kg/m$^3$。

5. 发电系统效率

综合发电机效率及传动效率，选取发电系统效率为 0.85。

6. 设计风速

风资源要综合考虑到平均风速的大小和风速的频度，按照全年获得最大能量的原则来确定设计风速。选取设计风速为 8m/s。

7. 风轮直径

风轮直径 $D$ 可以根据功率公式获得，即

$$P=\frac{1}{2}\pi\rho\eta\left(\frac{D^2}{4}\right)v_1^3=\frac{1}{8}\pi\rho\eta C_P D^2 v_1^3 \tag{3-96}$$

式中 $P$——风轮输出功率，W；

$\rho$——空气密度，kg/m$^3$；

$\eta$——总效率；

$D$——风轮直径，m；

$v_1$——设计风速，m/s；

$C_P$——风能利用系数。

8. 风轮转速

水平轴旋转风轮转速 $N$ 为

$$N=\frac{60\lambda v_1}{\pi D} \tag{3-97}$$

式中 $N$——风轮转速，r/min。

综合上述内容，可以得到水平轴风轮气动设计的关键参数。此处设计的水平轴风轮是一台额定功率为 1.5MW 的三叶片风轮。该风轮的设计选取空气密度为 1.225kg/m$^3$，并设置切入风速为 4.0m/s，切出风速为 25.0m/s。此外，风轮的半径为 49.2m，转速为 10.1r/min，设计风速为 8.0m/s。

9. 翼型及其升阻系数选择

翼型及其升阻力系数的选择对风轮的设计效率十分重要。一般选取的翼型应具有如下特点：有相对高的升阻比，以获取最大风能利用系数；有足够的相对厚度，

以保持应有的结构刚度和重量。

此处设计的风轮采用丹麦技术大学研发的低噪声 LN221 翼型。在选取翼型参数时，首先考虑选取翼型的雷诺数和风轮实际运行时雷诺数相同；其次，考虑如何选取设计点。一般情况下，在设计旋转风轮叶片时，选取升阻比较大的点对应的攻角、升力系数和阻力系数。综合考虑，应该选取雷诺数相近、最佳升阻比附近所对应的翼型攻角作为叶片的设计攻角，再通过攻角确定对应的升力系数 $C_L$ 和阻力系数 $C_D$。雷诺数计算公式为

$$Re=\frac{wc}{\mu}=\frac{v_0(1-a)c}{\mu\sin\phi} \tag{3-98}$$

式中 $Re$——雷诺数；

$c$——弦长，m；

$w$——相对风速，m/s；

$a$——轴向诱导因子；

$\phi$——入流角，rad；

$v_0$——风轮来流速度，m/s；

$\mu$——运动黏度。

式（3－98）可以得到叶片沿展向不同半径处 $Re$ 的不同值，由此可以计算得到不同位置处的攻角 $\alpha$。

#### 3.5.1.3 气动设计方案

威尔森设计法在葛劳渥设计法的基础之上做了改进，研究了叶尖损失和升阻比对叶片最优性能的影响。综合对比两种设计方法，威尔森设计法更为先进。采用威尔森设计法对旋转风轮叶片进行初步设计，加入了叶尖损失系数 $F$、轴向诱导因子 $a$ 和切向诱导因子 $a'$；并且由于翼型阻力对旋转风轮叶片外形设计影响不大，故在设计过程中忽略翼型阻力。

当旋转风轮叶片的基本参数确定之后，入流角 $\phi$ 便只与轴向诱导因子 $a$ 和切向诱导因子 $a'$有关。在确定设计攻角之后，叶片的扭角 $\beta$ 就可以通过 $a$ 和 $a'$确定。确定以上参数之后，通过 $a$ 和 $a'$可以确定叶片各截面的弦长。综上所述，进行水平轴风轮叶片设计，关键在于求解轴向诱导因子 $a$ 和切向诱导因子 $a'$。威尔森设计法的基本数学模型如下：

叶尖损失系数为

$$\begin{cases}F=\dfrac{2}{\pi}\arccos(\mathrm{e}^{-f})\\ f=\dfrac{B}{2}\dfrac{R-r}{R\sin\phi}\end{cases} \tag{3-99}$$

式中 $r$——局部半径，m；

$B$——叶片数；

$R$——风轮半径，m；

$F$——叶尖损失系数。

能量方程为

$$a(1-aF)=a'(1+a')\lambda_r^2 \tag{3-100}$$

式中　$a$——轴向诱导因子；

$a'$——切向诱导因子；

$\lambda_r$——$r$ 处叶素叶尖速比；

$F$——叶尖损失系数。

各叶片半径 $r$ 处风能利用系数为

$$dC_P=\frac{8}{\lambda^2}a'(1-a)F\lambda_r^3 d\lambda \tag{3-101}$$

入流角为

$$\tan\phi=\frac{v_0(1-a)}{\omega r(1+a')}=\frac{(1-a)}{\lambda(1+a')} \tag{3-102}$$

式中　$\phi$——入流角，rad；

$\omega$——风轮转动速度，rad/s；

$v_0$——风轮来流速度，m/s。

威尔森设计法的步骤如下：

（1）等分叶片之后，计算各截面的周速比。第 $i$ 个截面的半径 $r_i$ 对应的叶尖速比 $\lambda_i$ 为

$$\lambda_i=\lambda_r\times\frac{r_i}{R} \tag{3-103}$$

式中　$\lambda_i$——$r_i$ 对应的叶尖速比；

$r_i$——第 $i$ 个截面的半径，m；

$R$——风轮半径，m。

（2）对每个截面 $i$ 计算轴向诱导因子 $a_i$ 和切向诱导因子 $a_i'$ 以及叶尖损失系数 $F_i$，求解如下极值问题：

$$\max: \frac{dC_{Pi}}{d\lambda_i}=\frac{8}{\lambda^2}a_i'(1-a_i)F_i\lambda_i^3 \tag{3-104}$$

式中　$C_{Pi}$——每个截面 $i$ 的风能利用系数；

$a_i$——每个截面 $i$ 的轴向诱导因子；

$a_i'$——每个截面 $i$ 的切向诱导因子；

$\lambda_i$——每个截面 $i$ 的叶尖速比。

$$a_i(1-a_iF_i)=a_i'(1+a_i')\lambda_i^2 \tag{3-105}$$

式中　$F_i$——每个截面 $i$ 的叶尖损失系数。

（3）利用迭代法，给定 $a_i$ 和 $a_i'$ 的初值，最终求得 $a_i$、$a_i'$ 和 $F_i$。

（4）选定翼型，确定攻角 $a_i$ 得到对应的升力系数 $C_{Li}$ 和阻力系数 $C_{Di}$。根据确定的攻角值，从选定翼型的升力系数和阻力系数曲线上就可以查到这些攻角值所对应的升力系数 $C_{Li}$ 和阻力系数 $C_{Di}$。用数值方法拟合出翼型攻角和升力系数的关系，即

$$C_{\mathrm{L}i}=f(\alpha) \tag{3-106}$$

式中 $C_{\mathrm{L}i}$——不同攻角对应的升力系数；

$\alpha$——攻角，rad。

翼型攻角和阻力系数的关系为

$$C_{\mathrm{D}i}=g(\alpha) \tag{3-107}$$

式中 $C_{\mathrm{D}i}$——不同攻角对应的阻力系数。

（5）计算扭角 $\beta_i$。把式（3-104）极值条件中计算出的入流角 $\phi_i$ 代入公式，有

$$\beta_i=\phi_i-\alpha_i \tag{3-108}$$

式中 $\beta_i$——每个截面 $i$ 的扭角，rad；

$\alpha_i$——每个截面 $i$ 的攻角，rad；

$\phi_i$——每个截面 $i$ 的入流角，rad。

（6）确定弦长 $c_i$，即

$$c_i=\frac{(1-a_iF_i)a_iF_i}{(1-a_i)^2}\frac{8\pi r_i}{BC_{\mathrm{L}i}}\frac{\sin^2\phi_i}{\cos\phi_i} \tag{3-109}$$

式中 $c_i$——每个截面 $i$ 处的弦长，m；

$B$——叶片数；

$C_{\mathrm{L}i}$——每个截面 $i$ 的升力系数；

$F_i$——每个截面 $i$ 的叶尖损失系数。

### 3.5.2 叶片外形初步设计结果

初步设计的旋转风轮叶片总计51截面，各截面外形数据见表3-5。

**表3-5 初步设计的旋转风轮叶片外形数据**

| $r$/mm | $c$/mm | $\beta$/(°) | $r$/mm | $c$/mm | $\beta$/(°) |
|---|---|---|---|---|---|
| 5068.68 | 6381.46 | 30.27 | 16542.81 | 5372.77 | 9.56 |
| 5951.28 | 7135.72 | 27.71 | 17425.45 | 5175.82 | 8.79 |
| 6833.92 | 7454.23 | 25.24 | 18308.05 | 4992.12 | 8.07 |
| 7716.52 | 7463.37 | 23.05 | 19190.70 | 4818.05 | 7.41 |
| 8599.17 | 7386.93 | 20.93 | 20073.30 | 4652.39 | 6.80 |
| 9481.77 | 7181.14 | 18.88 | 20955.95 | 4504.62 | 6.21 |
| 10364.42 | 6963.60 | 17.50 | 21838.55 | 4348.79 | 5.71 |
| 11247.07 | 6725.10 | 16.02 | 22721.19 | 4209.68 | 5.22 |
| 12129.67 | 6491.11 | 14.67 | 23603.84 | 4077.96 | 4.76 |
| 13012.31 | 6257.12 | 13.45 | 24486.44 | 3951.72 | 4.34 |
| 13894.91 | 6023.14 | 12.33 | 25369.09 | 3833.03 | 3.93 |
| 14777.56 | 5789.15 | 11.33 | 26251.69 | 3720.33 | 3.56 |
| 15660.16 | 5577.40 | 10.40 | 27134.34 | 3613.08 | 3.20 |

续表

| r/mm | c/mm | β/(°) | r/mm | c/mm | β/(°) |
|---|---|---|---|---|---|
| 28016.94 | 3517.98 | 2.87 | 38608.47 | 2558.40 | −0.01 |
| 28899.58 | 3422.87 | 2.55 | 39491.11 | 2489.48 | −0.18 |
| 29782.18 | 3327.76 | 2.26 | 40373.71 | 2421.32 | −0.35 |
| 30664.83 | 3232.66 | 1.97 | 41256.36 | 2348.96 | −0.50 |
| 31547.48 | 3147.04 | 1.71 | 42138.96 | 2273.60 | −0.66 |
| 32430.08 | 3065.26 | 1.45 | 43021.61 | 2193.78 | −0.81 |
| 33312.72 | 2986.56 | 1.21 | 43904.25 | 2104.49 | −0.95 |
| 34195.32 | 2910.51 | 0.98 | 44786.85 | 2001.45 | −1.08 |
| 35077.97 | 2836.94 | 0.76 | 45669.50 | 1878.69 | −1.21 |
| 35960.57 | 2765.28 | 0.56 | 46552.10 | 1725.25 | −1.35 |
| 36843.22 | 2695.46 | 0.36 | 47434.75 | 1509.53 | −1.47 |
| 37725.87 | 2626.99 | 0.17 | 49200.00 | 997.35 | −1.59 |

为减小弦长和扭角，使得叶片更加易于加工制造，可进一步利用初步设计的数据对旋转风轮叶片外形进行优化设计。

### 3.5.3　优化设计方法

优化设计方法指的是在满足所有约束条件的前提下，通过某种方法寻求目标函数达到最大或最小所使用的一种数值搜索规则。使用优化方法的好处在于能够明显地提高产品的设计质量，并能够很好地平衡研发生产成本和产品质量，能够在保证产品质量不受影响的情况下使研发生产成本降到最低。

以粒子群算法为例，其每个粒子根据自身的最优位置和群体全局的最优位置更新自己的速度和位置，各粒子由于群体全局最优位置的影响，很快收敛到全局最优位置附近。粒子群算法的数学描述如下：每个粒子 $i$ 包含为一个 $D$ 维的位置向量 $x_i=(x_{i1},x_{i2},\cdots,x_{iD})$ 和速度向量 $u_i=(u_{i1},u_{i2},\cdots,u_{iD})$，粒子 $i$ 搜索解空间时，保存其搜索到的最优经历位置 $p_i=(p_{i1},p_{i2},\cdots,p_{iD})$。在每次迭代开始时，粒子根据自身惯性和经验及群体最优经历位置 $p_g=(p_{g1},p_{g2},\cdots,p_{gD})$ 来调整自己的速度向量以调整自身位置。$c_1$、$c_2$ 是正常数，称之为加速因子；$r_1$、$r_2$ 为 [0，1] 中均匀分布的随机数，$d$ 为 $D$ 维中的维数；$\omega$ 是惯性权重因子。其中，每个粒子的位置和速度更新为

$$v_{id}^{t+1}=wv_{id}^{t}+c_1r_1(p_{id}^{t}-x_{id}^{t})+c_2r_2(p_{gd}^{t}-x_{id}^{t}) \tag{3-110}$$

$$x_{id}^{t+1}=x_{id}^{t}+v_{id}^{t+1} \tag{3-111}$$

式（3-110）由三部分组成，第一部分是粒子原来的速度，其值越大，越利于全局搜索，其值小则利于局部搜索，具有平衡全局和局部搜索的能力；第二部分是粒子本身的思考，表明粒子自身经验对当前搜索倾向的吸引程度，受到 $c_1$、$r_1$ 的随机调整，是对粒子所积累的经验的利用，使粒子有了足够强的全局搜索能力，避免

局部极小；第三部分是粒子学习其他粒子经验的过程，表明粒子间信息的共享和社会协作，受到 $c_2$、$r_2$ 的随机调整，并与 $p_g$ 的位置和种群的拓扑结构直接相关。在这三部分的共同作用下，粒子根据自己的经验并利用信息共享机制不断调整自己的速度与位置，从而有效地到达最好位置。

粒子位置在每一代的更新方式可用图 3-50 来描述。

由于粒子群算法具有高效的搜索能力，有利于得到多目标意义下的最优解；通过代表整个解集种群，按并行方式同时搜索多个非劣解，亦即搜索到多个 Pareto 最优解；同时，粒子群算法的通用性比较好，适合处理多种类型的目标函数和约束，并且容易与传统的优化方法结合，从而改进自身的局限性，更高效地解决问题。因此，将粒子群算法应用于解决多目标优化问题上具有较大的优势。

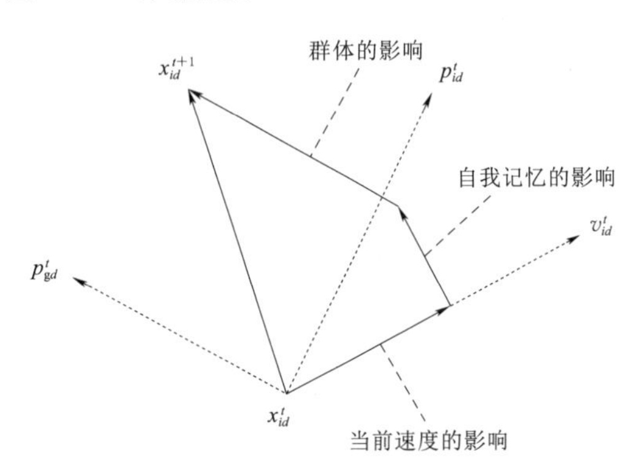


图 3-50　粒子更新方式

图 3-51 中，$t$ 是迭代的代数，$x_i$ 是第 $i$ 个粒子的位置坐标，$v_i$ 是第 $i$ 个粒子的速度，$p_i$ 是粒子的个体极值，$p_g$ 是粒子群的全局极值。

粒子群算法思想描述如下：初始化种群后，种群的大小记为 $N$。基于适应度支配的思想，将种群划分成两个子群，一个称为非支配子集 $A$，另一个称为支配子集 $B$，两个子集的基数分别为 $n_1$、$n_2$，满足两个子群基数之和为 $N$。外部精英集用来存放每代产生的非劣解子集 $A$，每次迭代过程只对 $B$ 中的粒子进行速度和位置的更新，并对更新后的 $B$ 中的粒子基于适应度支配思想与 $A$ 中的粒子进行比较，若 $x_i \in B$，任意 $x_j \in A$，使得 $x_i$ 支配 $x_j$，则删除 $x_j$，使 $x_i$ 加入 $A$ 更新外部精英集；且精英集的规模要利用一些技术维持在一个上限范围内，如密度评估技术、分散度技术等，最后，算法终止的准则可以是最大迭代次数、$T_{max}$、计算精度 $\varepsilon$ 或最优解的最大凝滞步数 $\Delta t$ 等。

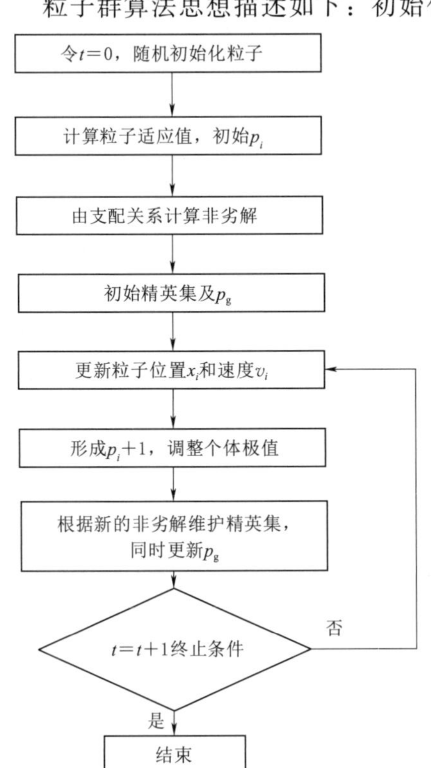


图 3-51　粒子算法优化逻辑

## 3.5.4　优化叶片气动外形设计

### 3.5.4.1　确定优化目标函数

风轮输出功率是衡量风电机组气动性能优劣的尺度之一，此处优化设计以旋转风轮设计功率为优化目标。

风轮设计功率的计算公式为

$$P_{额} = P = 4\pi\rho\omega^2 v_0 \int_0^R a'(1-a) r^3 \mathrm{d}r \tag{3-112}$$

式中　$P_{额}$——风轮额定设计功率，W；

$P$——输出功率，W；

$\rho$——空气密度，$\mathrm{kg/m^3}$；

$\omega$——风轮转动速度，rad/s；

$v_0$——风轮来流速度，m/s；

$a$——轴向诱导因子；

$a'$——切向诱导因子；

$r$——局部半径，m。

在实际优化过程中，目标函数需要有极值才能进行优化，所以对风轮输出功率计算公式进行适当的构造，使之能够产生极值，以便于优化过程顺利进行。

构造的目标函数为

$$f = 1 - \frac{|P_{额} - P|}{P_{额}} \tag{3-113}$$

#### 3.5.4.2　设计变量和约束条件

风轮叶片气动外形主要由各叶素截面处的翼型、弦长分布和扭角分布决定的。此处风轮叶片设计选用单个翼型，接下来只需要对各叶素截面处的弦长和扭角进行优化即可。综上所述，选取设计变量为各叶素截面处的弦长和扭角。

确定设计变量之后，还需要确定优化约束条件。

1. 设计变量约束

为了解决在优化过程中变量变化范围过大，影响叶片外形形状的问题，确保弦长和扭角分布连续合理，需要对优化搜索范围进行约束。本次优化一共 102 个变量，即一个叶素截面对应弦长和扭角两个变量。根据初步设计的结果，确定约束条件如下：

$$\begin{cases} 7457\mathrm{mm} \leqslant r \leqslant 49200\mathrm{mm} \\ 0 \leqslant c_i \leqslant c_{wi} \\ -5 \leqslant \beta_i \leqslant \beta_{wi} + 5 \end{cases} \tag{3-114}$$

式中　$r$——局部半径，为叶片根部至叶尖位置；

$c_i$——每个截面 $i$ 处的弦长；

$c_{wi}$——威尔森法设计得到的各叶素截面处的弦长；

$\beta_i$——每个截面 $i$ 处的扭角；

$\beta_{wi}$——威尔森设计法得到的各叶素截面处的扭角。

2. 输出功率约束

当风速一直增加时，风轮输出功率也会随之增加。当输出功率超过额定设计功率时，风轮会通过失速、变桨等方式限制其输出功率的增加，最终使旋转风轮输出

功率稳定在额定设计功率附近。所以，需要对风轮输出功率进行约束，即

$$P_{max} \leqslant P_{额} = 1\text{MW} \tag{3-115}$$

式中 $P_{额}$——风轮额定设计功率，MW；

$P_{max}$——风轮最大输出功率，MW。

**3.5.4.3 优化模型**

本次优化目标是旋转风轮输出功率，采用 BEM 理论预测计算风轮输出功率。

实度公式为

$$\sigma = \frac{cB}{2\pi r} \tag{3-116}$$

式中 $B$——叶片数；

$\sigma$——实度；

$c$——叶片弦长，m；

$r$——局部半径，m。

修正后的系数 $C_n$、系数 $C_t$ 为

$$\begin{cases} C_n = C_L\cos\phi + C_D\sin\phi \\ C_t = C_L\sin\phi + C_D\cos\phi \end{cases} \tag{3-117}$$

式中 $C_n$——法向载荷系数；

$C_L$——升力系数；

$C_D$——阻力系数；

$C_t$——切向载荷系数；

$\phi$——入流角，rad。

且可以得到

$$a = \frac{1}{\dfrac{4F\sin^2\phi}{\sigma C_n} + 1} \tag{3-118}$$

式中 $C_n$——法向载荷系数；

$\sigma$——实度；

$F$——叶尖损失系数；

$a$——轴向诱导因子；

$\phi$——入流角，rad。

$$a' = \frac{1}{\dfrac{4F\sin^2\phi\cos\phi}{\sigma C_t} - 1} \tag{3-119}$$

式中 $C_t$——切向载荷系数；

$a'$——切向诱导因子。

通过粒子群算法对叶片的弦长和扭角进行优化的流程如图 3-52 所示。

风轮输出功率预测步骤如下：

第 1 步：对轴向诱导因子 $a$ 和切向诱导因子 $a'$ 初始化，通常取 $a = a' = 0$。

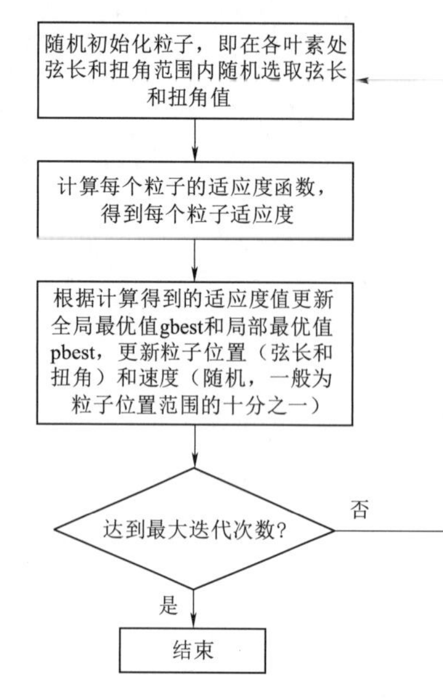


图 3－52　优化模型流程图

第 2 步：计算入流角 $\phi$，$\tan\phi=\dfrac{(1-a)v}{(1+a')\omega r}$。

第 3 步：计算各叶素截面处攻角，$\alpha=\phi-\beta$。

第 4 步：读表格得到升力系数 $C_L(\alpha)$ 和阻力系数 $C_D(\alpha)$。

第 5 步：从式（3－117）中计算 $C_n$ 和 $C_t$。

第 6 步：从式（3－118）、式（3－119）计算轴向诱导因子 $a$ 和切向诱导因子 $a'$。

第 7 步：如果轴向诱导因子 $a$ 和切向诱导因子 $a'$ 的变化大于某一容许偏差，则返回第 2 步，否则完成计算。

第 8 步：通过式（3－112）计算风轮输出功率。

#### 3.5.4.4　优化结果对比分析

如图 3－53 所示，风轮优化设计部分首先用威尔森设计法对风轮叶片进行初步设计，然后使用粒子群算法对初步设计好的叶片数据进行优化设计，以达到预期优化目标。经过粒子群优化计算，最终得到表 3－6 所示的外形数据。

图 3－53　优化设计后的叶片几何外形

表 3－6　　优化设计后的旋转风轮叶片外形数据

| $r$/mm | $c$/mm | $\beta$/(°) | $r$/mm | $c$/mm | $\beta$/(°) |
|---|---|---|---|---|---|
| 5068.68 | 6159.18 | 28.00 | 16542.81 | 4225.74 | 9.12 |
| 5951.28 | 5975.99 | 25.00 | 17425.45 | 4102.68 | 8.47 |
| 6833.92 | 5796.82 | 23.00 | 18308.05 | 3985.64 | 7.86 |
| 7716.52 | 5633.66 | 21.00 | 19190.70 | 3882.95 | 7.28 |
| 8599.17 | 5481.20 | 19.00 | 20073.30 | 3784.86 | 6.72 |
| 9481.77 | 5328.68 | 17.80 | 20955.95 | 3694.58 | 6.18 |
| 10364.42 | 5155.59 | 16.35 | 21838.55 | 3600.79 | 5.71 |
| 11247.07 | 4998.17 | 14.84 | 22721.19 | 3514.32 | 5.26 |
| 12129.66 | 4866.03 | 13.54 | 23603.84 | 3431.29 | 4.83 |
| 13012.31 | 4724.34 | 12.52 | 24486.44 | 3351.68 | 4.44 |
| 13894.91 | 4602.16 | 11.59 | 25369.09 | 3274.93 | 4.07 |
| 14777.56 | 4476.23 | 10.71 | 27134.34 | 3129.83 | 3.38 |
| 15660.16 | 4350.39 | 9.90 | 28016.94 | 3060.56 | 3.06 |

续表

| r/mm | c/mm | β/(°) | r/mm | c/mm | β/(°) |
|---|---|---|---|---|---|
| 28899.58 | 2997.22 | 2.76 | 38608.47 | 2330.48 | 0.18 |
| 29782.18 | 2932.27 | 2.47 | 39491.11 | 2264.63 | −0.01 |
| 30664.83 | 2865.69 | 2.20 | 40373.71 | 2196.15 | −0.19 |
| 31547.48 | 2804.01 | 1.94 | 41256.36 | 2121.16 | −0.37 |
| 32430.08 | 2743.64 | 1.69 | 42138.96 | 2038.83 | −0.56 |
| 33312.72 | 2684.32 | 1.46 | 43021.61 | 1943.09 | −0.75 |
| 34195.32 | 2625.47 | 1.23 | 43904.25 | 1828.43 | −0.93 |
| 35077.97 | 2567.66 | 1.00 | 44786.85 | 1687.17 | −1.12 |
| 35960.57 | 2509.88 | 0.79 | 45669.50 | 1515.30 | −1.31 |
| 36843.22 | 2450.30 | 0.58 | 46552.10 | 1262.96 | −1.47 |
| 37725.87 | 2390.54 | 0.38 | 47434.75 | 848.22 | −1.52 |

显然，优化后的弦长比优化前的弦长减小很多。从生产制造角度考虑，这样的设计可以节省很多材料。优化后的扭角与优化前的扭角相比，也减小很多，且更加平缓，降低了加工制造的难度。使用威尔森设计法初步设计风轮叶片，再使用粒子群算法对其弦长和扭角进行优化，效果非常明显，达到了预期的优化目标。在实际设计中，除了前面提到的关键参数外，还需要考虑预弯、锥角、噪声和转速等参数，以实现优化性能和效率的设计目标。

需要特别说明的是，本节所介绍的风轮气动设计方法是一种简单、粗略的设计，只适应于风电机组叶片的初步设计，由于实际风电机组运行工况的复杂性，本书推导出的解析表达式只是一种理想的极限情况，与实际问题存在差别，在实际应用中，可以对本书结果进行进一步的修正。

## 思考与习题

1. 风轮的作用是什么？

回答：风轮的作用是把风的动能转换成风轮的旋转机械能。

2. 风电机组偏航装置的功能是什么？

回答：偏航装置的功能是跟踪风向的变化，驱动机舱围绕塔架中心线旋转，使风轮扫掠面与风向保持垂直。

3. 请简述水平轴风电机组风轮转速与叶片的关系。

回答：风轮可分为高速风轮和低速风轮。高速风轮叶片数量较少，一般采用3叶片的形式，其最佳转速对应的风轮叶尖线速度为5～15倍的来流风速。在高速运行时，高速风轮有较高的风能利用系数，但是其启动风速也较高，由于叶片数量较少，在输出功率相同的条件下，高速风轮的质量比低速风轮的质量要轻很多。低速风轮通常叶片较多，这种风轮在低速运行时具有较高的风能利用系数和较大的转矩。它的启动力矩大，启动风速低，适用于提水灌溉等应用。

4. 请简述风能与风轮输出功率的关系。

回答：风能是指空气流动所产生的动能。风电机组通过风轮吸收风能并将其转化成风轮旋转的机械能，带动发电机发电，从而实现能量的转换。

5. 翼型的哪些方面对升阻力有影响？

回答：前缘半径、最大相对厚度及其位置、最大弯度及其位置、表面粗糙度等。

6. 请简述风能转换基本原理。

回答：风能转换的主要原理是利用风的动能来驱动转动机械，通过机械设备的传动和转换，将转动机械的动能转换为电能。具体步骤如下：

（1）风转动叶片：风力发电机通常由塔架、叶轮和轴三个主要部分组成。风吹过叶轮时，动能被转换为使叶轮旋转的力量。

（2）传递动力：叶轮旋转的动力通过轴传递到发电机。轴连接发电机的转子，使转子随着叶轮的旋转而旋转。

（3）发电机转化为电能：发电机内部包含着许多金属线圈和永磁体。当转子旋转时，通过磁场的作用，金属线圈中的电子产生电流。这些电流通过连接在发电机中的电导体传递，从而产生电能。

（4）输送电能：发电机产生的电流经过电缆传输到变电站，再通过输电线路输送到用户。

7. 什么是风能利用系数？

回答：风能利用系数 $C_P$ 表示风轮将风能转化成电能的转换效率。根据贝茨理论，风轮最大风能利用系数为0.593。用公式表示为

$$C_P=4a(1-a^3)$$

式中　$C_P$——风能利用系数；

$a$——轴向诱导因子。

8. 请描述典型风轮功率曲线。

回答：当风速小于切入风速时，风轮不能转动，无法启动风轮。风速达到启动风速后，风轮开始转动，带动发电机发电，输出电能供给负载以及给蓄电池充电，当蓄电池组端电压达到设定的最高值时，反馈的电压信号使控制系统进入稳压闭环控制，既保持对蓄电池充电，又不致使蓄电池过充，此阶段，输出功率随风速的增大而增大。在风速超过切出风速时，通过机械限速机构使风轮在一定转速限速运行或停止运行，以保证发电机不致损坏。

9. 请列举几个影响风电功率的因素。

回答：风速、大气密度、温度、湍流。

10. 风轮转矩特性的计算公式。

回答：风轮输出的转矩与风速和风轮的转速有关，表示为

$$T=\frac{1}{2}\rho\pi C_T(\lambda)v_0^2R^3$$

式中　$T$——转矩，N·m；

$\rho$——空气密度，$kg/m^3$；

$\lambda$——叶尖速比；

$v_0$——风轮来流速度，m/s；

$R$——风轮半径，m。

11. 下击暴流对风轮转矩特性有什么影响？

回答：在大气边界层中，风剪切使风电机组输出功率降低，机组承受载荷加剧。在风剪切来流条件下，风轮尾流效应更强，对大型风电场的整体性能与安全运行有重大影响。风剪切来流使风轮下游区域尾流分布呈现不对称性，且波动性增强。因此，在风轮设计阶段必须考虑到风剪切的影响。下击暴流是一种特殊且常见的风剪切，下击暴流在垂直方向存在先增大后减小的速度梯度分布规律，对风电机组的安全运行、发电质量有重大影响，因此研究下击暴流垂直风剪切来流对风轮转矩特性的影响十分重要。

12. 风沙环境对风轮转矩特性有什么影响？

回答：在风沙环境下，由于来流密度的增加以及沙尘颗粒与风轮旋转叶片壁面的相互作用，叶片各翼型的压差增大（叶片压力面高压区的压力略高于洁净空气时的值，吸力面低压区的压力略低于洁净空气时的值），从而引起风轮转矩的增加。

13. 请写出基于风轮设计理论叶片弦长的计算公式。

回答：叶片弦长 $c$ 为

$$c=\frac{16\pi}{9BC_L}\frac{R}{\lambda^2\sqrt{\lambda^2\left(\frac{r}{R}\right)^2+\frac{4}{9}}}$$

式中 $c$——叶片弦长，m；

$B$——叶片数；

$C_L$——升力系数；

$\lambda$——叶尖速比；

$R$——风轮半径，m；

$r$——局部半径，m。

14. 请写出基于风轮设计理论时扭角的计算公式。

回答：扭角 $\beta$ 为

$$\beta=\operatorname{arc\,cot}\left(\frac{3}{2}\frac{r}{R}\lambda\right)-\alpha$$

式中 $\beta$——扭角，rad；

$R$——风轮半径，m；

$r$——局部半径，m；

$\alpha$——攻角，rad。

15. 风轮的优化设计方法是什么？

回答：优化方法指的是在满足所有约束条件的前提下，通过某种方法寻求目标函数达到最大或最小所使用的一种数值搜索规则。使用优化方法的好处在于能够明显地提高产品的设计质量，并能够很好地平衡研发生产成本和产品质量，能够在保证产品质量不受影响的情况下使研发生产成本降到最低。

## 参 考 文 献


[1] Tian H N, Soltani M N, Nielsen M E. Review of floating wind turbine damping technology [J]. Ocean Engineering, 2023, 278 (15): 114365.1-13.

[2] 蒙建国，王凯，任其科，等. 基于 CiteSpace 分析近十年来我国风力机叶片研究热点 [J]. 内蒙古科技大学学报，2022，41 (2)：113-121.

[3] 王同光，田琳琳，钟伟，等. 风能利用中的空气动力学研究进展Ⅰ：风力机气动特性 [J]. 空气动力学学报，2022，40 (4)：1-21.

[4] 王同光，田琳琳，钟伟，等. 风能利用中的空气动力学研究进展Ⅱ：入流和尾流特性 [J]. 空气动力学学报，2022，40 (4)：22-50.

[5] 韩忠华，高正红，宋文萍，等. 翼型研究的历史、现状与未来发展 [J]. 空气动力学学报，2021，39 (6)：1-36.

[6] 罗先武，叶维祥，宋雪漪，等. 支撑"双碳"目标的未来流体机械技术 [J]. 清华大学学报（自然科学版），2022，62 (4)：678-692.

[7] Wang X B, Cai C, Cai S G, et al. A review of aerodynamic and wake characteristics of floating offshore wind turbines [J]. Renewable & Sustainable Energy Reviews, 2023, 175: 113144.1-19.

[8] Miliket T A, Ageze M B, Tigabu M T. Aerodynamic performance enhancement and computational methods for H-Darrieus vertical axis wind turbines: Review [J]. International Journal of Green Energy, 2022, 19 (11/15): 285-322.

[9] Shende V, Patidar H, Baredar P, et al. A review on comparative study of Savonius wind turbine rotor performance parameters [J]. Environmental science and pollution research, 2022, 29 (46): 69176-69196.

[10] 乔志德，宋文萍，高永卫. NPU-WA 系列风力机翼型设计与风洞实验 [J]. 空气动力学学报，2012，30 (2)：260-265.

[11] 白井艳，杨科，李宏利，等. 水平轴风力机专用翼型族设计 [J]. 工程热物理学报，2010，31 (4)：589-592.

[12] 胡琴，杨大川，蒋兴良，等. 叶片模拟冰对风力发电机功率特性影响的试验研究 [J]. 电工技术学报，2020，35 (22)：4807-4815.

[13] 李德顺，尉正斌，郭涛，等. 下击暴流对风力机尾流及转矩特性的影响研究 [J]. 华中科技大学学报（自然科学版），2021，49 (6)：68-73.

[14] 李仁年，范向增，李德顺，等. 风沙环境下水平轴风力机的转矩特性 [J]. 兰州理工大学学报，2015，41 (4)：55-59.

# 第4章 风电机组

第4章 风电机组

风电机组是实现风能转换成电能的设备。在过去几十年的发展中，以提高风能利用效率和降低风力发电成本为目标，设计研发了许多类型和样式的风电机组。当前，大型风电机组主要采用上风向三叶片螺旋桨式水平轴形式。本章主要介绍大型水平轴风电机组的基本构成，主要包括风轮、机舱、塔架与基础、传动系统、变桨系统、偏航系统和其他辅助系统，对于风力发电机和控制系统部分，将在第5章中详细介绍。

## 4.1 概　　述

### 4.1.1 风电机组的基本构成

典型大型水平轴风电机组的基本外观如图4-1所示，主要包括风轮、机舱、塔架与基础等部分。风电机组也是一种建筑结构，需要有牢固的基础。塔架安装在基础上，风轮和机舱置于塔架顶部。风轮主要由叶片和轮毂组成。机舱内安装有传动系统、风力发电机、变桨系统、偏航系统、控制系统等，在机舱外部装有风速风向仪等部件，如图4-2所示。

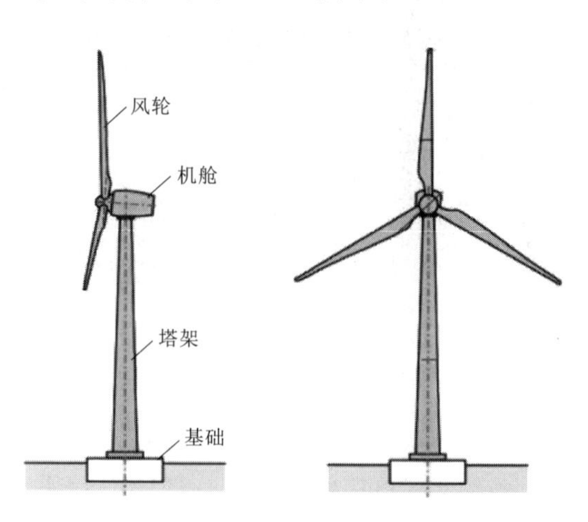


图4-1 典型大型水平轴风电机组的基本外观

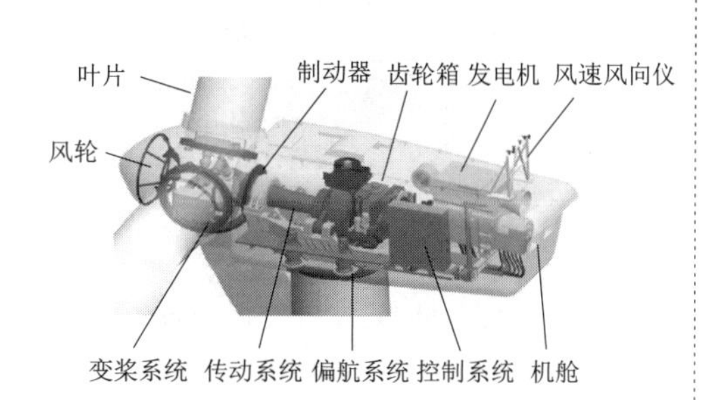


图4-2 风电机组基本结构示意图

### 4.1.2 风电机组分类

风电机组根据对风方向、结构、运行策略、应用场景等不同，可分为多种不同类型。

根据风轮迎风方向，风电机组可分为上风向和下风向风电机组。

根据叶片运行控制策略，风电机组可分为变桨型和失速型风电机组。变桨型风电机组的叶片可进行旋转，即变桨。当风速超过额定风速时，通过变桨机构可实现风电机组的额定功率输出。失速型风电机组的叶片不可自行旋转，当风速增大时由于气动失速会损失风功率，特别在高风速运行区域，需要通过叶片气动失速特性来降低风能利用效率，从而保证风电机组的安全运行。变桨型和失速型风电机组的功率随风速变化曲线如图 4-3 所示。目前，商用风电机组大多采用变桨型风电机组，在保证风电机组安全运行的同时，可以获取更高的发电效率。

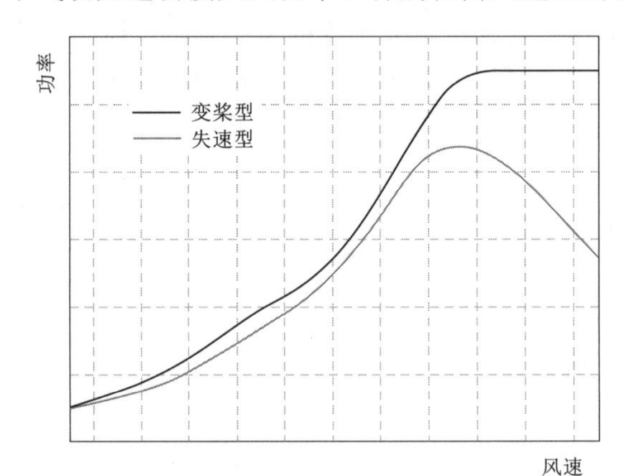

图 4-3 变桨型和失速型风电机组功率曲线图

根据机舱内有无齿轮箱，风电机组可分为有齿轮箱和无齿轮箱风电机组，如图 4-4 所示。这两种风电机组对应的风力发电机具有不同的要求：通常有齿轮箱的为双馈异步发电机组，利用齿轮箱、低速轴和高速轴将风轮的低转速转化为风力发电机的高转速；而无齿轮箱的大多为永磁同步发电机组，利用永磁发电机直接提升转速，无须增速机械装置。这两种风电机组均有商业应用，出于经济成本考虑，具有齿轮箱的风电机组应用更为广泛，但无齿轮箱的风电机组重量轻，是未来主要发展方向之一。

(a) 有齿轮箱

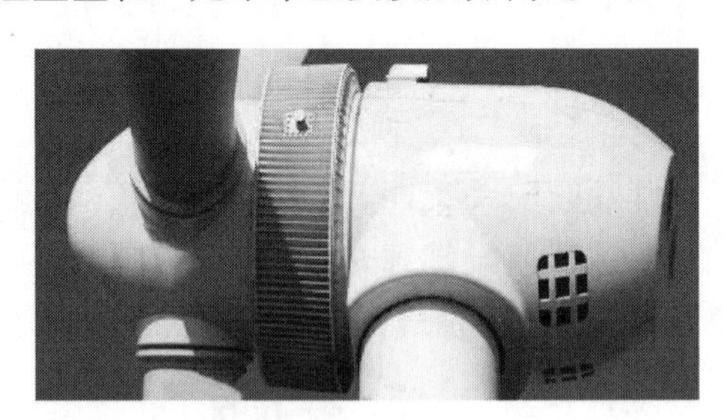
(b) 无齿轮箱

图 4-4 有齿轮箱和无齿轮箱风电机组

根据应用场景不同，风电机组可分为陆上和海上风电机组，如图 4-5 所示。由于海上相比陆地具有更加丰富的风资源，以及海上具有更广阔的空间，使得海上风电成为未来风电发展的主流方向。同时海上风电机组需要考虑洋流、侵蚀和波浪等影响，以及由于远离陆地，海上风电机组运维成本也较高，因此对风电机组的容量，可靠性和发电性能等方面提出了更高的要求。

（a）陆上

（b）海上

图 4－5　不同应用场景的风电机组

根据用途不同，风电机组又可分为离网式和并网式风电机组。离网式风电机组一般用于固定地点或局部地区供电，如路灯、家用、楼宇以及农村离网风电机组等，完全脱离电网电力自给自足。而商业风电场都是并网式风电机组，通过集中发电向电网传送能量。

# 4.2 风　　轮

风轮是风电机组的核心部件，由叶片、轮毂、导流罩等构成，内部通常设有变桨系统，如图 4－6 所示。本节主要介绍叶片与轮毂，变桨系统将在 4.6 节中介绍。

## 4.2.1 叶片

叶片是风电机组中最基础和最关键的部件，也是接收风能进行能量转换的最主要部件。典型的风电机组叶片如图 4－7 所示。

图 4－6　风电机组风轮主要组成示意图

叶片的主要功能就是尽最大可能吸收风能，将其转换为风轮的机械能（动能）。同时，叶片也要能够抵抗风力的破坏作用，具有很好的结构强度和可靠性。另外，叶片还要尽可能减轻重量，降低制造成本。风电机组叶片设计需要满足以下基本要求：

（1）良好的空气动力学特性，风能转化效率高。

（2）可靠的结构强度，具备足够的承受极限载荷和疲劳载荷的能力。

（3）气动稳定性好，避免发生共振和颤振现象以及更小的振动和噪声。

（4）耐腐蚀、防雷击，抗高低温变化，易于维护。

在满足上述要求的前提下，叶片需要进一步优化设计结构、尽可能减轻叶片重

（a）大型风电机组叶片

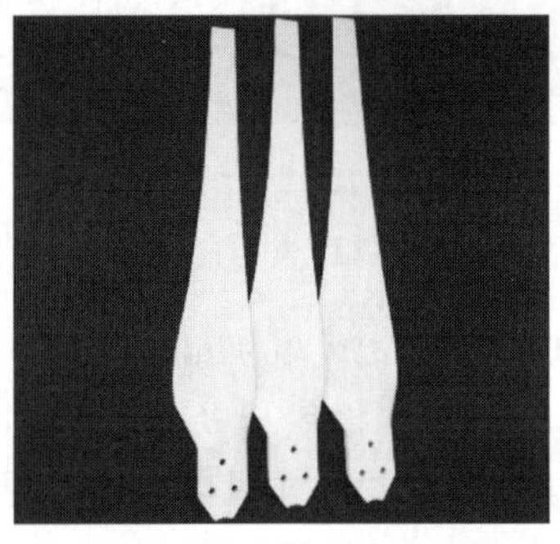

（b）小型水平轴风电机组叶片

（c）小型垂直轴风电机组叶片

图4-7 典型的风电机组叶片

量、降低制造成本。另外，随着全球气候变化日益加剧，极端气候频繁出现，风电机组叶片将面临更多的极端条件，如极端风速、地震、沙尘、极寒、积雪、结冰等，这些都对叶片的设计和制造提出了新的挑战。

1. 叶片结构

从总体来看，随着风电机组大型化的发展，叶片结构经历了从实心结构到空心结构的发展过程。

（1）小型风电机组叶片结构。小型风电机组叶片多采用在蒙皮内部填充木材或者硬脂发泡塑料等的实心结构，如图4-8所示。

（2）中大型风电机组叶片结构。随着风电机组发展的大型化，叶片逐渐变长。为了保证叶片的轻量化，采用了空心薄壁复合结构，即蒙皮+主梁结构。叶片内部的抗弯加固材料被桁架型梁结构所取代，桁架结构一直延伸至叶片根部，其外侧与蒙皮连接，具有很高的强度，如图4-9所示。

图4-8 典型小型风电机组叶片结构

空心薄壁复合结构又可分为弱主梁和强主梁结构型式，如图4-10所示，特点对比见表4-1。

弱主梁结构以复合材料板制成的蒙皮为主要承载结构，主梁为硬质泡沫夹心结构，与蒙皮壳体黏结形成盒型结构，如图4-

10 (a) 所示。该种结构的优点是强度和刚度较大，抗屈曲能力强。不足之处是导致叶片整体偏重，成本偏高。

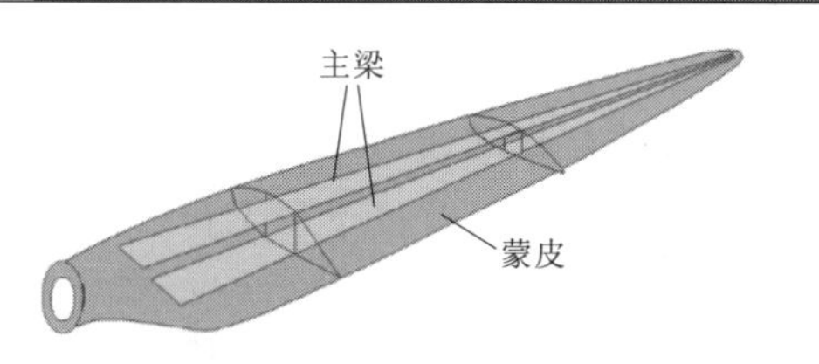


图 4－9 大型风电机组叶片空心薄壁复合结构

强主梁结构的主梁采用工字型或者箱型结构型式，蒙皮多为较薄的夹心复合层板，如图 4－10 (b) 和图 4－10 (c) 所示。其中，图 4－10 (c) 所示的结构被称为 Sandwich 结构，俗称“三明治”结构，它通常是由两边相同的薄面板夹着一块厚的轻质量中间芯材组成，面板和芯材由黏结剂粘在一起。这种结构可以很好地维持叶片的气动外形，既保证了叶片的轻量性，又使其具有更大的弯曲强度，可以承担更大的剪切应力和部分弯曲应力。目前，大多数风电机叶片采用这种结构。

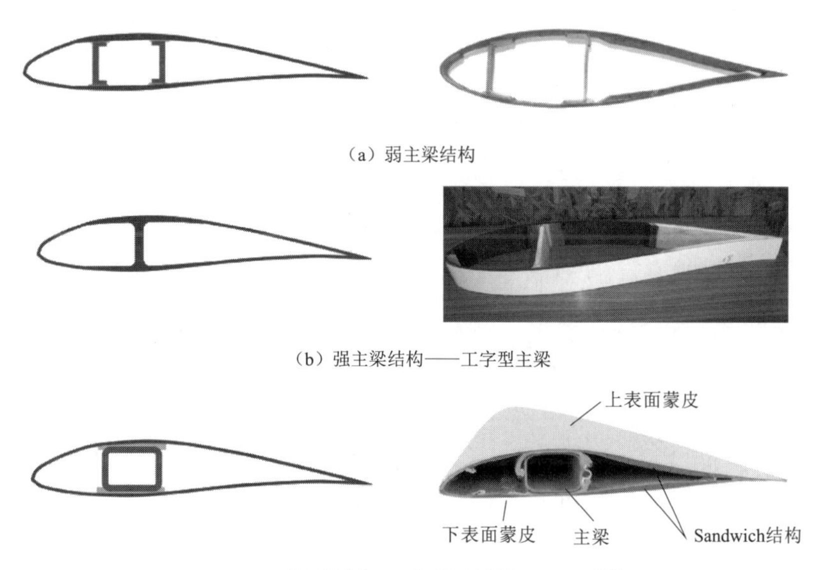


(a) 弱主梁结构

(b) 强主梁结构——工字型主梁

(c) 强主梁结构——箱型主梁结合Sandwich结构

图 4－10 弱主梁与强主梁结构型式叶片

**表 4－1 弱主梁与强主梁结构型式特点对比**

| 项　　目 | 弱主梁结构 | 强主梁结构 |
|---|---|---|
| 蒙皮特点 | 厚、气动外形、抗弯、抗扭 | 薄、气动外形、抗扭 |
| 主梁特点 | 次要承载结构 | 主要承载结构 |
| 承受剪力 | 主梁抗剪腹板 | 主梁抗剪腹板 |
| 承受弯矩 | 翼梁缘条、蒙皮组成壁板 | 主梁帽 |
| 承受扭矩 | 蒙皮与抗剪腹板 | 蒙皮与抗剪腹板 |
| 强度刚度 | 整体强度和刚度较大 | 前缘强度和刚度较低 |
| 可加工性 | 铺层复杂、加工难 | 铺层简单、易于加工 |

2. 叶片材料

叶片材料的选择主要是为了保证其具有足够的强度和刚度。随着材料科学不断进步，风电机组叶片材料也在不断发展。最初，风电机组叶片多采用木质材料，采用布蒙皮加木质叶片的结构。之后逐渐出现了钢制、铝合金等金属材料叶片。近代，随着复合材料技术的快速发展，玻璃钢复合材料逐渐成为大型风电机组叶片的主流。该种材料具有重量轻、比强度高、可设计性强、性价比好等优点。随着风电机组越来越朝着大型和超大型化发展，对叶片材料也提出了更高的要求，一些新型材料得到了一定的应用。同时，为了保护生态环境，助力实现“双碳”目标，新型清洁环保的绿色叶片的开发也受到了广泛关注。图 4-11 所示为一些风电机组叶片常用材料的属性分布图。

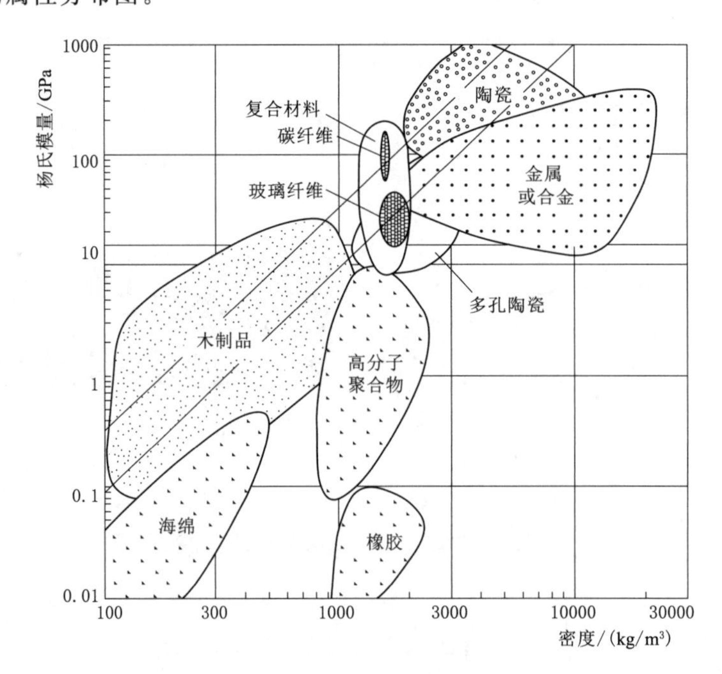


图 4-11　风电机组叶片常用材料的属性分布图

风电机组叶片所用的复合材料体系主要包括：基体材料、增强材料、夹芯材料、胶黏剂和辅助材料。

（1）基体材料。

1）不饱和聚酯环保树脂，是由不饱和二元酸、饱和二元酸和二元醇缩聚而成，在大分子结构中，同时含有重复的不饱和双键与酯键，经交联剂苯乙烯稀释后，呈现为具有一定黏度的树脂溶液。主要优点有：价格低、工艺性好、综合性能优良。一般适用于制造小型叶片（24m 以下）。

2）环氧树脂，泛指分子中含有两个或两个以上环氧基团的有机高分子化合物。主要优点有：静态和动态强度高，耐疲劳性能优异，固化收缩较小，尺寸稳定性好，绝缘性较好，耐化学腐蚀性和耐久性良好。

3）乙烯基酯树脂，由丙烯酸或甲基丙烯酸与环氧树脂经开环酯化反应而获得，

是一种高度耐蚀树脂。主要优点有：树脂真空导入时间短，生产效率高，具有优异的耐腐蚀性，固化性能优良，成型周期短，生产效率高。

（2）增强材料。

1）玻璃纤维增强材料，综合性能优异，价格便宜，是目前使用面最广的高性能复合材料。玻璃纤维密度较大，叶片质量按长度的3次方增加。例如，当叶片长度为19m时，其质量为1.8t；长度增加到34m时，叶片质量为5.8t；如叶片长度达到52m，则其质量高达21t。因此，为适应大型叶片发展的要求，需要更好的复合材料。

2）碳纤维增强材料，碳纤维的强度比玻璃纤维高约40%，密度小约30%，大型叶片采用碳纤维作为增强材料能充分发挥其轻质高强的优点。

3）碳纤维/玻璃纤维混杂增强材料，采用碳纤维与玻璃纤维混杂的方法来制造叶片，其成本在一定程度上较完全使用玻璃纤维低。同时，可在保证刚度和强度的同时大幅度减轻叶片的质量。

4）玄武岩纤维增强材料，是一种新型高技术无机纤维，由玄武岩石在高温熔融状态下拉丝而成。在强度、刚度上大体与玻璃纤维相同，并有更好的耐酸碱、耐高温以及耐水性能。虽然目前有关玄武岩纤维用于风电机组叶片的报道相对较少，但在碳纤维价格不下降的情况下，采用玄武岩纤维作为增强材料受到了一定的关注。

5）热塑性复合材料，虽然风能是无污染的清洁能源，但对于制作叶片的复合材料，就目前的技术水平而言，仍不可完全降解，基本上不能重新利用，通常采用填埋或者燃烧等方法处理，成本较高。因此，以可回收再利用为主要特点的热塑性复合材料受到了广泛关注。与热固性复合材料相比，热塑性复合材料具有密度小、质量轻、抗冲击性能好、生产周期短等优点，目前存在的主要问题是制造工艺技术仍需不断完善，制造成本仍较高。

6）竹纤维复合材料，也称为竹基纤维复合材料，俗称竹钢，是采用机械物理方法直接从竹材分离制取的天然纤维，具有高强度、高模量和重量轻等特点。竹纤维还具有绿色环保、原料可再生、低污染低能耗、使用后自然降解等特点，是一种性能优异的天然新材料。利用竹纤维复合材料制作的叶片具有工艺简单、性能稳定、可回收利用、节能环保等特点。但由于竹纤维技术刚刚兴起，所占市场份额比重较小，未来会有很大的发展空间。

（3）夹芯材料。夹芯材料主要使用在叶片的前缘、尾缘和剪切腹板等处，目的是增加结构刚度，防止局部失稳，提高叶片整体的承载能力，减轻重量。夹芯材料的选择主要考虑力学性能、工艺条件、生产成本等。目前，夹芯材料主要有硬质泡沫、轻木、蜂窝三大类，前两种使用最多。

1）硬质泡沫，种类比较多，主要有聚氯乙烯（PVC）泡沫、丙烯腈苯乙烯（SAN）泡沫、聚苯乙烯（PS）泡沫和聚对苯二甲酸乙二醇酯（PET）泡沫等，其中PVC泡沫使用最为广泛。

2）轻木，是一种天然木材，主要产自南美洲的种植园。轻木在当地的气候环境中生长速度快，不仅比普通木材轻很多，而且其纤维的强度和韧性也非常好，非常适合作为复合夹芯材料。

3）蜂窝，主要包括玻璃布蜂窝、NOMEX蜂窝、棉布蜂窝、铝制蜂窝等。具有结构强度高、刚性好等特点。缺点是开孔结构导致其黏结面积偏小，黏结效果不如泡沫好。

（4）胶黏剂。胶黏剂是通过界面的黏附和内聚等作用，使两种或两种以上的制件或材料连接在一起的天然的或合成的、有机的或无机的一类物质。应用在叶片材料上的胶黏剂的作用是对叶片上壳体与下壳体、壳体与剪切腹板进行黏结，并填实壳体缝隙。胶黏剂选择的好坏直接关系到叶片的刚度、强度以及寿命。目前，常见的胶黏剂主要有环氧（EP）、聚氨酯（PU）、丙烯酸酯（AC）3大类型。其中环氧胶黏剂应用最广、用量最大。风电机组叶片胶黏剂需满足的重要功能包括：

1）具有较高的强度和韧性。

2）具有优异的操作特性。

3）具有良好的浸润性和触变性。

4）具有高抗压性能、耐疲劳性能和抗老化性能。

5）具有良好的缝隙填充能力。

6）具有低放热性和低固化收缩率。

（5）辅助材料。辅助材料主要包括脱模剂、固化剂、增韧剂、促进剂以及表面涂料（涂层）等，其中以表面涂料最为重要。风电机组工作在野外，环境恶劣，经常会遭受沙尘、雷电、暴雨、落雪、积冰等影响，具备各种功能的叶片表面涂料的使用非常重要。

叶片表面涂料的主要技术要求如下：

1）涂料与底材要有优异的附着力。

2）具有良好的弹性，可以随同叶片的形变而变化，不致开裂。

3）具有良好的耐磨损性，可以很好地抵抗风沙及雨水对漆膜的侵蚀与冲刷。

4）涂膜具有极佳的耐紫外光性能，长期运行光泽无明显变化、无粉化、剥落、霉变。

5）漆膜要耐有机溶剂、液压油、润滑油等，能承受高低温的变化。

6）良好的施工性，适合大面积喷涂，干燥速度快，施工周期短，生产效率高。

3. 叶片制作

小型与大型风电机组叶片的制作方法与工艺是不同的。小型风电机组叶片材料主体多为木质，外包玻璃钢纤维复合材料，因此多采用手糊工艺为主。大型风电机组叶片的制作工艺大体可分为两种：①开模手工铺层；②闭模真空灌注。风电机组叶片总体制作工艺路线如图4-12所示。某兆瓦级的风电机组叶片各部分组成加工工艺如图4-13所示。

4. 叶片运输与安装

现代大型风电机组的叶片都很长，有的达到了百米级。因此，叶片的运输与安装成为一个重要问题，如图4-14所示。为了适应叶片的结构特点，出现了专门的

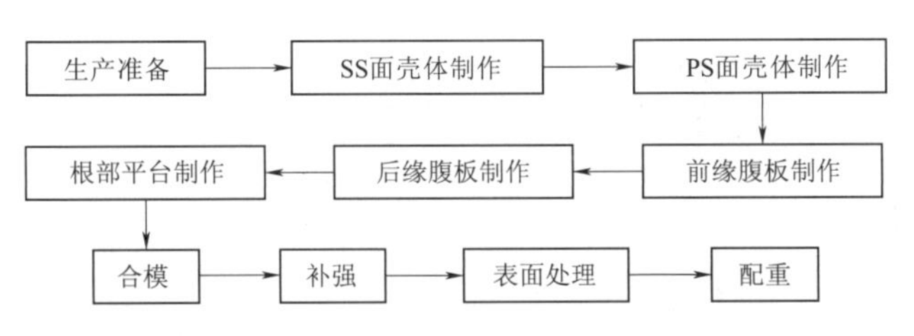


图 4-12 风电机组叶片总体制作工艺路线图

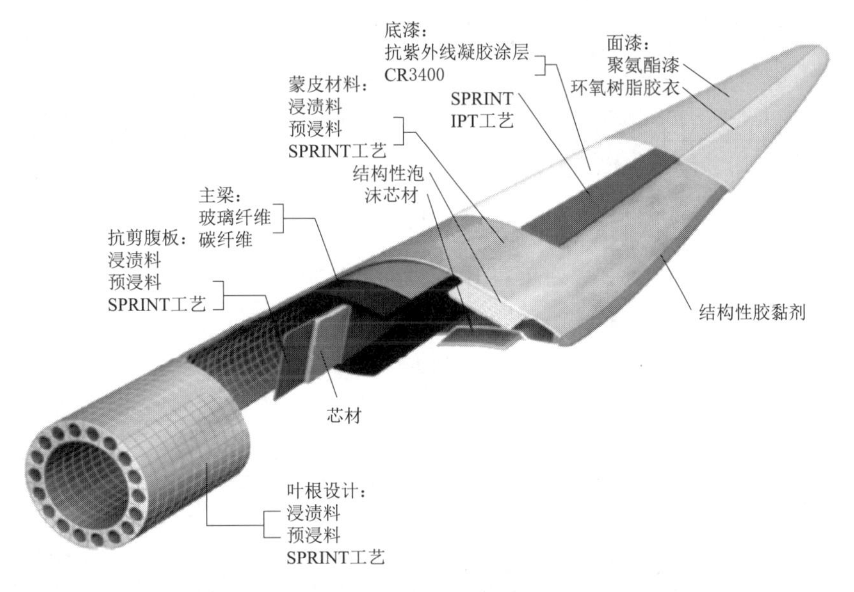


图 4-13 某兆瓦级的风电机组叶片各部分组成加工工艺图

叶片运输车辆，如图 4-15 所示。叶片根部固定在专用夹具上，安装在运输车的尾部，叶尖部分朝前放置。这样司机便可集中精力注意前方情况。

图 4-14 大型叶片的运输问题

叶片在运输到安装地点之后，要安装在轮毂上，而轮毂是先与机舱安装后再安装到塔架上的，所以需要利用长臂吊车将叶片安装到高空中的轮毂上。

在吊装前，叶片需要放置在安装点附近的地面上。由于叶片材料与表面需要保护，所以需要给叶片设置固定的工装，如图 4-16 所示。在叶片吊装的过程中，需

图4-15　大型叶片运输车辆

要用到吊带，对叶片起到保护作用，其吊装位置是有一定要求的，如图4-17所示。另外，对于小型风电机组来说，可以将风轮与塔筒安装好后，再整体进行吊装，图4-18为一台小型直线翼垂直轴风电机组的吊装过程。

图4-16　叶片固定工装

图4-17　叶片吊装

综上所述，随着风电机组越来越向着大型化发展，叶片也变得越来越长，这就给叶片材料选择、加工制造以及运输安装带来了更大的困难与挑战。为此，出现了一些新的技术，如图 4－19 所示的分段式叶片。

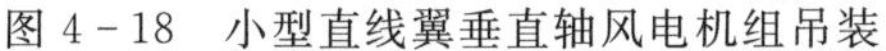

图 4－18　小型直线翼垂直轴风电机组吊装

图 4－19　分段式叶片

5. 叶片固定

叶片根部承受剪切、挤压、弯扭载荷等作用，应力状态复杂。因此，将叶片固定到轮毂上是叶片设计中最关键的步骤之一。作用在叶片上的载荷通过根部连接传递到轮毂上，但由于轮毂与叶片材料之间的刚度差别很大，妨碍了载荷的平滑传递，因此叶片根部的连接件必须具有足够的强度与刚度来传递叶片的全部载荷。通常叶片与轮毂采用螺栓进行连接，螺栓可以沿轴向嵌入叶片的材料中或沿半径方向穿过叶片壳体。由于叶片结构在根部通常为圆柱形，螺栓通常按圆周进行排列。图 4－20 给出了四种不同叶根安装段的形式。胡萝卜接头是层压木质叶片的标准安装形式，其余三种为复合材料叶片采用的形式，其中，T 型螺栓接头是最常用的，针

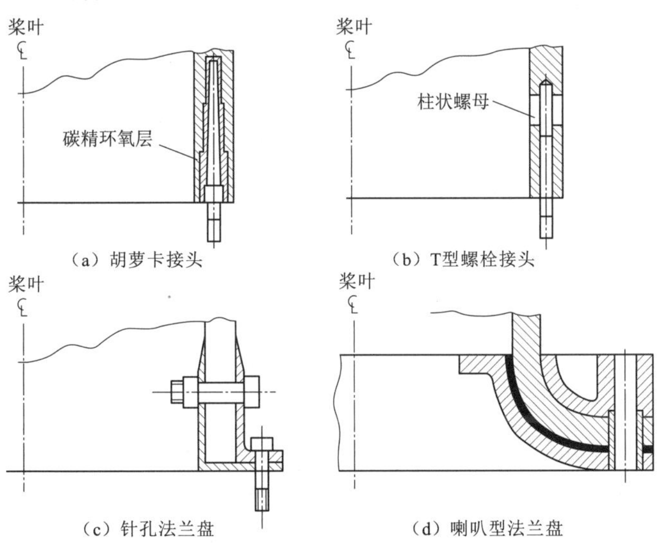


图 4－20　叶根安装段形式

图 4-21　大型风电机组叶片根部 T 型螺栓连接

孔法兰盘和喇叭型法兰盘装置目前应用得相对少。图 4-21 所示为大型风电机组叶片根部 T 型螺栓连接。该方法主要是沿叶片根部环形面纵向钻入若干均匀分布的圆孔，钻入深度视叶片尺寸而定，装入圆柱形螺栓。然后在叶片内部孔端，垂直于叶片表面钻入圆孔与其交接，在该孔内配置螺母，使螺栓与螺母咬合。

## 4.2.2　轮毂

轮毂是风电机组设备中用来固定叶片的部件，是叶片、机头整流罩及其所构成的风轮部分的回转中心。目前，由于大部分风电机组叶片采用变桨距结构，所以轮毂内部还设有桨距控制系统。

随着风电机组的不断发展，轮毂的型式也在不断改进，曾出现的具有不同功能的轮毂，主要有翘板式轮毂、关节式轮毂、定桨距轮毂、变桨距轮毂。

（1）翘板式轮毂，主要用于具有两叶片的铰链式风轮，轮毂可做翘板式的运动，能够减轻叶片和轮毂的载荷。翘板式轮毂目前已经很少使用了。

（2）关节式轮毂，在轮毂上装有可使叶片进行横向摆动和上下摇曳的关节机构，可防止叶片摆动力矩和摇曳力矩的发生，但由于使机构变得过于复杂，应用得并不多。

（3）定桨距轮毂，定桨距轮毂只用来固定叶片，如图 4-22（a）所示。

（4）变桨距轮毂，叶片与轮毂的连接部分装有用来调整叶片桨距的轴承，在轮毂内还设有桨距调节机构及其控制系统，如图 4-22（b）所示。

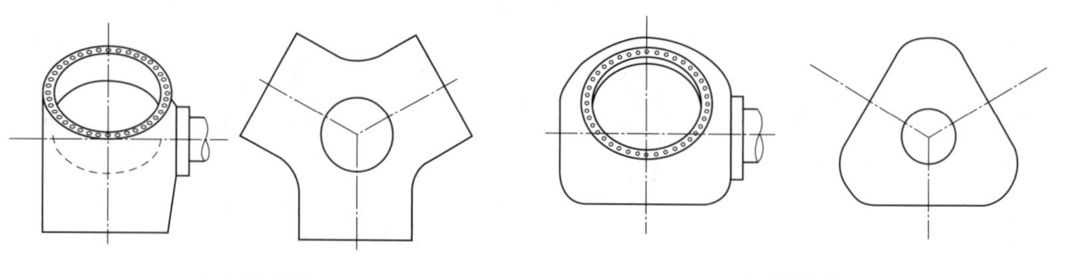

（a）定桨距轮毂　　（b）变桨距轮毂

图 4-22　定桨距与变桨距轮毂

从总体上看，又可以归结为固定式轮毂和铰链式轮毂两大类型式。

（1）固定式轮毂。当前，对于大型三叶片风电机组，多采用刚性的固定式轮毂，具有结构简单、制造和维护成本低、承载能力大等优势，主要有三通球型和三角柱型轮毂，如图 4-23 所示。

（a）三通球型轮毂

（b）三角柱型轮毂

图 4-23　三通球型与三角柱型轮毂

三通球型轮毂内部空腔小，体积小，制造成本低，适用于定桨距机组；三角柱型轮毂主要用于变桨距机组，其形状如球形，内部空腔大，可以安装变桨距调节机构。轮毂多为铸造结构，采用铸钢或高强度球磨铸铁材料。球磨铸铁具有铸造性能、减震性能好，对应力集中不敏感及成本低等优点。

（2）铰链式轮毂。典型的铰链式轮毂如图 4-24 所示。图 4-24（a）为叶片相对固定铰链式轮毂。铰链轴线通过风轮的质心，可以使两叶片之间固定连接，它们的轴向相对位置不变，但可绕铰链轴沿风轮拍向（俯仰方向）在设计位置作±(5°～10°）的摆动（类似跷跷板）。

图 4-24（b）和图 4-24（c）为各叶片自由的铰链式轮毂，每个叶片都可以单独做运动。对于图 4-24（b）所示的铰链，每个叶片都可以单独做拍向（俯仰方向）调整而互不干扰。图 4-24（c）所示的结构称为柔性叶片自由铰链式轮毂，可以让叶片不但能单独做拍向调整，还可以做单独的挥向（叶片转动方向）调整。这种轮毂受到叶片传递来的力和力矩较小，但制造成本高，易磨损，可靠性相对较低，维护费用高。

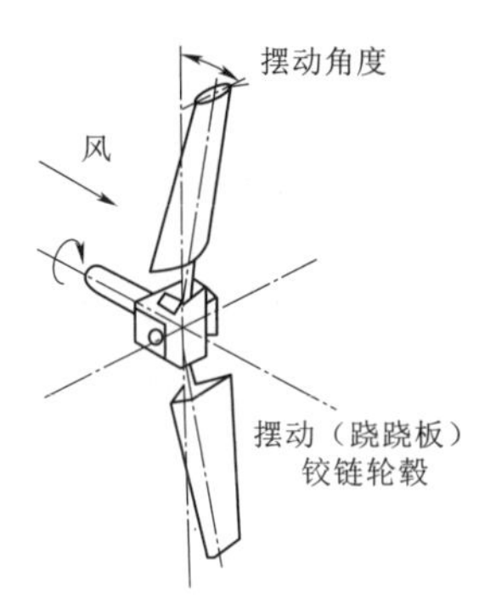


（a）叶片相对固定铰链式轮毂

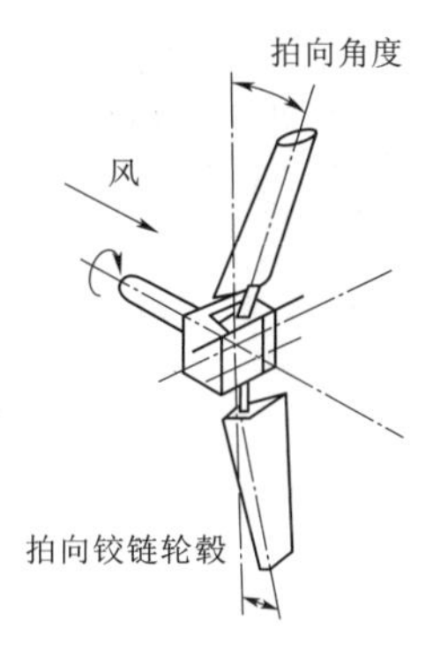


（b）叶片自由铰链式轮毂

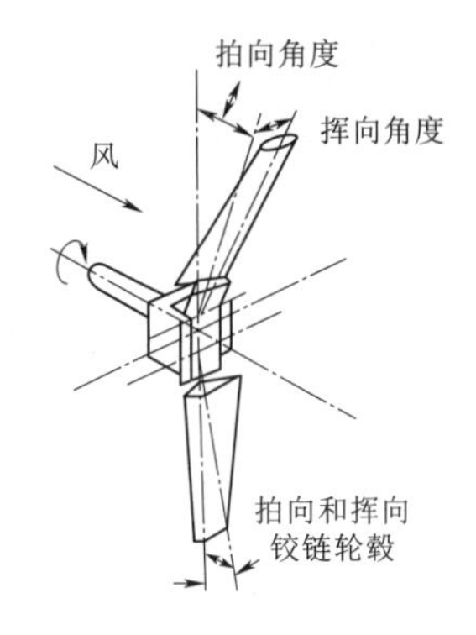


（c）柔性叶片自由铰链式轮毂

图 4-24　典型的铰链式轮毂

### 4.2.3　导流罩

导流罩作为轮毂的一部分，与风轮一起旋转。导流罩的主要作用是罩住叶片根部、轮毂以及变桨系统各个装置，免受风的推力以及外部恶劣工作条件的影响。导流罩一般也由玻璃纤维复合材料制作。其外形大致有平头、尖头、圆头等，如图4－25所示。圆头与尖头的目的主要是起到导流作用。

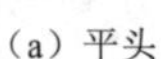

(a) 平头

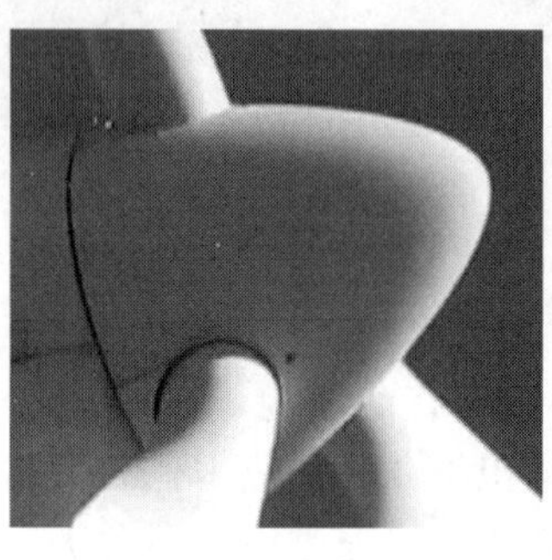

(b) 尖头

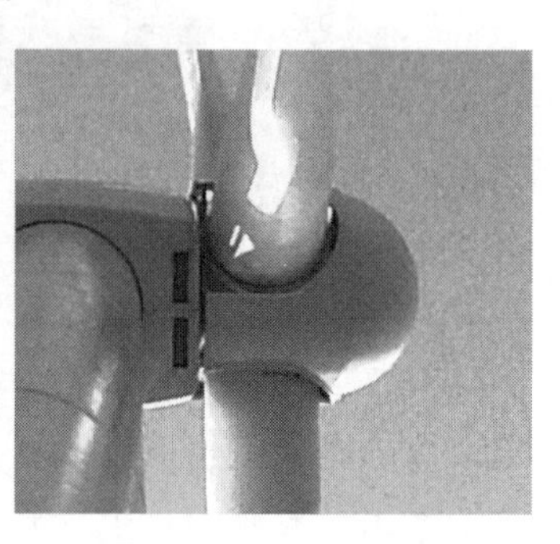

(c) 圆头

图4－25　典型的机舱导流罩

## 4.3　机　　舱

机舱是用来容纳将风轮获得的能量进行传递和转换的全部机械和电气部件的装置，同时还起到保护这些装置免受野外恶劣工作条件影响的作用。水平轴风电机组的机舱安装在塔架之上。机舱主要包括机舱底盘（主机架）和机舱罩。图4－26所示为大型水平轴风电机组的机舱模型，图4－27为风电机组机舱照片。

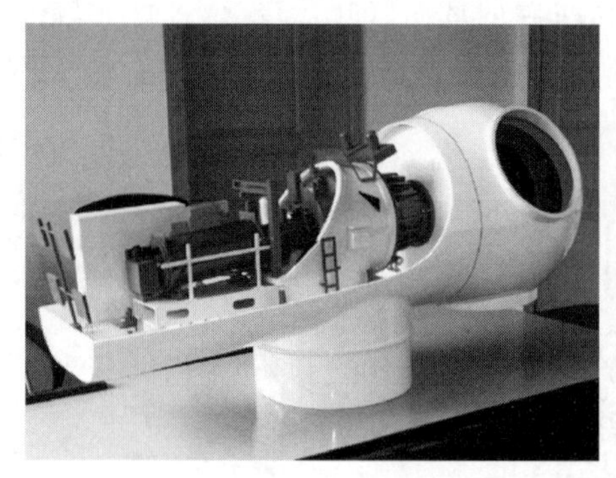

(a) 带齿轮箱风电机组机舱模型

(b) 直驱式风电机组机舱模型

图4－26　大型水平轴风电机组机舱模型

从设计角度看，机舱的结构应具有以下特点：

(1) 采用成本低、重量轻、强度高、耐腐蚀能力强、加工性能好的材料制作。

(2) 具有美观、轻巧以及对风阻力小的流线型。

（a）机舱吊装

（b）机舱仰视图

图 4-27 风电机组机舱照片

（3）满足一定的强度和刚度要求，在极限风速下不会被破坏。

（4）应考虑风电机组的通风散热问题，维修用零部件的出入问题，机舱顶部的风速风向检测仪器的维修方便问题。

## 4.3.1 机舱底盘

机舱底盘又称为主机架，主要作用是用来安装传动系统、偏航系统、液压系统、制动系统、发电系统以及其他辅助系统（冷却系统、润滑系统、控制与安全保护系统）等。图 4-28 为大型风电机组机舱内部主要结构示意图。图 4-29 为机舱底盘的结构示意图。图 4-30 为固定在机舱底盘上部件的吊装情况。

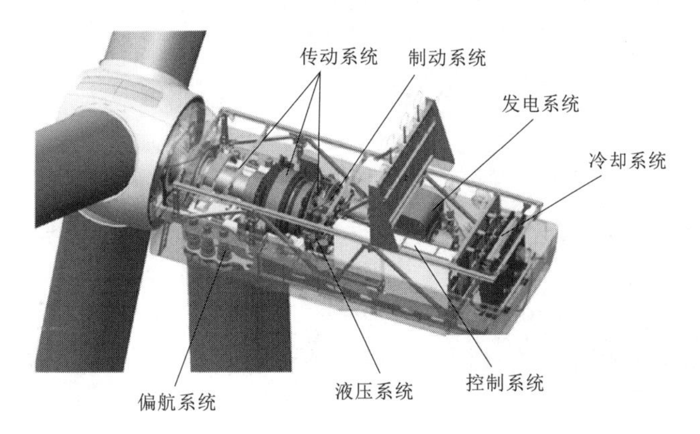


图 4-28 大型风电机组机舱内部主要结构示意图

机舱底盘上布置有轴承座、齿轮箱、发电机、偏航驱动等部件，风电机组 90%以上零部件都安装在机舱底盘上。机舱底盘还起着定位和承载的作用，机舱底盘上机组载荷都通过机舱底盘传递给塔架。常用的机舱底盘结构型式如下：

（1）有齿轮箱风电机组的机舱底盘。有齿轮箱风电机组的机舱底盘因部分结构不同，又分为以下两种类型：第一类机舱底盘的特点是风轮轴轴线与塔架上平面是平行的，其风轮轴安装平面、齿轮箱安装平面、风力发电机安装平面、偏航轴承安装平面、液压站安装平面等也都是与塔架上平面平行的。这种机舱底盘一般与锥形

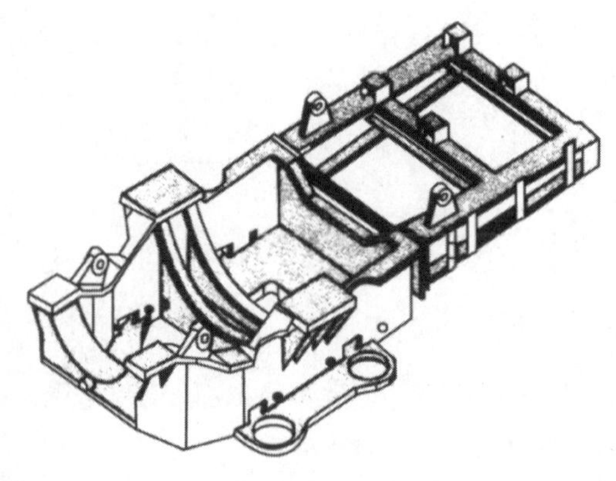

图 4-29　机舱底盘的结构示意图

图 4-30　固定在机舱底盘上部件的吊装情况

风轮相配套，加工比较简单；第二类机舱底盘的特点是风轮轴轴线与塔架上平面成 5°或 6°的夹角，要求机舱底盘上的偏航轴承安装平面与塔架上平面平行，而风电机组主传动链的轴线与偏航轴承安装平面有 5°或 6°的仰角，与传动链无关的液压泵站、控制柜等其他设备的安装平面都与偏航轴承安装平面平行。

（2）无齿轮箱风电机组的机舱底盘。直驱同步风电机组没有齿轮箱，风力发电机紧挨着风轮，因此直驱同步风电机组的机舱底盘体积和重量都小得多，结构比较简单，一般都采用铸造成形。

## 4.3.2　机舱罩

机舱罩的主要作用是保护罩内的各个装备免受外部条件的影响。机舱罩的外形通常为流线型、长方体型以及不规则型体等。在保证机舱内部结构需求外，也便于减小风对机舱的影响，图 4-31 为机舱罩外观。机舱罩通常由玻璃纤维复合材料制

作，厚度约10mm，分为上舱罩和下舱罩，其边缘设有向机舱内部凸起的螺钉凸缘，利用螺栓将上下舱体连接，舱体上还带有中空式的加强筋。

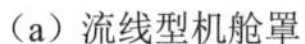

（a）流线型机舱罩

（b）圆柱体型机舱罩

（c）长方体型机舱罩

图4-31　机舱罩外观

## 4.4　塔架与基础

### 4.4.1　塔架

塔架，也称为塔筒，是风电机组的重要支撑部件，承受着机组风轮与机舱的重量，以及风轮的轴向载荷，并将这些载荷传递到基础。大型风电机组塔架高度一般超过50m，有的甚至超过100m，其重量约占整个风电机组重量的1/2。由于风电机组的主要部件全部安装在塔架顶端，因此塔架对整个风电机组的安全性和经济性具有重要影响。

#### 4.4.1.1　塔架结构型式

风电机组塔架结构型式主要有拉索桅杆式、混凝土式、桁架式、钢筒式、钢混式等，如图4-32所示。拉索桅杆式主要是小型风电机组采用，后四种均为中大型风电机组塔架型式，以下主要介绍后四种。

（a）拉索桅杆式

（b）混凝土式

（c）桁架式

（d）钢筒式

（e）钢混式

图4－32　典型的塔架结构型式

（1）混凝土式塔架，由钢筋混凝土浇筑建造而成，主要特点是刚度大，一阶弯曲固有频率远高于风电机组工作频率，因而可以有效避免塔架发生共振。早期的小容量风电机组中这种结构比较流行，但是随着风电机组容量增加，塔架高度升高，混凝土式塔架的制造难度和成本均相应增大，因此目前在大型风电机组中很少使用。

（2）桁架式塔架，其结构与高压线塔相似，多见于早期的风电机组，是由钢管或者角钢焊接而成，其断面为正方形或者多边形，以便于斜撑体的连接。这种结构型式相对简单，成本低，运输方便，缺点是工作人员上下移动困难，维护保养不方便。然而，在一些高度超过100m的大型风电机组塔架中，桁架结构又重新受到重视。因为在相同的高度和刚度条件下，桁架结构比钢筒结构的材料用量少，而且桁架塔的构件尺寸小，便于运输。

（3）钢筒式塔架，是目前大型风电机组主要采用的结构型式。从设计制造、安装维护等方面看，这种型式的塔架外形美观、安全可靠，各项指标都相对均衡。钢筒式塔架一般采用多段钢板进行滚压，对接焊接成筒体，两端与法兰盘焊接。塔架根部设有安全门，塔架内壁设计供维修工人上下攀爬的梯子，现在很多塔架都安装了电梯，如图4－33（a）和图4－33（b）所示。塔架内部还要安放控制柜，机舱内风力发电机产生的电流通过电缆线进入控制柜。

（4）钢混式塔架，在低风速地区要获得更多的风能，通常需要提高塔架的高度；同时，为了减少风切变的影响，也需要尽量提升塔架高度，这就对塔架结构提出了更高要求。钢混式塔架就是近年来逐渐开始出现的一种结构型式。通常，这些塔架高度都超过了100m，有的可能更高。塔架由中下部的混凝土段和上部的钢筒段组成，其比例根据需要而定。这种型式的塔架可以兼顾混凝土式和钢筒式塔架的各自优势，具有良好的发展前景，图4－33（c）和图4－33（d）为其内部和施工情景。

除了上述介绍的一些主要塔架型式外，随着风能利用的不断发展，一些其他型式的塔架结构也不断出现，有些以往的结构型式也重新得到重视。图4－34所示为桁架与钢筒混合式塔架结构。桁架结构采用了最新的力学与结构理论，与钢筒结构

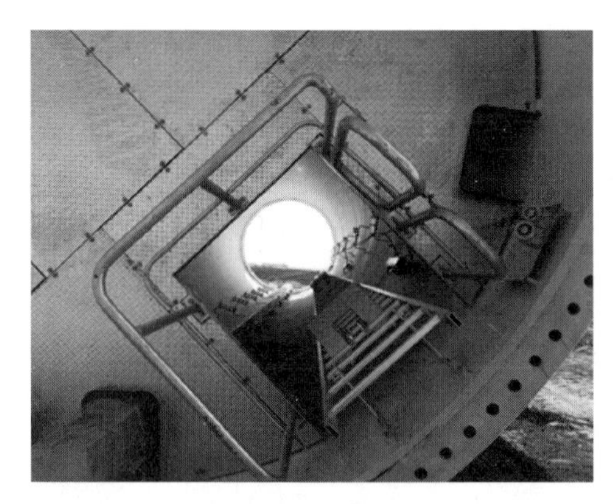

（a）钢筒式塔架内部

（b）钢筒式塔架根部外观

（c）钢混式塔架内部

（d）钢混式塔架施工情景

图 4-33 钢筒式和钢混式塔架

进行有机结合，可以互补两者之间的优势，具有一定的发展空间。

图 4-34 桁架与钢筒混合式塔架结构

#### 4.4.1.2 塔架结构要求

对塔架的要求是保证风电机组在所有可能出现的极限载荷条件下保持稳定状态，不能出现倾倒、失稳或其他问题。风电机组的额定功率决定了塔架高度，随着风电机组不断向大功率方向发展，风轮直径越来越大，塔架也相应地越来越高。同时，为了降低成本，对塔架结构设计制造提出了更高要求。

1. 塔架高度

高度是塔架设计的主要因素，决定了塔架的类型、载荷大小、结构尺寸以及刚度和稳定性等。塔架越高，需要材料越多，造价也相对提高，运输、安装和维护等的难度也随之变大。塔架设计时首先应对塔架高度进行优化，再进行塔架结构设计与校核。

塔架高度 $H$ 与风轮直径 $D$ 有一定的比例关系，在风轮直径 $D$ 已经确定的条件下，有

$$H:D=1:3 \tag{4-1}$$

确定塔架高度时，需考虑风电机组附近的地形与地貌特征。塔架的最低高度可为

$$H=h_0+G_0+R \tag{4-2}$$

式中　$h_0$——机组附近障碍物高度；

$G_0$——障碍物最高点到风轮扫掠面最低点距离（最小取1.5～2.0m）；

$R$——风轮半径。

2. 塔架刚度

刚度是结构抵抗变形的能力。按固有频率可分为刚性塔、半刚性塔和柔性塔。风轮、机舱和塔架构成一个系统，塔架由于风轮的转动而受迫做振动，若由于风轮残余的旋转不平衡产生的塔架受迫振动的频率为 $n$，由于塔影效应、尾流、不对称空气来流、风剪切等造成的频率为 $zn$（$z$ 为叶片数）。塔架—机舱—风轮系统的固有频率与塔架受迫振动时的一阶固有频率相比，若系统固有频率大于 $zn$，则称之为刚性塔；介于 $n$ 与 $zn$ 之间的称为半刚性塔；系统固有频率低于 $n$ 的称为柔性塔。目前，大型风电机组多采用半刚性塔和柔性塔。塔架的刚性越大，质量和成本就越高。

3. 塔架固定与吊装

塔架一般安装在一个底部法兰上，底部法兰可以通过浇筑在混凝土中的螺杆固定在地基上，或者用螺栓连接在嵌入地下的短塔段上，塔段部分与上述的具体安装结构相关，如图4-35所示。螺杆通常以某种方式锚入地基中，它们抵抗倾斜扭矩的能力取决于上风向侧的成半圆分布的螺栓所能承受的拉力。由于受混凝土剪应力强度的约束，所以螺杆必须插入混凝土充分深的地方，典型深度约等于塔架基础的半径。固定螺杆的疲劳载荷可以通过预拉伸适当地减少。塔架的吊装需要吊车一节一节地安装，如图4-36所示。

海上风电机组塔架的固定方式和陆上风电机组塔架的固定方式基本一致，但海上风电机组塔架吊装方式的选择一般需要考虑多种因素，如适应施工海域的海洋水文、气象、地形与地质、风电场布置以及其他涉水建筑物的安全使用条件；施工吊装设备的吊装能力需要满足海上风电机组塔架的重量、吊高和组装要求；施工吊装设备应在潮汐波浪、海流、风等作用下能安全稳定地运行；工程施工应安全、方便、工期短、费用低等。

图 4－35 塔架与基础的螺栓连接

图 4－36 塔架吊装

## 4.4.2 基础

对于陆上风电机组来说，基础是在地面上固定的部分；对于海上风电机组来说，基础通常是指在海面下固定的部分。

### 4.4.2.1 陆上风电机组基础

通常，多数陆上风电机组采用钢筋混凝土结构，如图 4－37 所示。陆上风电机组的基础要根据安装地点的地质条件来设计。在设计基础时，应对安装现场进行工程地质勘察，充分研究地基土层的构造及其力学性质等条件，对现场的工程地质条件进行正确评价。应满足以下基本条件：

（1）要求作用于地基上的载荷不超过地基容许的承载能力，以保证地基在防止整体破坏方面有足够的安全储备。

（2）控制基础的沉降，使其不超过地基容许的变形值，以确保风电机组不受地基变形的影响。

从结构型式看，基础常见的有板块式、桩式和桁架式等。通常，地质较坚固的地点可以采用板状基础结构的钢筋混凝土式，地质较弱的地点可以选择桩式基础，

图4-37　陆上风电机组塔架基础

在地中埋入柱状地基，然后在其上安装塔架的基础，再设置风力发电机组。混凝土的重量应能够平衡整个风电机组的倾翻力矩，其影响因素首先应考虑极端风速条件下叶片产生的推力载荷，以及风电机组运行状态下的最大载荷。

1. 板块式基础

距离地表不远处就有硬性土质时，一般可选择板块式基础。图4-38所示为常见的四种板块式基础结构。图4-38（a）为均匀厚度的平板层，它的上表面刚好在地表面以上，这种方式在岩床距离地表面很近时选用。主要的加强体由顶部和底部钢筋网组成，可以用来抵抗板层弯曲，对抗剪加固不做要求，所以平板层应该具有足够的厚度。图4-38（b）为在平板层顶部安装一个覆盖基架。这种方式应用于岩床深度大于半层厚度时，以满足抵抗板层弯曲扭矩和剪应力载荷的要求。下层土壤地基上的重力载荷由于载荷过重而增加，所以总板块式基础的平面尺寸可以适当减小。图4-38（c）与图4-38（b）类似，用一个嵌入板块式基础中的短塔段替代原来的基架，并引入了板块式基础深度向的斜坡。板块式基础深度向的斜坡具有节省

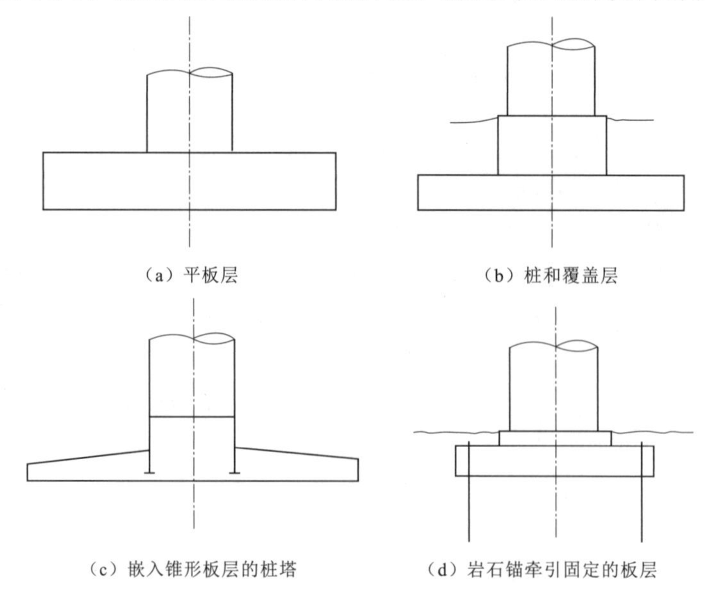


图4-38　常见的四种板块式基础

材料的优点。但是实行起来较为困难。图 4 - 38（d）为岩石床打锚，利用打锚加固装置，在满足平衡目的同时消除了重力基础配重的需要，承载能力得到明显提高，显著地减小了基础面积。但这种方案只偶尔使用。理想的重力地基形状为圆形，但是考虑到建立圆形模板的复杂性，经常使用一种替代的形状，即八角形。有时候也使用方形的板块式基础，目的是为了简化挡板和钢筋。

2. 桩式基础

桩式基础又分为多桩与单桩基础，在较差的地表上，桩式基础往往比板层基础更能有效地利用材料。图 4 - 39（a）所示为位于排成一个圆的八个圆柱形桩上的桩帽组成的多桩基础。倾覆扭矩由桩在垂直和侧面载荷两者抵抗，后者由施加于每个桩的顶部扭矩所产生，其结果是钢筋必须在桩和桩帽之间提供充分连续的扭矩。桩孔可用螺旋钻孔机钻成，桩在钢筋笼就位后在原地进行浇筑。

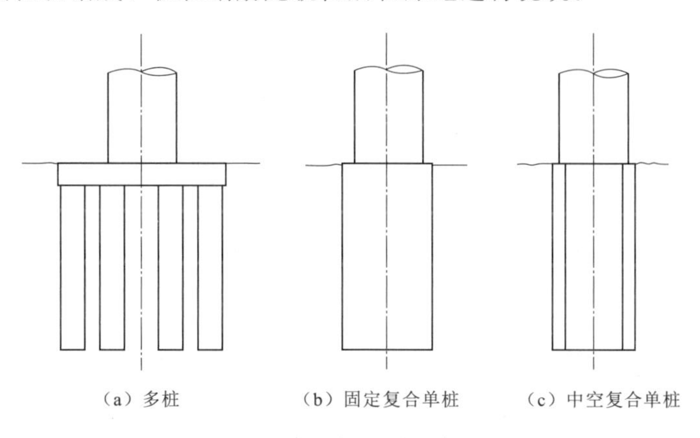

（a）多桩　（b）固定复合单桩　（c）中空复合单桩

图 4 - 39　桩基础示意图

图 4 - 39（b）为固定复合单桩，由一个大直径混凝土圆柱组成，它独自通过调动土壤的横向载荷抵抗倾覆。沙土侧面的载荷可以通过使用简单的兰金理论或者库仑定理逆向计算得出，兰金理论可以用来计算壁上的被动压力，忽略土壤和壁之间的摩擦力。库仑理论还可计算土壤和壁之间的摩擦力。对于单桩情况，当桩开始倾斜时，在土壤楔入边就会产生摩擦力，以提供更大的抵抗力。

图 4 - 39（c）为中空复合单桩，当水平线很低且土壤在挖一个很深的洞而不会出现边缘下陷的可能时，可采用这种类型的基础。然而，这种型式虽然简单，材料成本却偏高。通过替换圆柱体上的混凝土，中空的圆柱可以使用比较便宜的材料，其中的混凝土仅仅起填充作用。

3. 桁架式基础

图 4 - 40 为钢制桁架式塔架的桩基础示意图。桁架腿之间的跨距相对很大，它们可以使用各自独立的基础，在现场使用钻孔浇筑。抵抗倾倒的力在桩上仅是拔升力和下压力，需对桩由水平剪切载荷引起的弯矩进行计算。桩所受的拔升力被桩表面的摩擦力所抵抗，摩擦力取决于土壤和桩之间的摩擦角度以及侧土压。很多不确定性因素影响上述变量的大小，所以有些标准建议使用桩测试来评估桩的承载能力。组成塔架地基的角钢，在桩灌注混凝土时就地浇筑。所以在浇筑混凝土前，应

该正确设置腿的间隔和倾斜度。

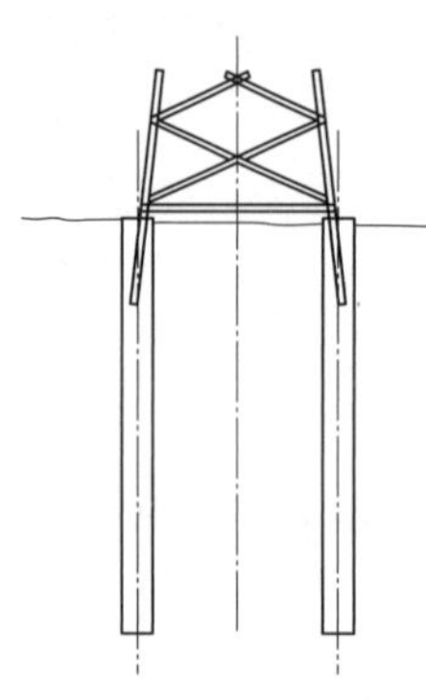

图 4－40　钢制桁架式塔架的桩基础示意图

#### 4.4.2.2　海上风电机组基础

海上风电机组与陆上风电机组工作环境截然不同，所以基础也有很大不同。

海上风电机组基础的建造要综合考虑海床地质结构、离岸距离、风浪等级、海流情况等多方面因素，这也是海上风电施工难度高于陆上风电的主要原因。因此海上风电机组基础设计复杂，结构型式也因海况的不同而多样化。海上风电机组基础根据与海床固定的方式不同，可分为固定式和漂浮式两大类，类似于近海固定式平台和深海移动式平台。两类基础适应于不同的水深，固定式一般应用于浅海，适应的水深在 0～50m，其结构型式又分为桩承式基础和重力式基础。漂浮式基础主要用于 50m 以上水深海域。

1. 桩承式基础

根据基桩的数量和连接方式的不同，可将桩承式基础分为单桩基础、三脚架基础、导管架基础和桩基承台基础。

（1）单桩基础。单桩基础是最简单的桩承式基础结构，是目前应用比较广泛的形式，如图 4－41 所示。单桩基础受力形式简单，由焊接钢管组成，桩和塔架之间的连接可以是焊接法兰连接，也可以是套管法兰连接，一般在陆上预制而成，通过液压锤撞击贯入海床或者在海床上钻孔后沉入。桩的直径根据负荷的大小而定，插入海床的深度与地质情况、桩直径等有关，一般桩基打桩至海床下 10～30m，有支撑的单桩适宜的水深为 20～40m，尤其适用于非均质土。单桩基础的优势是结构简单，施工快捷，造价相对较低。不足之处在于受海底地质条件和水深约束较大，水太深易出现弯曲现象，对冲刷敏感，在海床与基础相接处，需做好防冲刷措施，并且安装时需要专用的设备（如钻孔设备），施工安装费用较高。

图 4－41　单桩基础

（2）三脚架基础。随着水深增加，使用单桩基础会导致经济成本增加、技术难度加大。随之出现了三脚架基础，如图 4－42 所示。三脚架基础吸收了海上油气开

采中的一些经验，采用标准的三腿支撑结构，即由中心柱、三根插入海床一定深度的圆柱钢管和斜撑结构构成，增强了周围结构的刚度和强度。三脚架可以采用垂直或倾斜管套，且底部三角处各设一根钢桩用于固定基础，三个钢桩被打入海床10～20m的地方，在单桩基础的设计上，增加了基础的稳定性和可靠性，同时使其适用范围得到了扩大。三脚架基础一般应用于水深为25～50m且海床较为坚硬的海域。三脚架基础除了具有单桩基础的优点外，还具有不需做冲刷保护、刚度较大等优点。存在的主要问题是，三脚架基础受海底地质条件约束较大，不宜用作浅海域基础，在浅海域安装或使用维修船时有可能会与结构的某部位发生碰撞，如果有海冰情况，则会增加冰荷载，并且建造与安装成本比较高。

图4-42 三脚架与四脚架基础

(3) 导管架基础。导管架基础如图4-43所示，其与海上石油钻井平台类似，由导管架与桩组成。先在陆地上将钢管焊接好，再将其运到安装点，钢管桩与导管架一般在海床表面处连接，通过导管架各支角处的导管打入海床。在导管架固定好以后，在其上安装风电机组塔筒即可。导管架基础可以适用的水深范围比较大，可以安装在水深很大的水域。但考虑其经济性，最适用于水深为20～50m的海域。导管架基础的特点是基础的整体性好，承载能力较强，对打桩设备要求较低。导管架的建造和施工技术成熟，基础结构受到海洋环境载荷的影响较小，对风电场区域的

图4-43 导管架基础

地质条件要求也较低。

(4) 桩基承台基础。桩基承台基础如图 4－44 所示，主要是借鉴港口工程中靠船墩或跨海大桥桥墩桩基型式进行设计。桩基承台基础主要由桩和钢筋混凝土承台组成，通常，桩采用预制钢管桩，据实际的地质条件和施工难易程度，选择不同根数的桩，外围桩一般整体向内有一定角度的倾斜，用以抵抗波浪、水流荷载，中间以填塞或者成型方式连接。承台一般为钢筋混凝土结构，起承上传下的作用，把承台及其上部荷载均匀地传到桩上。桩基承台主要适用于软土海床地基风电场，尤其适用于沿海浅表层淤泥较深、浅层地基承载力较低，且外海施工作业困难、难以保证打桩精度的区域。具有承载力高、抗水平荷载能力强、沉降量小且较均匀的特点，缺点是现场作业时间较长、工程量大。我国上海东海大桥海上风电场项目即采用了世界首创的风电机组桩基—混凝土承台基础，如图 4－45 所示。

图 4－44　桩基承台基础

图 4－45　东海大桥海上风电场的风电机组桩基—凝土承台基础

2. 重力式基础

重力式基础，顾名思义，就是利用自身的重力来抵抗整个系统的滑动和倾覆。重力式基础依靠自身的重力能提供足够的刚性，可有效避免基础底部与顶部的张力载荷，并且能够在任何海况下保持整个基础稳定。重力式基础必须有足够的自重来克服浮力并保持稳定。因此，重力式基础是所有基础类型中体积和质量最大的，可以通过往基础内部填充铁矿、砂石、混凝土和岩石等来增重，如图 4－46 所示。重

力式基础根据墙身结构不同可划分为沉箱基础、大直径圆筒基础和吸力筒（吸力、吸力桩）式基础，如图 4-47 所示。

（a）钢制重力式基础

（b）混凝土制重力式基础

图 4-46　基础内部填充不同材料的重力式基础

图 4-47　吸力筒式基础

沉箱基础和大直径圆筒基础是码头中常用的基础结构型式，一般为预制钢筋混凝土结构，依靠自身及其内部填料的重力来维持整个系统的稳定，使风电机组保持竖直。重力式基础的重量和造价随着水深的增加而成倍增加。重力式基础具有结构简单、造价低、抗风暴和风浪袭击性能好等优点，其稳定性和可靠性是所有基础中最好的。其缺点在于，地质条件要求较高，并需要预先处理海床，由于其体积大、重量大（一般要达 1000t 以上），海上运输和安装均不方便，并且对海浪的冲刷较敏感。

吸力筒式基础是一种特殊的重力式基础，也称负压桶式基础。利用了负压沉贯原理，采用一种钢桶沉箱结构，钢桶在陆上制作好以后，将其移于水中，向倒扣放置的桶体充气，将其气浮漂运到就位地点，定位后抽出桶体中的气体，使桶体底部附着于泥面，然后通过桶顶通孔抽出桶体中的气体和水，形成真空压力和桶内外水压力差，利用这种压力差将桶体插入海床一定深度，可以省去桩基础的打桩过程。吸力筒式基础在浅海和深海区域中都可以使用，在浅海中的吸力桶实际上是传统桩基础和重力式基础的结合，在深海中作为浮式基础的锚固系统，更能体现出其经济优势。通常，吸力筒式基础分为单桶（即一个吸力桶）、三桶和四桶等多种结构型式。

3. 漂浮式基础

海上风资源虽然丰富，然而，绝大部分海上风资源是分布于固定式基础几乎无法应用的50m以上水深海域，因此，适用于更深海域的漂浮式海上风电机组基础应运而生。由于深海风电机组承受荷载的特殊性、工作状态的复杂性、投资回报效率等，这种基础型式目前在风电行业仍处于研发和示范阶段，未来会有非常好的发展空间。

漂浮式基础是一种深远海上风电机组的基础结构型式，其利用锚固系统将浮体结构锚定于海底，并作为安装风电机组的基础平台，特别适用于50m以上的深海水域。漂浮式基础由浮体结构和锚固系统组成。浮体结构是漂浮在海面上的组合式箱体，塔架固定其上，根据锚固系统的不同而采用不同的形状，一般为矩形、三角形或圆形。锚固系统主要包括固定设备和连接设备，固定设备主要有桩和吸力桶两种，连接设备大体上可分为锚杆和锚链两种，锚固系统相应地分为固定式锚固系统和悬链线锚固系统。漂浮式基础总体上分为驳船式、半潜式、单桩式和张力腿式，如图4-48和图4-49所示。

图4-48　漂浮式基础的四种型式

驳船式基础结构最为简单，它利用大平面的重力扶正力矩使整个平台保证稳定，其原理与一般船舶无异。半潜式基础主要由立柱、桁架、压水板和固定缆绳构成，通过位于海面位置的立柱来保证整个风电机组在水中的稳定，再通过缆绳来保持风电机组的位置。单桩式基础通过压载舱使得整个系统的重心压低至浮心之下，以保证整个风电机组在水中的稳定，再通过辐射式布置的缆绳来保持风电机组的位置。张力腿式基础利用系缆张力实现基础的稳定性，即通过处于拉伸状态的张力腿将塔筒平台与海底连接，从而抑制平台垂直方向上的运动而实现水平方向上的相对运动。

（a）驳船式

（b）半潜式

（c）单桩式

（d）张力腿式

图 4-49 漂浮式基础

## 4.5 传动系统

传动系统的功能是连接风轮与发电机，将风轮产生的机械转矩传递给发电机。图 4-50 所示为某带齿轮箱的风电机组传动系统结构示意图，主要包括传动轴、齿轮箱、联轴器、制动器、发电机等部件。整个传动系统和发电机安装在主机架上。作用在风轮上的各种气动载荷和重力载荷通过主机架及偏航系统传递给塔架。另外，直驱式风电机组不需要齿轮箱。

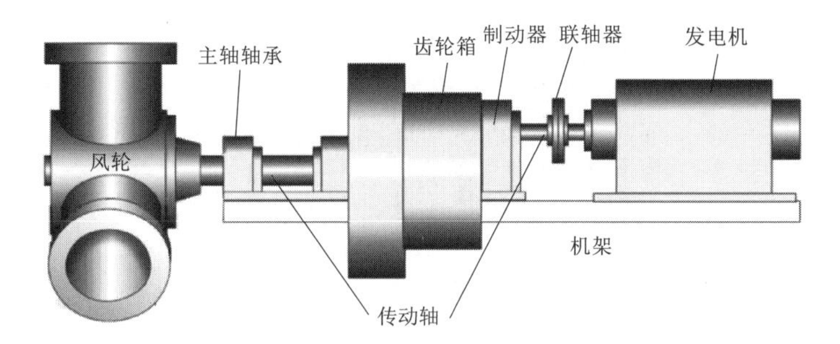


图 4-50 某带齿轮箱的风电机组传动系统结构示意图

### 4.5.1 传动轴

风电机组的传动轴根据旋转速度的不同可分为低速轴和高速轴，其中低速轴也称为主轴或者输入轴，高速轴也称为输出轴。

#### 4.5.1.1 主轴及主轴承

主轴是用来连接风轮轮毂和增速齿轮箱的输入轴，通常采用滚动轴承支撑在主机架上，如图4-51所示。制造主轴的材料一般选择碳素合金钢，毛坯通常采用锻造工艺。利用各种热处理、化学处理及表面强化处理，可提高主轴的机械性能。

(a) 主轴示意图

(b) 某风电机组主轴承

图4-51 风电机组主轴及主轴承

风轮主轴的支撑结构型式与齿轮箱的型式密切相关。根据采用支撑方式的不同，主轴可以分为独立轴承支撑结构、三点支撑式主轴、集成式主轴三种结构型式，如图4-52所示。传动系统在机舱内的安装如图4-53所示。

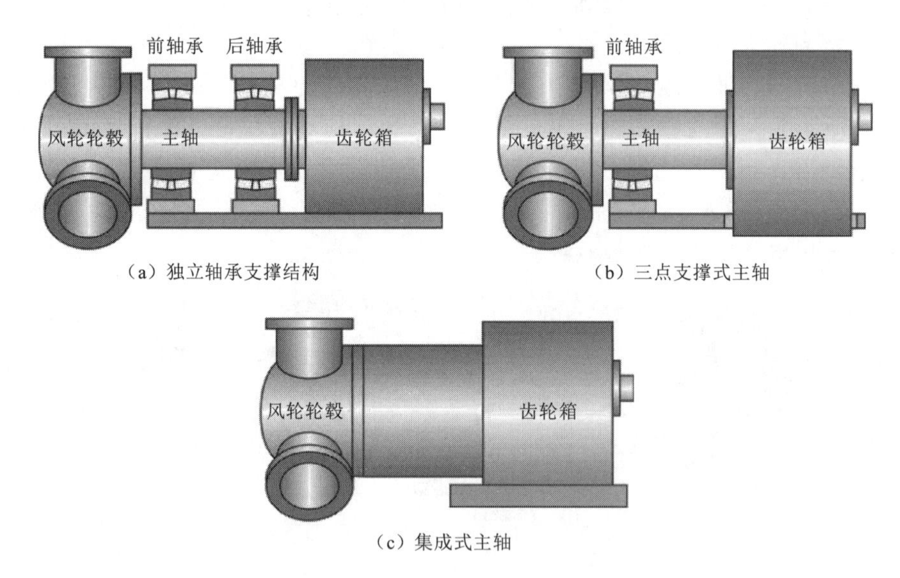


(a) 独立轴承支撑结构　(b) 三点支撑式主轴

(c) 集成式主轴

图4-52 风轮主轴的主要支撑形式

(1) 独立轴承支撑结构。利用安装在主轴的前后两个独立的轴承共同承受悬臂风轮的重力载荷，轴向推力载荷由前轴承承受，风轮转矩通过主轴传递给齿轮箱。此种主轴结构下齿轮箱与主轴相对独立，便于采用标准齿轮箱和主轴支撑构件。缺点是结构相对较长，制作成本较高，主要用于中小型风电机组，在大型风电机组中

很少采用。

(2) 三点支撑式主轴。主轴、前轴承独立安装在机架上，后轴承与齿轮箱内轴承做成一体，前轴承和齿轮箱两侧的扭转臂形成对主轴的三点支撑，故此得名。优点是主轴支撑的结构趋于紧凑，可以增加主轴前后支撑轴承的距离，有利于降低后支撑的载荷，齿轮箱在传递转矩的同时也承受叶片作用的弯矩，现代大型风电机组中较多采用此种型式。

图 4-53 传动系统在机舱内的安装

(3) 集成式主轴。这种型式是将主轴的前后支撑轴承与齿轮箱做成一个整体。主要优点是，风轮通过轮毂法兰直接与齿轮箱连接，可以减小风轮的悬臂尺寸，从而降低主轴载荷；主轴装配容易，轴承润滑合理。主要问题是维修齿轮箱必须同时拆除主轴。

#### 4.5.1.2 输出轴

输出轴用于连接齿轮箱的输出端和发电机，输出轴与发电机一般采用联轴器连接。在输出轴上布置有机械刹车机构，用于紧急制动。

### 4.5.2 齿轮箱

齿轮箱是风电机组一个重要的机械部件，其主要功能是将风轮在风力作用下所产生的动力传递给发电机，并使其得到相应的转速。风轮的转速很低，远达不到发电机的转速要求，必须通过齿轮箱齿轮副的增速作用来实现，故也将齿轮箱称之为增速箱。

#### 4.5.2.1 齿轮箱的类型与特点

风电机组齿轮箱的种类很多，按照传统类型可分为圆柱齿轮箱、行星齿轮箱以及它们互相组合起来的齿轮箱；按照传动的级数可分为单级和多级齿轮箱；按照传动的布置型式又可分为展开式、分流式、同轴式和混合式等。常用齿轮箱的特点及应用见表 4-2。

**表 4-2　　常用齿轮箱的特点及应用**

| 传动形式 | | 传动简图 | 推荐传动比 | 特点及应用 |
|---|---|---|---|---|
| 两级圆柱齿轮传动 | 展开式 | | $i=i_1 i_2$<br>$i=8\sim60$ | 结构简单，但齿轮相对于轴承的位置不对称，因此要求轴有较大的刚度。高速级齿轮布置在远离转矩输入端，这样，轴在转矩作用下产生的扭矩变形可部分地相互抵消，以减缓沿齿宽载荷分布不均匀的现象。用于载荷比较平稳的场合。高速级一般做成斜齿，低速级可做成直齿 |

续表

| 传动形式 | | 传动简图 | 推荐传动比 | 特点及应用 |
| --- | --- | --- | --- | --- |
| 两级圆柱齿轮传动 | 分流式 | 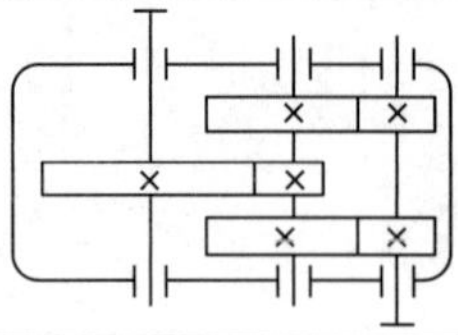 | $i=i_1 i_2$<br>$i=8\sim60$ | 结构复杂，但由于齿轮相对于轴承对称布置，与展开式相比，载荷沿齿宽分布均匀，轴承受载较均匀。中间轴危险截面上的转矩只相当于轴所传递转矩的一半。适用于变载荷的场合。高速级一般用斜齿，低速级可用直齿或人字齿 |
| | 同轴式 | 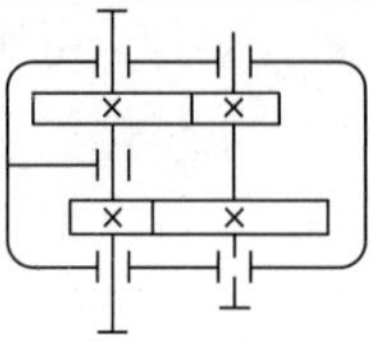 | $i=i_1 i_2$<br>$i=8\sim60$ | 减速器横向尺寸较小，两对齿轮浸入油中深度大致相同，但轴向尺寸和重量较大，且中间轴较长、刚度差，使沿齿宽载荷分布不均匀，高速轴的承载能力难以充分利用 |
| | 混合式（同轴分流式） | 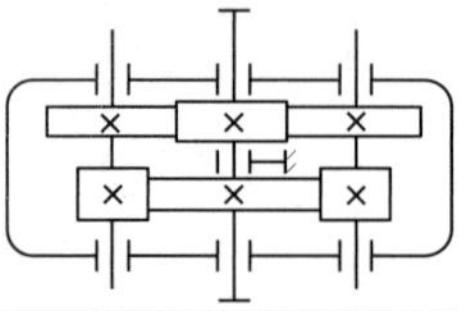 | $i=i_1 i_2$<br>$i=8\sim60$ | 每对啮合齿轮仅传递全部载荷的一半，输入轴和输出轴只承受扭矩，中间轴只受全部载荷的一半，故与传递同样功率的其他减速器相比，轴颈尺寸可以缩小 |
| 三级圆柱齿轮传动 | 展开式 | 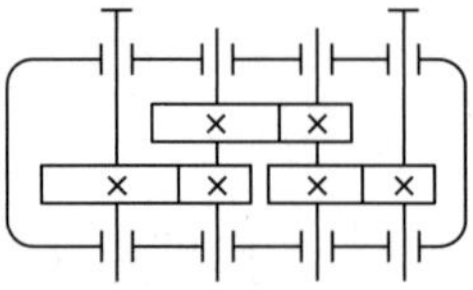 | $i=i_1 i_2 i_3$<br>$i=40\sim400$ | 同两级展开式 |
| | 分流式 | 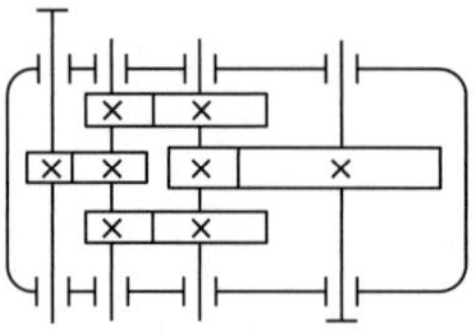 | $i=i_1 i_2 i_3$<br>$i=40\sim400$ | 同两级分流式 |
| 行星齿轮传动 | 单级 | 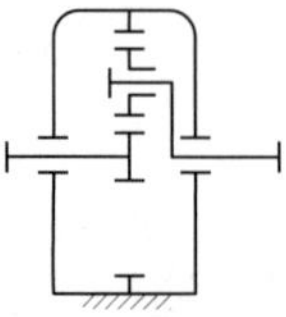 | $i=2.8\sim12.5$ | 与普通圆柱齿轮减速器相比，尺寸小，重量轻，但制造精度要求高，结构较复杂，在要求结构紧凑的动力传动中应用广泛 |
| | 两级 | 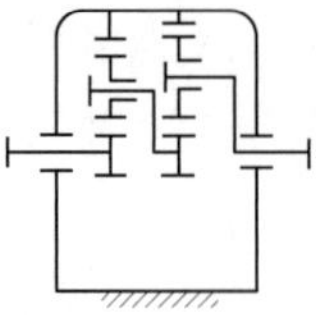 | $i=i_1 i_2$<br>$i=14\sim160$ | 同单级 |
| 一级行星两级圆柱齿轮传动 | 混合式 | 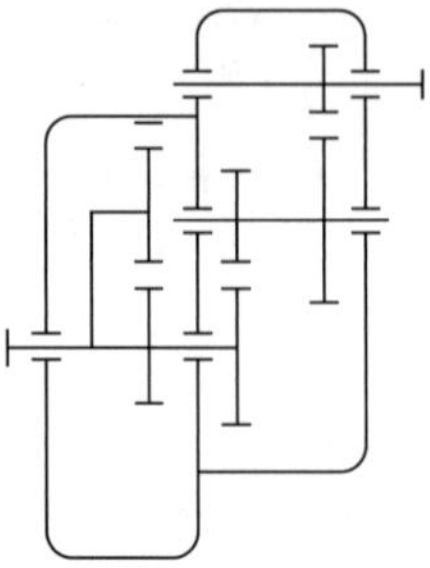 | $i=20\sim80$ | 低速轴为行星传动，使功率分流，同时合理应用内啮合。<br>末二级为平行轴圆柱齿轮传动，可合理分配减速比，提高传动效率 |

图 4-54 为两级圆柱齿轮传动齿轮箱的展开图，输入轴大齿轮和中间轴大齿轮都是以平键和过盈配合与轴连接；两个从动齿轮都采用了轴齿轮的结构。图 4-55 为一级行星和一级圆柱齿轮传动齿轮箱的展开图，传动轴与齿轮箱行星架轴之间利用胀紧套连接，装拆方便，能保证良好的对中性，且减少了应力集中。行星传动机构利用太阳轮的浮动实现均载。

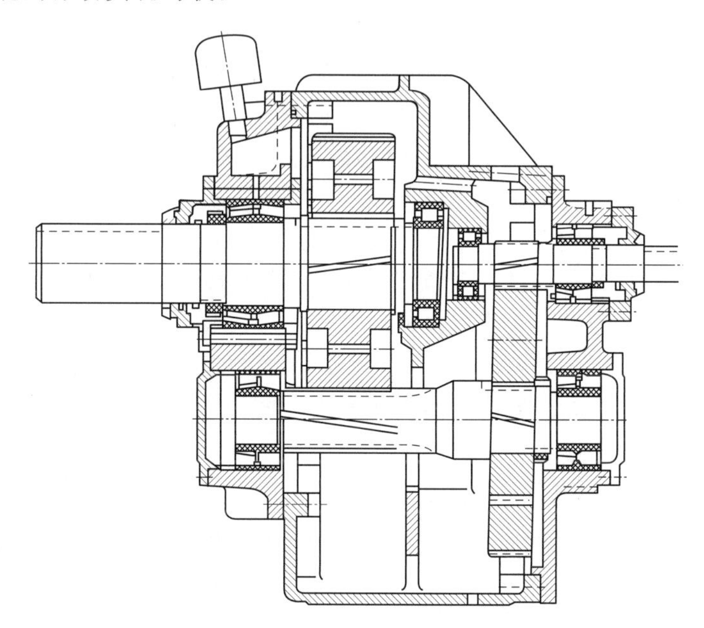

图 4-54 两级圆柱齿轮传动齿轮箱的展开图

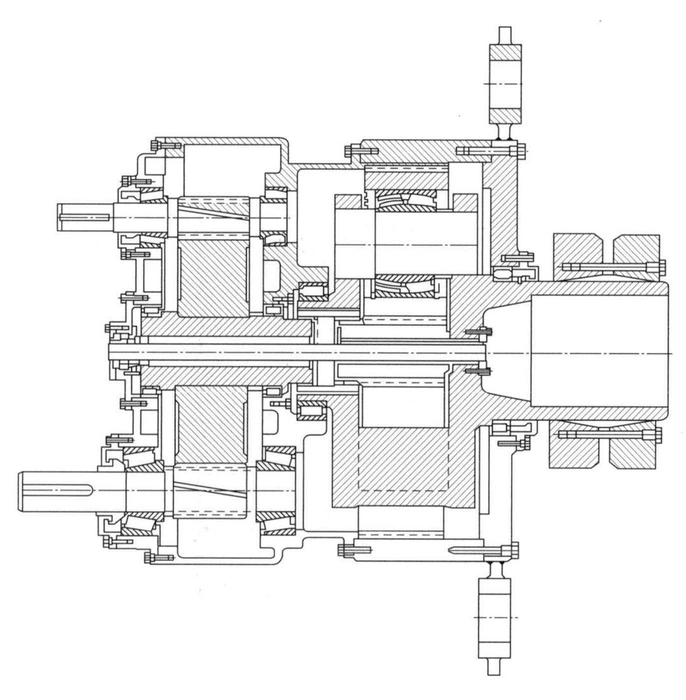

图 4-55 一级行星和一级圆柱齿轮传动齿轮箱的展开图

#### 4.5.2.2　齿轮箱的设计

齿轮箱的设计应在满足可靠性和预期寿命的前提下简化结构，最大可能减少整机重量。选用合理的设计参数，设计最佳传动方案，选择稳定可靠的构件和具有良好力学特性以及稳定性好的材料，配备完整充分的润滑、冷却系统和监控系统，是设计齿轮箱的必要条件。

1. 设计原则

齿轮箱作为传递动力的部件，在运行期间同时承受动、静载荷。动载荷部分取决于风轮、风力发电机的特性和传动轴、联轴器的质量、刚度、阻尼值以及发电机的外部工作条件。风电机组载荷谱是齿轮箱设计的基础，载荷谱可通过实测得到，也可以按照相应标准计算确定。

风电机组齿轮箱的主要承载零件是齿轮，其齿轮的失效形式主要是齿轮折断和齿面点蚀、剥落，故各种标准和规范都要求对齿轮的承载能力进行分析计算，相关标准规定了齿根弯曲疲劳和齿面接触疲劳校核计算，对齿轮进行极限状态分析。

采用行星齿轮轮系传动时，为了提高传动装置的承载能力和减小尺寸与重量，往往对称布置多个行星轮，在设计时需要解决一些特殊问题，例如在确定行星轮系的齿数时，要考虑以下条件：

(1) 传动比条件：必须能实现给定的传动比。

(2) 邻接条件：使相邻两个行星轮的齿顶不相互干涉，保证其齿顶之间在连心线上至少有半个模数的空隙。

(3) 同心条件：由中心轮和行星轮组成的所有齿轮副的实际中心距必须相等。

(4) 装配条件：在行星轮系中，几个行星轮能对称装入，并保证与中心轮正确啮合应具备的齿数关系。

齿轮箱的主要尺寸按下列方法之一初步确定：

(1) 参照已有的工作条件相同或类似的传动，用类比方法初步确定主要尺寸。

(2) 根据齿轮箱在机舱上的安装和布置要求，例如中心距、高度及外廓尺寸要求，定出主要尺寸。

(3) 根据计算机程序分析计算结果，确定主要尺寸。

风电机组齿轮箱的设计参数，除另有规定外，常常采用优化设计的方法，即利用计算机分析计算，反复对比，在满足各种限制条件下求得最优的设计方案。

2. 效率

齿轮箱的效率可通过功率损失计算或在试验中测试中得到。功率损失主要包括齿轮啮合、轴承摩擦、润滑油飞溅和搅拌损失、风阻损失、其他机件阻尼等。齿轮传动的效率为

$$\eta = \eta_1 \eta_2 \eta_3 \eta_4 \tag{4-3}$$

式中　$\eta_1$——齿轮啮合摩擦损失的效率；

$\eta_2$——轴承摩擦损失的效率；

$\eta_3$——润滑油飞溅和搅油损失的效率；

$\eta_4$——其他摩擦损失的效率。

对于行星轮系齿轮机构，计算效率时还应考虑对应于均载机构的摩擦损失。对采用滚动轴承支撑且精确制造的闭式圆柱齿轮传动，每一级传动的效率可初步定为99%，一般情况下，风电机组齿轮箱的齿轮传动不超过三级。同时，随着传递载荷的减小，机械效率会有所下降，这是因为整个齿轮箱的空载损失，即润滑油飞溅和搅动时的能量损失、轴承的摩擦以及密封的损失，在传动功率变化时几乎是不变的。

3. 噪声

风电机组齿轮箱的噪声标准为85dB（A）左右。齿轮箱产生的噪声是风电机组噪声的主要来源之一，降低噪声可采取以下相应措施：

（1）适当提高齿轮精度，进行齿形修缘，增加啮合重合度。

（2）提高轴和轴承的刚度。

（3）合理布置轴系和轮系传动，避免发生共振。

齿轮箱安装时采取必要的减震措施，按规范找正，充分保证风电机组的联结刚度，将齿轮箱的机械振动控制在相应标准规定的范围之内。

#### 4.5.2.3 齿轮箱的主要零部件

1. 齿轮与轴

风电机组运转时环境恶劣，受力情况复杂，齿轮箱所用材料除了要满足机械强度条件外，还应满足极端温差条件下所具有的材料特性，如抗低温冷脆性、冷热温差影响下的变形稳定性等。对齿轮和轴类零件而言，一般情况下不推荐采用装配式拼装结构或焊接结构，齿轮毛坯只要在锻造条件允许的范围内，都采用轮辐轮缘整体锻件的形式。为了提高承载能力，齿轮一般都采用优质合金钢制造。

齿轮箱主传动齿轮的精度，外齿轮不低于5级，内齿轮不低于6级。选择齿轮精度时要综合考虑传动系统的实际需求，不能片面强调提高个别部件的要求，使成本大幅度提高，却达不到预想的效果。为了减轻齿轮副啮合时的冲击，降低噪声，需要对齿轮的齿形、齿向进行修形。在齿轮设计计算时，可根据齿轮的弯曲强度和接触强度初步确定轮齿的变形量，再结合轴的弯曲、扭转变形以及轴承和箱体的刚度，绘出齿形和齿向修形曲线，在磨齿时进行修正。

齿轮箱中的轴按其主动和被动关系可分为主动轴、从动轴和中间轴。首级主动轴和末级从动轴的外伸部分，与风轮轮毂、中间轴或电机传动轴相连接。为了提高可靠性和减小外形尺寸，有时将半联轴器与轴制成一体，中间轴直径则按弯矩的合成进行计算。在轴的设计图完成后再进行准确的分析计算，最终完善细部结构。

齿轮与轴的连接方式主要包括平键连接、花键连接、过盈配合连接、胀紧套连接等。平键连接常用于具有过盈配合的齿轮或联轴节的连接；花键连接通常是没有过盈的，因而被连接零件需要轴向固定；过盈配合连接能使轴和齿轮（或联轴节）具有最好的对中性，特别是在经常出现冲击载荷的情况下，这种连接能可靠地工作，在风电机组齿轮箱中得到广泛应用；胀紧套连接利用轴、孔与锥形弹性套之间接触面上产生的摩擦力来传递动力，是一种无键连接方式，定心性好，拆装方便，承载能力高，能沿周向和轴向调节轴与轮毂的相对位置，且具有安全保护作用。

2. 轴承

齿轮箱中的轴承以滚动轴承应用较多，其特点是静摩擦力矩和动摩擦力矩都很小，即使在载荷和速度变化很大时也如此。滚动轴承的安装和使用方便，但是当轴的转速接近极限转速时，轴承的承载能力和寿命急剧下降，高速工作时的噪声和振动比较大。齿轮传动时轴和轴承的变形引起齿轮和轴承内外圈轴线的偏斜，使齿轮上载荷分布不均匀，会降低传动件的承载能力。由于载荷的不均匀性使得齿轮经常发生断齿的现象，在许多情况下又是由于轴承的质量和其他因素，如剧烈的过载而引起的。选用轴承时，不仅要根据载荷的性质，还应根据部件的结构要求来确定。

在风电机组齿轮箱上常采用的滚动轴承主要有圆柱滚子轴承、圆锥滚子轴承、调心滚子轴承等。调心滚子轴承的承载能力最大，广泛应用在承受较大负载或者难以避免同轴误差和挠曲较大的支承部位。调心滚子轴承装有双列球面滚子，滚子轴线倾斜于轴承的旋转轴线。其外圈滚道呈球面形，因此滚子可在外圈滚道内进行调心，以补偿轴的挠曲和同心误差。这种轴承的滚道型面与球面滚子型面非常匹配。轴承的圈套和滚子主要用铬钢制造并经淬火处理，具备足够的强度、高的硬度和良好的韧性和耐磨性。

3. 密封

齿轮箱轴伸部位的密封一方面应能防止润滑油外泄，同时也能防止杂质进入箱体内。常用的密封分为非接触式密封和接触式密封两种。

(1) 非接触式密封。非接触式密封不产生磨损，使用时间长。轴与端盖孔间的间隙形成一种简单密封。在端盖孔或轴颈上加工出一些沟槽，一般2～4个，形成所谓的迷宫，沟槽底部开有回油槽，外泄的油液遇到沟槽便改变方向输回箱体中；也可以在密封的内侧设置甩油盘，阻挡飞溅的油液，增强密封效果。

(2) 接触式密封。接触式密封使用的密封件应密封可靠、耐久、摩擦阻力小、容易制造和装拆，应能随压力的升高而提高密封能力和有利于自动补偿磨损。

### 4.5.3　联轴器

传动系统的轴系之间需要设置连接构件，通常采用联轴器。联轴器是一种通用元件，种类很多，用于传动轴的联接和动力传递，可以分为刚性联轴器（如胀套联轴器）和挠性联轴器两大类，挠性联轴器又可分为无弹性元件联轴器（如万向联轴器）、非金属弹性元件联轴器（如轮胎联轴器）和金属弹性元件联轴器（如膜片联轴器）。刚性联轴器通常用在对中性比较好的两个轴之间的连接；挠性联轴器主要用在对中性较差的两个轴之间的连接。在风电机组中，通常在低速轴侧（主轴与齿轮箱低速轴连接处）采用刚性联轴器，在高速轴侧（齿轮箱高速轴与发电机轴连接处）选用挠性联轴器，解决主传动链轴系的不对中问题。同时，柔性联轴器还可以增加传动链的系统阻尼，减少振动的传递。

图 4-56 为风电机组高速轴与发电机轴间的联轴器。除了满足传动要求，同时还要考虑对风电机组的安全保护功能。由于风电机组运行过程可能产生异常情况下的传动链过载，如发电机短路导致的转矩甚至可以达到额定值的 6 倍，为了降低设计成本，不可能将该转矩值作为传动系统的设计参数。采用在高速轴上安装防止过载的挠性安全联轴器，不仅可以保护重要部件的安全，也可以降低齿轮箱的设计与制造成本。另外，联轴器的选择还需要考虑完备的绝缘措施，以防止发电系统寄生电流对齿轮箱产生不良影响。

图 4-56　风电机组高速轴与发电机轴间的联轴器

## 4.5.4　制动器

制动器是风电机组需要维修停机、当风速超过风轮工作风速范围、突然甩掉负荷等情况时，使风轮达到静止或者空转状态的系统。制动器分两类：一类是机械制动器，另一类是空气动力制动器。IEC 61400-1 标准要求风电机组至少有一套制动系统作用于风轮或低速轴上。在实际应用中，两种制动形式都要提供，需要相互配合。因为机械制动器可使风轮静止，即停车；而空气动力制动器并不能使风轮完全静止下来，只是使其转速限定在允许的范围内。在实际制动操作过程中，首先执行空气动力制动，使风轮转速降到一定程度后，再执行机械制动。只有在紧急制动情况下，二者同时执行。关于空气动力制动，对于定桨距机组是通过叶尖刹车机构实现的，对于变桨距机组则通过将叶片桨距角调整到顺桨位置来实现。具体会在“4.6　变桨系统”一节中介绍。图 4-57 所示为制动系统工作原理。

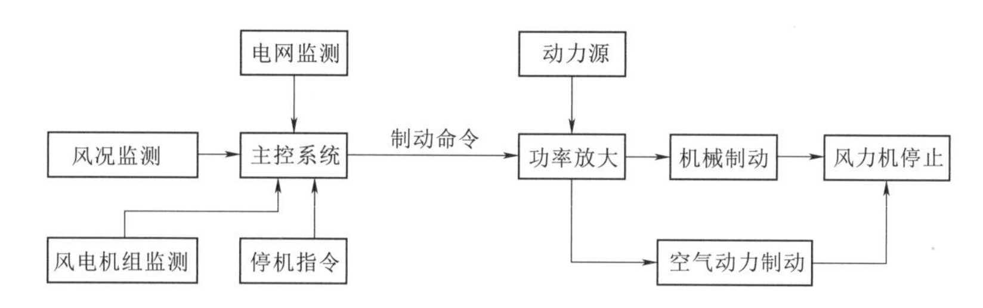


图 4-57　制动系统工作原理

机械制动机构一般采用盘式结构，制动盘安装在齿轮箱输出轴与发电机轴的弹性联轴器前端，如图 4-58 所示。制动刹车时，液压制动器抱紧制动盘，通过摩擦力实现刹车动作。机械制动系统需要一套液压系统提供动力。对于采用液压变桨系统的风电机组，为了使系统简单、紧凑，可以使变桨距机构和机械刹车机构共用一个液压系统。

机械制动一般采用一个钢制刹车圆盘和布置在其四周的液压夹钳构成，如图4-59所示。液压夹钳固定，圆盘可以安装在齿轮箱的高速轴或低速轴上并随之一起转动。圆盘设置在高速轴上更加普遍，因为在结构布置方面较为容易，另外，制动力矩也相对较小。制动夹钳有一个预压的弹簧制动力，液压力通过油缸中的活塞将制动夹钳打开。需要制动时，释放液压力，进而释放预压的弹簧制动力，压制中间的钢制制动盘，从而使齿轮箱的高速轴或低速轴制动，即风轮制动。

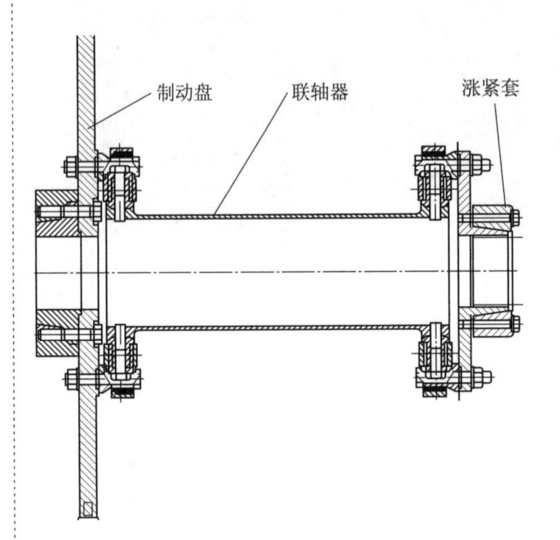


图4-58　制动盘位置示意图

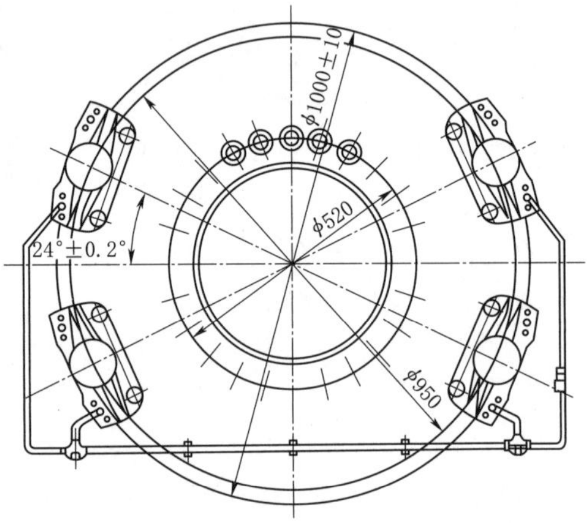

图4-59　机械制动结构示意图

# 4.6　变　桨　系　统

现代大型并网风电机组多数采用变桨距机组，其主要特征是叶片可以相对轮毂转动，实现桨距角的调节。变桨距，简称变桨，是指大型风电机组安装在轮毂上的叶片借助控制技术和动力系统改变桨距角的大小，从而改变叶片气动特性。同时，还可在风电机组需要停机时提供空气动力制动。变桨距执行机构是变桨距风电机组的一个重要组成部分。与定桨距风电机组相比，变桨距风电机组启动和制动性能好、风能利用系数高、在额定功率点以上输出功率平稳。

## 4.6.1　变桨调节过程

典型的变桨系统结构如图4-60所示。当风速变化时，变桨系统改变风电机组叶片的桨矩角，从而控制发电功率。

变桨距机组的变桨角度范围为0°～90°。桨距调节过程如下：

(1) 在风速小于切入风速时，风电机组不产生电能，桨距角保持在90°。

(2) 在风速高于切入风速后，桨距角转到0°，风电机组开始并网发电。这时，只要是在额定风速以下，风电机组通过桨距控制保持最优的桨距角不变，采用最大功率跟踪法（maximum power point tracking，MPPT），通过变流器调节风力发电

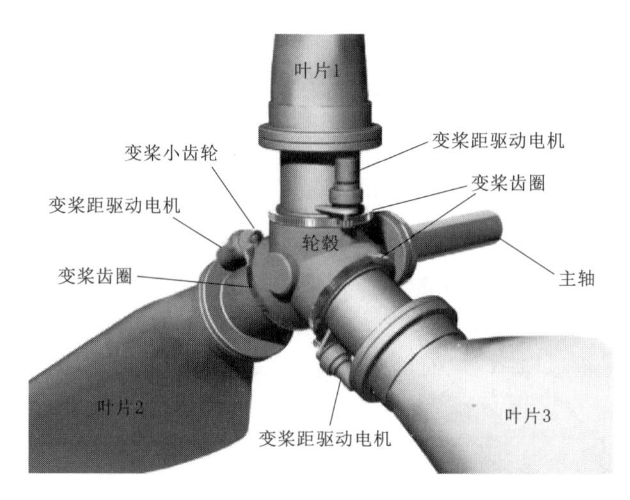


图 4-60 典型的变桨系统结构示意图

机电磁转矩使风轮转速跟随风速变化，使风能利用系数保持最大，风电机组一直运行在最大功率点。通常，桨距角调节范围为0°~25°，调节速度一般为1°/s左右。

（3）在风速超过额定值后，变桨系统开始动作，增大桨距角，减小风能利用系数，减少风轮捕获的风能，使发电机的输出功率稳定在额定值。

（4）在风速大于切出风速时，进行制动操作，风电机组抱闸停机，桨距角从0°迅速调整到90°左右，称为顺桨位置，以保护风电机组不被大风损坏。一般要求调节速度较高，可达15°/s左右。

## 4.6.2 变桨控制分类

按照变桨系统的驱动方式来分，可以分为：①电动变桨，桨叶由电机驱动；②液压变桨，桨叶由液压缸驱动。这两种驱动系统的比较见表4-3。

**表4-3 电动变桨与液压变桨系统对比**

**（来源：《风力发电机组控制》，中国水利水电出版社，2014）**

| 项目 | 电动变桨距系统 | 液压变桨距系统 |
|---|---|---|
| 桨距调节 | （1）功能基本无差别。<br>（2）电路的响应速度比油路略快 | （1）功能基本无差别。<br>（2）油缸的执行（动作）速度比齿轮略快，响应频率快，扭矩大 |
| 紧急情况下的保护 | （1）功能基本无差别。<br>（2）在低温下，蓄电池储存的能量降较大。<br>（3）蓄电池储存的能量不容易实现监控 | （1）功能基本无差别。<br>（2）在低温下，蓄电池储存的能量降较小。<br>（3）蓄电池储存的能量通过压力容易实现监控 |
| 使用寿命 | 主要损耗件蓄电池的使用寿命大约为3年 | 主要损耗件蓄电池的使用寿命大约为6年 |
| 外部配套需求 | （1）占用空间相对较大。<br>（2）需对齿轮进行集中润滑 | （1）占用空间小，轮毂及轴承可相对较小。<br>（2）无需对齿轮进行润滑，减少集中润滑的润滑点 |
| 环境清洁 | 机舱及轮毂内部清洁 | 容易漏油，造成机舱及轮毂内部油污 |
| 维护 | 定期对蓄电池进行更换 | 定期对液压油、滤清器进行更换 |

按照变桨控制方式，又可以分为统一变桨、独立变桨、联合变桨。电动变桨系统中这三种方式都有，液压变桨距系统中多为前两种方式。

**4.6.2.1　电动变桨系统**

电动变桨系统执行机构结构简单、扭矩大、没有漏油问题，可对桨叶进行单独控制，得到了广泛应用。图4-61为电动变桨系统的基本构成。电动变桨系统是三个叶片分别装有独立的电动变桨系统，其内部结构主要包括变桨轴承、电机及减速器、控制柜等。由驱动电动机和减速器构成驱动机构和执行机构，叶片变桨旋转动作通过变桨轴承由内啮合齿轮副实现。减速器固定在轮毂内，由于桨距角的变化速度都很慢，一般不超过15°/s，而一般的电机额定转速都为每分钟几千转，因此需要一个减速机构。

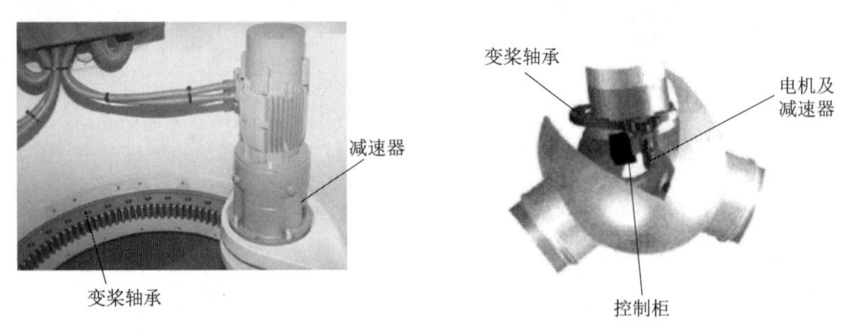


图4-61　电动变桨系统基本构成

1. 统一电动变桨

统一电动变桨系统是利用一个执行机构控制整个风电机组所有叶片的变桨，三个叶片的调节是同步的。统一电动变桨是最先发展起来的变桨控制方法，目前应用也最为成熟。电机联结行星减速箱，通过主动齿轮与桨叶轮毂内齿圈相连，带动桨叶进行转动，实现对桨距角的直接控制。叶片安装在回转支撑的内环上，回转支撑的外环则固定在轮毂上。当电动变桨系统上电后，电动机带动减速机装置的输出轴小齿轮旋转，而小齿轮又与回转支撑的内环相啮合，从而带动回转支撑的内环与叶片起旋转，实现了变桨目的。

2. 独立电动变桨

电动变桨系统还可以实现三个叶片独立控制，称为独立电动变桨。当风轮旋转时，处于高处的叶片受到的空气动力和处于低处的叶片受到的空气动力其实是不一样的，即风速随着高度在变化，这就要求三个叶片最好应具有不同的桨距角，也就是要分别对它们进行独立控制。当风轮停机时，可以先将桨距角调整到90°的位置，提供足够的制动能力，提高风电机组的可靠性和安全性，有效防止风轮超速造成灾难性的后果。图4-62为独立电动变桨系统及安装。

独立电动变桨系统使用一对一的电动变桨，对三个叶片进行0°～90°的变桨控制。每个叶片都有独立的变频控制器、电池柜。变桨系统电源及通信都由机舱柜通过接在低速轴端的滑环供给。电动变桨系统结构简单、控制精度高，响应快。如何实现三个桨叶的合理控制、相互协调从而达到稳定发电机输出功率的目的是独立电动变桨控制的重点。

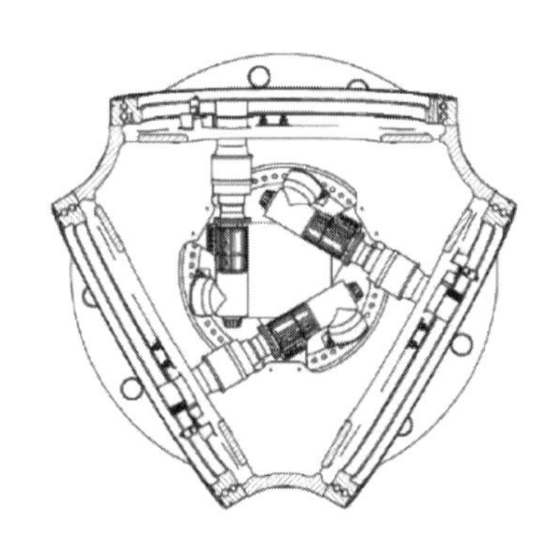
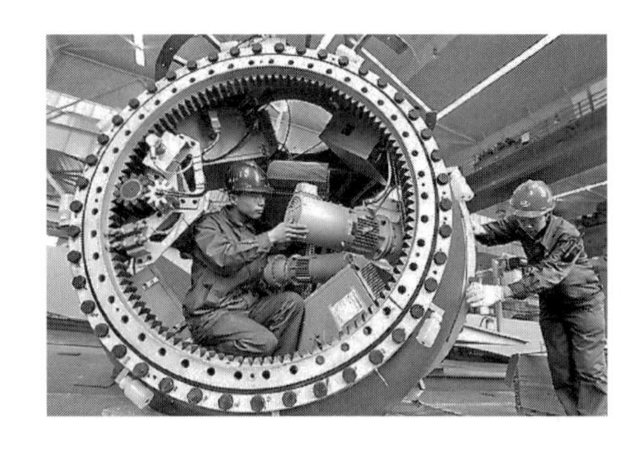

图 4-62 独立电动变桨系统及安装

3. 联合电动变桨

联合电动变桨是一种将统一电动变桨和独立电动变桨混合进行控制的方法，即发电机转速偏差较大时，采用统一电动变桨控制方式，转速偏差较小时，采用独立电动变桨控制方式，驱动电气伺服变桨机构带动桨叶完成变桨动作。统一电动变桨控制时，风电机组主控发出的变桨命令即为每个桨叶的变桨给定命令；独立电动变桨控制时，则对风电机组主控发出的变桨命令进行模型转换，得到对应的平均风速，并结合每个桨叶各自的空间位置，通过摆振载荷和挥舞载荷模型计算和控制，得到每个桨叶各自的变桨命令。统一电动变桨控制器和独立电动变桨控制器都是以风电机组主控发出的变桨命令作为控制器的输入值，既保证了与风电机组有很好的兼容性和通用性，又综合了统一电动变桨控制响应快和独立电动变桨控制精度高的优点、达到输出稳定和最优功率、减小和平衡桨叶载荷、降低主轴振动、提高风电机组动力稳定性和使用寿命的目的。

#### 4.6.2.2 液压变桨系统

液压变桨系统利用液压缸作为原动机，通过偏心块推动桨叶旋转，具有响应速度快、扭矩大、稳定可靠、机构紧凑等优点，系统工作原理如图 4-63 所示。液压变桨系统主要由推动杆、支撑杆、导套、防转装置、同步盘、短转轴、连杆、长转轴、偏心盘、桨叶法兰等部件组成，其结构如图 4-64 所示。控制系统根据当前风速，以一定的算法给出叶片的桨距角信号，液压系统根据控制指令开始驱动液压缸，液压缸进行动作，带动推动杆、同步盘运动，同步盘通过短转轴、连杆、长转轴推动偏心盘转动，偏心盘带动叶片进行变桨。

1. 统一液压变桨

统一液压变桨系统通过一个液压缸来驱动三个叶片同步变桨。液压缸设置在机舱里，活塞杆穿过主轴与轮毂内部同步盘连接，通过一套曲柄连杆机构同步推动三个桨叶旋转，如图 4-65 所示。

2. 独立液压变桨

独立液压变桨系统通过安装在轮毂内的三个液压缸、三套曲柄滑块机构分别驱动每个叶片，这种方案变桨力矩很大，但液压系统复杂，需要对三个液压缸进行控

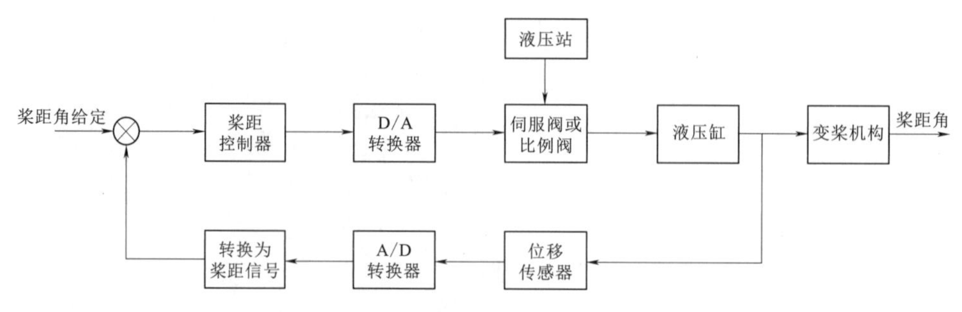


图 4－63　液压变桨系统工作原理图

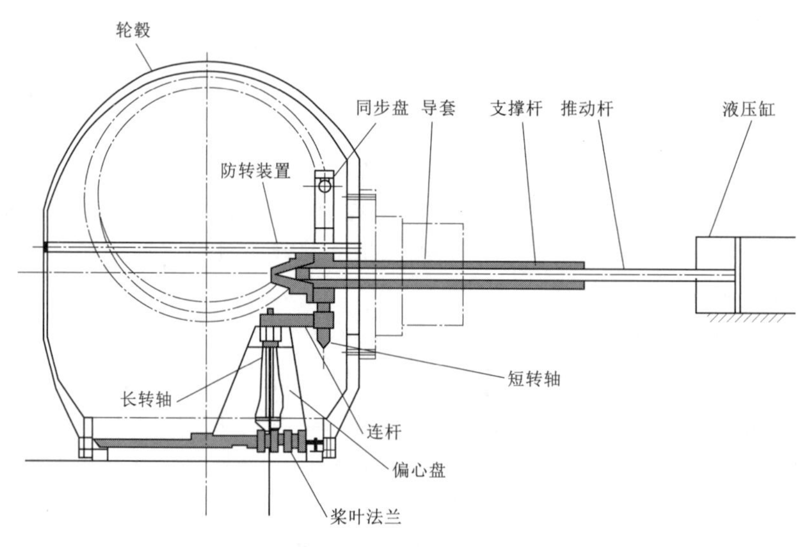


图 4－64　液压变桨系统结构图

制和电气布线，会在一定程度上增加风轮重量、轮毂制造难度和维护难度等问题。但与统一液压变桨系统相比，独立液压变桨系统即使一组变桨机构出现问题，风电机组仍然可以通过调整其余两组变桨机构进行调节和完成气动制动，因此，其可靠性较高。图 4－66 为独立液压变桨系统示意图。

图 4－65　统一液压变桨系统示意图

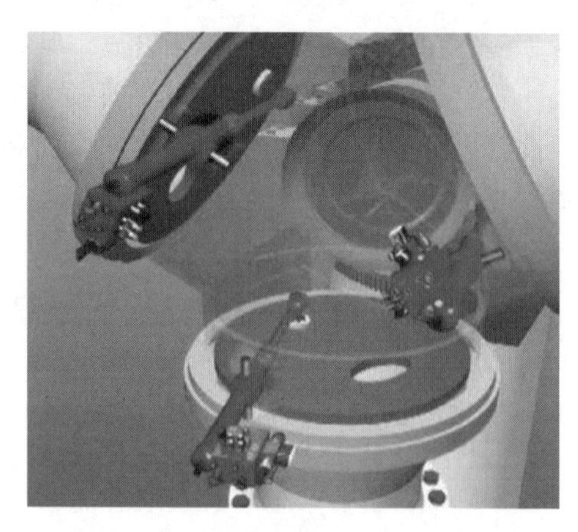

图 4－66　独立液压变桨系统示意图

# 4.7 偏 航 系 统

在自然界中，风的方向是经常变化的。风向变化对于垂直轴风电机组来说影响较小，可以不需要专门设置迎风转向机构。但对于采用下风向对风方式的水平轴风电机组，由于风轮的结构特点，必须要设置专门的跟踪风向变化的机构，也就是偏航系统，保证风轮始终处于迎风状态，从而更加有效地捕捉风能。因此，偏航系统是水平轴风电机组必不可少的系统组成之一。偏航系统的主要作用是：①自动对风，接收风电机组控制系统的指令，使风电机组的风轮始终处于迎风状态，充分利用风能，提高风电机组的效率；②自动解缆，正常运行时偏航控制系统自动对风，即当机舱偏离风向一定角度时，控制系统发出向左或向右调向的指令，机舱开始对风，当达到允许的误差范围内时，自动对风停止；③风轮保护，当有特大强风发生时，进行偏航 90°背风停机，以保护风轮免受损坏。

## 4.7.1 偏航系统基本结构

偏航系统一般由驱动装置、制动装置、偏航轴承、偏航计数器等组成。偏航系统要求的运行速度较低，且结构设计所允许的安装空间、承受的载荷大。图 4－67 所示为典型风电机组偏航系统基本结构示意图。风电机组的机舱安装在回转支撑上，而回转支撑的内齿环与风电机组塔架用螺栓紧固相连，外齿环与机舱固定。调向是通过两台与调向内齿环相啮合的减速器驱动的。在机舱底板上装有盘式刹车装置，以塔架顶部法兰为刹车盘。

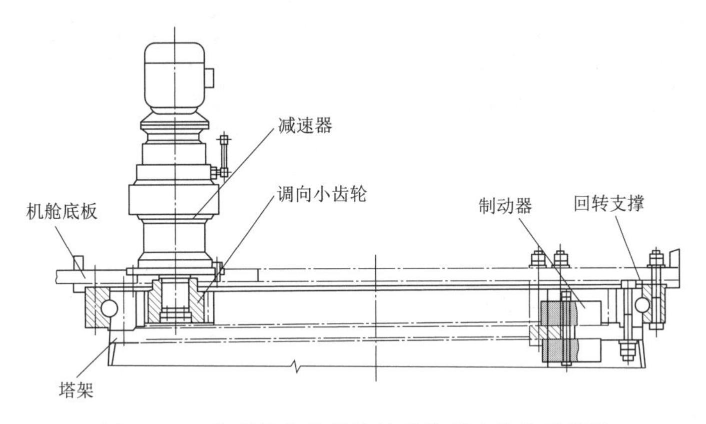


图 4－67 典型风电机组偏航系统基本结构示意图

一般偏航系统有外齿驱动和内齿驱动两种形式，如图 4－68 所示。图 4－69 为一种采用滑动轴承的外齿驱动偏航装置结构示意图。偏航装置采用滑动轴承实现主机架轴向和径向的定位与支撑，用四组偏航电机主轴轴承与齿轮箱集成形式的风电机组主机架与塔架固定连接的大齿圈，实现偏航的操作。在齿圈的上、下和内圆表面分别装有复合材料制作的滑动垫片，通过固定齿圈与主机架运动部位的配合，构成主机架的轴向和径向支撑。在主机架上安装主传动链部件和偏航驱动装置，通过偏航滑动轴承实现与大齿圈的连接和偏航传动。

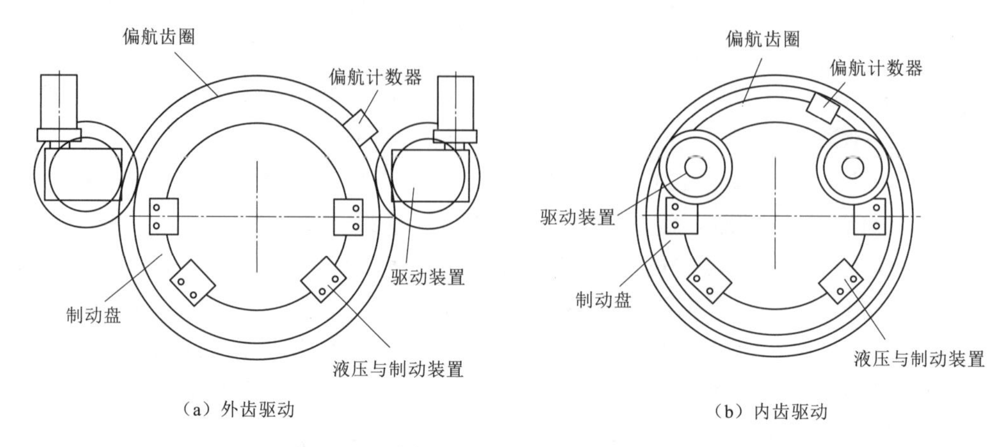


图 4-68　偏航系统外齿驱动和内齿驱动形式

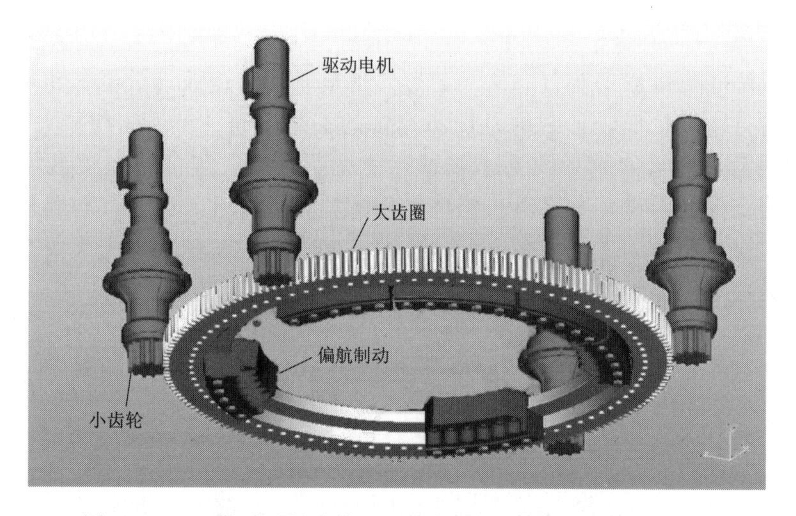


图 4-69　一种采用滑动轴承的外齿驱动偏航装置结构示意图

## 4.7.2　偏航系统主要组成

### 4.7.2.1　驱动装置

驱动装置一般由驱动电动机或液压马达、传动齿轮、制动器、偏航计数器、轮齿间隙调整机构、扭缆保护装置等组成。偏航动力输入可以采用电动驱动或液压驱动。驱动电动机一般由电动机、大速比减速器和开式齿轮传动副组成，通过法兰连接安装在主机架上。驱动电动机一般选用转速较高的电机，以尽可能减小体积。图 4-70 为驱动电动机示意图。驱动电动机的安装分为偏置安装和直接安装，如图 4-71 所示。

驱动装置的减速器一般可采用行星减速器或涡轮蜗杆与行星减速器串联，传动齿轮一般采用渐开线圆柱齿轮。偏航减速器可选择立式或其他形式安装，采用 3～4 级

（a）驱动电动机

（b）驱动电动机在减速箱内

图 4－70 偏航电动机示意图

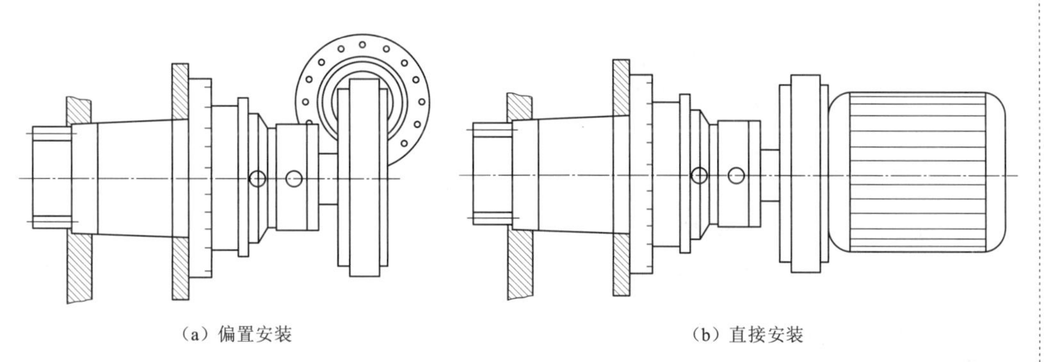

（a）偏置安装 （b）直接安装

图 4－71 驱动电动机的安装示意图

行星轮系传动，以实现大速比、紧凑型传动的要求。行星齿轮传动装置的前三级行星轮的系杆构件以及除一级传动的太阳轮轴需要采用浮动连接设计，解决各级行星传动轮系构件的干涉与装配问题，各传动级间的构件连接多采用渐开线花键连接。为最大限度减小摩擦磨损，需要注意轮系构件的轴向限位。偏航减速器箱体等结合面间需要设计良好的密封，并严格要求结合面间形位与配合精度，以防止润滑油渗漏。

#### 4.7.2.2 制动装置

制动装置是偏航系统中的重要部件，应在额定负载下运行，制动力矩稳定。在风电机组偏航过程中，偏航制动器提供的阻尼力矩应保持平稳，与设计值的偏差应小于 5%，制动过程不得有异常噪声。偏航制动器可以是常闭式或常开式。常开式偏航制动器一般是指有液压力或电磁力拖动时，偏航制动器处于锁紧状态的制动器；常闭式偏航制动器一般是指有液压力或电磁力拖动时，偏航制动器处于松开状态的制动器。采用常开式偏航制动器时，偏航系统必须具有偏航定位锁紧装置或防逆传动装置。

偏航制动器一般采用液压拖动的钳盘式制动器，其结构如图 4－72 所示。其在机舱内的安装如图 4－73 所示。

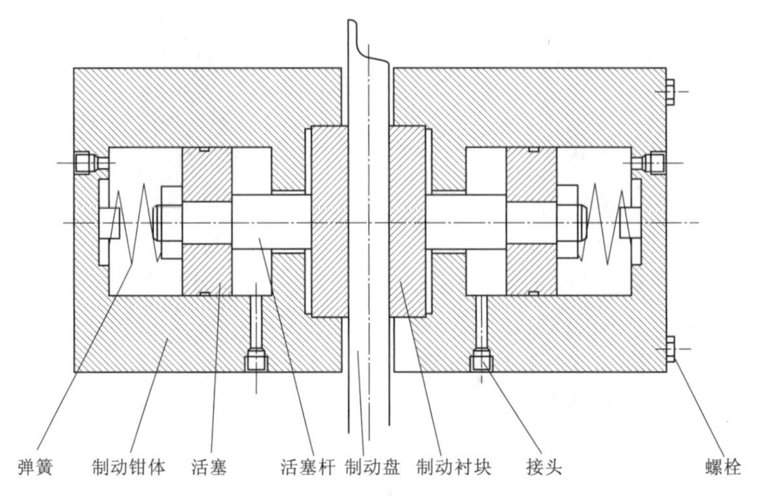


图4-72　偏航制动器结构示意图

图4-73　偏航制动器在机舱内的安装示意图

#### 4.7.2.3　偏航轴承

偏航轴承承受机舱和风轮全部载荷并传递给塔架。偏航轴承的内外圈分别与风电机组的机舱和塔体用螺栓连接。采用滚动轴承时，偏航轴承会受到一定的振动载荷的作用，而且由于转速较低，轴承润滑油膜很难维持，因此接触面的表面粗糙度显得尤为重要。为了能够保证润滑的正常工作，需要定期将偏航机构按一定角度转动。如果采用滑动轴承，滑动面应使用高强度和耐磨损的材料。偏航轴承的润滑应使用制造商推荐的润滑剂和润滑油，轴承必须进行密封。轴承的强度分析应考虑两个主要方面：①在静态计算时，轴承的极端载荷应大于静态载荷的1.1倍；②轴承的寿命应按风力发电机组的实际运行载荷计算。

#### 4.7.2.4　偏航计数器

大型风电机组电缆是从机舱中悬垂至塔架中的，所以偏航动作有可能导致机舱和塔架间的连接电缆发生扭绞。偏航系统中使用偏航计数器对扭绞程度进行检测，一般是一个带控制开关的涡轮蜗杆装置或是与其相类似的程序。当偏航系统旋转的圈数达到设计所规定的初级解缆和终极解缆圈数时，偏航计数器给控制系统发信号进行自动解缆。

## 4.8　其他辅助系统

除了上述介绍的一些机构组成和系统外，要想保证风电机组的安全、稳定、高

效运行，还需要一些其他辅助系统协同工作，如润滑系统、冷却系统、防雷系统、防除冰系统、控制与安全保护系统等。

### 4.8.1 润滑系统

风电机组在运行过程中，需要有润滑系统持续对轴承、驱动、啮合齿轮进行润滑，保证它们的正常运行。

#### 4.8.1.1 齿轮箱润滑特点

（1）工作环境较为恶劣。无论是陆上还是海上风电机组，地理位置都很偏远，工作的环境都比较恶劣，维修较为困难，这就要求润滑油必须长期保持良好性能。工作在低温环境中时，风电机组在启动过程中要求油品优异的低温流动性；有些地区季节温差可达70℃以上，则要求润滑油具有高黏度指数；若环境湿度变化大，特别是海上风电机组，如果润滑不理想，则齿轮箱有加快腐蚀和锈蚀的可能。

（2）主齿轮箱的结构特点要求。风电机组的主齿轮箱紧凑的结构设计要求用更少的润滑油提供更好的保护，润滑油负荷指数增加。齿面应力高，因此齿轮的表面质量和生产工艺对长换油周期非常关键，还需要采用更精细的过滤器。

（3）载荷变化。风电机组的载荷变化导致润滑状态不稳定，出现经常性的边界润滑状态，要求齿轮油具有非常好的承载能力。

#### 4.8.1.2 轴承润滑特点

风电机组轴承的设计、材料、制造、润滑及密封与一般工业轴承不同，都要进行专门设计。与齿轮箱一样，恶劣的野外工作环境会导致轴承载荷变化增大，冲击载荷大，要求轴承具有良好的密封和润滑性能、耐冲击性。发电机的低风速启动以及偏航操作要求对轴承结构进行特殊设计以保证低摩擦、高灵敏度。

#### 4.8.1.3 润滑方式

齿轮箱通常采用飞溅润滑或强制润滑。

1. 飞溅润滑

飞溅润滑是齿轮箱最简单的润滑方式。低速轴上的齿轮必须浸没在油池中至少两倍的齿高，才能向齿轮和轴承提供充分的飞溅润滑。在保证向所有轴承及齿轮提供充分润滑的前提下设计最低油位。齿轮箱箱体上应设置油池，沿箱壁流下的油液应尽可能收集并送至轴承润滑。外置滤清系统可控制污染并防止微粒进入齿轮和轴承的临界表面。飞溅润滑系统使用外置滤清系统较多，应使油液清洁度比轴承寿命计算时的设定值高一个等级。

2. 强制润滑

500kW及以上的风电机组的齿轮箱应当采用强制润滑系统以确保所有转动部件得到充分润滑，以延长齿轮箱零部件和润滑油的寿命。可通过内置或外置滤清器保持油液的清洁度。为了保证充分润滑和控制油温，需考虑黏度、流速、压力及喷油嘴的大小、数量和位置等因素进行合理的设计。除了浸没于油池工作油位以下的轴承外，所有轴承都必须由该润滑系统可靠供油。强制润滑系统还应配备一个热交换器。

### 4.8.2 冷却系统

需要冷却的部件主要是发电机和变流器这两大部件。热量对发电机、变流器影响很大，热量高对发电机线圈、轴承、变流器的IGBT、电容都有很大影响，这就需要带走这部分热量，让发电机和变流器维持一个稳定的工作温度。

风电机组主要有风冷和水冷两种形式。风冷就是通过外部风扇提供空气流动带走热量，随着发电机的功率越来越大，热量越来越多，风冷会达到一个冷却上限，冷却效率受到影响，另外，还有产品成本问题等，一系列影响，此时就需要考虑水冷系统。水冷效率要高于风冷，但比风冷复杂，易产生漏液问题；更换部件时要注冷却液，操作较风冷复杂；风冷不是简单地用风扇对着直吹或者抽气，而是把大热量部位通过金属散热片导热，再由风扇吸/吹气带走热量，水冷是将水冷板贴近热量产生部位，直接带走热量。水冷也不是完全就是水冷，水冷系统的自身冷却是靠风冷，冷却液流向外部换热器，然后再由风扇冷却。

### 4.8.3 防雷系统

雷电现象是带异性电荷的雷云间或是带电荷雷云与大地间的放电现象。风电机组遭受雷击的过程实际上就是带电雷云与风电机组间的放电。风电机组是一种高耸塔式结构，容易遭受雷击。雷电释放的巨大能量可能导致风电机组的损坏，严重时会导致停运，甚至发生财产损失和人身安全事故。因此，风电机组的防雷保护设计是整个风电机组设计中至关重要的环节。风电机组内部结构紧凑，任何部件都有可能遭受雷击，或者说雷击是不可避免的，在遭受雷击时如何快速地将巨大的雷电流泄入大地是风电机组防雷保护的重点。要尽可能减少设备承受雷电流的强度及时间，最大限度地保障设备与工作人员的安全。图4-74所示为风电机组遭受雷击情况举例。

(a) 风电机组遭受雷击现象

图4-74（一） 风电机组遭受雷击情况举例

(b) 叶片受到雷击损坏

(c) 叶片受到雷击产生焦化现象

图 4-74(二) 风电机组遭受雷击情况举例

#### 4.8.3.1 防雷分区

1. 风电机组防雷分区

根据风电机组和风电场各部分空间受雷击电磁脉冲的严重程度,可以将风电机组需要保护的空间从外部到内部划分为若干个防雷区,分别为 LPZ0A、LPZ0B、LPZ1、LPZ2,序号越大,区内的电磁场越小,如图 4-75 所示。

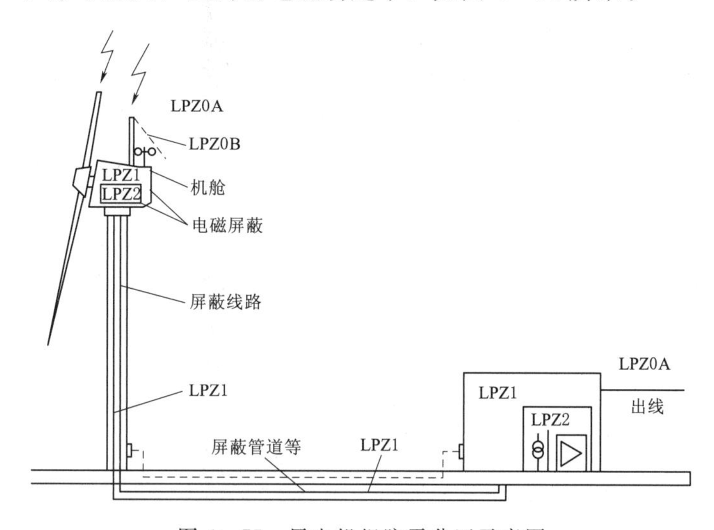


图 4-75 风电机组防雷分区示意图

(1) LPZ0A(直接雷击非防护区)。区内各物体均可能遭受直接雷接或导走全部雷电流,包括叶片、避雷针系统、塔架、架空电力线、风场通信线缆。该区内各设备必须能够耐受防雷保护水平选定的直接雷击电流,能够全部将这一电流顺利传导,并能够耐受这一电流所产生的未经任何衰减的脉冲电磁场。

(2) LPZ0B(直接雷击防护区)。区内各物体不会受到所选滚球半径所对应雷电流闪电的直接雷击,但本区内的雷电脉冲电磁场强度也没有任何衰减。该区内各设备的防护要求与 LPZ0A 内基本相同,但不需要耐受直接雷击电流。

（3）LPZ1（第一屏蔽防雷区）。区内的各物体不会受到直接雷击，区内所有导电部件上雷电流和区内雷电脉冲电磁场强度均比 LPZ0A 和 LPZ0B 内有进一步的减小和衰减。该区包括有金属覆盖层（网）的机舱弯头内部、塔筒内部、塔筒外箱式变压器的金属壳体内部。

（4）LPZ2（第二屏蔽防雷区）。该区为进一步减小雷电流和衰减雷电脉冲电磁场强度，以保护高度敏感微电子设备而设置的后续防雷区。包括安置在塔筒内和含有金属覆盖层（网）机舱内的各金属箱、柜和外壳内部，以及变桨控制箱内部，如机舱控制柜内部和塔底塔基柜、变频器柜内部等。

2. 叶片防雷分区

风电机组叶片是重要的防雷对象，因此，对叶片防雷分区也进行了规定，具体如下：

（1）LPZ0A1：0～1m，这个范围可能接受的预期雷电流强度为 200kA（200＋）。

（2）LPZ0A2：1～4m，这个范围可能接受的预期雷电流强度为 150kA。

（3）LPZ0A3：5～15m，这个范围可能接受的预期雷电流强度为 50kA。

（4）LPZ0A4：15m 至叶根，这个范围可能接受的预期雷电流强度为 10kA。

#### 4.8.3.2　主要结构防雷方法

1. 叶片防雷

叶片在风电机组中位置最高，是雷击的首要目标；并且叶片价格昂贵，因此叶片是整风个风电机组防雷保护的重点。

通常，叶片采用如图 4-76 所示的方法进行防雷。在叶片的尖部和中部各安装一个接闪器，接闪器通过不锈钢接头连接到叶片内部的下引导线（雷电传导部分），将雷电流从叶尖引到叶根法兰处。接闪器相当于一个避雷针，起引雷的作用，避免雷直击叶尖。此外，还可以在叶片表面涂导电材料，将雷电流传导到叶片根部泄流。

2. 机舱防雷

虽然叶片防雷保护在一定程度上进行了机舱的直击雷保护，但通常，机舱上还装有风速风向仪，因此需要在机舱罩顶上后部设置一个或多个接闪杆（避雷针），再将下引导线与机舱等电位系统连接，防止风速计和风向仪遭受雷击，如图 4-77 所示。

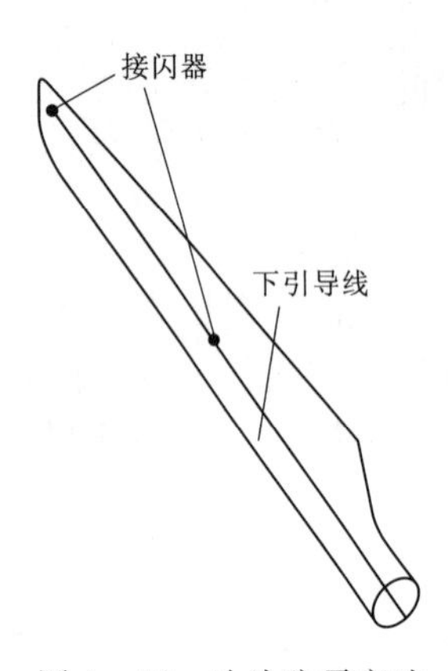

图 4-76　叶片防雷方法

风电机组机舱罩多用金属板制成，对机舱内的结构起到了良好的防雷保护作用。如果采用了非导电材料制成的机舱罩，可以向叶片防雷一样，在机舱表面内布置金属带或金属网，也可以起到防雷作用。机舱内的部件与机舱罩均通过导体与机舱底板连接，轮毂通过炭刷经铜导线与机舱底板连接。机舱和塔架通过一条专门的引下线连接，使机舱通过接地线连接起来，使雷电流通过引下线能够顺利流入塔架，起到避雷作用。

#### 4.8.3.3　防雷测试

风电机组叶片的设计有明确的防雷标准，对防雷进行了详细的规定。同时，对出场叶片要进行防雷测试，如图 4-

78 所示。防雷是一种强制要求，规定了对叶片、机舱、轴承、电器等组成的雷击测试内容，包括设计验证测试、标准符合性测试、认证测试、定制测试、破坏性测试等。

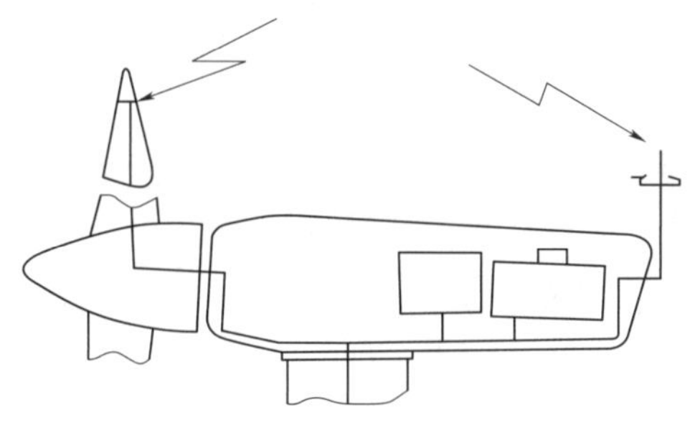

图 4-77 机舱防雷示意图

图 4-78 叶片雷击测试

### 4.8.4 防除冰系统

从当前风能利用情况来看，风资源储量多、风能利用好的国家主要集中在北半球，尤其是北美、北欧、斯堪的纳维亚半岛、亚洲中北部等地。这些地区都要不同程度地面临一个共同的气候问题：寒冷气候。风电机组在寒冷气候中有可能发生结冰现象，从而为风电机组的运行带来严重影响。图 4-79 为风电机组结冰的例子。

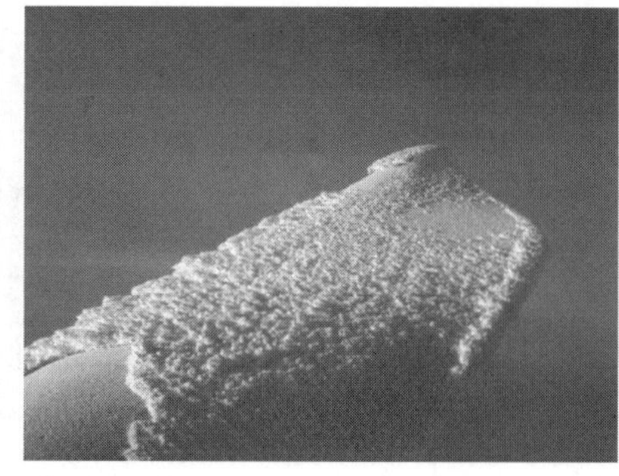

(a) 大型风电机组及叶片结冰

(b) 小型风电机组结冰

图 4-79（一） 风电机组结冰

（c）测风系统结冰

（d）塔架与拉索结冰

（e）海上风电机组结冰

图4-79（二）　风电机组结冰

#### 4.8.4.1　结冰危害

叶片结冰后气动外形遭到破坏，气动特性受到影响。国外研究显示，叶片结冰导致风电机组功率损失达27%。有研究表明，随冰厚增加，最大风能利用系数降低，最佳尖速比也呈降低趋势。除影响气动性能外，结冰还会造成叶片载荷分布和固有频率改变，产生振动，严重时引发叶片折断和倒塔事故。另外，还有甩冰问题。由于风轮转动，叶片上产生气动力和离心力等，当合力大于结冰黏结力，冰就会脱落。如防除冰操作是在叶片转动时，便可能发生甩冰，造成附近建筑物损坏，甚至人员伤害。

#### 4.8.4.2　结冰探测

为了防止风电机组发生结冰，结冰探测与预报十分重要，准确、有效的探测

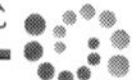

与预报可以减少风电机组的事故率，提高风电机组的效率，也可以为防冰和除冰系统提供有价值的信息。现阶段风电机组结冰探测主要有如下手段：①目视检测；②风电机组工作状态检测；③结冰传感器检测；④结冰探测系统。目前，大部分风电场主要是通过目视检测和检测工作状态来发现风电机组的结冰的。少数的风电场在风电机组上安装有结冰传感器或者结冰探测系统。图 4－80 所示为国内某公司研发的风电机组结冰探测系列产品，可安装在机舱上，用于对结冰条件进行有效监测。

图 4－80　国内某公司研发的风电机组结冰探测系列产品

### 4.8.4.3　结冰防护系统

结冰防护系统（icing prevent system，IPS）是寒冷地区风能利用研究的核心问题，包括结冰探测和防除冰两部分。图 4－81 所示为风电机组主要防除冰方法。

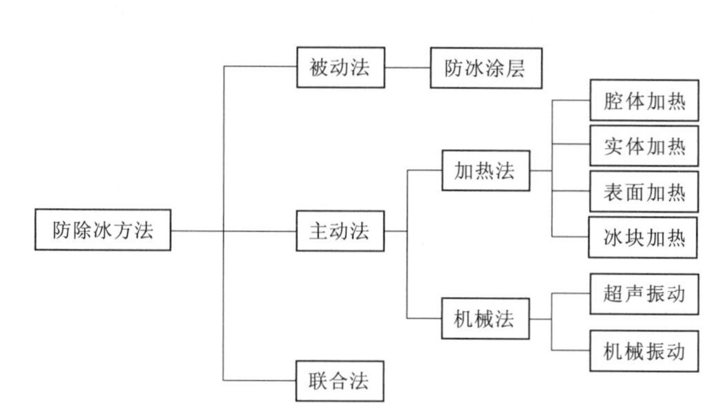


图 4－81　风电机组主要防除冰方法

1. 防冰涂层

防冰涂层是在风电机组叶片表面上覆涂具有憎水性能的涂料，降低冰与衬垫表面的附着力，虽不能防止冰的生成，但可以使风电机组凝结在风力表面的积冰的黏附力明显降低，可使冻雨或覆雪在黏结到风电机组叶片之前就可以在气动力、离心力及重力联合作用下滑落。同时防冰涂层也可以使黏附在风电机组叶片上的积冰附着力降低，可以达到防止覆冰、减小冰害的目的。在现有的研究中，未见有完全阻止水形成冰的涂料，而是最大限度地减小冰与物面之间的结合力。为了降低冰的附着力，就必须降低物面的可湿性，使其具有憎水性或疏水性，即降低其反应性和表面力，使其更具惰性，更不渗水，具有防冰效果。当前，防冰涂层主要的研发方向是超疏水抗结冰涂层。

2. 加热法

加热法是利用一些生热装置来加热叶片表面，使表面温度超过冰熔点，从而达到防除冰的效果。目前主要有电加热法和热空气法。而根据加热位置的不同又可分为腔体加热、实体加热、表面加热、冰块加热等。

(1) 腔体加热。风电机组叶片腔体加热是通过加热叶片腔体内的空气，使热量通过风电机组叶片传递到表面，进而使其温度达到0℃以上，起到防除冰的目的。采用该种方式的主要手段是在机舱部位加装热鼓风机，通过热鼓风机将叶片腔内的空气加热，或者将机舱中的变速箱及电机转动所产生的热量引入到叶片腔中，如图4-82所示。

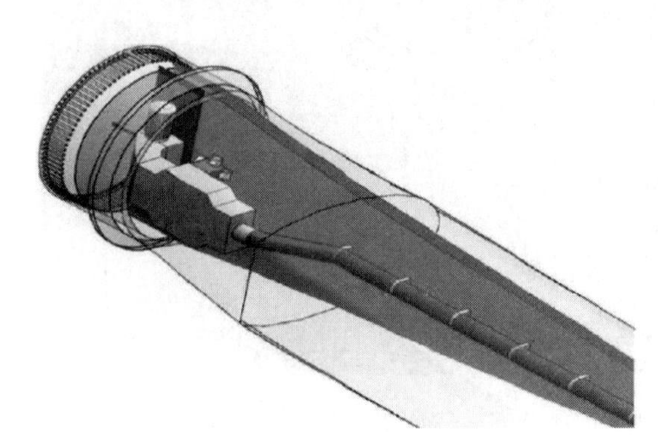

图4-82　腔体加热除冰方式

(2) 实体加热。风电机组叶片实体加热是将电热元件布置在风电机组叶片的壳体内，通过该加热装置散发热量将风电机组叶片加热至0℃以上，起到防除冰的目的。传统的电热除冰技术是将金属电阻丝或金属网布置在叶片中，在叶片的长期运转过程中，金属电阻丝或金属加热元件与叶片之间容易产生界面问题，并存在局部过热损坏叶片材料的危险。近年来发展起来的高分子电热膜式面状发热材料，与被加热体形成最大限度的导热面，传热热阻小，通电加热可以很快传给被加热体。高分子电热膜本身温度不会升至太高，通过选择合适的基体，可以与叶片材料之间具有良好的界面结合力，同时现阶段的风电机组叶片多是采用蒙皮铺层结构，采用真空辅助灌注成型工艺，这也很好地契合了高分子电热膜的特性。图4-83为加热元件在叶片腔体上的放置位置示意图。

(3) 表面加热。表面加热主要是指在叶片表面涂刷具有光热效应的涂料，能够吸收光热，不仅具备稳定性及良好的光学选择性，还具备节能环保、耐气候变化强、经济性等特性。然而在实际工作中还存在着诸多问题。首先，由于昼夜温差原因，夜间风电机组结冰要比白天严重，而该种方案夜间明显是不能工作的；其次，位于风电机组表面的涂层会受外界环境影响，随着时间的增加，一方面其化学性质发生变化，另一方面也容易发生脱落现象。

(4) 冰块加热。对叶片表面的覆冰进行直接加热也是一种方法，如对叶片表面直接吹热气或用热水直接进行喷淋等，以前对于小型风电机组叶片有过这样操作的实例。现在，欧洲有的厂家专门用直升机来进行热气或者热水冲击叶片表面结冰进行除冰，如图4-84所示。

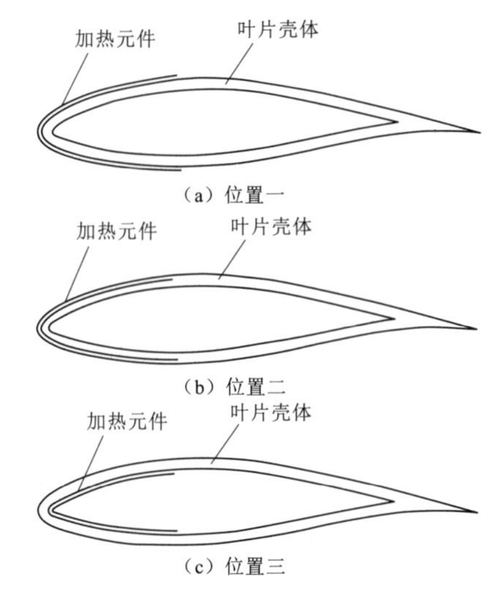


图 4-83 加热元件在叶片腔体上的放置位置示意图

图 4-84 利用直升机直接进行冰块加热方法

3. 机械法

机械法除冰是通过机械的方法将冰破碎，然后通过空气动力、离心力及重力联合作用将冰从其表面清除。机械除冰在航天领域有膨胀管除冰和电脉冲除冰两种典型的方法，但这两种方法目前在风电机组上还都很少应用。当前的研究主要是采用超声振动或机械振动法，但尚未成熟，还在探索之中。

## 4.8.5 控制与安全保护系统

风电机组由多个部分组成，控制和安全保护系统贯穿到每个部分，是风电机组正常运行的核心，控制技术是风电机组最关键的技术之一。风电机组的运行时刻都要在控制与安全保护系统的控制之下。

### 4.8.5.1 控制系统

1. 基本组成

不同类型风电机组的控制系统基本组成与控制单元会有一定的差异，但基本上是由传感器、执行机构和软/硬件处理器系统组成，其中软/硬件处理器系统负责处理传感器输入信号，并发出输出信号控制执行机构的动作。

传感器主要包括：风速风向仪、转速传感器、电量采集传感器、桨距角位置传感器、各种限位开关、振动传感器、温度和油位指示器、液压系统压力传感器、各种操作开关和按钮等。执行机构通常包括：液压（电动）驱动变桨执行机构、偏航结构、制动机构、发电机转矩控制器、发电机接触器等。软/硬件处理器系统通常由计算机处理器和硬件安全链组成。

2. 主要作用

（1）在发电运行阶段，应建立使风电机组有效、尽可能无故障、低应力水平和安全运行的状态，例如，待机、运行、停机和急停四种状态的自动切换控制，何时发生了故障应直接启动保护系统，应及时通过控制系统进行显示、记录和报警处理等。

（2）控制系统应设计成在规定的所有外部条件下都能使风电机组保持在正常使用极限内，包括不同的功率、转速、负载情况，以及启/停、并/脱网、纽缆、调向等工况。

（3）控制系统应能检测超功率、超转速、过热等失常现象，并能随即采取相应措施。

（4）控制系统应从风电机组的所有传感器提取信息，并应能控制两套刹车系统。

（5）在保护系统操作刹车系统时，控制系统应自行降至服从地位。

3. 基本要求

为保证风电机组正常自动运行，对控制系统的基本要求如下：

（1）开机并网控制。

（2）小风和逆功率脱网。

（3）普通故障脱网停机。

（4）紧急故障脱网停机。

（5）安全链动作停机。

（6）大风脱网控制。

（7）对风控制。

（8）功率调节。

（9）软切入控制。

#### 4.8.5.2　安全保护系统

安全保护系统是指对风电机组各子系统正常运行参数的越限保护。在控制装置中分为硬件保护和软件保护。安全保护系统在控制优先权上高于监控系统，当控制系统失效或内部及外部损伤或当发生危险导致风电机组不能正常工作时，安全保护系统引起安全链动作对风电机组进行保护。风电机组安全保护系统以安全链为核心，组成多级系统，共同实现风电机组的安全保护。

由于控制系统与安全保护系统多涉及控制技术，在此不做过多介绍。

## 思考与习题

1. 风电机组叶片设计需要满足的那些基本要求？

回答：（1）良好的空气动力学特性，风能转化效率高。

（2）可靠的结构强度，具备足够的承受极限载荷和疲劳载荷的能力。

（3）气动稳定性好，避免发生共振和颤振现象以及更小的振动和噪声。

（4）耐腐蚀、防雷击，抗高低温变化，易于维护。

2. 机舱的结构应具有哪些特点？

回答：（1）采用成本低、重量轻、强度高、耐腐蚀能力强、加工性能好的材料制作。

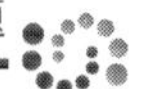

(2) 具有美观、轻巧以及对风阻力小的流线型。

(3) 满足一定的强度和刚度要求，在极限风速下不会被破坏。

(4) 应考虑风电机组的通风散热问题，维修用零部件的出入问题，机舱顶部的速风向检测仪器的维修方便问题。

3. 简述风电机组的塔架高度以及计算公式。

回答：高度是塔架设计的主要因素，决定了塔架的类型、载荷大小、结构尺寸以及刚度和稳定性等。塔架越高，需要材料越多，造价也相对提高，运输、安装和维护等的难度也随之变大。塔架设计时首先应对塔架高度进行优化，再进行塔架结构设计与校核。

塔架高度 $H$ 与风轮直径 $D$ 有一定的比例关系，在风轮直径 $D$ 已经确定的条件下，塔架高度的计算为

$$H=(1:1.3)D$$

确定塔架高度时，需考虑风电机组附近的地形与地貌特征。塔架的最低高度可为

$$H=h_0+G_0+R$$

式中 $h_0$——机组附近障碍物高度；

$G_0$——障碍物最高点到风轮扫掠面最低点距离（最小取1.5～2.0m）；

$R$——风轮半径。

4. 风电机组主轴的结构型式有哪些？

回答：主轴可以分为独立轴承支撑结构、三点支撑式主轴、集成式主轴三种结构型式。

(1) 独立轴承支撑结构。利用安装在主轴由前后两个独立的轴承支撑共同承受悬臂风轮的重力载荷，轴向推力载荷由靠近风轮的轴承承受，风轮转矩通过主轴传递给齿轮箱。此种主轴结构下齿轮箱与主轴相对独立，便于采用标准齿轮箱和主轴支撑构件。缺点是结构相对较长，制作成本较高，主要用于中小型风电机组，在大型风电机组中很少采用。

(2) 三点支撑式主轴。主轴前轴承独立安装在机架上，后轴承与齿轮箱内轴承做成一体，前轴承和齿轮箱两侧的扭转臂形成对主轴的三点支撑，故此得名。优点是主轴支撑的结构趋于紧凑，可以增加主轴前后支撑轴承的距离，有利于降低后支撑的载荷，齿轮箱在传递转矩的同时，且承受叶片作用的弯矩，现代大型风电机组中较多采用此种型式。

(3) 集成式主轴。这种型式是将主轴的前后支撑轴承与齿轮箱做成一个整体。主要优点是，风轮通过轮毂法兰直接与齿轮箱连接，可以减小风轮的悬臂尺寸，从而降低主轴载荷；主轴装配容易，轴承润滑合理。主要问题是维修齿轮箱必须同时拆除主轴。

5. 简述风电机组叶片表面防除冰方法。

回答：主要有防冰涂层、加热法和机械法。

防冰涂层是在风电机组叶片表面上覆涂具有憎水性能的涂料，降低冰与衬垫表

面的附着力，虽不能防止冰的生成，但可以使风电机组凝结在风力表面的积冰的黏附力明显降低，可使冻雨或覆雪在黏结到风电机组叶片之前就可以在气动力、离心力及重力联合作用下滑落。同时防冰涂层也可以使黏附在风电机组叶片上的积冰附着力降低，可以达到防止覆冰、减小冰害的目的。

加热法是利用一些生热装置来加热叶片表面，使表面温度超过冰熔点，从而达到防除冰的效果。目前主要有电加热法和热空气法。而根据加热位置的不同又可分为腔体加热、实体加热、表面加热、冰块加热等。

机械法除冰是通过机械的方法将冰破碎，然后通过空气动力、离心力及重力联合作用将冰从其表面清除。机械除冰在航天领域有膨胀管除冰和电脉冲除冰两种典型的方法，但这两种方法目前在风电机组上还都很少应用。当前的研究主要是采用超声微振动法，但尚未成熟，还在探索之中。

6．思考一下风电机组塔架的其他型式。

回答：风电机组塔架除了拉索桅杆式、混凝土式、桁架式、钢筒式、钢混式以外，还可以有复合材料风电机组塔架，它采用复合材料制造，具有重量轻、强度高、耐腐蚀等特点。复合材料风电机组塔架的制造工艺复杂，但具有较好的抗风能力和耐久性。复合材料的使用可以减少风电机组塔架的自重，降低风载荷对塔架的影响，从而提高风电机组的发电效率。此外，复合材料风电机组塔架还具有良好的抗震性能，可以在地震等自然灾害中保持结构的稳定。风电机组塔架的型式多种多样。

7．思考一下当风电机组叶片的使用年限达到后应如何处理才能减少对环境的危害。

回答：淘汰下来的风电机组叶片回收方式主要是：

（1）用于公共设施，叶片部分可被用于公交候车亭和公共座位，以及一些儿童游乐场用品等。

（2）用于建筑和工业等，将淘汰后的风电机组叶片经过前端切割后，再进入破碎设备，破碎成较小的碎片或颗粒，可用于建筑和相关行业。

（3）可将它们用作替代燃料，还可以将原材料进一步研磨成粉末，用在热成型模具的生产中。

8．目前限制风电机组大型化的技术瓶颈有哪些？

回答：大型化风电机组存在着一些挑战和困难。首先，它们的制造和运输成本相对较高，需要更加复杂的制造和运输技术。其次，由于风电场选择的位置和气象条件的不同，大型化风电机组的适用范围有一定限制。由于风电机组的体积和重量增加，需要更大的基础设施和更强的安全保障措施。大型化风电机组需要更高的制造技术和更强的技术支持，这将需要更大的投入和更高的成本。

## 参　考　文　献

[1]　蔡新，潘盼，朱杰．风力发电机叶片［M］．北京：中国水利水电出版社，2014.

[2]　田德，汪建文，许昌，等．风能转换原理与技术［M］．北京：中国水利水电出版社，2018.

[3] 赵永生．新型多立柱张力腿型浮式风力机概念设计与耦合动力特性研究［D］．上海：上海交通大学，2018.

[4] 霍志红，郑源，张志学，等．风力发电机组控制［M］．2版．北京：中国水利水电出版社，2022.

[5] 李岩，王绍龙，冯放．风力机结冰与防除冰技术［M］．北京：中国水利水电出版社，2017.

[6] ISO 12494—2017，Atmospheric icing of structures［S］．2nd edition. Geneva，2017.

[7] Charles Godreau，Helena Wickman，Timo Karlsson，et al. Performance warranty guidelines for wind turbines in icing climates［A］．IEA Wind TCP Task 19 Technical Report，2020.

第5章 风力发电机

# 第5章 风力发电机

风能通过风轮转化为机械能，风力发电机在风轮的带动下旋转发电，最终输出交流电，给电网提供高质量的电能。风力发电机是将风轮的机械能转换为电能的主要电力设备。随着风力发电机的选型、风电机组运行控制方式的改进，风电机组由传统的定桨恒速风力发电机发展至目前大规模应用的变速变桨风力发电机，显著提高了风力发电的效率和安全性。本章将着重介绍风力发电机分类、工作原理、运行控制和并网。

## 5.1 风力发电机分类

风力发电机主要采用笼式异步发电机、双馈异步发电机和同步发电机，其选型与风电机组类型及控制方式有直接关系。根据风轮桨叶的运行情况，风力发电机分为定桨距风力发电机（桨距角固定）和变桨距风力发电机（桨距角可调）；根据机械传动结构，风力发电机分为有齿轮箱的风力发电机和无齿轮箱的风力发电机（无齿轮箱的风力发电机又称为直驱式风力发电机）。

功率输出——定桨距与变桨距风力发电机

（1）定桨距风力发电机选用笼式异步发电机，恒速恒频控制方式选用笼式恒速异步发电机，双速恒频控制方式选用笼式双速异步发电机，从而提高风电转换效率。

（2）变桨距风力发电机或变速恒频控制方式选用双馈异步发电机和同步发电机。同步发电机中，可以采用永磁同步发电机（用永磁体产生主磁极磁场），也可采用电励磁同步发电机（在励磁绕组中通以励磁电流产生主磁极磁场）。为了降低控制成本，提高系统的控制性能，目前正在研究混合励磁（既有电励磁、又有永磁）同步发电机。

双馈异步与直驱式风力发电机

（3）针对直驱式风力发电机，主要采用永磁同步发电机。

风力发电机的分类如图5-1所示，不同类型发电机的结构特点见表5-1。

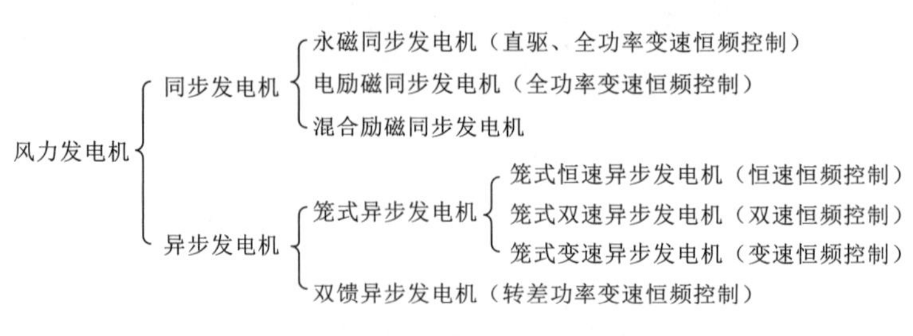

图5-1 风力发电机的分类

表 5－1 **不同类型发电机的结构特点**

| 发电机类型 | | 同步发电机 | | 异步发电机 | |
|---|---|---|---|---|---|
| 发电机结构 | | 电励磁型 | 永磁型 | 笼式 | 双馈型 |
| 定子 | 定子铁芯 | 用 0.5mm 硅钢片冲制叠压而成；是主磁路的一部分，槽中嵌放定子绕组 | | | |
| | 定子绕组 | 用扁铜绝缘线或圆铜漆包线绕制而成；产生定子旋转磁场，感生电动势，通过电流并向电网输出电功率 | | | |
| | 机座 | 用铸钢或球墨铸铁厚钢板焊接后加工而成；用于定子铁芯固定、整个发电机的固定以及防止水和沙尘等异物进入电机内部的防护 | | | |
| | 端盖 | 用铸钢或球墨铸铁厚钢板焊接加工而成；用于安装轴承、支承转子和发电机防护 | | | |
| 转子 | 转子铁芯 | 用钢板制成，是主磁路的一部分，用于套装或嵌放励磁线圈或安放永磁体 | | 用 0.5mm 硅钢片冲制叠压而成；是主磁路的一部分，槽中嵌放转子绕组 | |
| | 转子绕组 | 用圆铜漆包线或扁铜绝缘线绕制，通过励磁电流产生主磁场 | — | 由铸铝或铜质导条和端环构成笼式短路绕组，用于感应转子电动势，通过转子电流产生电磁转矩 | 用圆铜漆包线或扁铜绝缘线浇制，用来感应转子电动势，通过转子电流产生电磁转矩 |
| | 永磁体 | — | 用钕铁硼或铁氧体等永磁材料加工而成，构成主磁极 | — | — |
| | 转轴 | 用轴钢加工而成；支承转子旋转、规定转子零部件相对定子的位置，传递转矩，输入机械功率 | | | |
| 气隙 | | 储存磁场能量，转换和传递电磁功率和电磁转矩；保证转子正常旋转 | | | |
| 集电环—电刷装置 | | 用于连接励磁电源，使励磁绕组输入励磁电流 | 无 | — | 用于连接外部电路，实现对发电机的速度控制 |
| 轴承装置 | | 利用动静部件之间的滚动或滑动作用实现对旋转体的支承以及对其运动和空间位置进行约束的装置，可分为滚动轴承、滑动轴承和推力轴承等 | | | |
| 混合励磁同步发电机 | | 混合励磁同步发电机是一种既有电励磁磁极，又有水磁磁极的同步发电机，其主磁场可以在一定范围内进行调节 | | | |
| 反装式永磁同步发电机 | | 与传统电机的结构相反，是将水磁体磁极作为外转子、电枢铁芯和电枢绕组构成内定子的永磁同步发电机，常用作直驱式风力发电机 | | | |

## 5.2 风力发电机工作原理

### 5.2.1 异步电机

异步电机又称感应电机，是由气隙旋转磁场与转子绕组感应电流相互作用产生电磁转矩，从而实现机电能量转换为机械能量的一种交流电机。转差率是异步电机的一个重要参数，定义为转速差值与同步转速的比例，即

$$s=\frac{n_s-n}{n_s} \tag{5-1}$$

式中　$s$——转差率；

$n_s$——同步转速；

$n$——转子转速。

异步电机根据转差率的正负，可将运行方式分为电动机运行和发电机运行。当转差率为正值时，异步电机为电动机；当转差率为负值时，异步电机为发电机。转差率通常以百分比来表示。

三相异步交流电机特性如图5-2和图5-3所示。图5-2展示了转速从零到两倍同步转速范围内的异步电机功率、电流和扭矩曲线。当转速从静态到1800r/min范围时，异步电机处于电动机模式；高于1800r/min转速，异步电机切换至发电机模式。当异步电机作为发电机应用于风力发电机时，其运行转速永远不会超过同步转速的1.03倍，当电机启动时，运行转速会低于1800r/min。需要注意的是启动阶段，电流峰值超过730A，是额定电流140A的五倍多；扭矩峰值约为额定值的2.5倍；终端功率峰值约为额定值的3倍。图5-3展示了异步电机启动至2000r/min转速的效率和功率因子。在正常运行状态下，异步电动机和异步发电机的效率相近，但是在无负载时均降至零。

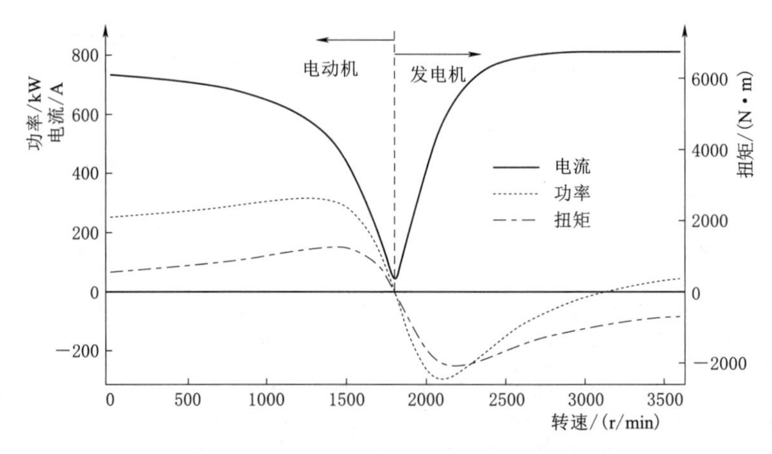


图5-2　异步交流电机的电流、功率和扭矩

#### 5.2.1.1　笼式异步电机

异步电机按转子分为有刷和无刷两种，有刷发电机的为双馈异步电机，无刷发电机为笼式异步电机。

笼式异步电机如图5-4所示，转子是笼式异步电机的旋转部分，由转子铁芯、转子绕组、转轴和风扇等部分组成。转子铁芯也是电动机磁路的一部分，由外圆周上冲有均匀线槽的硅钢片叠压而成，并固定在转轴上。笼式异步电机的转子绕组因其形状像鼠笼而得名，转子绕组不是由绝缘导线绕制而成，而是嵌入线槽中铜条为导体，铜条的两端用短路环焊接起来。

笼式异步电机的工作原理如下：

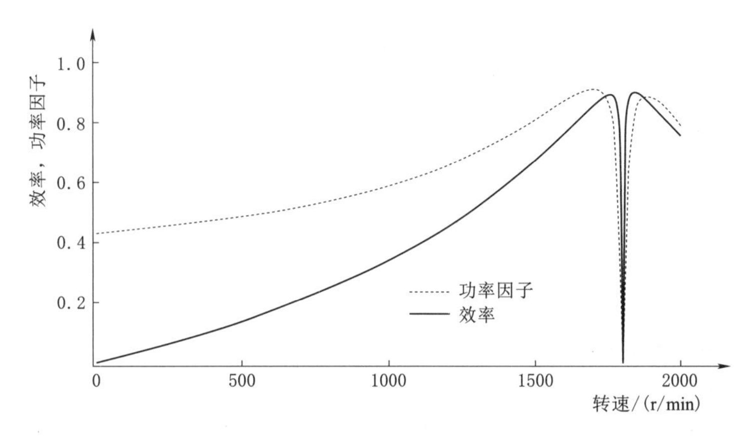


图 5-3 异步交流电机的效率和功率因子

图 5-4 笼式异步电机示意图

(1) 定子线圈绕组排布能够使相移电流在定子产生旋转磁场。

(2) 旋转磁场以同步转速旋转（例如，60Hz 电网下的四极电机转速为 1800r/min)。

(3) 转子转速稍低于同步转速，因此转子与定子磁场之间存在相对运动。

(4) 由于转子和磁场之间的转速差，旋转磁场产生电流并在转子侧产生磁场。

(5) 转子磁场和定子磁场之间的相互作用会提高终端电压（发电机模式）和电机产生的电流。

笼式异步电机主要应用于定桨距风电机组，优点包括：①电机结构简单、可靠；②价格相对较低；③风电机组并网和离网技术相对简单。

基于笼式异步电机的风电机组系统如图 5-5 所示，系统包括风轮、齿轮箱、笼式异步发电机、两个变换器和电网。风轮将风能转化为机械能，通过齿轮箱提高转速并驱动笼式异步发电机，将机械能转化为电能，笼式异步发电机输出功率通过变换器并入电网。其中，机侧的变换器 1 向发电机转子提供无功功率并接收有功功率，进而控制发电机转子的转速，变换器 1 同时将发电机功率转换为直流电；网侧的变换器 2 将直流电转换为具有标准电压和频率的交流电。需要注意系统中可能包括其他设备，如电容、电感和变压器等。

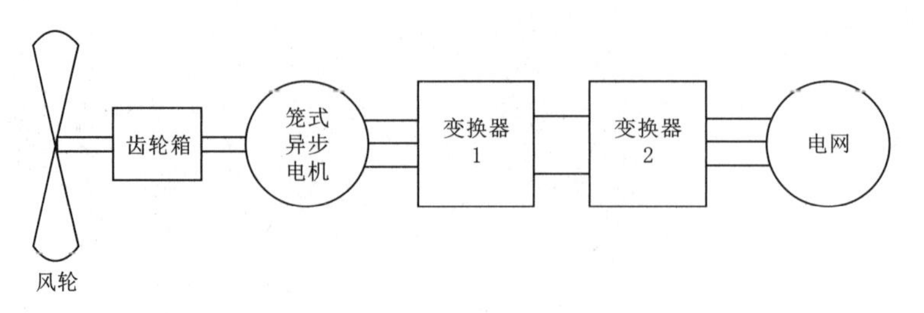


图5-5　基于笼式异步电机的风电机组系统

#### 5.2.1.2　双馈异步电机

双馈异步电机既可以向转子传送功率，也可以从转子产生功率，需要从外部获取无功功率，同时需要一个恒频的外源来控制电机转速。双馈异步电机如图5-6所示，双馈发电是指绕组电机的定子、转子同时能发出电能，双馈发电机的转子和定子都连于电网，都参与励磁，均可与电网有能量的交换。

图5-6　双馈异步电机示意图

双馈异步发电机的工作原理如下：

(1) 定子绕组直接与电网相连，转子绕组通过变流器与电网连接。

(2) 转子绕组电源的频率、电压、幅值和相位按运行要求由变频器自动调节。

(3) 风电机组可以在不同的转速下实现恒频发电，满足用电负载和并网的要求。

(4) 采用交流励磁，发电机和电力系统构成了柔性连接，即可以根据电网电压、电流和发电机的转速来调节励磁电流，精确地调节发电机输出。

双馈异步电机主要应用于变桨距风力发电机，优点包括：①实现风力发电机变速运行，相比笼式异步电机或同步电机，所需变换器的容量较小，可降低成本；②双馈异步电机允许发电机工作在一个较大的转速范围（约为同步转速的±50%范围变化）；③实现无功功率控制。

基于双馈异步电机的风力发电机系统如图5-7所示，系统包括风轮、齿轮箱、双馈异步发电机、两个变换器和电网。双馈异步电机定子直接连接电网，转子通过两个背靠背的变换器与电网相连，变换器1为转子侧变换器，变换器2为电网侧变换器。在超同步转速下，变换器1作为整流器工作，变换器2作为逆变器工作，功

率从转子通过变换器馈入电网；在亚同步转速下，变换器 1 作为逆变器工作，变换器 2 作为整流器工作，转子从电网吸收功率。在两种情况（超同步和亚同步）下，定子都向电网馈电。

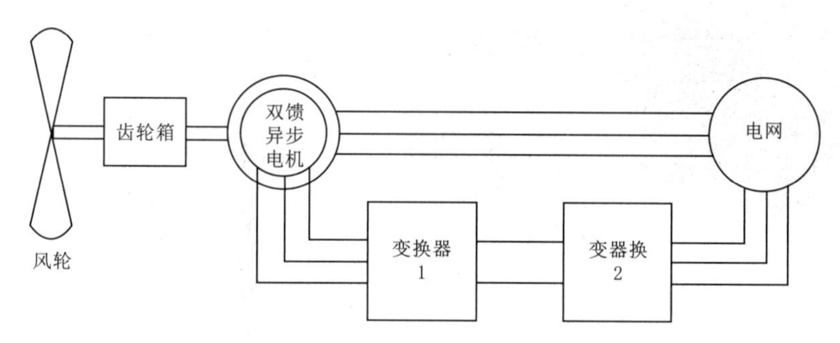


图 5-7 基于双馈异步电机的风力发电机系统

### 5.2.2 同步电机

同步电机是一种集旋转与静止、电磁变化与机械运动于一体，实现电能与机械能变换的交流电机。同步电机的特点为：稳态运行时，转子转速和电网频率之间有不变的关系，若电网频率不变，稳态时同步电机转速恒为常数且与负载大小无关。

同步电机主要有三种运行方式，即作为发电机、电动机和补偿机运行，其中发电机是同步电机最主要的运行方式。同步电机在定子磁场和转子磁场之间存在一个固定角度，在转子磁场和叠加磁场之间也存在一个固定角度，即功率角 $\delta$。当 $\delta>0$ 时，同步交流电机作为发电机工作；如果输入扭矩减小，$\delta<0$，则同步交流电机作为电动机工作。根据励磁方式不同，同步电机分为电励磁同步电机和永磁同步电机。

#### 5.2.2.1 电励磁同步电机

电励磁同步电机中，安装在磁极铁芯上面的磁场线圈是相互串联的，接成具有交替相反极性的形式，并有两根引线连接到装在轴上的两只滑环上面。磁场线圈由一只小型直流发电机或蓄电池来激励。直流发电机是装在电动机轴上的，用以供应转子磁极线圈的励磁电流。电励磁同步电机应用于风力发电机较少，而永磁同步发电机较多应用于大型风力发电机。

#### 5.2.2.2 永磁同步电机

永磁同步电机中，转子磁极是由一种磁化钢做成的，而且能够经常保持磁性。鼠笼绕组用来产生启动转矩，而当电动机旋转到一定的转速时，转子磁极就跟住定子线圈的电流频率而达到同步。磁极的极性是由定子感应出来的，因此它的数目应和定子上的极数相等，当电动机转到它应有的速度时，鼠笼绕组就失去了作用，维持旋转是靠着转子磁极跟住定子磁极，使之同步。

永磁同步电机是以永磁体提供励磁的同步电机。永磁同步电机如图 5-8 所示，永磁同步电机主要由定子、转子和端盖等部件构成。定子由叠片叠压而成以减少电动机运行时产生的铁耗，其中装有三相交流绕组，称作电枢。转子可以制成实心的

图5-8 永磁同步电机示意图

型式，也可以由叠片压制而成，其上装有永磁材料。根据电机转子上永磁材料所处位置的不同，永磁同步电机可以分为突出式与内置式两种结构型式，其中：突出式转子的磁路结构简单，制造成本低，但表面无法安装启动绕组，不能实现异步启动；内置式转子的磁路结构有径向式、切向式和混合式三种，区别主要在于永磁体磁化方向与转子旋转方向关系的不同。

永磁同步电机的工作原理如下：

(1) 三相电流通入永磁同步电机定子的三相对称绕组中时，电流产生的磁动势合成一个幅值大小不变的旋转磁动势。

(2) 转子主磁场和定子圆形旋转磁动势产生的旋转磁场保持相对静止。

(3) 两个磁场相互作用，在定子与转子之间的气隙中形成一个合成磁场。

(4) 气隙合成磁场与转子主磁场发生相互作用，产生了一个推动或者阻碍电机旋转的电磁转矩。

永磁同步电机可以工作在发电机或电动机状态。当气隙合成磁场滞后于转子主磁场时，产生的电磁转矩与转子旋转方向相反，这时电机处于发电机状态；当气隙合成磁场超前于转子主磁场时，产生的电磁转矩与转子旋转方向相同，这时电机处于电动机状态。

永磁同步电机主要应用于直驱风力发电机，优点包括：①效率以及功率因数高；②永磁同步电机发热小，电机冷却系统结构简单、体积小；③省去了齿轮箱，免润滑油、免维护；④允许过载电流大，可靠性显著提高；⑤没有集电环和电刷的摩擦损耗，运行效率高；⑥转动惯量小，允许的脉冲转矩大，结构紧凑，运行可靠。缺点为：相比带有齿轮箱的双馈异步电机，直驱多电极的永磁同步电机体积极大增加。

基于永磁同步电机的直驱式风力发电机系统如图5-9所示，风轮连接的分别是永磁同步电机、两个变换器和电网。风轮吸收风能并转化为机械能，相比基于双馈异步电机，没有齿轮箱，直接驱动永磁同步发电机进行发电，输出电能经过电力电子变换器输送至电网。根据情况，变换器1可是二极管整流器或可控整流器，变换器2可选择晶闸管可控硅逆变器或PWM器。

同步电机和异步电机最大的区别在于它们的转子速度与定子旋转磁场是否一致，电机的转子速度与定子旋转磁场相同时，称同步电机；反之，则称异步电机。此外，同步电机与异步电机的定子绕组是相同的，区别在于电机的转子结构。异步电机的转子是短路的绕组，靠电磁感应产生电流；而同步电机的转子结构相对复杂，有直流励磁绕组，因此需要外加励磁电源，通过滑环引入电流，因此同步电机

的结构比较复杂，造价相对较高。总之，同步电机的精度高，但造工复杂、造价高、维修相对困难，而异步电机虽然反应慢，但易于安装、使用，同时价格便宜。

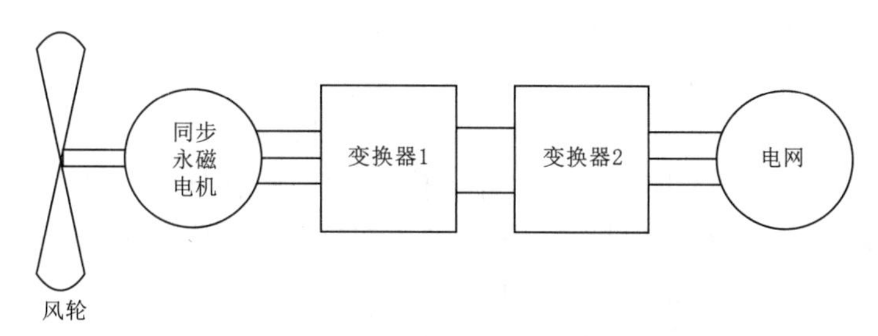


图 5-9　基于永磁同步电机的直驱式风力发电机系统

# 5.3　风力发电机运行控制

受益于科学技术的稳步发展，世界各地的研究人员进行了大量研究和技术创新，为风电技术的进一步发展提供了更多的可能性。风电场在并网、发电机、电力变换器和控制方面取得了很大进步，简单感应电机和软启动的时代已经成为历史，现代的风力发电机能够控制有功功率和无功功率、限制功率输出、控制电压和电机转速。风力发电系统的应用，需要了解电力系统、电机、电力电子器件以及在一个平台上协调这些设备的控制系统。不同于使用同步电机的传统火电厂，风力发电机可采用恒速运行策略或变速运行策略。

20 世纪 80 年代，主要采用定桨距恒速风力发电机，初步解决了风电机组的并网问题和运行的安全性与可靠性问题，涉及软并网技术、空气动力刹车技术、偏航与自动解缆技术；20 世纪 90 年代前期，风力发电机的可靠性大大提高，变桨距风力发电机开始进入风力发电市场，机组启动时可以控制转速，并网后可控制功率；20 世纪 90 年代中期，基于变桨距技术的各种变速风力发电机开始进入风电场，区别定桨恒速风力发电机控制系统，变速风力发电机把风速信号作为控制系统的输入变量进行转速和功率控制；21 世纪至今，大多采用变速变桨风力发电机。

## 5.3.1　定桨恒速风力发电机

定桨恒速风力发电机定子直接连接电网，连接电网时需要先将其作为电动机带动风力发电机的风轮增速，这种方式主要应用于失速型风力发电机。在这种情况下，控制系统必须监测风速，从而选取合适的风速范围来启动风力发电机。

### 5.3.1.1　定桨恒速风力发电机特点

定桨恒速风力发电机的主要特点是叶片与轮毂的连接是固定的，叶片的入流角度不随风速变化而变化。这个特点对定桨恒速风力发电机的运行提出了两方面要求：一方面，运行中的风力发电机在电网突然失电或需要脱网时，叶片自身必须具备制动能力，使得风力发电机在极端风工况下能够及时安全停机；另一方面，当风速高于风轮的额定风速时，叶片需要自动将功率限制在额定值附近，以免风电设备超出物理极限而遭到损坏，叶片利用气动失速特性实现功率限制被称为失速性能。

为了实现定桨恒速风力发电机的气动刹车，采用叶尖扰流器结构，如图5－10（a）所示。叶尖扰流器即风电机组叶片叶尖部分的可旋转空气阻尼板，其空气动力刹车功能是按失效思想设计，由液压系统驱动动作。当风电机组正常运行时，在液压系统作用下，叶尖扰流器与桨叶主体部分紧密地合为一体，组成完整的桨叶；当风力发电机需要脱网停机时，液压系统按控制指令将叶尖扰流器释放并使之旋转90°形成阻尼板，实施空气动力刹车。

机械盘式刹车一般安装在风电机组的高速轴上和偏航转轴上，由液压系统驱动，如图5－10（b）所示。风电机组的转矩很大，作为主刹车的刹车盘直径很大，一般大型风电机组有两部机械刹车装置。在正常停机下较多使用气动刹车，在紧急停机下需要使用机械刹车。

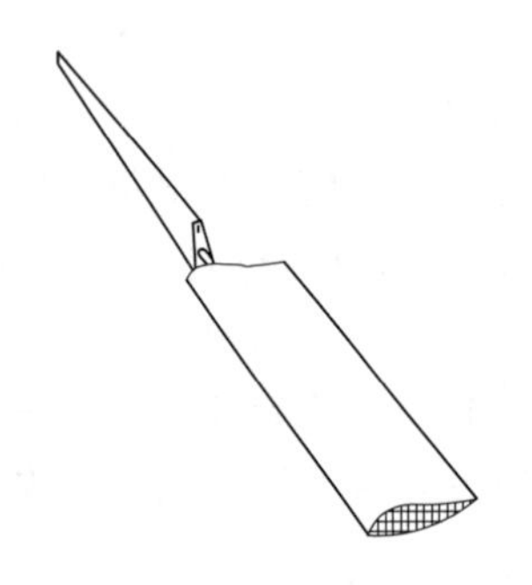

（a）叶尖扰流器气动刹车

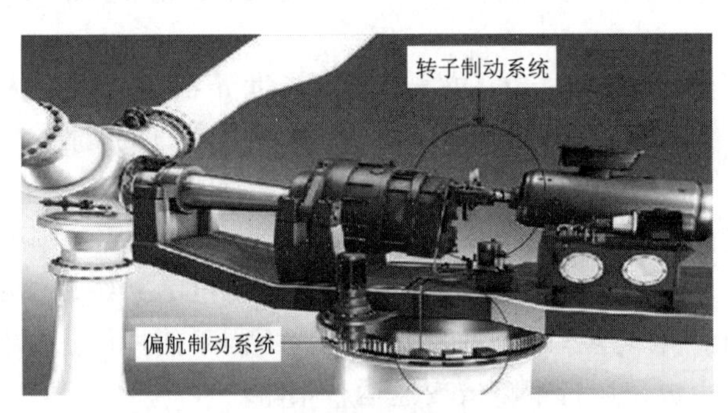


（b）机械盘式刹车

图5－10 定桨恒速风力发电机刹车装置

#### 5.3.1.2 定桨恒速风力发电机控制技术

定桨恒速风电机组的控制问题在于转速不能随风速而调整，低风速运行时风能转换效率低，发电机低负荷时的效率低。因此，定桨恒速风电机组的基本控制思路是：当风速超过风电机组额定风速时，为确保风电机组功率输出不再增加，通过空气动力学的失速特性，使叶片发生失速，控制风电机组的功率输出。

定桨恒速风力发电机控制系统包括风轮、增速器、发电机、主继电器和晶闸管、变压器、主开关和控制系统等，如图5－11所示。首先，利用风向标和风速仪获取风速和风向信息，风轮开始旋转，偏航系统对风；然后，通过增速器将转速增至发电机转速并输出功率，控制系统通过调节发电机转速进行功率控制；最后，利用继电器、晶闸管、变压器和控制系统，进行定桨恒速风力发电机的并网控制，当输出电流、电压达到电网要求时，闭合主开关实现并网。

定桨恒速风力发电机根据风速信号自动进行启动、并网或从电网切出；偏航系统作用下，根据风向信号自动对风；利用无功补偿装置，根据功率因数及输出电功率大小自动进行电容切换补偿；主开关在脱网时保证风力发电机安全停机；运行中需要对电网、来流风况和风力发电机状态进行监测、分析记录，异常情况判断及处理。

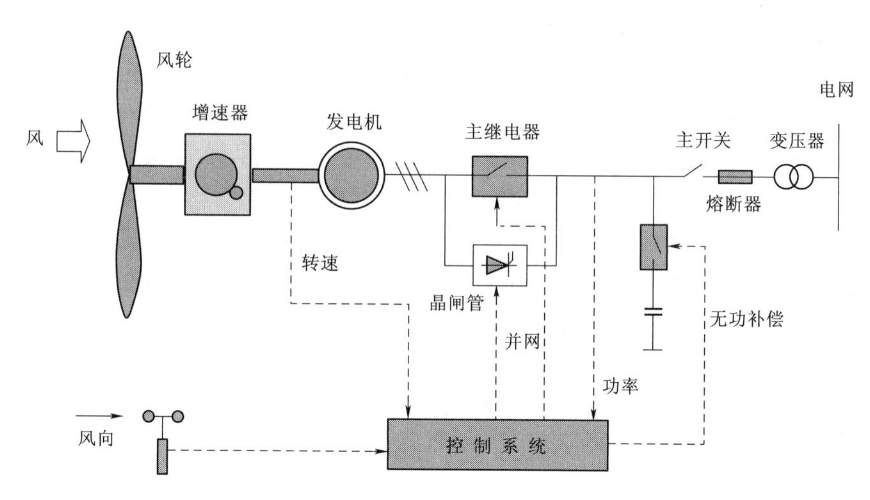


图 5-11 定桨恒速风力发电机控制系统

1. 电机转速对输出功率影响

电机转速对定桨恒速风力发电机的输出功率存在较大影响。当风力发电机运行在低转速时，最大输出功率并不理想。在失速区的高风速捕获风能时，风力发电机运行在失速状态，风能吸收率显著下降。图 5-12 说明了风力发电机的输出功率对电机转速变化较为敏感：在高风速区域，当电机转速增加 30%（例如，由 45r/min 增至 60r/min），最大输出功率将增加 150%；然而，在低风速区域，随着转速增加，输出功率会下降。由于低转速的风力发电机在低风速区域具有更好的风功率，因此可采用双电机模式，即：在低风速区域采用低转速电机，不仅可以提高风力发电效率，还能减小切入风速，从而捕获更多风能；在高风速区域切换至高转速电机，可大幅提高平均输出功率和最大输出功率，从而在整个运行风速区域内保持良好的输出功率。同时，风能捕获效率提高带来的收益可用来抵消使用双电机增加的经济成本。

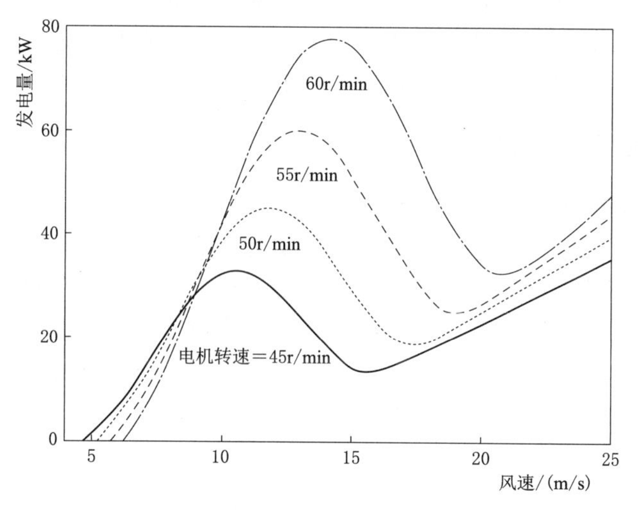


图 5-12 电机转速对风力发电机输出功率的影响

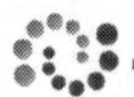

2. 桨距角设定对输出功率的影响

桨距角对定桨恒速风力发电机输出功率的影响也十分显著。桨距角设定值对风力发电机输出功率的影响如图 5-13 所示，可见，桨距角的较小变化都能引起风力发电机输出功率的较大变化。正向的桨距角设定值可以增大实际桨距角，从而减小攻角，获取更多风能；相反的，负向的桨距角设定值会减小实际桨距角，增大攻角，可能导致气动失速，从而导致风能利用率下降。同时，在高风速区，不同的桨距角对最大输出功率的影响较大。在实际运行中，需要合理调节电机转速和设置桨距角，从而在运行风速内提升输出功率。

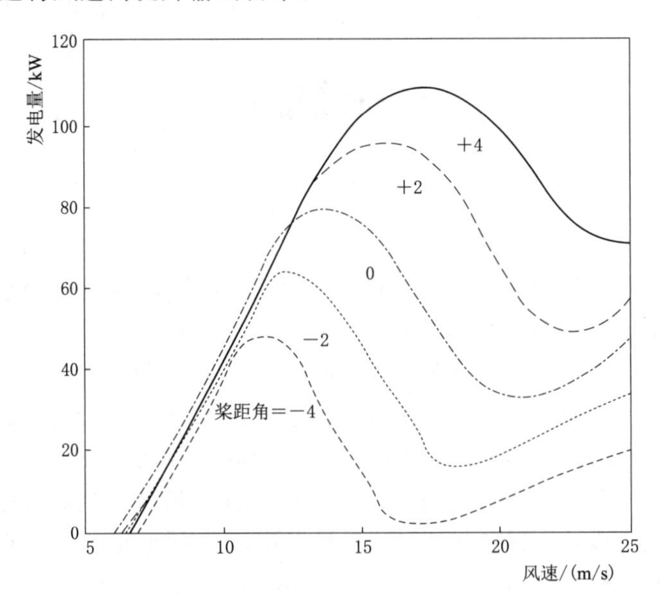


图 5-13　桨距角设定值对风力发电机输出功率的影响

定桨恒速风电机组在连接电网时需要首先作为电动机工作，但在实际中，这并不是一种较为理想的风力发电机启动方式，因为在启动过程中会带来过大的电压和电流；同时，定桨恒速风电机组由于桨距角为固定值，在高风速区域的风能利用效率不理想，可替代的解决方法为变速变桨风电机组。

## 5.3.2　变速变桨风力发电机

### 5.3.2.1　变速变桨风力发电机的特点

变速变桨风力发电机利用变桨动作可以实现自启动，将发电机转子提速至运行转速，监测异步发电机转速，直至达到同步转速时发电机进行并网。目前大多数商业风电机组采用变速和变桨相结合的方式，实现风电机组的自启动，避免启动电流和电压过大，获取最优的风能捕获和风力发电效率。风力发电机的风功率可表示为

$$P=\frac{1}{2}\rho AC_{\mathrm{P}}(\lambda,\beta)v^{3} \tag{5-2}$$

式中　$\rho$——空气密度；

$A$——风轮的扫风面积；

$v$——风速；

$C_P$——风能利用系数，代表了风轮的风能吸收效率；

$\lambda$——叶尖速比；

$\beta$——桨距角。

风能利用系数主要受到叶尖速比和桨距角这两个变量的影响，叶尖速比可表示为

$$\lambda = \frac{\omega R}{v} \tag{5-3}$$

式中 $\omega$——风轮角速度；

$R$——风轮半径。

在低于额定风速区域，风力发电机需要追踪最优叶尖速比 $\lambda_{opt}$、获取最大风能功率因子 $C_{P\_max}$。如图 5-14 所示，需要风轮和电机转速能够随着风速变化；在高于额定风速区域，在风速变化下需要风力发电机需要保持额定输出功率 $P_r$；风力发电机变速运行能够减少波动载荷的影响，从而减少传动链的疲劳损伤。实际中，变速变桨风电机组大多采用双馈异步电机和永磁直驱型电机。

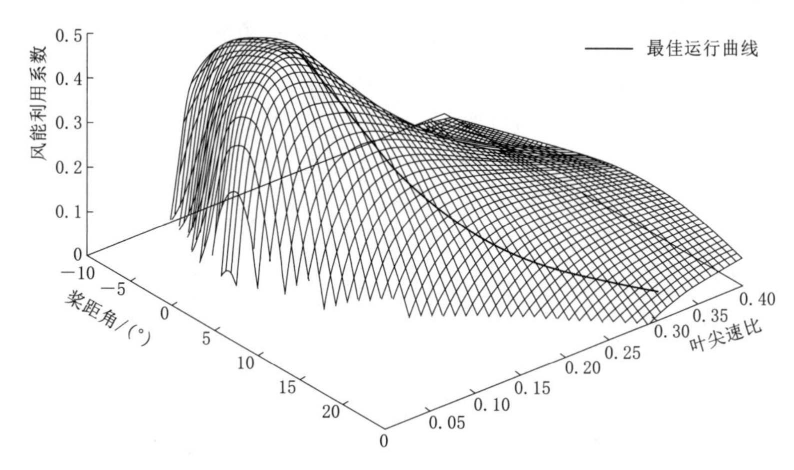

图 5-14 风力发电机的最大功率系数追踪

### 5.3.2.2 变速变桨风力发电机的优点

在变速变桨风力发电机中，需要控制电力电子变换器将发电机连接至电网。实际中，大多采用变速变桨风力发电机而非恒速风力发电机的原因如下：

（1）相比恒速风力发电机，变速变桨风力发电机可获取更多的风功率。

（2）由于电力电子设备，变速变桨风力发电机可省略无功功率补偿器和软启动系统。

（3）变速变桨风力发电机具有便捷、经济性高的变桨控制系统。

（4）利用变速可吸收和减少扭矩变化、降低机械应力。

（5）减少扭矩变化可减少电压和功率波动，从而提高电能质量。

（6）实现最大功率跟踪，提高风力发电系统的效率。

（7）工作在较低风速、较低转速区域，可降低噪声。

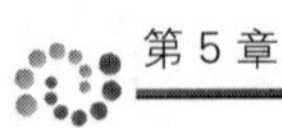



### 5.3.2.3　变速变桨风力发电机控制目标

1. 功率控制目标

变速变桨风力发电机的输出功率控制目标主要包括三个方面：低于额定风速以下，目的为提高能量转换效率，叶轮转速追踪风速变化，保持最优叶尖速比运行；高于额定风速下，需要降低风力发电机所吸收能量，控制叶轮载荷在安全设计值以内；利用变桨和变速调节的耦合控制，保证高品质能量输出。

变速变桨风力发电机的功率控制目标曲线如图 5-15 所示。在运行区域（a）时，风速小于切入风速时，由于风速过小，风力发电机不启动，叶片桨距角为 90°；在运行区域（b）时，风速大于切入风速，叶片开始顺桨从而启动风力发电机，此区域风速大于切入风速且小于额定风速，为低于额定风速区域，在此运行区域内叶片处于迎风状态，桨距角为固定值，即没有变桨动作，通过追踪最优叶尖速比，最大化风能转化效率；在运行区域（c）时，风速大于额定风速且小于切出风速，为高于额定风速区域，此区域虽然具有较高风速，但为了保证风力发电机的安全运行、避免达到机械和电子设备的物理极限，需通过变桨动作改变叶片桨距角，从而限制风能吸收，保持额定功率的输出；在运行区域（d）时，风速高于切出风速，由于风速过大，为避免风力发电机受到损坏需要停机，输出功率降为零，桨距角回至 90°，实现气动停机。

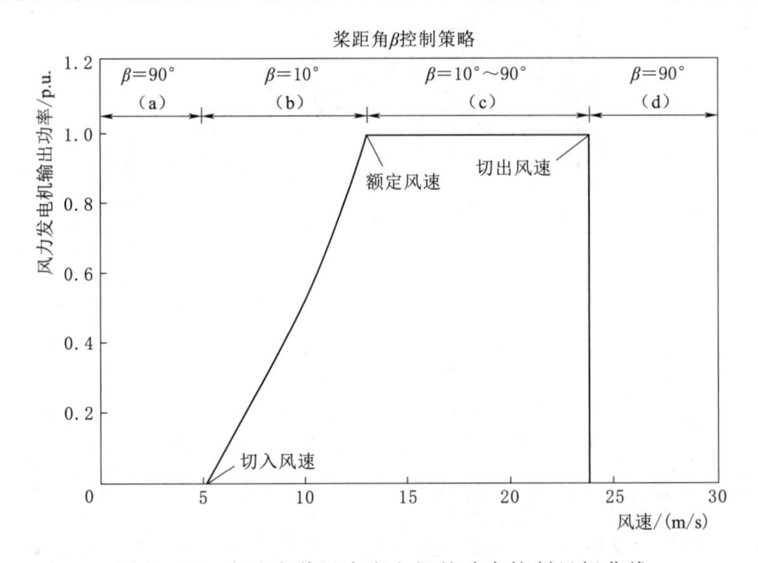


图 5-15　变速变桨风力发电机的功率控制目标曲线

2. 载荷控制目标

除了功率控制，风力发电机载荷也需要控制，否则引起风轮的疲劳载荷，易造成叶片损伤。叶片所受的空气动力学载荷主要包括确定性载荷和随机性载荷。其中，确定性载荷包括稳态载荷、周期载荷和瞬态载荷，稳态载荷为由风力发电机轴向定常风作用而产生的载荷，周期载荷为风轮旋转带来的周期重复载荷，瞬态载荷为暂时性载荷，如阵风和停机过程中所受的载荷；而随机性载荷主要为来流湍流引起的载荷。同时，还需要通过控制避免轮毂和叶片的突变负载、利用动态阻尼来抑制传动链振动、减小传动链的转矩峰值、避免过量变桨动作和发电机转矩调节、控

制塔架振动、减小塔架基础负载等，从而减小风力发电机的疲劳损伤和振动影响，延长风力发电机寿命。

#### 5.3.2.4 变速变桨风力发电机控制技术

变速变桨风力发电机在控制技术方面结合了变桨风力发电机和变速风力发电机的优点和功能。变桨风力发电机的控制思路是采用变桨距改变风轮能量的捕获方式，从而使风力发电机的输出功率发生变化，最终达到限制功率输出的目的。利用变桨技术，机组启动时可对转速进行控制，并网后可对功率进行控制，启动性能和功率输出特性都有显著的改善。变速风力发电机把风速信号作为控制系统的输入变量来进行转速和功率控制，控制思路为：低于额定风速时，能追踪最佳功率曲线，使风力发电机具有最高的风能转换效率，高于额定风速时功率输出更加稳定。

变速变桨风力发电机的基本控制策略为：在各不同风速段、不同工作条件下，采用不同的控制方法调整风力发电机的运行状态，使其功率曲线表现出预期的工作特性。当风力发电机启动或停机时，为限制并网或离网功率而采用变速变桨耦合控制策略；当风力发电机运行在额定转速以下，为使转速能跟随风速变化而采用发电机转矩控制策略；当风力发电机运行在额定转速且小于额定风速时，为了保持稳定转速而采用变速变桨耦合控制策略；当风力发电机工作在额定风速以上时，为保持稳定的功率输出而采用变速变桨耦合控制策略。

根据控制策略，变速变桨风力发电机的转速-转矩特性如图 5-16 所示。可见，Z1 区域由于风速过小，风力发电机未启动；Z3 区域为风电机组变速控制区域，通过控制策略追踪最大风能利用系数 $C_{P\_max}$，实现最优风能转化效率；Z5 区域为变桨控制区域，实现恒定的功率输出；Z2 和 Z4 区域为过渡区域。基于 *ADGF* 的运行控制策略，具有较高的风力发电效率，但需要进行变速变桨耦合控制，对控制成本和控制技术具有较高要求；基于 *ACEF* 的运行控制策略，可解耦变速控制和变桨控制，但风力发电效率有所下降。

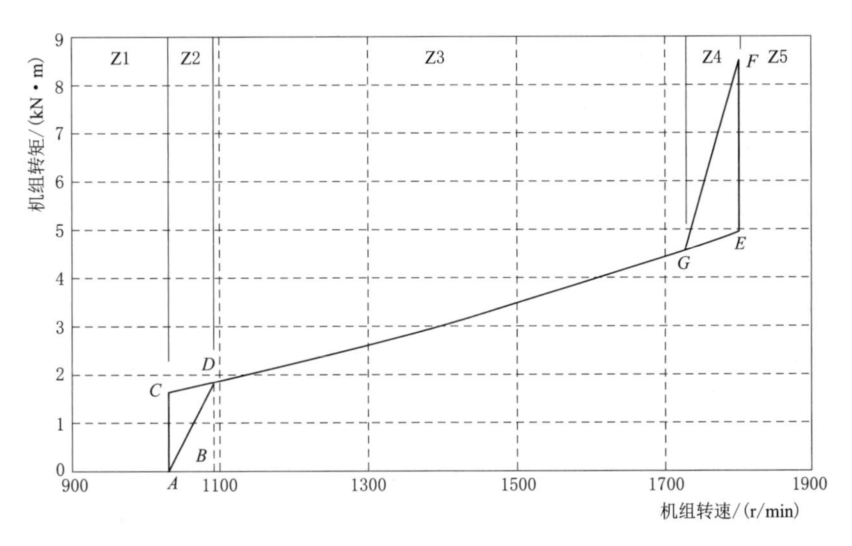


图 5-16　变速变桨风力发电机的转速-转矩特性

因此，变速变桨风力发电机的变桨调节取代了定桨失速调节，变速运行方式取代恒速运行方式，在风力发电的效率、稳定性和安全性方面都有显著提升。定桨/变桨风力发电机控制技术对比见表5-2，恒速/变速风力发电机控制技术对比见表5-3。

表5-2　定桨/变桨风力发电机控制技术对比

| 项目 | 定桨风力发电机 | 变桨风力发电机 |
| --- | --- | --- |
| 发电方式 | 利用叶片失速特性达到限制功率的目的 | 变桨调节在很宽风速范围内保持较好的空气动力学特性 |
| 功率输出 | 随风速变化，功率不断变化 | 风速大于额定风速下，变桨保持输出功率的平稳 |
| 优点 | 调节可靠，控制简单 | 启动风速低，风力发电效率高 |
| 缺点 | 叶片受力大，捕获风能效率低 | 需要增加额外的变桨驱动机构 |
| 应用 | 中小型风力发电机 | 中大型风力发电机 |

表5-3　恒速/变速风力发电机控制技术对比

| 项目 | 恒速风力发电机 | 变速风力发电机 |
| --- | --- | --- |
| 转速调节 | 转速基本恒定 | 可大范围调节运行转速 |
| 工作点 | 经常工作在风能利用系数较低点 | 追踪风速保持最佳尖速比运行 |
| 风能利用率 | 风能不能充分利用 | 效率较高 |

## 5.3.3　风力发电控制系统

### 5.3.3.1　控制任务

低风速风力发电机控制技术

控制系统是风力发电机正常运行的核心，控制技术是风力发电机的关键技术之一，精确的控制、完善的功能将直接影响风力发电机的安全与效率。

风力发电系统是一个复杂、多变量、非线性系统，且有不确定性和多干扰等特点。风力发电系统的控制目标分为三个层次，包括保证风力发电机的安全可靠运行、获取最大能量以及提供高质量的电能。根据控制目标，风力发电机控制系统具有以下控制任务：

（1）安全运行任务。实现风力发电机全自动启动/停机控制、风力发电机运行状态监测、风力发电机故障诊断和远程通信。

（2）功率控制任务。在运行的风速范围内，确保系统的稳定；低风速时，追踪最优叶尖速比，获取最大风能；高风速时，限制风能的捕获，保持风力发电机的输出功率为额定值；确保风力发电机输出电压和频率的稳定。

（3）减振降载任务。减小阵风引起的转矩波动峰值，减小风轮、风力发电机和塔架等部件的机械应力和疲劳载荷，减少输出功率波动，避免共振；减小传动链的暂态响应。

（4）并网发电任务。风力发电机的转速和功率控制、风力发电机的偏航控制和解缆控制、液压与制动系统、补偿电容投切控制、风力发电机并网控制。

（5）控制成本任务。控制器简单，控制代价小，对一些输入信号进行限幅。

#### 5.3.3.2 控制系统组成

风力发电控制系统通常包括了大量的传感器、各执行机构、软/硬件处理器系统和发电机。用于风力发电控制系统的传感器主要包括风速仪、风向标、电机转速传感器、功率传感器、变桨位置传感器、各类限位开关、振动传感器、温度和油位传感器、液压传感器和操作开关等；执行机构主要包括液压变桨执行器、电动变桨执行器、电机接触器、制动和偏航机构等；软/硬件处理器系统需要实时处理来自所有传感器的输入信号，同时产生输出信号来驱动各执行机构，如图 5－17 所示；软/硬件处理器系统通常用来处理输入信号和产生输出信号，实现风力发电机的正常运行控制，配备具有高可靠性硬件的安全系统。

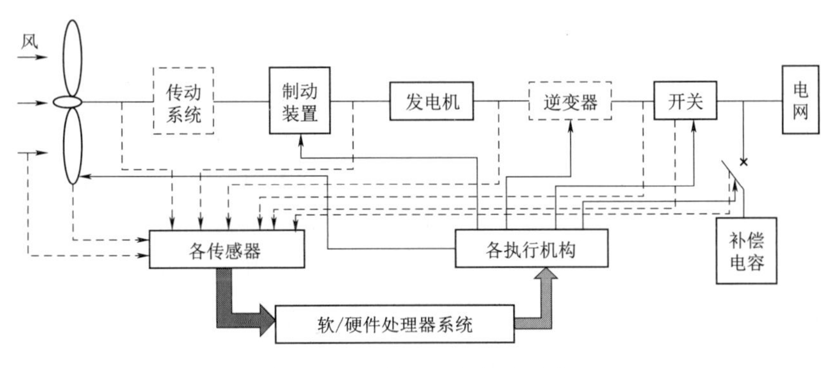


图 5－17　风力发电控制系统

风力发电控制系统是一个强耦合、非线性、多部件的综合系统，由多个控制子系统组成，主要包括功率控制系统、变桨控制系统、转矩控制系统、偏航控制系统、传动机构抑振系统等。

1. 功率控制系统

功率控制系统是风力发电机最重要的控制系统之一，主要完成风能到电能转化的控制任务。例如，变速变桨风力发电机的控制框图如图 5－18 所示，功率控制根据不同风速运行区间分为两个控制子系统：①低于额定风速运行区域，采用转矩控制系统，通过控制器调节发电机的转速和电磁转矩，从而实现最大风能捕获、最大化输出功率；②高于额定风速运行区域，采用变桨控制系统，通过控制器调节桨距角，从而限制风能利用率，稳定输出额定功率。

2. 变桨控制系统

变桨控制系统在风电机组运行中承担着多个控制任务，包括启动、气动停机、高于额定风速下的功率控制和气动载荷控制等。叶片变桨主要包括集中变桨技术（collective pitch control，CPC）和独立变桨技术（individual pitch control，IPC）。其中，集中变桨技术为风力发电机的三个叶片同步动作，且动作

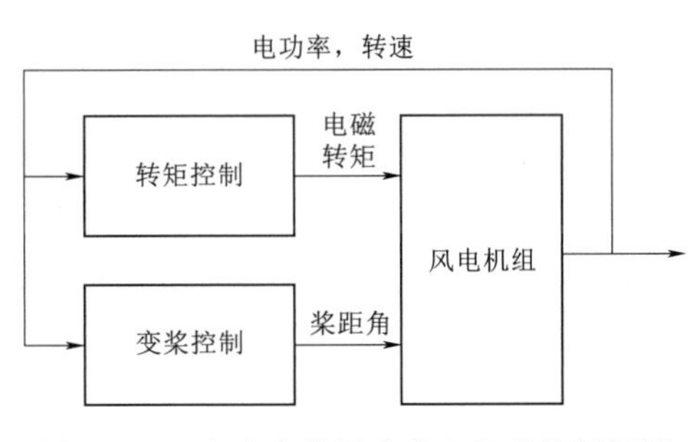


图 5－18　变速变桨风力发电机的控制框图

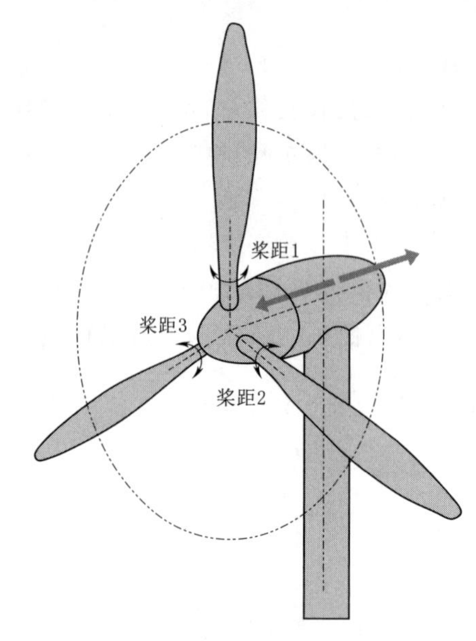

图 5－19　风力发电机的独立变桨控制

完全保持一致；独立变桨技术为风电机组的三个叶片分别进行变桨动作，每个叶片独立变桨控制，如图 5－19 所示。早期风力发电机多采用集中变桨技术，这是由于三个叶片同步动作较为简单，易于实现。然而，风电机组需要面对三维风况，每个叶片在每个时刻所承受的气动力均存在差异，风剪切、塔影效应、对风偏差等因素都会造成三个叶片的不均衡载荷，从而影响风轮、风电机组和塔架结构的稳定，因此，目前风电机组均采用独立变桨技术，可进一步提高风能利用率、保证风力发电机的安全稳定运行。

在低于额定风速工况下，风力发电机尽可能多地将风能转化为电能，通常不需要改变叶片桨距角。同时，低于额定风速下风电机组的气动负载相对较小，因此也不需要变桨来进行控制。然而，对于恒速风力发电机，气动效率最优的预设桨距角随着风速不同略有变化。

在高于额定风速工况下，风力发电机主要依靠变桨控制来实现恒定的功率输出、气动载荷控制，从而保证风电机组的安全运行、风轮结构受力在设计范围内。为了更好地实现额定功率输出，变桨控制系统需要针对风电机组的环境变化作出快速响应，但主动控制动作需要谨慎设计，否则对整机动态特性将产生较大影响。其中一个主要的影响对象是塔架动态特性，当叶片变桨控制气动转矩时，风轮的气动推力会发生显著变化并可能引起塔架振动，因此在设计变桨控制器时需要充分考虑对塔架动态特性的影响。

3. 转矩控制系统

针对恒速恒频风力发电机，发电机转矩由转差速度来决定。当气动转矩变化时，风轮转速在小范围内变化，使得发电机转矩变化适应气动转矩，此时发电机转矩是不能直接进行主动控制的。然而，如果在电机和电网之间增加一个频率变换器，电机转速将具有变速能力。频率变换器可用来在高于额定风速区域进行主动控制并保持恒定的电机转矩或功率输出。低于额定风速区域下，电机转矩可以控制在任意值，比如在风轮转速变化下不断调节转矩从而获得最大风能吸收效率。

针对变速风力发电机，转矩控制有多种方法。一种方法是通过频率变换器连接发电机定子和电网，以风力发电机的全功率输出；另一种方法将绕组异步发电机的定子直接连接电网，发电机转子通过滑环和频率变换器连接电网，这样的好处是频率变换器只需要承担一部分的功率转化任务，承担的越多可实现的变速范围就越大。

4. 偏航控制系统

风力发电机离不开偏航控制系统，如图 5－20 所示，即风电机组需要根据风向

变化调整对风角度，从而保证风能吸收效率。然而，这并不意味着能够实现百分百精确对风，风电机组控制在很多情况下需要优先考虑风能利用率最大化的问题。偏航控制系统需要配置驱动执行机构，一般分为液压偏航执行器和电动偏航执行器，用以机组启动或偏航解缆。自由偏航控制系统具有在偏航轴承上不产生偏航力矩的优点，但在实际中，风力发电机普遍采用主动偏航控制系统。首先，利用机舱上安装的风向标检测风向变化、获得偏航误差信号；其次，利用控制器计算偏航命令信号来驱动偏航执行器；再次，当平均偏航误差超过某个设定值时，启动偏航执行器，偏航执行器将驱动风力发电机以一个固定、缓慢的速度顺时针或逆时针进行偏航动作；最后，过一段时间或者当风力发电机移动到特定位置后，再关闭偏航执行器。无论使用多么复杂的控制器算法，偏航控制动作总是缓慢的。在极端风况下，需要主动偏航控制来避免大风下的机组过载和设备损坏问题。

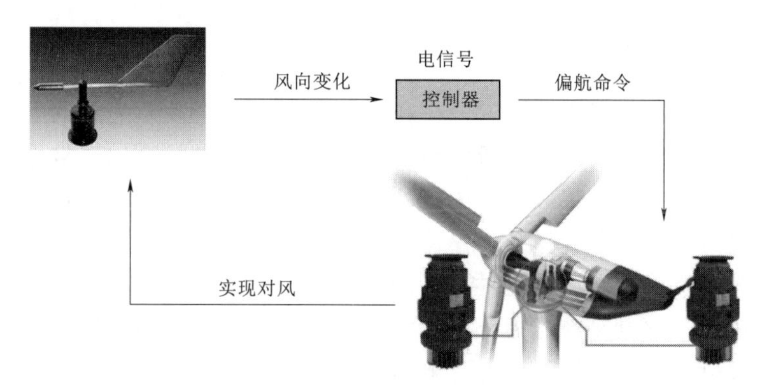


图 5-20 风力发电机的偏航控制系统

5. 传动机构振动抑制系统

针对定桨恒速风力发电机，传动系统扭转振动存在很大的阻尼，不会引起太多问题；而针对变速恒频风力发电机，风轮、齿轮箱和发电机阻尼都很小，容易激发产生剧烈扭转振动，对传动系统的稳定运行和机械结构的寿命带来负面影响。传动系统的振动抑制通常有两种方案：一种可利用减振结构，如加入机械阻尼器；另一种可利用发电机转矩控制提供阻尼，如转矩给定值增加一个转矩纹波来抑制扭转振动，产生阻尼效果，通过带通滤波器实现。

#### 5.3.3.3 发展方向

在实际中，由于应用性强、结构简单和易于实现等优点，风力发电机控制多采用传统 PID 控制器，然而，风电系统存在随机扰动大、不确定因素多、非线性、强耦合等多种复杂因素，给风力发电机带来了很多困难与挑战，PID 控制方法不需要依赖系统模型，但在不确定风况、多变工况和复杂电网状况下难以获取理想的控制效果，因此，为了适应风力发电机复杂多变工况，提高机组控制性能，可采用模糊控制、神经网络控制、$H_\infty$ 鲁棒控制、自适应控制、预测控制和 LPV 控制等先进控制算法。这些先进控制方法大多需要获取风力发电机的数学模型或线性化模型。

随着大型化风力发电机和海上风电的发展，风力发电机的控制方式已经由定桨

风电机组
智能控制

距发展为变桨距，由恒速恒频发展为变速恒频，未来将由常规PID控制向智能控制方向发展。智能控制方法可以利用非线性、变结构、自寻优等各种功能来克服系统的参数时变、非线性、多变量、多干扰和强耦合带来的不利影响，在风电领域具有良好的应用前景。智能控制通过模拟人类智能活动、信息传递过程，以实现目标函数为原则，智能化寻优全局最优控制器，有望在复杂多变工况下最大限度地优化风力发电机控制效果，同时，控制参数设计可实现全过程智能化，根据不同控制目标要求，可更换目标函数，对控制器进行自动化更新设计，大幅降低控制设计成本和时间。智能控制的核心在于智能优化算法，常见的智能优化算法包括遗传算法、粒子群算法、蚁群算法、人工鱼群算法等。随着未来计算机技术和智能优化算法的进一步发展，可极大促进风力发电机控制技术向高智能化、高可靠性、高适应性和高效性发展。

### 5.3.4　风力发电机监控

风力发电机监控是保证风力发电机在各种状态下安全高效运行的有效手段。风力发电机的运行状态主要包括待机状态、启动状态、发电状态、正常停机状态和故障停机状态等。监控功能将风力发电机的运行状态可视化，进而实现各类运行状态分类管理、决策运行状态切换。

#### 5.3.4.1　定桨恒速风力发电机监控运行

定桨恒速风力发电机的监控任务主要包括：控制风电机组并网与脱网；自动相位补偿；监视风电机组的运行状态、电网状况与气象情况；异常工况保护停机；产生并记录风速、功率、发电量等风电机组运行数据。定桨恒速风力发电机在并网之前的状态为待机状态，当风速大于3m/s但没达到切入转速时，风电机组处于没有并网的自由转动状态，此时机械刹车已松开、叶尖阻尼板已收回、风轮处于迎风状态、液压系统压力保持在设定值；之后控制系统做好切入电网的准备，风况、电网和风电机组的所有状态参数检测正常，一旦风速增大，转速升高，即可并网。定桨恒速风力发电机的停机制动分类见表5-4。

**表5-4　　定桨恒速风力发电机的停机制动分类**

| 动作/停机类型 | 正常停机制动 | 安全停机制动 | 紧急停机制动 |
|---|---|---|---|
| 叶尖扰流器 | 释放 | 释放 | 释放 |
| 电网解列 | 发电机降至同步转速 | 发电机降至同步转速 | 立刻 |
| 第一部刹车 | 转速低于设定值投入 | 刹车投入 | 立刻 |
| 第二部刹车 | 转速继续上升投入 | 发电机降至同步转速，刹车投入 | 立刻 |
| 停机后 | 叶尖扰流器收回 | 叶尖扰流器不收回 | 叶尖扰流器不收回 |

影响风力发电机的决定因素是风速变化引起的转速变化，所以转速控制是风力发电机安全运行的关键。同时，转速变化、温度变化、振动等都会直接威胁风力发电机的安全运行。风力发电机的规定工作风速区一般为3～25m/s，当风速超过25m/s时，风力发电机转速超速，对风电机组安全性将产生严重威胁。

针对定桨恒速风力发电机，额定风速以下不进行功率控制，额定风速以上作限制最大功率的控制，运行最大功率不允许超过设计值的20%，风力发电机温度小于150°，风电机组电压瞬间值超过额定值的30%时视为系统故障，液压执行机构的系统压力通常低于100MPa。

定桨恒速风力发电机的安全运行需要由制动与保护系统来实现，主要包括：

（1）开机并网监控。风速10min平均值在工作风速区内；风力发电机慢慢启动，转速连续增高；转速升到风力发电机同步转速时，风电机组并入电网运行。

（2）亏功率脱网。当平均风速小于脱网风速达到10min或风力发电机输出功率为负且达到一定值时，必须脱网，进入待风状态，风速再次提升时，风电机组可自动旋转，达到并网转速后再投入并网。

（3）普通故障脱网停机。风力发电机运行时发生参数越限、状态异常等普通故障，进入普通停机程序，投入气动刹车；内部因素产生的可恢复故障，计算机可自行处理，无需维护人员。

（4）紧急故障脱网停机。当系统发生紧急故障时，风力发电机进入紧急停机程序，投入气动刹车的同时执行90°偏航控制，机舱旋转偏离主风向；排除故障后重新启动。

（5）安全链动作停机。是指电控制系统保护控制失败时，为安全起见所采取的硬性停机。叶尖气动刹车、机械刹车和脱网同时动作，风力发电机在几秒钟的时间内停下来；排除故障后重新启动。

（6）大风脱网监控。风速平均值大于25m/s达到10min，风力发电机可能出现超速和过载，为了风电机组安全，必须进行大风脱网停机。

（7）软切入监控。风电机组进入电网运行时，必须进行软切入控制；风电机组脱离电网运行时，必须进行软脱网控制。通常限制软切入电流为额定电流的1.5倍。

#### 5.3.4.2 变速变桨风力发电机监控运行

变速变桨风力发电机的监控任务主要包括：监控风电机组并网与脱网；优化功率曲线；监测风电机组的运行状态、电网状况与气象情况；异常工况保护停机；产生并记录风速、功率、发电量等风电机组运行数据。以2MW风力发电监控系统为例，分析变速变桨风力发电机的监控系统（图5-21）。监控具体内容包括整个风电场的运行状态、风力发电机运行模式、风力发电机各类运行参数和风力发电机报警信息显示等（图5-22）。风力发电机运行模式包括并网、急停、维护等；风力发电机监控参数主要包括风力参数、风电机组参数和电力参数；风力发电机报警采用音箱实现语音报警，不需要预先录制语音，具有非常大的灵活性。

（1）风力参数。

1）风速测量。风速每秒采集一次，10min计算一次平均值。当风速大于3m/s时风力发电机启动，当风速大于25m/s时风力发电机停机。

2）风向测量。测量风向与机舱中心线的偏差，一般采用两个风向标进行补偿。

3）偏航监测。风速低于3m/s时偏航系统不工作，动作速度远慢于风速变化。

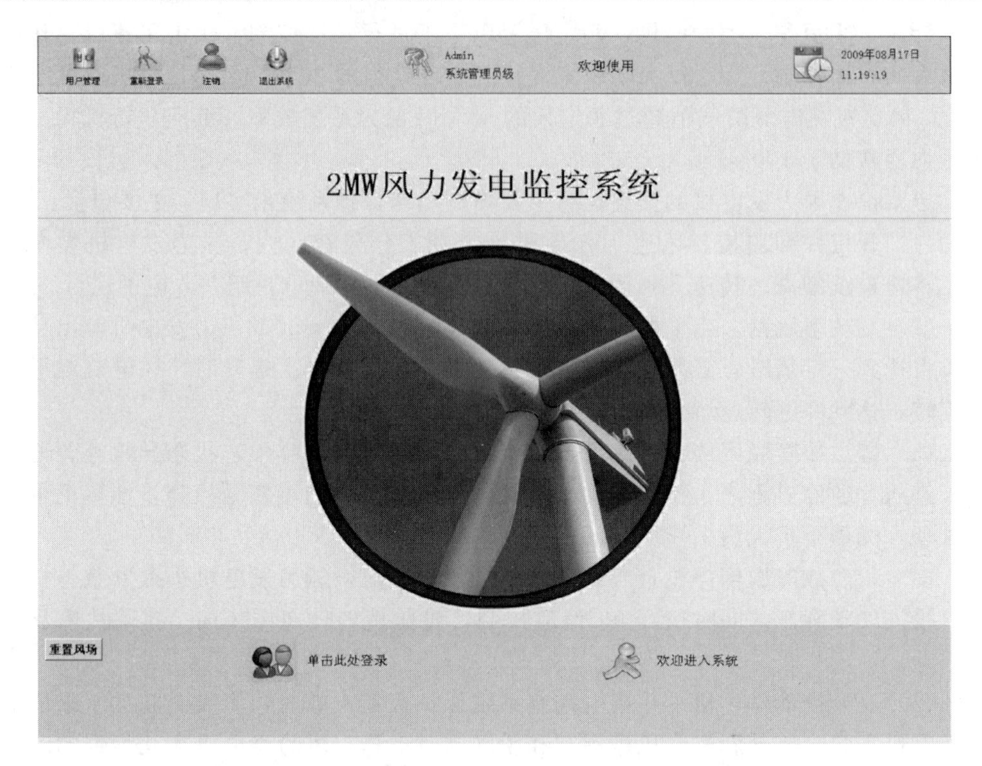


图 5－21　2MW 变速变桨风力发电监控系统

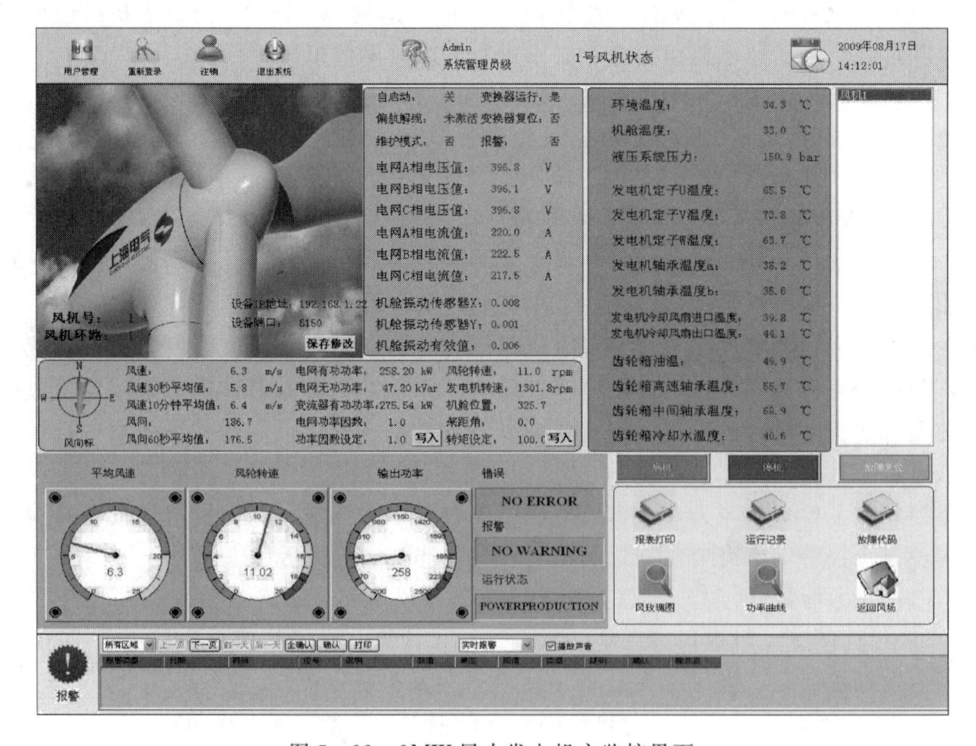


图 5－22　2MW 风力发电机主监控界面

（2）风力发电机参数。

1）转速监测。需要监测风力发电机转速和风轮转速，控制风电机组并网和脱网、超速保护。

2）温度监测。温度包括增速器油温、高速轴承温度、发电机温度、前后主轴承温度、晶闸管温度、环境温度等。

3）振动监测。监测风电机组的振动参数，如探测机舱振动。

4）电缆扭转监测。齿轮记数传感器从初始位置开始检测记数，检测信号用于停机解缆操作。

5）油位监测。如监测润滑油和液压系统油位。

（3）电力参数。电网三相电压、发电机输出的三相电流、电网频率、风力发电机功率因数等，用来判断并网条件、计算电功率和发电量、无功补偿、电压和电流故障保护。

风力发电监控系统还需要具备历史数据查询功能，即可以根据不同时间段查询系统采集的监控数据，用以评估分析风力发电机的发电情况、运行效果和故障等。风力发电机运行报表可分为日报表、周报表、月报表和年报表；实时数据中记录每一个检测点数据变化，系统将发生变化的数值和时间转存入历史数据库。系统能够实现数据统计、存储、分析、报表、曲线、打印等多种功能。

图 5-23 显示了风玫瑰图的查询结果，以风向为参照，直观显示设定时间内风频、风速和功率的数据统计信息。图 5-24 显示了风力发电机的功率曲线查询结果，

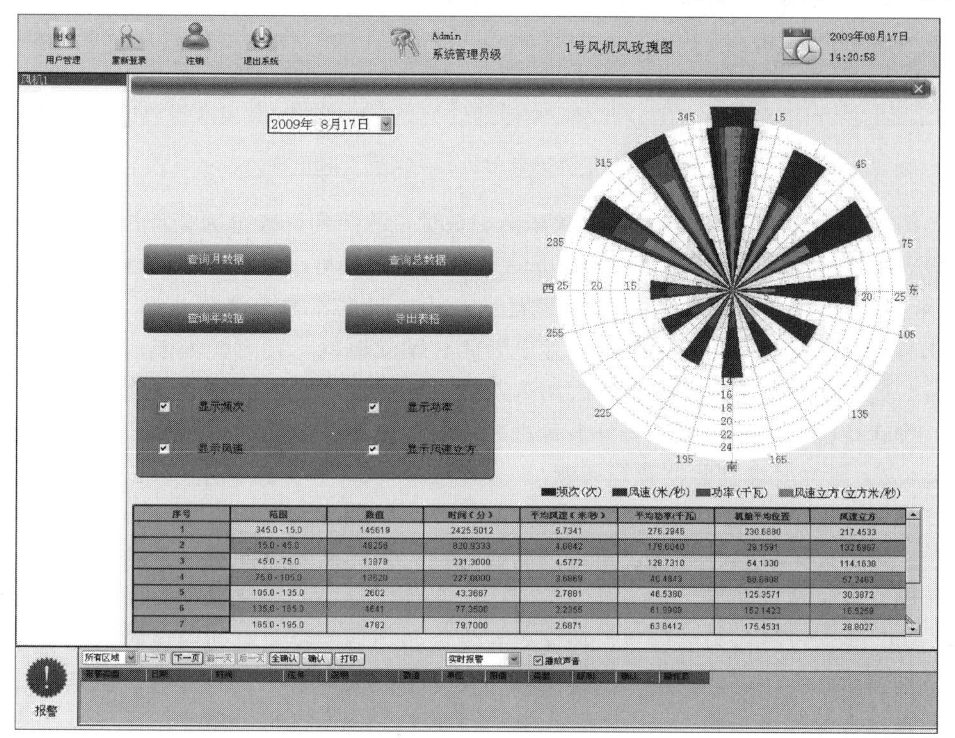


图 5-23　风玫瑰图查询界面

以风速为参照，直观显示设定时间内风频及发电功率的数据统计信息。横坐标表示风速范围为 0～25m/s，纵坐标分别表示不同风速出现的频次和发电功率。由于风力发电机功率与风速有着固定的函数关系，对比不同时段数据，例如比较今天和昨天的功率曲线可作为风电机组故障判断依据。

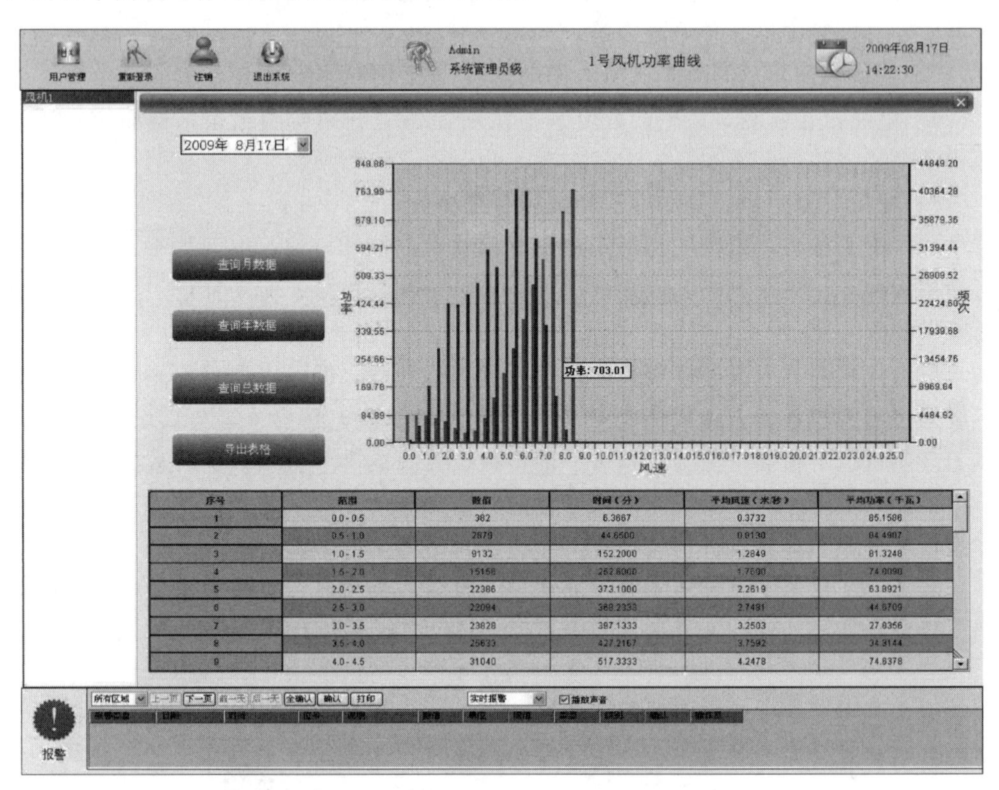


| 序号 | 范围 | [illegible] | 时间（分） | 平均风速（米/秒） | 平均功率（千瓦） |
|---|---|---|---|---|---|
| 1 | 0.0-0.5 | 382 | 6.3667 | 0.3732 | 85.1586 |
| 2 | 0.5-1.0 | 2879 | 44.6500 | 0.8130 | 84.4907 |
| 3 | 1.0-1.5 | 9132 | 152.2000 | 1.2849 | 81.3248 |
| 4 | 1.5-2.0 | 15158 | 262.8000 | 1.7690 | 74.0090 |
| 5 | 2.0-2.5 | 22386 | 373.1000 | 2.2619 | 63.8921 |
| 6 | 2.5-3.0 | 22094 | 368.2333 | 2.7491 | 44.8709 |
| 7 | 3.0-3.5 | 23828 | 397.1333 | 3.2503 | 27.8356 |
| 8 | 3.5-4.0 | 25633 | 427.2167 | 3.7592 | 34.9144 |
| 9 | 4.0-4.5 | 31040 | 517.3333 | 4.2478 | 74.6378 |

图 5-24 风力发电机功率曲线查询界面

图 5-25 显示了风力发电机的故障历史数据，故障代码表分为全部故障代码统计计数表和最近 100 条故障代码统计显示表，故障代码表可以导出 Excel 文件。图 5-26 显示了风力发电机的运行记录表，运行记录表统计的参数分为发电量、可利用率、工作时间、故障时间、停机时间、发电时间、偏航时间、顺时针偏航时间、逆时针偏航时间、维护时间、停机次数、切入次数、偏航次数、主断路器开次数和维护次数。按运行记录表统计的时间分为月报表、年报表和总报表，可以导出 Excel 文件。

#### 5.3.4.3 风力发电机监控常规问题

风力发电机监控需要处理的常规问题主要包括控制反馈信号检测、增速器油温控制、风力发电机温升控制、功率过高或过低处理，以及风速过大下的风电机组退出电网，具体情况如下：

（1）控制反馈信号的检测。控制器在发出指令后的设定时间内应收到的反馈信号包括回收叶尖扰流器、松开机械刹车、松开偏航制动器、风力发电机脱网转速降落。否则故障停机。

（2）增速器油温控制。增速器箱内由 PT100 热电阻温度传感器测温，加热器保

用户管理 重新登录 注销 退出系统 Admin 系统管理员级 1号风机故障代码 2009年08月17日 14:20:11

风机1

| 序号 | 状态码 | 最近一次激活时间 | 激活次数 |
|---|---|---|---|
| 1 | 10001：机舱振动有效值超限 | 2009-07-31-09:31:14.015 | 0 |
| 2 | 10002：机舱振动瞬时值超限 | 2009-08-11-13:51:18.640 | 0 |
| 3 | 30001：变流器测得的发电机超速 | 2009-08-13-13:09:16.480 | 0 |
| 4 | 30002：变流器ups报警 | 2009-08-13-13:09:16.480 | 0 |
| 5 | 30003：变流器crowbar动作 | 2009-08-13-13:09:16.480 | 0 |
| 6 | 30004：变流器CSC状态 | 2009-08-13-13:09:16.480 | 0 |
| 7 | 30005：变流器系统故障 | 2009-08-13-12:51:16.399 | 0 |
| 8 | 30006：变流器并网故障 | 2009-08-13-13:32:16.641 | 0 |
| 9 | 30011：变流器准备好并网信号超时 | 0000-00-00-00:00:00.000 | 0 |
| 10 | 30061：变流器控制柜温度超限 | 0000-00-00-00:00:00.000 | 0 |
| 11 | 30081：变流器控制柜风扇保护 | 2009-07-27-13:33:19.298 | 0 |
| 12 | 40010：风轮制动垫故障 | 2009-08-17-10:38:44.920 | 3 |
| 13 | 50001：液压油泵加热器保护 | 2009-07-23-03:09:07.328 | 0 |
| 14 | 50002：液压油泵马达保护 | 2009-08-11-13:50:39.156 | 0 |
| 15 | 50010：液压泵马达反馈时间 | 2009-07-23-03:09:10.488 | 0 |

| 序号 | 状态码 | 激活时间 | 复位时间 |
|---|---|---|---|
| 1 | 40010：风轮制动垫故障 | 2009-08-17-10:38:44.920 | 2009-08-17-10:40:55.236 |
| 2 | 300709：变桨紧停 | 2009-08-17-10:38:44.360 | 2009-08-17-10:41:00.356 |
| 3 | 300343：桨叶3的变换器电源故障 | 2009-08-17-10:38:44.360 | 2009-08-17-10:41:00.436 |
| 4 | 300342：桨叶2的变换器电源故障 | 2009-08-17-10:38:44.360 | 2009-08-17-10:41:00.436 |
| 5 | 300341：桨叶1的变换器电源故障 | 2009-08-17-10:38:44.360 | 2009-08-17-10:41:00.436 |
| 6 | 40010：风轮制动垫故障 | 2009-08-17-10:22:27.240 | |
| 7 | 300709：变桨紧停 | 2009-08-17-10:22:26.440 | |

导出故障代码计数表 导出故障代码历史表

所有区域 上一页 下一页 前一天 后一天 全确认 确认 打印 实时报警 播放声音

报警

图 5-25　风力发电机故障情况查询界面

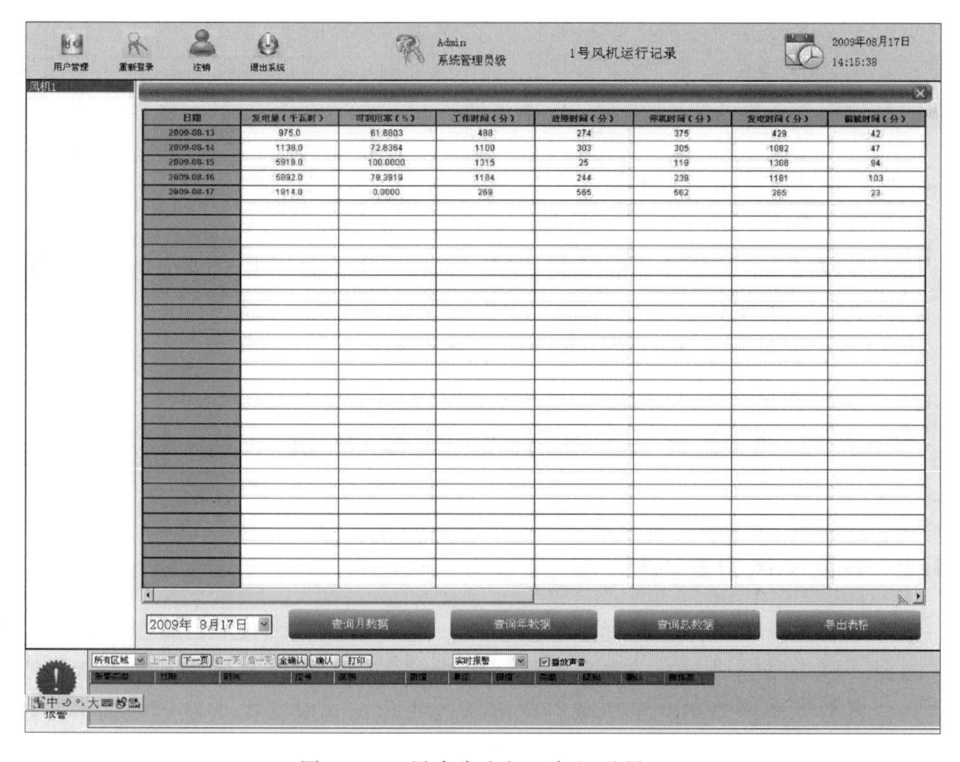


| 日期 | 发电量（千瓦时） | 可利用率（%） | 工作时间（分） | 故障时间（分） | 停机时间（分） | 发电时间（分） | 偏航时间（分） |
|---|---|---|---|---|---|---|---|
| 2009-08-13 | 975.0 | 61.6803 | 488 | 274 | 375 | 429 | 42 |
| 2009-08-14 | 1138.0 | 72.6364 | 1100 | 303 | 305 | 1082 | 47 |
| 2009-08-15 | 5918.0 | 100.0000 | 1315 | 25 | 119 | 1308 | 94 |
| 2009-08-16 | 5892.0 | 79.3919 | 1184 | 244 | 239 | 1181 | 103 |
| 2009-08-17 | 1914.0 | 0.0000 | 269 | 565 | 562 | 265 | 23 |

图 5-26　风力发电机运行记录界面

证润滑油温不低于 10℃，润滑油泵始终对齿轮和轴承强制喷射润滑，油温高于 60℃时冷却系统启动，低于 45℃时停止冷却。

（3）发电机温升控制。通过冷却系统控制发电机温度，如温度控制在 100℃以内，当发电机温度升至 150～155℃时停机，具有水冷装置的风力发电机如图 5-27 所示。

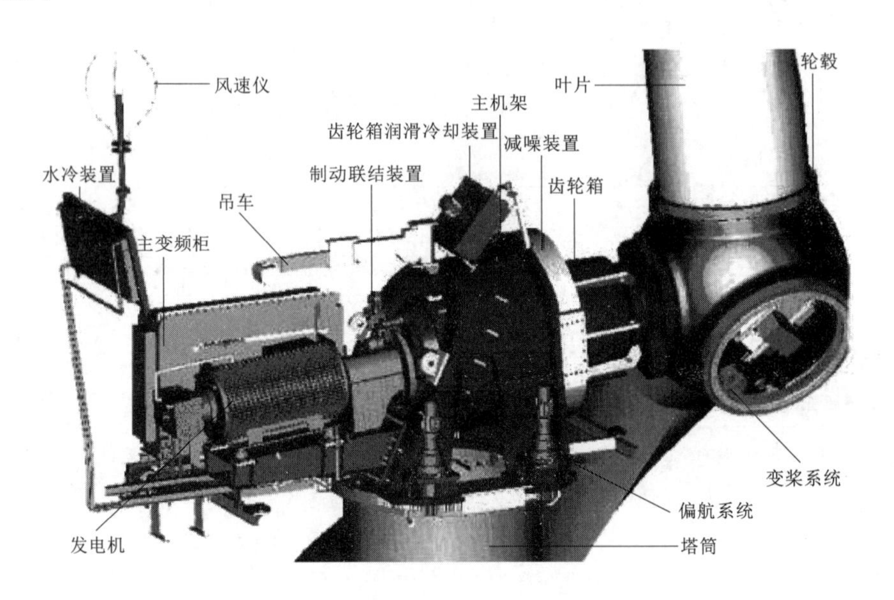


图 5-27　具有水冷装置的风力发电机

（4）功率过高或过低的处理。风速低时，风力发电机如持续出现逆功率（一般 30～60s），则退出电网，进入待机状态；功率过高时，可能为电网频率波动，机械惯量不能使转速迅速下降，持续 10min 大于额定功率 15%或持续 2s 大于额定功率 50%时停机。

（5）风速过大，风力发电机退出电网。风速过大会使叶片严重失速造成过早损坏，持续 10min 风速高于 25m/s 或持续 2s 风速高于 33m/s 时进行正常停机，持续 1s 风速高于 50m/s 时进行安全停机，叶片侧风 90℃。

## 5.4　风力发电机并网

### 5.4.1　并网型风力发电机

离网型与并网型风力发电机

风力发电机除了从来流获取最大能量外，还要使发电机向电网提供高品质的电能。因此，风力发电机并网的要求为：尽可能产生较低的谐波电流；能够控制功率因数；使风力发电机输出电压适应电网电压的变化；向电网提供稳定的功率。国内外兆瓦级以上技术较先进的、有发展前景的并网型风力发电机主要包括双馈异步风力发电机和永磁直驱同步风力发电机，两者优缺点见表 5-5。

表 5-5 并网型双馈异步风力发电机和永磁直驱同步风力发电机的比较

| 项目 | | 双馈异步风力发电机 | 永磁直驱同步风力发电机 |
|---|---|---|---|
| 电机 | 尺寸 | 小 | 大 |
| | 重量 | 轻 | 重 |
| | 造价 | 低 | 高 |
| | 滑环 | 每半年更换碳刷，每2年更换滑环 | 无 |
| 电压 | 变化率 | 电压变化率高时需进行电压滤波 | 无高电压变化 |
| | 可承受瞬间变化范围 | ±10% | +10%，-85% |
| 电控系统 | 体积 | 中 | 大 |
| | 价格 | 中 | 高 |
| | 平均效率 | 较高 | 高 |
| | 维护成本 | 较高 | 低 |
| 变流系统 | IGBT单元 | 单管额定电流小，技术难度大 | 单管额定电流大，技术难度小 |
| | 容量 | 仅需要全功率的1/4 | 全功率 |
| | 稳定性 | 中 | 高 |
| 电缆 | 电机电缆电磁 | 有，需要屏蔽线 | 无电磁释放 |
| | 塔架内电缆工作电流 | 高频非正弦波，必须使用屏蔽电缆 | 正弦波 |
| 电网 | 谐波畸变 | 难以控制 | 容易控制 |
| | 网侧电压突然降低影响 | 电机端电流迅速升高，电机扭矩迅速增大 | 电流维持稳定，扭矩保持不变 |

案例：柔性直流并网海上风电场

多台并网型风力发电机可组成并网运行的风电场，相比传统火电厂或核电站，风电场具有以下优点：建设工期短；实际占地面积小，对土地质量要求低，可适应山区、海边、草地等不同地形地貌；运行管理自动化程度高、无人值守。同时，并网运行的风电场也存在一些困难与挑战，如风能设备巨大而笨重，安装运输困难；风能不稳定性、剧烈变化时对电网影响严重。位于山区的并网风电场如图 5-28 所示。

图 5-28 位于山区的并网风电场

## 5.4.2 双馈异步风力发电机并网技术

双馈异步风力发电机工程应用

在并网风力发电系统中，相比恒速风力发电机，最常采用的为基于双馈异步电机的变速风力发电系统，特点包括变速恒频运行方式、有功和无功解耦控制、最大功率捕获能力、降低机械应力、功率损耗低。这些优点得益于双馈异步风力发电机系统的双变换器及其控制。因此，变换器的控制方法对于提高双馈异步风力发电机

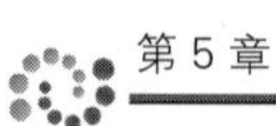

系统的性能具有重要意义。

双馈异步风力发电机并网技术的核心为电网同步控制，即准同步并网技术。准同步并网技术可将双馈异步风力发电机接入电网，把对风力发电系统和电网的影响降到最低。然而，不少风力发电系统位于电网连接较为薄弱的农村地区，在正常运行中存在电网电压不平衡的问题，双馈异步风力发电机并网控制对风力发电系统和电网能够起到较好的保护作用。

基于准同步并网技术的双馈异步风力发电机系统如图5-29所示。其中，双馈异步风力发电机定子直接连接电网，转子通过由两个变换器组成的四象限逆变器连接电网。一方面，利用机组侧变换器控制调节电磁转矩、提供部分无功功率；另一方面，利用电网侧变换器对直流侧电压进行控制调节。双馈异步风力发电机准同步并网的过程包括：主控器发出并网指令；直流电容充电；变换器电网侧接触器闭合，提升电容电压；电网侧变换器调制，提供稳定的直流母线电压；机组侧变换器调制，实现励磁电流大小/相位/频率控制；定子侧主断路器合闸，此时发电机定子空载电压大小/相位/频率同步电网，实现准同步并网。

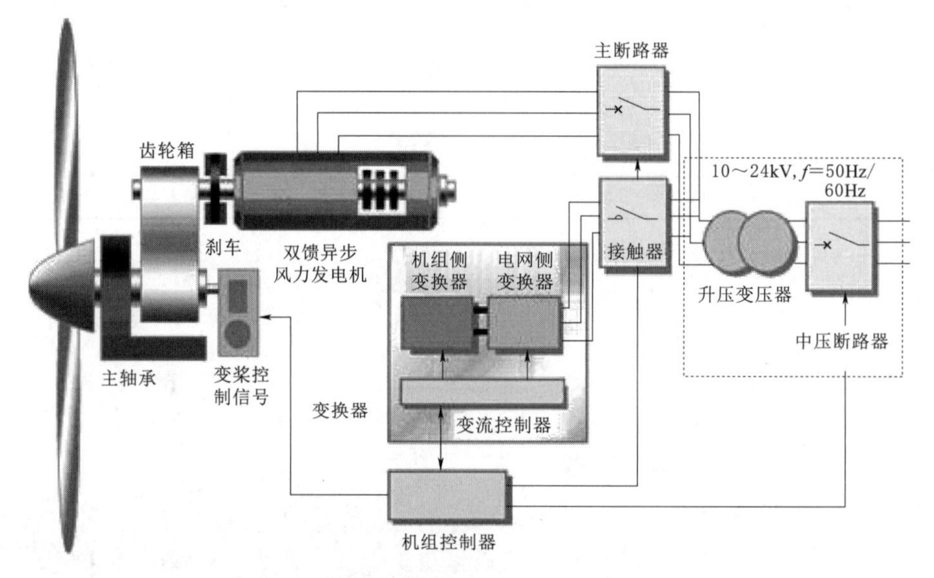


图5-29　基于准同步并网技术的双馈异步风力发电机系统

双馈异步风力发电机并网具有以下优点：

(1) 并网电流冲击小，传动轴机械冲击小。

(2) 降低变换器成本，变换器只需控制转子的转差功率，其额定功率通常仅占系统总功率的25%。

(3) 降低滤波器成本，滤波器仅消耗0.25%的系统总功率，变换器谐波占系统总谐波的比例较小。

(4) 系统对外部干扰的鲁棒性和稳定性较好。

双馈异步风力发电机系统通过转子和定子向电网传输电力，需要滑环和电刷装置，双馈异步风力发电机主要有两种运行模式：

(1) 运行模式 1，发电机转子以高于同步转速转动运行，称为超同步模式。在此模式下，转差率为负值，定子和转子都向电网供电。

(2) 运行模式 2，发电机在低于同步转速下运行，称为亚同步模式。在此模式下，转差率为正值，定子同时向电网和转子供电。由于转速较小，定子提供的总功率小于超同步模式功率。

### 5.4.3 永磁直驱风力发电机并网技术

直驱式风力发电机工程应用

永磁直驱风力发电机是一种较常使用的发电机，可应用于大型风电机组。永磁直驱风力发电机依靠永磁体提供磁场，因此不需要磁场绕组或向磁场提供电流。固定电枢提供电能，因此不需要调节器、滑环或电刷。在永磁直驱风力发电系统中，转子安装有永磁体，无须外部励磁，不需要利用定子气隙磁通来提供磁化电流。此外，永磁直驱风力发电机直接连接风力发电机耦合，无须齿轮箱，简化了风电系统的机械结构。但是由于永磁材料昂贵，永磁直驱风力发电机的制造成本较高。

永磁直驱风力发电机的工作原理与同步电机相似，主要区别在于磁场由永磁体而不是电磁铁提供，不直接连接交流电网。永磁直驱风力发电机最初产生的为可变电压和频率的交流电，并立即整流为直流电，然后直流电再转换为固定频率和电压的交流电输出电网。永磁直驱风力发电机并网大多采用电压空间矢量控制方法。

永磁直驱风力发电机并网系统如图 5-30 所示，主要特点为不需要齿轮箱，可实现无冲击并网。系统将机组侧变换器放置在发电机和直流通路之间，直流通路连接电网侧变换器再连接至电网。不同于双馈异步风力发电机的准同步并网，永磁直驱风力发电机不存在同步阶段，即机组连接电网的同时调制变换器和交流电压，而非先同步好交流电压再连接电网。永磁直驱风力发电机并网的过程包括：主控器发出并网启动指令；直流电容充电；变换器电网侧断路器合闸，提升电容电压；电网

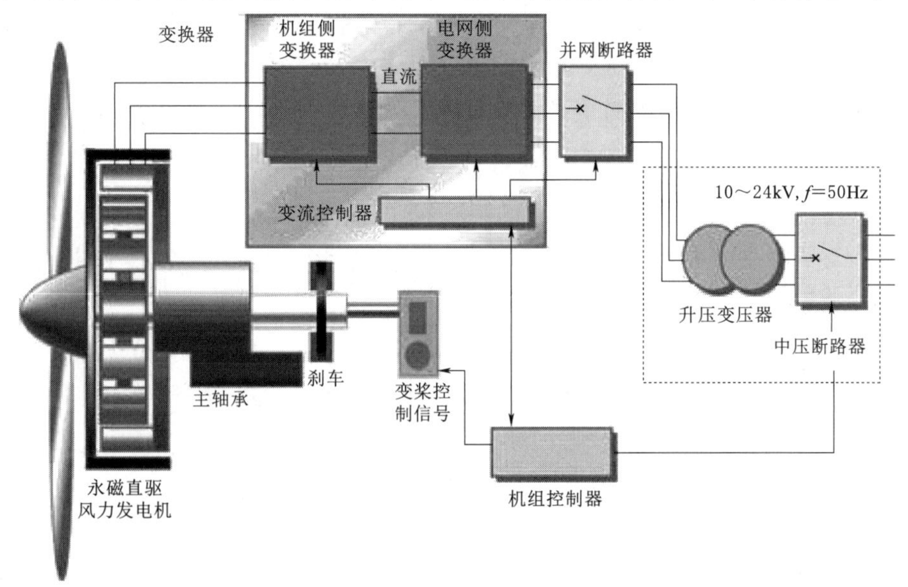


图 5-30 永磁直驱风力发电机并网系统

侧变换器调制；机组侧变换器调制；发电机转矩加载，风力发电机变桨发电。

永磁直驱风力发电机并网具有以下优点：

（1）风力发电机没有齿轮箱，减少传动损耗、提高发电效率，在低风速环境下效果更明显。

（2）齿轮箱是风力发电机故障频率较高的部件，直驱技术省去了齿轮箱及其附件，提高了整体机组的可靠性。

（3）减少风力发电机零部件数量，避免齿轮箱油定期更换，降低运行维护成本。

（4）永磁直驱风力发电机的低电压穿越能力使得机组能够在一定的电压跌落范围内不间断并网运行，从而维持电网的稳定运行。

但仍需要注意的问题是，由于没有齿轮箱，需要低速风轮直接与高速的发电机相连接，各种有害冲击载荷也全部由发电机系统承受，对发电机要求很高。同时，为提高发电效率，发电机的极数非常大，使得发电机体积庞大、结构非常复杂，需要进行整机吊装维护。同时，对永磁材料及稀土等特殊材料的需求会增加电机成本和不确定性因素。

## 思考与习题

1. 风力发电机包括哪些类型，主要应用于哪些风电机组？

回答：风力发电机包括笼式异步发电机、双馈异步发电机和同步发电机。笼式异步发电机主要应用于定桨距风电机组，双馈异步发电机主要应用于变桨距风电机组，同步发电机主要应用于直驱式风电机组。

2. 阐述双馈异步风力发电机系统及工作原理。

回答：风轮将风能转化为机械转矩，通过齿轮箱增速至双馈异步风力发电机转速，电机转子通过两个变换器连接电网，电机定子输出功率至电网。在超同步转速下，变换器 1 作为整流器工作，变换器 2 作为逆变器工作，转子和定子输出功率；在亚同步转速下，转子吸收功率，变换器 1 作为逆变器工作，变换器 2 作为整流器工作。

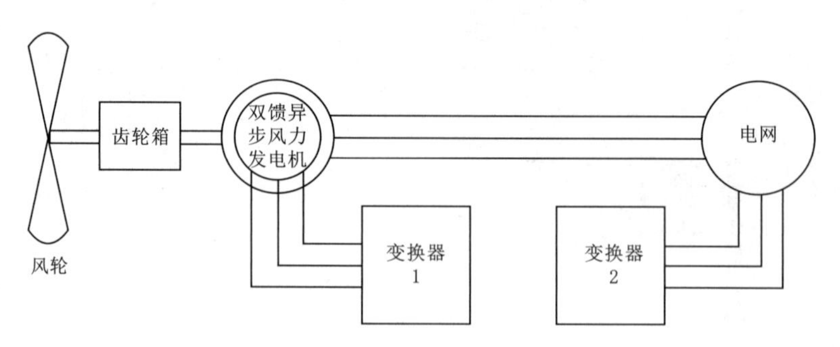


3. 阐述永磁同步风力发电机系统及工作原理。

回答：风轮后面连接的分别是主轴、齿轮箱、永磁同步电机、两个变换器和电网。风轮吸收风能并转化为机械能，没有齿轮箱，直接驱动永磁同步风力发电机进

行发电，发电机输出电能经过变换器输送至电网。根据情况，变换器 1 可是二极管整流器或可控整流器，变换器 2 可选择晶闸管可控硅逆变器或 PWM 逆变器。

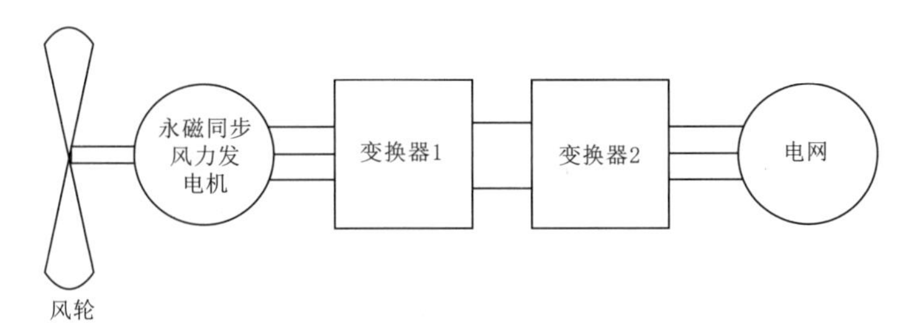


4. 请阐述叶尖扰流器在定桨恒速风力发电机中的作用。解释叶尖扰流器的工作原理。

回答：叶尖扰流器为风电机组叶片叶尖部分的可旋转空气阻尼板，实现定桨恒速风力发电机的空气动力刹车功能。其工作原理为：当风电机组正常运行时，在液压系统作用下，叶尖扰流器与桨叶主体部分紧密地合为一体，组成完整的桨叶；当风力发电机需要脱网停机时，液压系统按控制指令将叶尖扰流器释放并使之旋转90°形成阻尼板，实施空气动力刹车。

5. 根据功率曲线，阐述变速变桨风力发电机的桨距角控制策略。

回答：当风速小于切入风速时，风力发电机不启动，叶片桨距角为 90°；当风速大于切入风速且小于额定风速时，桨距角为固定值，通过追踪最优叶尖速比，最大化风能转化效率；当风速大于额定风速且小于切出风速时，通过变桨动作改变叶片桨距角，从而限制风能吸收，保持额定功率的输出；当风速高于切出风速时，为避免风力发电机受到损坏需要停机，输出功率降为零，桨距角回至 90°。

6. 阐述风力发电系统的主要控制目标，阐述风力发电控制系统的具体任务。

回答：主要控制目标为风力发电机的安全可靠运行、获取最大能量以及提供高质量的电能。风力发电控制系统是综合性控制系统，主要包括四个方面任务：根据风速风向变化对风电机组进行优化控制；保证风电机组稳定、高效运行；监视电网、风况和风力发电机的运行参数；各种正常或故障情况下脱网停机。

7. 简述双馈异步风力发电机的准同步并网技术。

回答：双馈异步风力发电机定子直接连接电网，转子通过两个变换器组成的四象限逆变器连接电网。准同步并网的过程包括：主控器发出并网指令；直流电容充电；变换器电网侧接触器闭合，提升电容电压；电网侧变换器调制，提供稳定的直流母线电压；机组侧变换器调制，实现励磁电流大小/相位/频率控制；定子侧主断路器合闸，此时发电机定子空载电压大小/相位/频率同步电网，实现准同步并网。

8. 相比双馈异步风力发电机，阐述永磁直驱风力发电机并网技术的区别。

回答：永磁直驱风力发电机并网系统不需要齿轮箱，可实现无冲击并网。系统将机组侧变换器放置在发电机和直流通路之间，直流通路连接电网侧变换器再连接至电网。不同于双馈异步风力发电机的准同步并网，永磁直驱风力发电机不存在同步阶段，即机组连接电网的同时调制变换器和交流电压，而非先同步好交流电压再连接电网。

## 参考文献

[1] 姚兴佳. 风力发电原理与应用 [M]. 北京：机械工业出版社，2017.

[2] J F Manwell，J G McGowan，A L Rogers. Wind energy explained：theory，design and application [M]. New York：John Wley&Sons Ltd，2002.

[3] 叶杭冶. 风力发电机组监测与控制 [M]. 北京：机械工业出版社，2011.

[4] 孟克其劳. 风电机组电机学 [M]. 北京：中国水利水电出版社，2022.

[5] Adel Abdelbaset，Yehia S Mohamed，Abou - Hashema M El - Sayed，et al. Wind driven doubly fed induction generator：grid synchronization and control [M]. Cham：Springer International Publishing，2018.

[6] R Pena，J C Clare，G M Asher. Doubly fed induction generator using back - to - back PWM converters and its application to variable - speed wind - energy generation [J]. IEE Proceedings Electric Power Applications，1996，143 (3)：231 - 241.

[7] M G Simões，F A Farret. Alternative energy systems：design and analysis with induction generators [M]. 2nd ed. London：CRC Press，2004.

[8] Mateo Bašić，Matija Bubalo，Dinko Vukadinović，et al. Sensorless maximum power control of a stand - alone squirrel - cage induction generator driven by a variable - speed wind turbine [J]. Journal of Electrical Engineering & Technology，2021，16 (1)：333 - 347.

[9] Tan Luong Van，Trung Hieu Truong，Buu Pham Nhat Tan Nguyen，et al. Nonlinear control of PMSG wind turbine systems [C]. NV：AETA 2013，2014：113 - 123.

[10] T Sun. Power quality of grid - connected wind turbines with DFIG and their interaction with the grid [D]. Aalborg：Aalborg University，2004.

# 第 6 章　风电场

风电场是在风资源良好的地域范围内，统一经营管理的由所有风电机组及配套的输电设备、建筑设施和运行维护人员等共同组成的集合体，是将多台风电机组按照一定的规则排成阵列，组成风电机组群，将捕获的风能转化成电能，并通过输电线路送入电网的场所。本章主要介绍风电场的组成与分类、规划与选址、施工与管理、监测与维护、风功率预测与并网、项目及开发等。

## 6.1　风电场的组成与分类

### 6.1.1　风电场的组成

在陆上风电场中，风电机组产生的电能通过电缆传递到箱式变电站，箱式变电站将其电压由 0.4kV 或 0.69kV 升至 35kV 后，通过风电场场内 35kV 架空线路或电缆，将电能汇集到风电场的升压变电站，在升压变电站将电压升高至 110kV、220kV 或更高电压等级后，经高压架空线路并入当地公共电网。

在海上风电场中，海上风电机组产生的电能先通过场内海底电缆，汇集到海上升压站，由海上升压站将电压升高至 110kV 或 220kV 后，再通过海底高压电缆，将电能输送到陆上集控中心，经陆上集控中心接入当地电网，将电能输送出去。

风电场的组成如图 6-1 所示。

### 6.1.2　风电场的分类

风电场按照建设位置通常可分为陆上风电场和海上风电场。陆上风电场指在陆地和沿海多年平均大潮高潮线以上地区开发建设的风电场，按照地形可以分为平坦地形风电场、复杂地形风电场；按照规模可以分为分散式风电场、集中式风电场和大规模风电基地等。海上风电场按照风电机组所处水深可分为潮间带和潮下带滩涂风电场、近海风电场和深远海风电场等。

1. 陆上风电场的特点

(1) 平坦地形风电场。该类风电场的特点是所在地形平坦、起伏小，不会因地势起伏引起气流绕流。这类风电场年平均风速和年利用小时数往往较高，风电机组布置简单，主要分布在我国“三北”地区，是我国风电最早建设的区域。尽管平坦

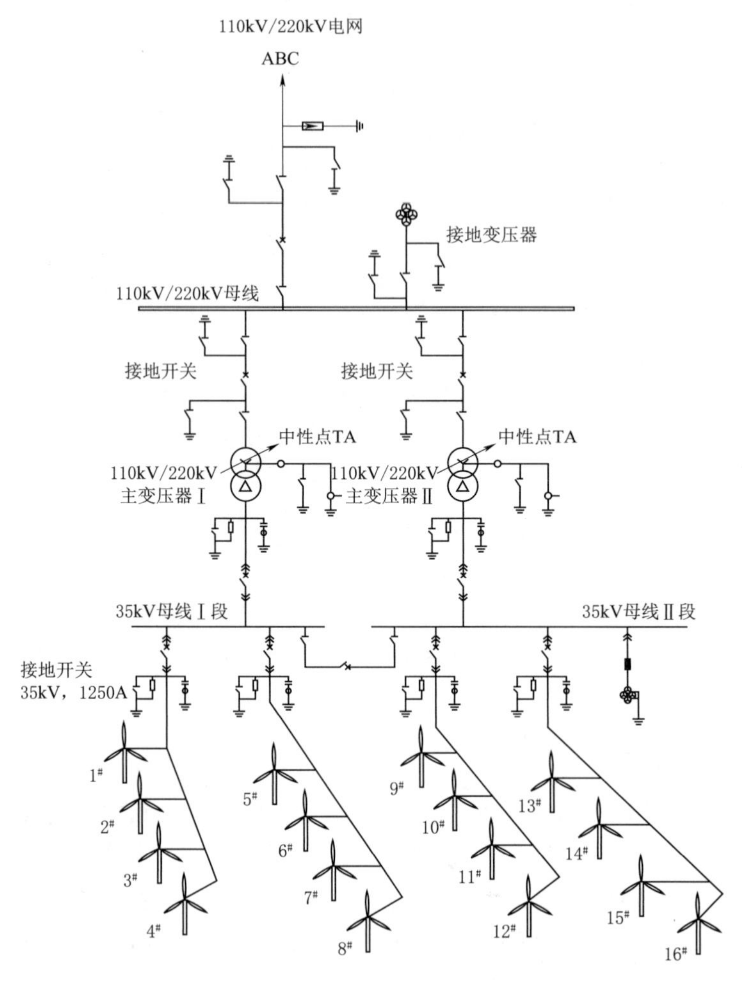


图 6-1 风电场的组成示意图

地形有其优势，但也需要注意可能的一些挑战。例如，由于地形平坦，风电场可能会受到周围建筑物或树木的影响，需要进行合理的布局和风电机组高度的选择，以充分利用风资源。此外，平坦地形上的风电场通常规模较大，因此需要评估与人类活动和生态环境相关的影响。平坦地形风电场如图 6-2 所示。

图 6-2 平坦地形风电场

（2）复杂地形风电场。在该类风电场中，复杂地形山体给施工、运行以及维护带来了困难，同时会产生大气流动分离，引起空气流动方向改变和湍流增加，从而直接影响风电机组的有功功率并增加机组疲劳载荷。复杂地形风电场在规划及评估等方面面临巨大挑战，但是优质的机位能够获得更多的风资源，为可持续发展提供更多的清洁能源。复杂地形风电场如图 6-3 所示。

图 6-3 复杂地形风电场

（3）集中式风电场。集中式风电场指一个风电场的风电机组由一个或多个变电站收集，然后直接接入电网，将产生的电能输送到消费地区。这种连接方式可以实现大规模的电能传输，使得发电系统能够更好地满足电力需求。而且由于风电机组较集中地部署在一个区域，维护和管理相对较为便利。但有时受限于地理条件和政府政策，可能无法在最理想的地点建设风电场。集中式风电场如图 6-4 所示。

（4）分散式风电场。分散式风电场是我国近些年在中部、东部、南部低风速地区建设的小规模风电场，特点是规模小，产生的电能就地消纳。但是由于风速往往偏低，风电机组一般采用高塔架、长叶片来增加风能捕捉能力。分散式风电场如图 6-5 所示。

图 6-4 集中式风电场

图 6-5 分散式风电场

（5）大规模风电基地。2005 年起，我国先后规划了蒙东、蒙西、甘肃、冀北等装机容量在千万千瓦左右的大型风电基地，自此风电大基地的概念应运而生。大规模风电基地往往空间尺度较大，有的基地跨度达到上百千米。大规模风电基地中包含多个风电场，每台风电机组产生的电能汇集到各个风电场的场级升压站，再由场级升压站汇集到大基地中心的集控升压站，最后通过特高压线路送往长远距离之外的用电地区。大规模风电基地往往同时和光伏电站、火力发电站、抽水蓄能电站、储能电池等协同配合建设新能源基地，又称为综合能源基地。大规模风电基地具有清洁、环境效益好、可再生、永不枯竭的优点；但是缺点也比较明显，例如：噪声、视觉污染、占用大片土地、成本高、影响鸟类等。大规模风电基地如图 6-6 所示。

2. 海上风电场的特点

潮间带和潮下带滩涂风电场指在沿海多年平均大潮高潮线以下至理论最低潮位以下 5m 水深内的海域开发建设的风电场；近海风电场指在理论最低潮位以下 5～50m 水深的海域开发建设的风电场，包括在相应开发海域内无固定居民的海岛和海

图 6-6 大规模风电基地

礁上开发建设的风电场；深远海风电场指在大于理论最低潮位以下 50m 水深的海域开发建设的风电场，包括在相应开发海域内无固定居民的海岛和海礁上开发建设的风电场。

海上风电场的主要优点有：

(1) 风速优于陆地，且海面粗糙度小，离岸 10km 的海上风速通常比沿岸陆上风速高约 25%。

(2) 湍流强度小，具有稳定的主导风向，风电机组承受的疲劳载荷较小，风电机组寿命更长。

(3) 受噪声、景观影响以及鸟类、电磁波等干扰问题的限制较少。

(4) 不占陆上用地，不涉及土地征用等问题。对于人口比较集中、陆地面积相对较小、濒临海洋的国家或地区较适合发展。

基于海上风力发电的独特优势，世界各国正在纷纷发展海上风电产业。目前海上风力发电的开发主要集中在欧洲，我国也在近年开始开发和利用近海风资源，特别是江苏、广东、山东、浙江和福建等沿海省份。潮间带和潮下带滩涂风电场如图 6-7 所示。

近海风电场与升压站如图 6-8 所示。

图 6-7 潮间带和潮下带滩涂风电场

图 6-8 近海风电场与升压站

海上风电场的主要缺点有：

(1) 高成本。相比陆上风电场，海上风电场建设和运营成本通常更高。这主要是由于海上风电场需要应对更恶劣的海洋环境，需要使用更耐腐蚀、耐海水侵蚀的材料，并且安装和维护设备需要更复杂的技术和专业知识。

(2) 建设与维护难度大。海上风电场的建设难度相对较大，包括在海洋中固定风电机组桩基、输电线路的布设等。这些施工工作需要解决海上的安全问题，天气和海洋环境增加了施工的复杂性和风险。除此之外，由于海上风电场的位置远离陆地，维护和修复设备可能会面临较高的困难。恶劣的海洋气候可能导致维护船只和

设备难以进入和操作，增加了维护成本和时间。

(3) 对海洋生态环境造成影响。虽然风能是清洁能源，但海上风电场的建设和运营仍可能对海洋生态环境产生影响。例如，风电机组桩基的安装可能对海底生态系统造成干扰，而风电机组运行时的噪声也可能对海洋生物造成影响。

(4) 远距离输电损耗。海上风电场通常需要将发电的电能输送到海上升压站，然后再输送到陆地上的电网。这些输电过程可能会引起一定的电能损耗，尤其是对于离岸较远的风电场而言。

(5) 面临天气风险。海上风电场位于海洋中，容易受到台风、海啸等极端天气的影响，可能导致设备损坏和电力输出不稳定。

尽管海上风电场面临一些挑战，但随着技术的不断进步，海上风电仍然被认为是未来清洁能源发展的重要方向之一。通过创新和经验积累，许多问题将逐渐得到解决，海上风电场的发展前景依然乐观。

## 6.2 风电场规划与选址

### 6.2.1 宏观规划与选址

#### 6.2.1.1 宏观规划与选址的原则

风电场宏观规划与选址遵循的原则是根据风资源调查与分区的结果，选择最有利的场址，以求增大风电机组的电能输出，提高供电的经济性、稳定性和可靠性，最大限度地减少各类因素对风资源利用、风电机组使用寿命和安全的影响，全方位考虑场址所在地对电力的需求，以及交通、电网、土地使用及环境等。

采用的办法是综合考虑风资源和非气象因素（如电网接入系统条件、交通条件等），对两种类型（风资源好，但非气象因素差；或反之）的若干个潜在候选场址进行初步的技术经济比较，选出少量的候选场址，然后在候选场址安装测风塔和测风仪器等进行风资源现场实测，取得候选场址中的风资源数据。陆上风电场宏观规划与选址如图 6-9 所示、海上风电场宏观规划与选址如图 6-10 所示，其中不同形状边框代表海上风电场的范围和位置。

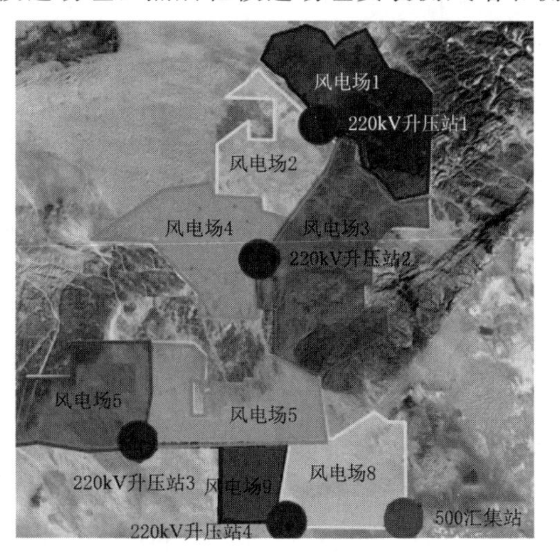


图 6-9 陆上风电场宏观规划与选址示意图

风电场宏观规划与选址也应该了解当地政策、法规和现场的要求，风电机组的建设或运行对当地环境的影响，有关现场地质的约束及相关地质图，道路、输配电线路及变电站的位置。另外需要再进一步收集以下数据：

(1) 在风资源分析中使用任何技

图6-10　海上风电场宏观规划与选址示意图

术时所需要的全部资料。

（2）为防止风电机组碎片对公众的人身伤害，确定安全隔离区范围。

（3）对安全性、环境的影响及运行方面的问题做的进一步评审。

（4）风电机组的运行特性及价格等。

#### 6.2.1.2　宏观规划与选址的技术标准

风电场宏观规划与选址时必须综合考虑地理、技术、经济和环境等四方面的影响因素。其中：①地理因素主要包括地质、地震、岩土工程和气象条件；②技术因素主要包括风电场接入系统方案、系统通信建设、风电机组年上网电量；③经济因素主要包括风电场计划总资金、单位投资、建设期利息、全部投资回收期、全部投资内部收益率、注资回收期、注资内部收益率、投资利率；④环境因素主要包括噪声污染与防治、生态影响、水土流失与防治、环境效益。

风电场的宏观选址有严格的技术标准，应严格执行。

1. 风资源质量好、风资源丰富

风资源质量好一是指盛行风向稳定，有利于风电机组规范排布和降低频繁偏航的故障及能耗；二是风速的日变化、季变化较小，可降低对电网的冲击；三是风频分布利于风电机组的出力，例如年平均风速是11m/s的风电场，50%的风速都是21m/s，另50%的风速都是1m/s，全年平均风速虽然有11m/s，但由于它的风频分布在风电机组切入切出风速范围外，导致风电机组的发电量为0。

风资源丰富是指风速高、风功率密度大、有效风能利用小时数多。根据我国风资源的实际情况，风资源丰富区标准定为年平均风速应在6m/s以上，年平均有效风功率密度大于300W/m$^2$，风速为3～25m/s的小时数在5000h以上。

2. 风向稳定

风向稳定的条件是有一个或两个盛行主风向，所谓盛行主风向是指出现频率最多的风向。一般来说，根据气候和地理特征，某一区域基本上只有一个或两个盛行主风向且方向几乎相反，这种风向对风电机组运行非常有利，风电机组的排布也相对简单。但是，也有风况较好，而没有固定的盛行风向的情况，这会增加风电机组排布的难度，尤其是在风电机组数量较多时。在选址考虑风向影响时，一般按风向统计各个风速的出现频率，使用风速分布曲线来描述各风向上的风速分布，作出不同的风向-风能分布曲线，即风向玫瑰图和风能玫瑰图，从而判定盛行主风向。

3. 风垂直切变小

风电机组选址时要考虑因地面粗糙度引起的不同风速轮廓线，当风垂直切变非常大时，对风电机组运行十分不利，因此要选择风电机组高度范围内风垂直切变小的场址区域。

4. 湍流强度小

风具有随机性，加之场地地面粗糙和附近障碍物的影响，由此产生的无规则湍流会给风电机组及其输出功率带来危害，主要表现有：减小了风资源的可利用性；使风电机组产生振动；使风轮受力不均衡，引起部件机械磨损，从而缩短了风电机组的寿命，严重时使叶片及部分部件受到毁坏等。湍流强度同时也受大气稳定度和地面粗糙度的影响，所以在风电场选址时，一般应避开上风向地形起伏、地面粗糙和障碍物较大的地区。

5. 避开灾害性天气频繁出现的地区

灾害性天气包括强风暴（如强台风、龙卷风等）、沙暴、雷电、盐雾、覆冰等，这些对风电机组具有破坏性。如强风暴、沙暴会使叶片转速增大产生过发，导致风电机组失去平衡，增加机械摩擦进而导致机械部件损坏，降低风电机组的使用寿命，严重时会使风电机组遭到破坏。多雷电区会使风电机组遭受雷击从而造成风电机组毁坏。多盐雾天气会腐蚀风电机组部件从而降低风电机组部件的使用寿命。覆冰会使风电机组叶片及其测风装置发生结冰现象，从而改变叶片翼型，由此改变正常的气动出力，降低风电机组的输出功率；叶片结冰会引起叶片不平衡和振动，增加疲劳载荷，同时会改变风轮固有频率，引起共振，从而减少风电机组寿命或造成风电机组严重损坏；叶片上的积冰在风电机组运行过程中还可能会因风速、旋转离心力等而被甩出，坠落在风电机组周围，危及人员和设备自身安全；测风传感器结冰会给风电机组提供错误信息从而使风电机组产生误动作；风速仪上的冰会改变风杯的气动特性，降低转速甚至会冻住风杯，从而不能可靠地进行测风和对潜在风电场风资源进行正确评估。因此，尽量不要在频繁出现上述灾害性气候的地区建风电场，如果一定要将风电场建设在这些地区，在进行风电机组设计时必须要将这些因素考虑进去，还要对历年来出现的冰冻、沙暴情况及其出现的频度等进行统计分析，并在设计风电机组时采取相应措施。

6. 靠近电网

风电场应尽可能靠近电网，从而减少电损和电缆铺设成本。同时，应考虑电网现有容量、结构及其可容纳的最大容量，以及风电场的上网规模与电网是否匹配的问题，还应考虑接入系统的成本，要使其与电网的发展相协调。

小型风力发电项目要求尽量离 10～35kV 电网近些，较大型风力发电项目要求尽量离 110～220kV 电网近些。风电场与电网距离一般应小于 20km；同时，由于风力发电输出有较大的随机性，电网应有足够的调节容量，以免因风电场并网输出随机变化或停机解列对电网产生破坏作用。一般来说，风电场总容量不应大于电网总容量的 10%，具体还要看电网的容量和构架，否则应采取特殊措施，满足电网稳定性要求。

另外，应考虑接入系统的成本，要与电网的发展相协调。内陆一些高山上气候较冷，有雾天气相对较多，且离城市较远，送电线路往往较长，因此对于山区风电场的建设要特别注意防雾凇影响和长线路的投资等。

7. 交通方便

风电场的交通方便与否将影响风电场建设，如设备运输、装备、备件运送等。由于山区的弯道多、坡道多，根据风电场需要运输的设备特点，对超长、超高、超重部件运输主要考虑以下方面：

（1）道路的转弯半径能否满足风电机组叶片的运输。

（2）道路上的架空线高度能否满足风电机组塔筒的运输。

（3）道路的坡度能否满足运载机舱的汽车的爬坡能力。

考虑到内陆山区交通条件的限制，在选择风电机组时要充分结合当地的运输条件，在条件允许时尽可能地采用大型风电机组。

8. 对环境的不利影响小

与其他发电类型相比，风力发电对环境的影响很小。但在某些特殊的地方，环境也是风电场选址必须考虑的因素。从目前来看，风电场对环境的影响主要表现在噪声污染、电磁干扰、对当地微气候和生态的影响等三个方面。

风电机组噪声可以分为机械噪声和空气动力性噪声两种类型。机械噪声是由于风电机组部件（如齿轮箱、发电机和轴承等）运转产生的；空气动力性噪声是气流穿过风电机组叶片时产生的。风电机组转速增加，空气动力性噪声也增加；而机械噪声频率低于1000Hz，而且机械噪声可以在设计阶段通过增加隔音和防震支撑降低。因此空气动力学噪声是主要的噪声来源。风电机组的噪声可能会对附近居民的生活和休息产生影响，选址时应尽量避开居民区。

电磁干扰主要表现为对电视、广播、通信和雷达等方面的影响。

同时，风电场对动物特别是对鸟类有伤害，对草原和树林也有些损害。为了保护生态，在选址时应尽量避开鸟类飞行路线、候鸟及动物停留地带及动物筑巢区，尽量减少占用植被的面积。

9. 地形情况

地形情况要考虑风电场址区域的复杂程度，如多山丘区、密集树林区、开阔平原地、水域或多种复杂地形混合等。地形单一，则对风的干扰低，风电机组就能长时间运行在设计工况；反之，地形复杂多变，则产生扰流现象严重，对风电机组输出功率和安全稳定性不利。验证地形对风电场风电机组输出功率产生影响的程度，可以利用地形粗糙度及其变化次数、障碍物如房屋树林等的高度、地形CAD高程等参数，还有其他如上所述的风速风向统计数据等，使用风资源软件进行分析处理。

对于地形条件的考虑，一方面有一些指导性、描述性的原则，如要求风电场场址的地形应比较简单，便于设备的运输、安装和管理；另一方面，在风电快速发展的情况下，为了保障风资源合理有序开发，近年基于地理信息系统（geographic information system，GIS）的风电场选址系统受到广泛重视。在风电场选址中考虑的地形条件，主要是指地形复杂程度，可用地形起伏度和坡度这两个参数来表征。GIS技术的快速发展为地形的定量分析提供了新手段，而全球免费共享的SRTM（shuttle radar topography mission）数据为地形分析提供丰富的数据资源，可以利用它提取地形起伏度、坡度等地形参数。

10. 地质情况

风电场选址时也要考虑所选定场址的地质情况，如是否适合深度挖掘（塌方、出水等）、房屋建设施工、风电机组施工等。要有详细的反映该地区水文地质情况

的资料并依照工程建设标准进行评价。

工程地质条件评价包括评价场址稳定性，按 GB 18306—2015《中国地震动参数区划图》确定场址地震基本烈度，说明风电场场址地形、地貌、地层岩性、地质构造、水文地质、岩体风化、岩土体的物理力学性质等；评估场址的主要工程地质条件，包括建筑物和塔架地基岩土体的容许承载力及边坡的稳定性，判别Ⅵ度及其以上地区软土地基产生液化的可能性，提出基础处理的建议。

一个区域的构造稳定性或可能发生的地震强弱程度往往受制于该地区地质构造的复杂程度和构造活动性，而表征可能发生的地震强弱程度的地震动参数一般可在 GB 18306—2015 中查取。

山区基岩的沟谷发育，地形起伏变化，地貌形态均较复杂，一般对山体稳定有较大影响，如滑坡、崩塌、深厚而松散的覆盖层等，由于地形特征明显，地貌形态突出，一般通过野外查勘或进行一定的地勘工作即可查明。但某些潜在的可能失稳的山体，由于地表有第四系松散层广泛覆盖，往往被忽视或难以识别，基于各地不同的地质情况，在大、中型风电场选址时，应及时收集有关区域地质资料，必要时需进行实地查勘。

11. 地理位置

从长远考虑，风电场选址要远离强地震带、火山频繁爆发区，以及具有考古意义及特殊使用价值的地区。应收集历年有关部门提供的历史资料，结合实际作出评价。另外，考虑风电场对人类生活等方面的影响，如风电机组运行会产生噪声及故障时可能会有叶片飞出伤人等，风电场应远离人口密集区。相关标准规定风电机组离居民区的最小距离应使居民区的噪声小于 45dB（A）。另外，从噪声影响和安全考虑，风电机组离居民区和道路的安全距离标准为：单台风电机组应远离居住区至少 200m，大型风电场和居住区的最小距离应增至 500m。

12. 温度、气压、湿度

温度、气压、湿度的变化会引起空气密度的变化，从而改变风功率密度，由此改变风电机组的发电量。在收集气象站历年风速、风向数据资料及进行现场测量的同时，还应统计温度、气压、湿度。

13. 海拔

当温度、气压、湿度相同时，不同海拔区域的空气密度不同，风功率密度随之发生变化，影响风电机组的发电量。在利用软件进行风资源评估分析计算时，海拔参数也会间接对风电机组发电量的计算、验证起重要影响。

14. 社会经济因素

随着技术的发展和风电机组的批量应用，风电成本逐步降低。但目前我国风电上网电价仍比煤电稍高，虽然风力发电对保护环境有利，但对那些经济发展缓慢、电网规模比较小、电价承受能力稍差的地区，会造成沉重的负担。所以应争取国家优惠政策扶持。

15. 避开文物古迹、军事设施、自然保护区和矿藏

在风电场项目的规划选址阶段，也要特别注意文物古迹、军事设施、自然保护

区和矿藏等方面。在高山顶部常建有宗教建筑物等文物古迹，这些文物古迹周边常常难以规划成风电场场址。军事设施影响方面主要由地方政府部门提供信息来确定有无军事设施，或者影响到的军事事务区域。自然保护区内建设风电场应充分征求国家相关部门的意见，尽量避开国家级的核心自然保护区。矿藏问题也应充分调查清楚，采矿活动是影响风电场建设的突出不利因素之一。

综上所述，风电场宏观规划与选址，首先应该考虑土地征用以及环境保护的问题，要了解当地有关政策，不应该把场址设在自然保护区内；其次，应该了解当地的地质条件是否适合建设大型风电场，同时兼顾并网和交通条件等要求；同时应以风资源为重要参数进行经济比较，如有些区域可能离电网较近但风资源不理想，而相隔几十千米的地方风资源很好但是离电网则较远等，这种情况应该计算经济账，因为对于并网的投入和交通基础设施建设是一次性投资，而风电机组的运行年数为20年，除去回收期的8～9年，还有约12年的运行年数。

## 6.2.2　微观选址

### 6.2.2.1　微观选址的原则

风电场微观选址则是在宏观选址选定的区域内，考虑风电场地形引发的自然风的变化和风电机组自身所引发的风扰动（即尾流）因素，确定如何排列布置风电机组，使整个风电场年发电量最大，从而降低能源的生产成本以获得较好的经济效益。此外，场地内部道路设计，风电场集电线路设计和电气设备的选择等也可以纳入微观选址的范围。国内外多年的经验教训表明，风电场微观选址的失误造成的发电量损失和增加的维修费用远远大于对场址进行详细调查的费用，因此对风电场的微观选址要加以重视。某陆上复杂地形风电场和某海上风电场的微观选址机位布置如图6-11和图6-12所示。

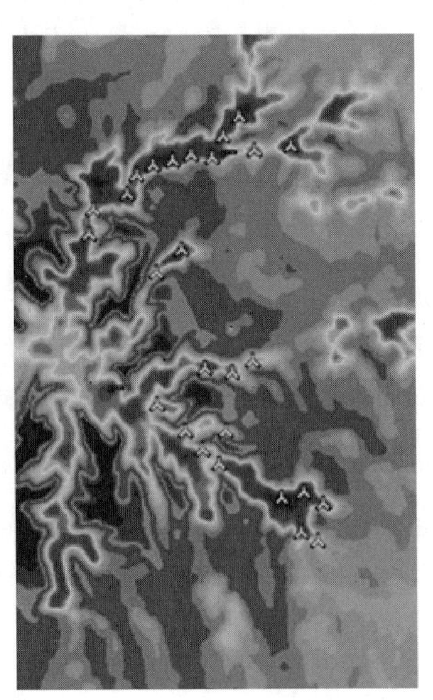


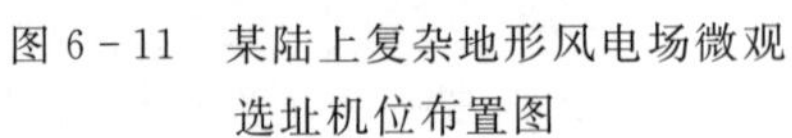
图6-11　某陆上复杂地形风电场微观选址机位布置图

### 6.2.2.2　微观选址的方法

在风资源已确定的情况下，风电场微观选址必须要参考风向及风速分布数据，同时也要考虑风电场长远发展的整体规划、征地、设备引进、运输安装投资、道路交通及电网条件等。

在布置风电机组时，要综合考虑风电场所在地的主导风向、地形特征、风电机组湍流强度、尾流作用、环境影响等因素，减少众多因素对风电机组入流风速的影响，确定风电机组的最佳安装间距和台

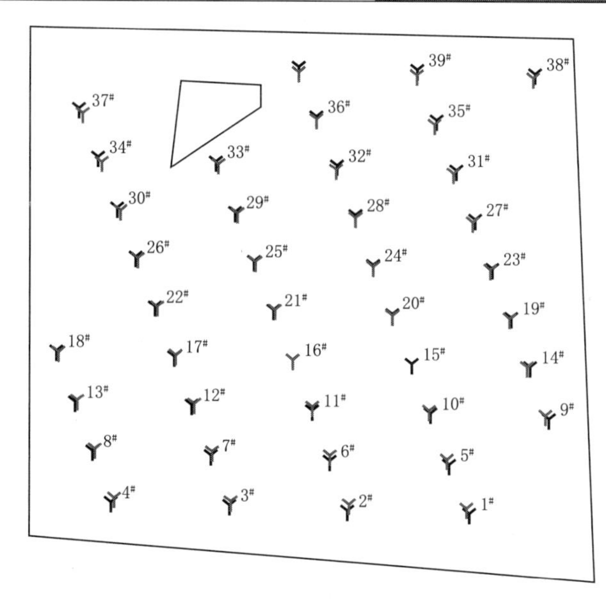


图 6-12　某海上风电场微观选址机位布置示意图

数，做好风电机组的微观选址工作，这是风资源得到充分利用、风电场微观布局最优化、整个风电场经济收益最大化的关键。风电机组的安装间距除要保证风电场效益最大化外，还要满足风电机组载荷的要求。除此之外还要考虑风电机组电磁波、噪声、视觉等环保限制条件，以及对鸟类生活的影响等。

根据对风电场微观选址的主要影响因素的分析，风电场微观选址的技术步骤如图 6-13 所示，主要包括：

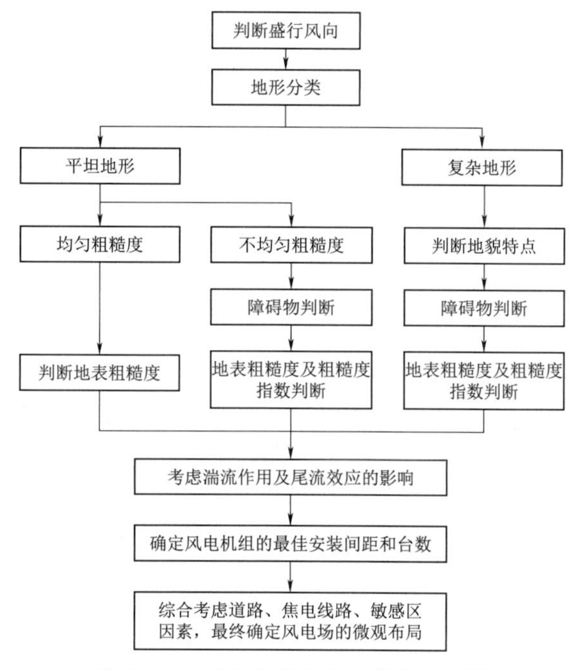


图 6-13　风电场微观选址的技术步骤

（1）判断确定盛行风向。

（2）地形分类，包括平坦地形、复杂地形等。

（3）考虑湍流作用及尾流效应的影响。

（4）确定风电机组的最佳安装间距和台数。

（5）综合考虑其他影响因素，最终确立风电场的微观布局。

一般情况下，海上风电场以条状或带状形式布置风电机组为主，多排布置的情况相对较少，偶尔以前后、左右2排或3排的方式布置，采用这种布置方式是为了避免风电机组前后排之间尾流的影响，充分提高风电场的经济效益。陆上风电场基于节约土地资源的原则，尤其是平坦地形风电场在考虑避让住宅区、建筑物、高压线路走廊等不能布置风电机组的因素后，基本以块状形式布置风电机组。风电场风电机组块状布置原则与带状布置不同，需要以风电机组叶片直径的一定倍数来确定风电机组之间的行间距和列间距，目的在于既满足风电场建设范围要求，又能充分利用风资源。

**6.2.2.3　微观选址优化软件**

1. WAsP

WAsP是丹麦科技大学（DTU）开发的一款风电场风资源、发电量计算软件，包含地形图处理、测风数据处理、风电机组参数处理、风资源图谱和发电量计算等功能。该软件在计算风电场不同点的风资源和年发电量时，除了考虑不同地表的粗糙度、风电机组附近建筑物和其他障碍物以及地形对风资源引起的变化等因素外，还考虑了风电机组之间的尾流和不同高程空气密度的变化对风电机组处理造成的影响。早期的WAsP软件适用于平坦地形或者海上的风资源计算和微观选址的发电量计算，后期WAsP软件进行了改进，同样适用于复杂地形，称为WAsP-CFD软件，同时也专门开发了适用于海上风资源和微观选址的发电量计算的FUGA软件（FUGA是一种基于线性化CFD的尾流模型）。WAsP软件工作界面如图6-14所示。

2. Meteodyn WT

Meteodyn WT是由法国政府环境能源署支持开发的基于流体力学技术的风资源评估及微观选址软件，与传统的风资源计算软件WAsP、WindFarm相比，更能适应复杂山区的风资源评估，能减少复杂地形条件下计算结果的误差，从而评估整个场址范围内的风资源分布。其风资源计算过程包括：①载入地形文件，定义绘图区域，定义测风塔坐标，进行定向计算；②载入单个测风塔的测风数据进行单塔综合；③将单塔计算的结果进行多塔综合，计算得到场址范围内的风资源分布，绘出风谱图。发电量计算过程包括：①根据多塔综合的结果，开展微观选址，输入风电机组位置，进行发电量计算；②基于风电机组位置，计算尾流损失，同时进行湍流强度校正。Meteodyn WT软件在进行风电场流场计算时求解的湍流模型是单方程模型，所以计算工作量比WAsP软件大，但是比Windsim软件小。Meteodyn WT软件界面如图6-15所示。

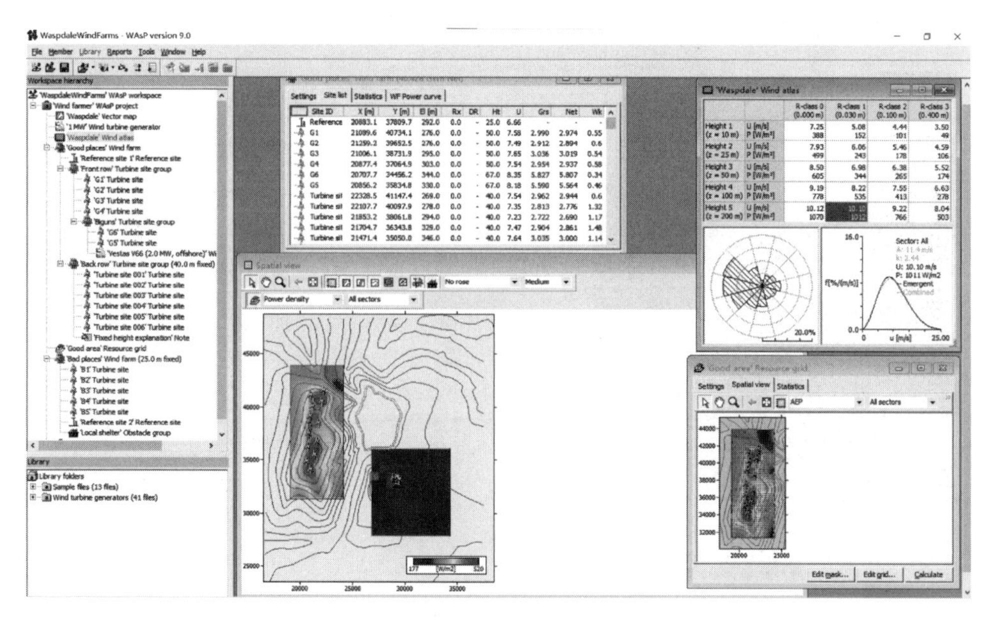


图 6-14　WAsP 软件工作界面

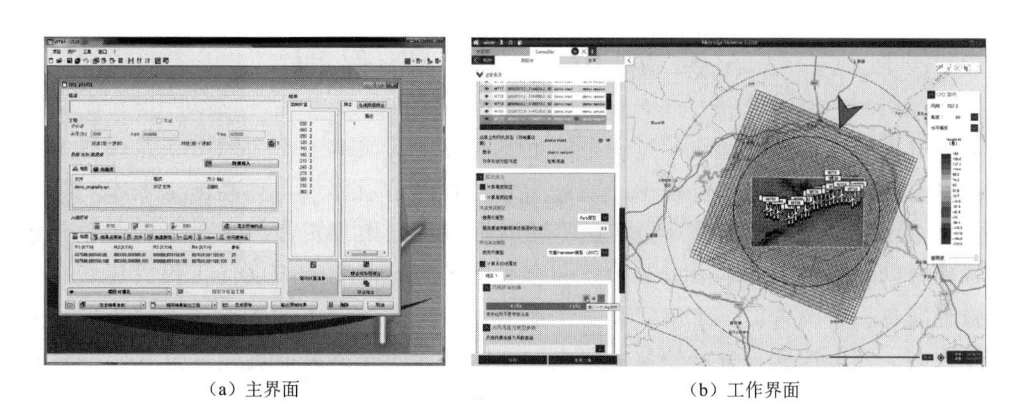

(a) 主界面　　　　(b) 工作界面

图 6-15　Meteodyn WT 软件界面

3. Windsim

Windsim 综合了先进的 CFD、边界层气象学、地理信息学、三维可视化技术和风电产业先进技术，开展风资源和微观选址的发电量计算。Windsim 采用 CFD 模型进行风电场流场计算工作，利用基本流体控制方程将流动方程、双方程湍流模型、空气密度、地形起伏和地表植被等所有这些复杂的影响考虑进来，通过灵活方便的模型网格与边界条件设置，利用稳健高效的商业求解器解决双方程湍流模型闭合的 RANS 方程，以现场测量结合气象模拟成果获得风电场流场分布，全面检验模拟结果并自动交互检验测风结果，形成精细化的风电场及周边区域风资源数字化分布，以作为风电场机组选型和微观选址的基础依据。Windsim 软件工作界面如图 6-16 所示。

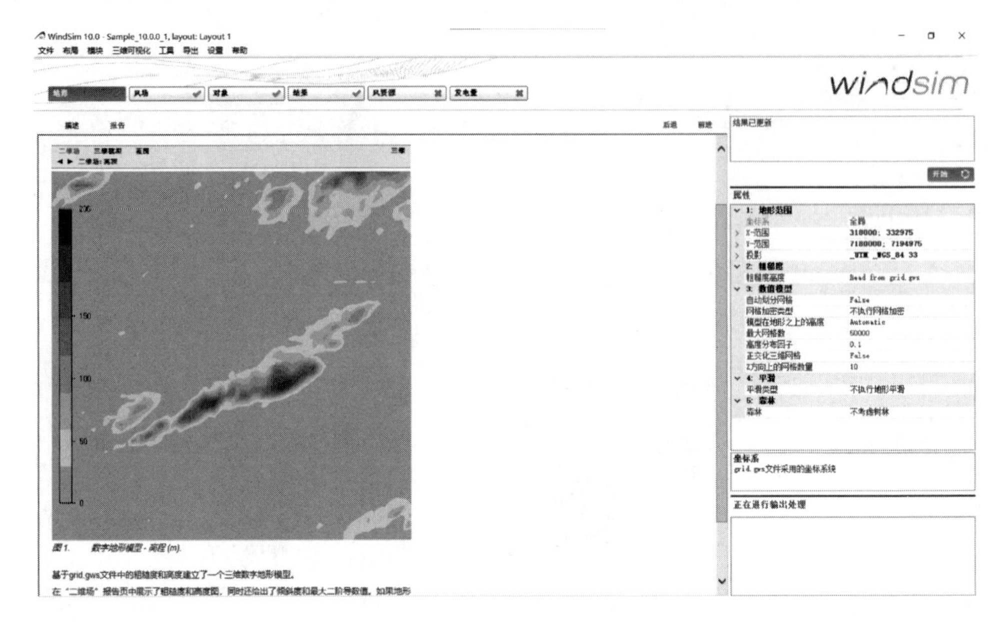


图 6－16　Windsim 软件工作界面

## 6.3　风电场施工与管理

风电场施工是风电场建设过程中的重要环节，其成本占整个风电场建设成本的一半以上。在风电场施工过程中，通过高效的管理手段介入，提高施工效率，可以缩短风电场的建设时间，使风电机组尽快并网发电，给投资方带来更高的收益，建设方也可以降低施工成本。本节主要介绍风电场施工内容和风电场工程管理，其中从施工准备、基础施工、机组安装三个部分介绍风电场施工的步骤和注意事项；从质量控制、安全管理、进度控制、资金控制四个方面介绍风电场建设过程中的管理措施。

### 6.3.1　风电场施工内容

#### 6.3.1.1　施工准备

施工准备是保证建设项目具备开工和连续施工的基本条件，施工准备工作充分与否，直接影响到项目的建设能否以预期的工期目标、较好的工程质量和较低的投资费用进行和完成。施工准备工作根据时间不同，可分为建设前期的施工准备、工程开工前的施工准备、施工期间的经常性施工准备及特殊性的施工准备。施工准备工作根据内容不同，又可分为施工组织准备、施工技术准备、施工物资准备及施工现场准备等。施工组织准备工作涉及项目建设的三方，即业主单位、施工单位及监理单位，因此业主单位在风电场可行性研究报告获得批准后，要马上确定施工单位和监理单位。根据《中华人民共和国建筑法》和《中华人民共和国招标投标法》的规定，风电场建设的施工单位必须通过招标投标来确定。

1. 风电场工程开工应具备的条件

(1) 项目法人已经设立，项目组织管理机构和规章制度健全，项目管理成员到位并具备任职条件。

(2) 项目初步设计及总概算已经批复。

(3) 项目投资已落实，工程款已到户。

(4) 项目施工组织设计大纲已编制完成。

(5) 项目施工图设计合同已签订。

(6) 项目施工监理合同已签订。

(7) 项目施工承包合同已签订。

(8) 项目设备采购合同已签订。

(9) 已办完征地和拆迁安置。

(10)“四通一平”（“四通”指通水、通道路、通电、通通信，“一平”指施工场地范围平整）已落实。

(11) 项目施工已列入年度建设计划。

2. 监理工作

监理单位在签订监理委托合同后，在总监理工程师的指导下制订监理工作规划及监理实施细则，以指导单位内部有效地开展业务工作。监理工作一般包括以下内容：

(1) 工程概况及监理工作目标。

(2) 协助业主与施工单位编写开工报告。

(3) 审核施工单位编制的施工组织设计、施工方案及施工进度计划并监督检查其实施。

(4) 审查业主或施工单位提供的到场的材料、设备等物资与原清单所列的规格、型号、数量及质量标准是否一致。

3. 施工组织设计

施工单位在签订合同后，为了更好地组织承包工程建设的全过程，需要编制施工承包项目管理规划文件，即施工组织设计。施工组织设计包括如下主要内容：

(1) 工程任务情况。

(2) 施工总方案、主要施工方法、工程施工进度计划、主要单位工程综合进度计划和施工力量等部署。

(3) 施工组织技术措施，包括工程质量、安全防护以及环境污染防护等各种措施。

(4) 施工总平面布置图。

(5) 总包和分包的分工范围及交叉施工部署等。

#### 6.3.1.2 地基基础施工

风电机组地基基础设计应贯彻国家技术经济政策，坚持因地制宜、保护环境和节约资源的原则，充分考虑结构的受力特点，做到安全适用、经济合理、技术先进。风电机组地基基础设计采用极限状态设计方法，荷载和有关分项系数的取值应符合相关规定，以保证在规定的外部条件、设计工况和荷载条件下，风电机组地基基础在设计使用年限50年内安全、正常工作。

1. 地基（支承基础的土体或岩体）类型

岩石地基：由不同程度风化岩组成的地基。

土岩组合地基：在地基主要受力层范围内，存在石芽密布并有出露的地基、大孤石或个别石芽出露的地基。

复合地基：由地基土和部分土体被增强或被置换而形成的增强体共同承担荷载的人工地基。

2. 基础（将上部结构的各种载荷传承到地基上的结构物）类型

风电机组基础类型主要有扩展基础、桩基础和岩石锚杆基础。

（1）扩展基础：由台柱和底板组成使压力扩散的基础。

（2）桩基础：由设置于岩土中的桩和连接于桩顶端的承台组成的基础。

（3）岩石锚杆基础：在岩石地基上，靠岩石锚杆、混凝土承台和岩石地基共同作用的基础。

具体采用哪种基础应根据建设场地地基条件和风电机组上部结构对基础的要求确定，必要时需进行试算或技术经济比较。当地基土为软弱土层或高压缩性土层时，宜优先采用桩基础。

3. 风电机组基础施工工艺

陆上风电机组基础施工总体施工工艺流程如图6－17所示。海上风电机组基础施工总体施工工艺流程如图6－18所示（以单桩基础为例）。

#### 6.3.1.3　机组安装

（1）塔架吊装。分为两种方式：

1）使用起重量50t左右的吊车先将下段吊装就位，待吊装机舱和叶片时，再吊剩余的中、上段，这样可减少大吨位吊车的使用时间，适用于一次吊装、风电机组数量少，且为地脚螺栓的基础结构。吊装时还需配备一台起重量16t以上的小吊车配合“抬吊”。

2）一次吊装的台数较多，除使用50t吊车外，还使用起重量大于130t、起吊高度大于塔架总高度2m以上的大吊车，一次将所有塔架各段全部吊装完成。

（2）风轮组装。与塔架吊装就位一样，风轮组装也需要在吊装机舱前提前完成。风轮组装也有两种方式：

1）在地面上将三个叶片与风轮轮毂连接好，并调好叶片安装角（有叶片加长节的，也一并连接好）。

2）在地面上，把风轮轮毂与机舱的风轮轴连接，同时安装上离地面水平线有120°角度的两个风轮叶片，第三个叶片待机舱吊装至塔架顶后再安装。

（3）机舱吊装。装有铰链式机舱盖的机舱，打开分成左右两半的机舱盖，挂好吊带或钢丝绳，保持机舱底部的偏航轴承下平面处于水平位置，即可吊装于塔架顶法兰上；装有水平剖分机舱盖的机舱，与机舱盖需先后分两次吊装。对于已装好轮毂并装有两个叶片的机舱，吊装前切记锁紧风轮轴并调紧刹车。

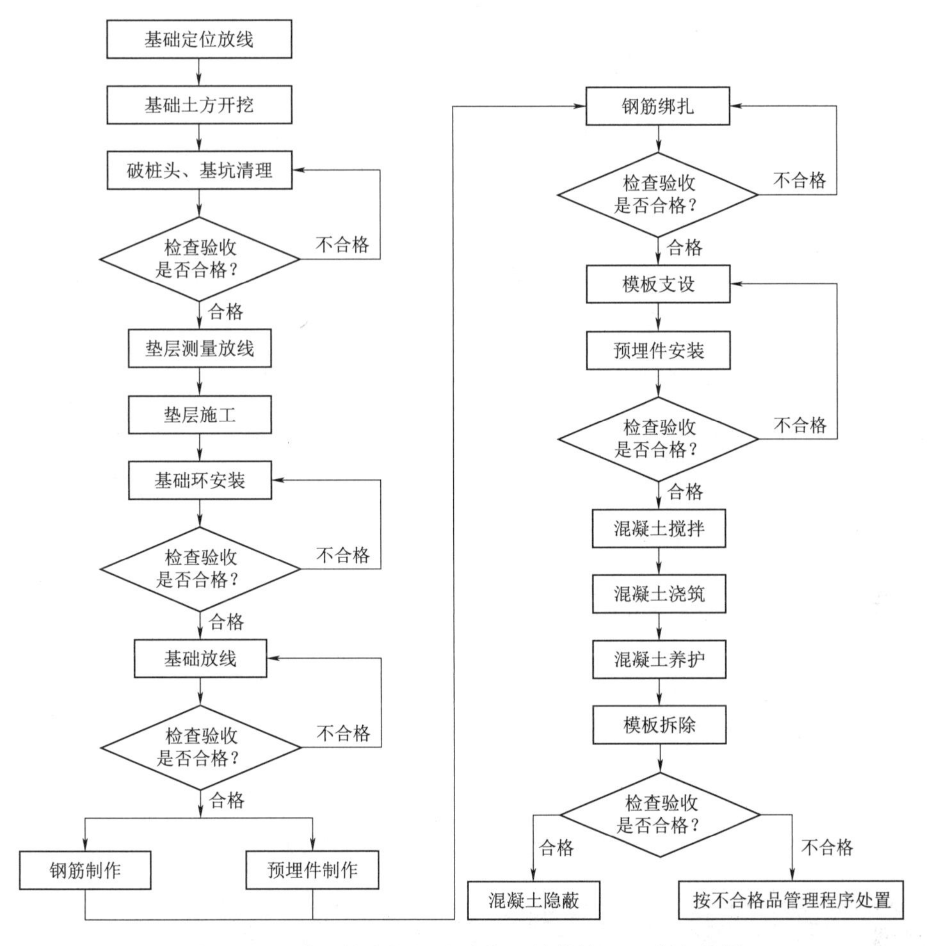


图 6-17　陆上风电机组基础施工总体施工工艺流程图

(4) 风轮吊装。用两台吊车“抬吊”，并由主吊车吊住上扬的两个叶片的叶根，完成空中 90°翻身调向，撤开副吊车后与已装好的在塔架顶上的机舱风轮轴对接。

(5) 控制柜就位。控制柜安装于钢筋混凝土基础上的，应在吊下段塔架时预先就位；控制柜固定于塔架下段平台上的，可在放电缆前后从塔架工作门抬进就位。

(6) 放电缆，使其就位。

(7) 电气接线。完成所有控制电缆、电力电缆的连接。

(8) 连接液压管路。

复杂地形风电场和海上风电场风电机组安装现场如图 6-19 所示。

## 6.3.2 风电场工程管理

### 6.3.2.1 质量控制

建设工程质量不仅关系建设工程的适用性、可靠性、耐久性和投资效益，而且直接关系人民群众生命和财产的安全。切实加强建设工程施工质量管理、预防和正确处理可能发生的工程质量事故，保证工程质量达到预期目标，是建设工程施工管

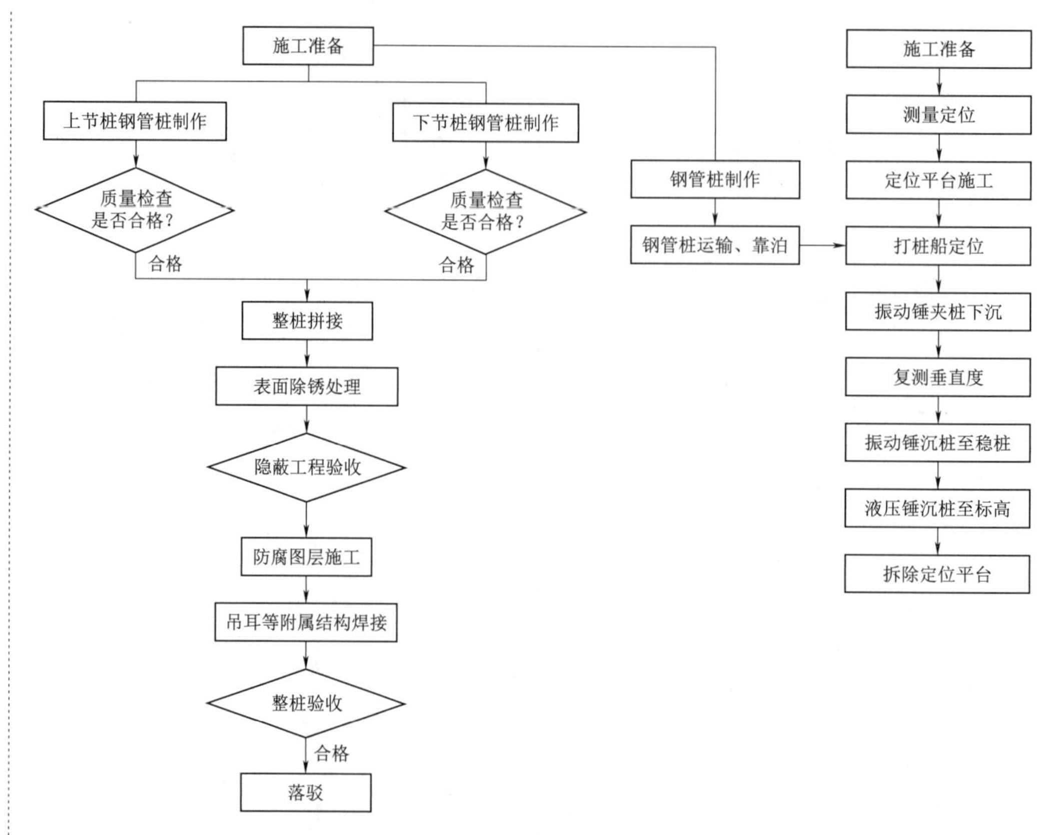


图6-18　海上风电机组基础施工总体施工工艺流程图（以单桩基础为例）

（a）复杂地形风电场　　（b）海上风电场

图6-19　复杂地形风电场和海上风电场风电机组安装现场

理的主要任务之一。

工程项目施工过程中，为了保证工程施工质量，应对工程建设对象的施工生产进行全过程、全面的质量监督、检查与控制，即包括事前的各项施工准备工作质量控制，施工过程中的控制，以及各单项工程和整个工程项目完成后对建筑施工及安装产品质量的事后控制。质量控制的一般方法如下。

1. 质量文件审核

审核有关技术文件、报告或报表是对工程质量进行全面管理的重要手段，这些

文件包括：

（1）施工单位的企业资质证明文件和质量保证体系文件。

（2）施工组织设计、施工方案及技术措施。

（3）有关材料和半成品及构配件的质量检验报告。

（4）有关应用新技术、新工艺、新材料的现场试验报告和鉴定报告。

（5）反映工序质量动态的统计资料或控制图表。

（6）设计图纸及其变更和修改文件。

（7）有关工程质量事故的处理方案。

（8）相关方面在现场签署的技术签证和文件等。

2. 现场质量检查

现场质量检查的内容包括：开工前的检查、工序交接检查、隐蔽工程的检查、停工后复工的检查、分项和分部工程完工后的检查、成品保护的检查。现场质量检查的方法主要有目测法、实测法和试验法等。

#### 6.3.2.2 安全管理

安全管理是施工企业全体职工及各部门同心协力，把专业技术、生产管理、数理统计和安全教育结合起来，为达到安全生产目的而采取各种措施的管理。安全管理的基本要求是“安全第一，预防为主”，依靠科学的安全管理理论、程序和方法，使施工生产全过程中潜伏的危险因素处于受控状态，消除事故隐患，确保生产安全。安全生产管理制度体系的主要内容如下：

1. 建立安全生产制度

安全生产制度必须符合国家和地区的有关政策、法规、条例和规程，并结合施工项目的特点，明确各级各类人员安全生产责任制，要求全体人员必须认真贯彻执行。

2. 贯彻安全技术管理

进行施工组织设计时，必须结合工程实际，编制切实可行的安全技术措施，要求全体人员必须认真贯彻执行。如果执行过程中发现问题，应及时采取妥善的安全防护措施。要不断积累安全技术措施在执行过程中的技术资料，进行研究分析，总结提高，以利于后续工程的借鉴。

3. 坚持安全教育和安全技术培训

组织全体人员认真学习国家、地方和本企业的安全生产责任制、安全技术规程、安全操作规程和劳动保护条例等。新工人进入岗位之前要进行安全教育，特种专业作业人员要进行安全技术培训，考核合格后方能上岗。要使全体职工经常保持高度的安全生产意识，牢固树立“安全第一”的思想。

4. 组织安全检查

为了确保安全生产，必须严格安全检查，建立健全安全督察制度。安全检查员要经常查看现场，及时排除施工中的不安全因素，纠正违章作业，监督安全技术措施的执行，不断改善劳动条件，防止工伤事故的发生。

5. 进行事故处理

人身伤亡和各种安全事故发生后，应立即进行调查，了解事故产生的原因、过程和后果，提出鉴定意见。在总结经验教训的基础上，有针对性地制定防止事故再次发生的可靠措施。

#### 6.3.2.3　进度控制

进度控制不仅关系到施工进度目标能否实现，还直接关系到工程的质量和成本。在工程施工实践中，必须树立和坚持一个最基本的工程管理原则，即在确保工程安全和质量的前提下，控制工程的进度。

进度控制的主要工作环节包括：

（1）编制施工进度计划及相关的资源需求计划。

（2）组织施工进度计划的实施。

（3）施工进度计划的检查与调整。

进度控制的措施主要包括组织措施、管理措施、经济措施和技术措施。组织措施即重视健全项目管理的组织体系，由专门的工作部门和符合进度控制岗位资格的专人负责进度控制工作。管理措施上，应提升管理的思想、方法、手段等方面，编排进度计划时很严谨地分析和考虑工作之间的逻辑关系，选择最优的承发包模式和物资采购模式。经济措施涉及工程资金需求计划和加快施工进度的经济激励措施等。技术措施涉及对实现施工进度目标有利的设计技术和施工技术的选用。

#### 6.3.2.4　资金控制

资金控制的实质就是对各个环节现金流的监督与控制，即对施工生产、任务承揽、设备购置和基建投资等过程的现金流采用预算管理和定额考核，实行动态监控，量化开支标准。

由于工程垫资与工程拖欠款较大和资金管理水平低、使用效益差等原因，施工方会面临资金紧张的问题，严重制约了企业的生存和发展，弱化了企业的市场竞争。保证充足的现金流，是施工方保质保量完成施工目标的基础，加强施工方资金的管理和控制可以从以下几方面入手：

（1）推行全面预算管理，强化资金预算管理。

（2）突出重点，加强资金周转各环节的可控性。

（3）灵活运用资金结算工具，提高资金使用效果。

（4）瞄准目标市场，找准市场定位，强化全员参与的成本管理意识。

## 6.4　风电场监测与维护

### 6.4.1　风电场监控

#### 6.4.1.1　风电场监控系统

1. 风电场监控系统构架

风电场监控系统基于数据采集与监视控制（supervisory control and data acquisition，SCADA）系统，SCADA系统的应用领域非常广，它可以应用于电力系统、石油、化工等行业的数据采集与监视控制以及过程控制等众多领域，在电力系统以及电气化铁道上又称远动系统。SCADA 系统是以计算机为基础的生产过程控制与调度自动化系统，它可以对现场的运行设备进行监视和控制，以实现数据采集、设备控制、测量、参数调节以及各类信号报警等功能。由于各个领域对 SCADA 系统的要求不同，所以不同领域的 SCADA 系统结构和功能也不完全相同。风电场 SCADA 系统可对风电机组的状态进行监视和控制，确保整个风电场能够安全、可靠、经济地运行。SCADA 系统在数据采集方面虽然发展得已经比较完善，但是由于风电场的运行、控制、维护、并网等具有诸多的特殊性，对其数据传输和运行控制对象方面又提出了更高的要求。

（1）网络构架。现有风电场监控网络系统主要由以下两部分组成：①中央监控一般布置在风电场控制室内，工作人员能够根据画面的切换观测风电场各台风电机组的运行，并可以对现场风电机组进行运行操作指令发送；②就地监控布置在每台风电机组塔筒的控制柜内，每台风电机组的就地监控能够对此台风电机组的运行状态进行监测和控制，并对其产生的数据进行采集。典型风电场 SCADA 系统拓扑结构如图 6－20 所示。

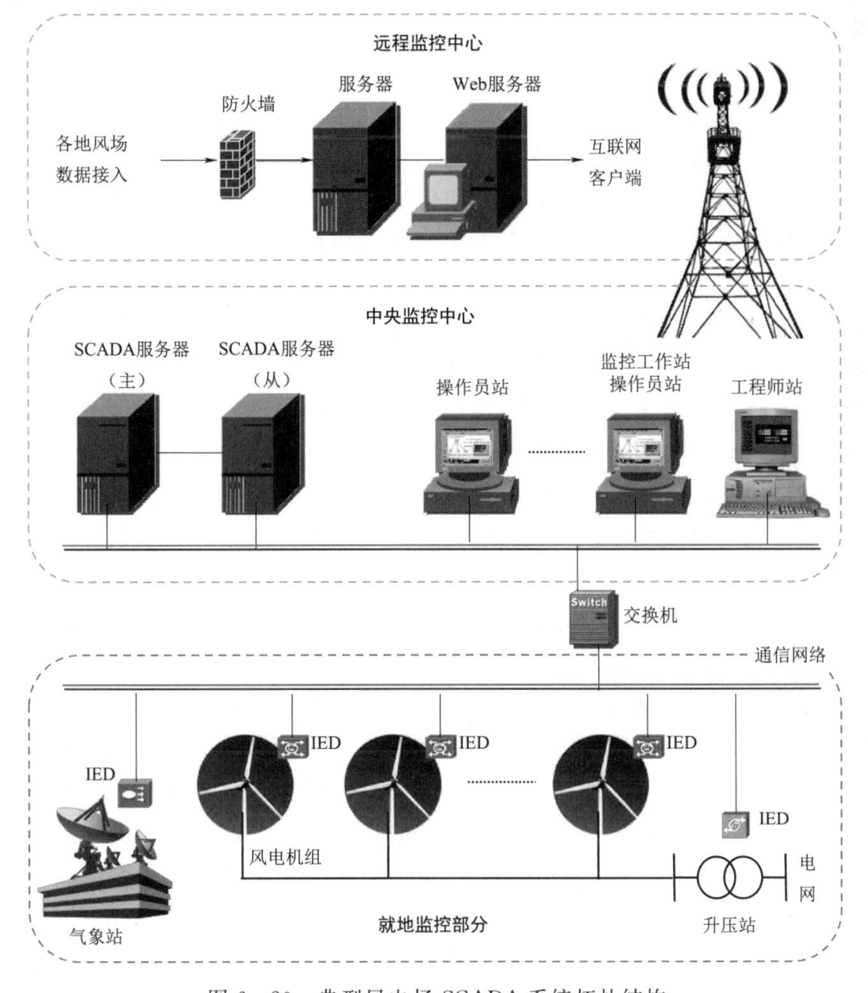


图 6－20　典型风电场 SCADA 系统拓扑结构

按控制范围可分为就地监控、中央监控和远程监控中心3部分，硬件系统主要由风电机组、升压站，气象站、通信网络、SCADA服务器、监控工作站等部分组成。

中央监控系统的功能是：对风电机组进行实时监测、远程控制、故障报警、数据记录、数据报表、曲线生成等。目前风电场所采用的风电机组以大型并网型机组为主，各机组有自己的控制系统（下位机），用来采集风电机组运行状态参数，通过计算、分析、判断从而控制风电机组的启动、停机、调向、刹车和开启油泵等一系列控制和保护动作，使风电机组实现全部的自动控制，大部分无须人为干预。而对于每台风电机组来说，即使没有上位机的参与，也能安全正确地工作，所以相对于整个监控系统来说，下位机控制系统是一个子系统，具有在各种异常工况下单独处理风电机组故障、保证风电机组安全稳定运行的能力。从整个风电场来说，每台风电机组的下位机控制器都应具有与上位机进行数据交换的功能，使上位机能随时了解下位机的运行状态并对其进行常规的管理性控制，为风电场的管理提供方便。因此，下位机控制器必须使各自的风电机组可靠地工作，同时具有与上位机通信联系的专用通信接口。

中央监控系统一般运行在位于中央控制室的一台通用PC机或工控机上，通过与分散在风电场上的每台风电机组的就地控制系统进行通信，实现对全场风电机组的集群监控，其通信属于较远距离的一对多通信。就地监控与中央监控之间的数据传输主要是指下位机控制系统能将下位机的数据、状态和故障情况通过专用的数据传输装置和接口电路与中央监控室的上位计算机通信，同时上位机能传达对下位机的控制指令，由下位机控制系统执行相应动作，从而实现远程监控功能。为适应远距离数据传输的需要，就地监控系统与中央监控系统之间距离较短，可以采用的数据传输方式有异步串行通信（适合短距离传输）和以太网通信。中央监控系统与远程监控系统之间的数据传输方式由于通信条件的不同而不同，代表性的数据传输方式有：PSTN通信、GPRS无线网络通信和Internet网络。利用Internet网络方式连接，数据是通过网络传输的，费用较低。不过由于数据是通过Internet传输，其安全性较低，可通过数据加密、压缩和安装防火墙等方式来提高数据和系统的安全性。因此，选用基于Internet网络的数据传输不但可以突破地域范围的限制，扩大数据传输的距离，而且可以增强数据传输的实时性，提高传输数据的准确性，符合风电行业内SCADA系统的发展方向。

（2）数据采集。在风电机组的运行监控中，数据采集系统的主要功能是风电机组设备保护、控制、状态调整、统计历史数据。数据采集应根据风电机组控制保护需要设计，考虑到系统可靠性要求，信号设计采取反逻辑冗余校验，如电机转速与叶片转速相差固定的齿轮箱变比；风速与风电机组输出功率有一定的对应关系；主要电气设备、机械设备温度与开关状态、负荷状况有一定的对应关系，相互之间可以作为彼此检测电路故障的判据。主要采集数据包括电量信号、温度信号、风向、风速以及风电机组转速等，某1.5MW陆上风电机组在SCADA系统针对风电机组的主要监测参数传感器位置如图6-21所示。

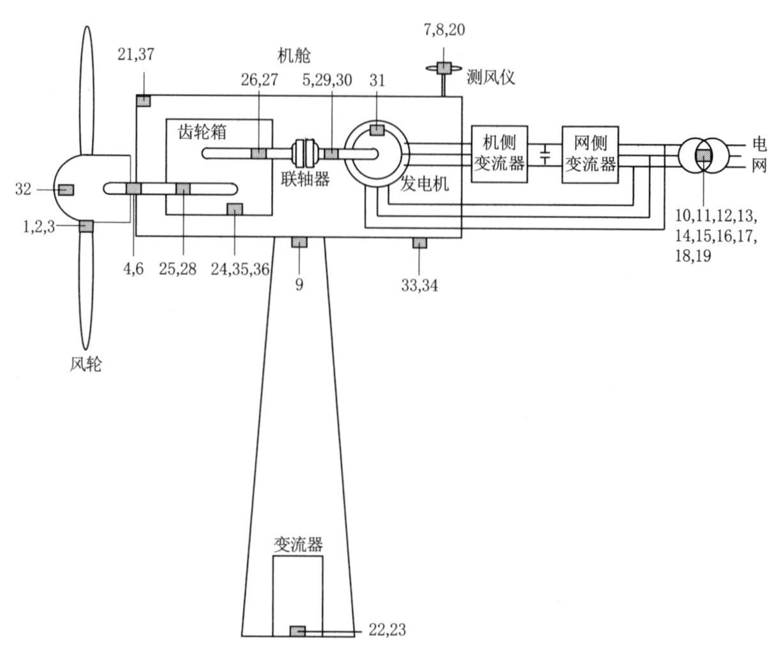


图 6-21 某 1.5MW 陆上风电机组在 SCADA 系统针对风电机组的主要监测参数传感器位置示意图

SCADA 系统的监测主要针对风轮、机舱、齿轮箱、发电机、变流器、输出功率质量、自然环境等单元，其主要实时监测量共计 37 个参数，并以一定的时间间隔存储风电机组运行过程中各个监测量的数据。表 6-1 列举了各个单元的监测参数，表中编号对应于图 6-19 的编号。

**表 6-1　　风电机组各单元的监测参数表**

| 机组单元 | 状态参数 | 编号 | 备　注 |
|---|---|---|---|
| 风轮 | 桨距角 | 1，2，3 | 每个叶片一个，共三个 |
| | 轮毂温度 | 32 | |
| 机舱 | 机舱方向 | 9 | 轴向、径向，共两个 |
| | 舱内温度 | 21 | |
| | 机舱振动 | 33，34 | |
| | 液压泵压力 | 37 | |
| 齿轮箱 | 低速轴转速 | 4 | 前轴承、后轴承，共两个 |
| | 低速轴转矩 | 6 | |
| | 齿轮油温度 | 24 | |
| | 齿轮箱入口温度 | 25 | |
| | 低速轴轴承温度 | 28 | |
| | 高速轴轴承温度 | 26，27 | |
| | 齿轮箱入口压力 | 35 | |
| | 齿轮箱油泵压力 | 36 | |

续表

| 机组单元 | 状态参数 | 编号 | 备　　注 |
|---|---|---|---|
| 发电机 | 发电机转速 | 5 | 前轴承、后轴承，共两个 |
| | 发电机轴承温度 | 29，30 | |
| | 发电机定子绕组温度 | 31 | |
| 变流器 | 控制器负荷 | 22 | |
| | 变流器温度 | 23 | |
| 输出功率质量 | 有功功率 | 10 | 三相之间的线电压，共三个<br>三相的相电流，共三个 |
| | 无功功率 | 11 | |
| | 功率因数 | 12 | |
| | 线电压 | 13，14，15 | |
| | 相电流 | 16，17，18 | |
| | 频率 | 19 | |
| 自然环境 | 风速 | 7 | |
| | 风向 | 8 | |
| | 环境温度 | 20 | |

SCADA 系统监测的风电机组运行参数虽然相对较多，但可分为三个大类：风力监测参数、风电机组监测参数和电力监测参数。具体内容见 5.3.4，这里不做赘述。而 SCADA 系统收集的参数可分为离散型变量和连续型变量两类，如图 6－22 和图 6－23 所示。

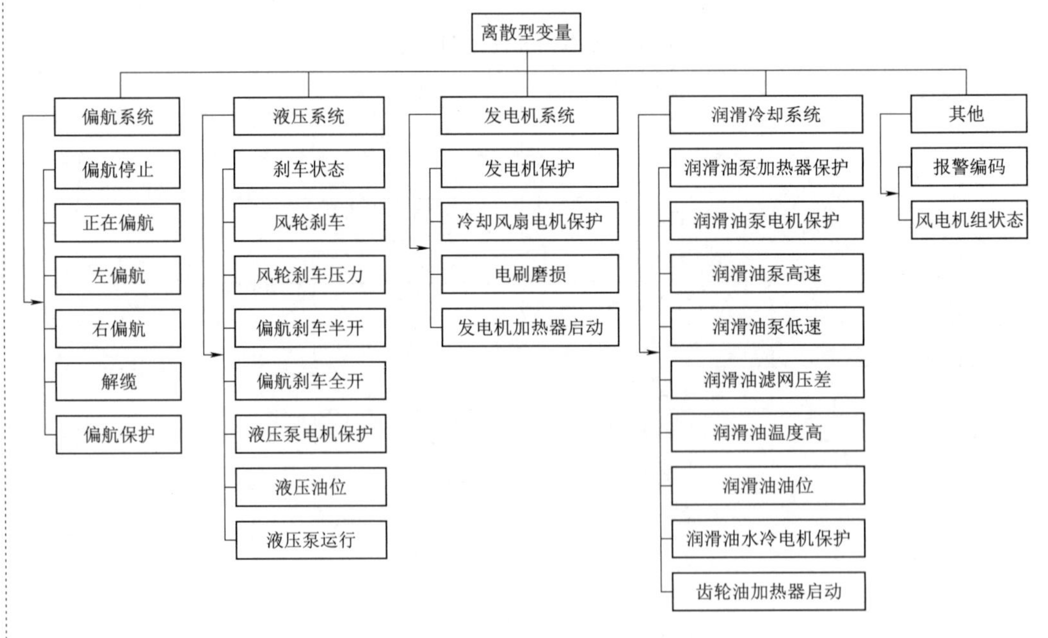


图 6－22　SCADA 系统的离散型变量

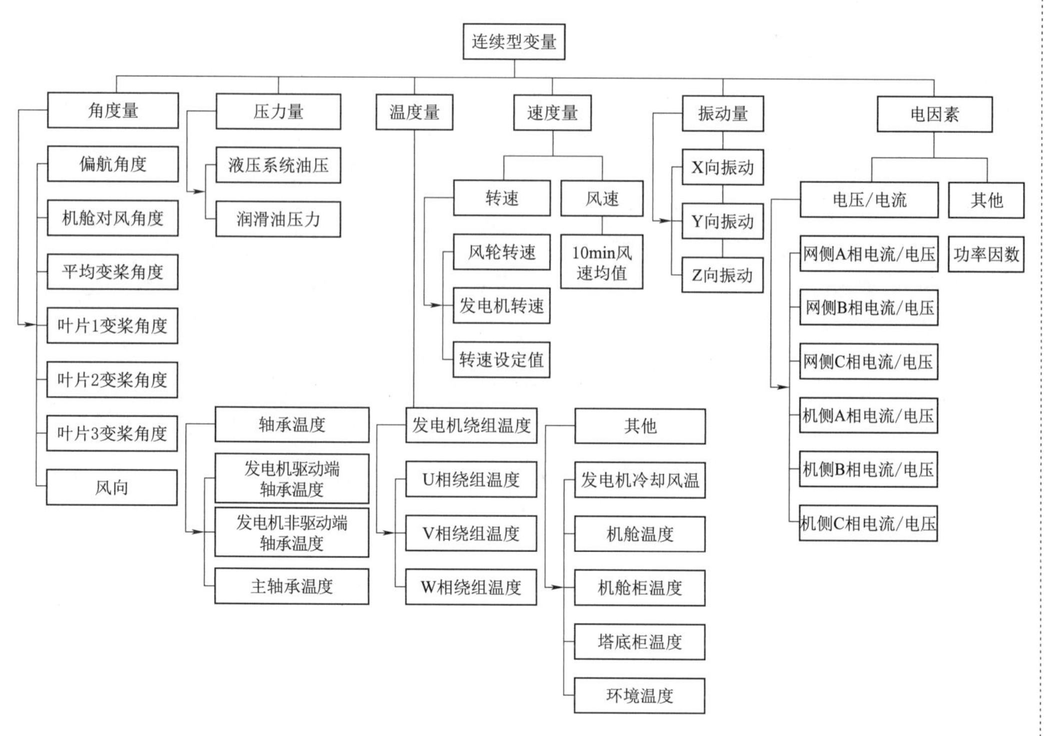


图 6-23 SCADA 系统连续型变量

2. 风电场监控系统功能

进入 21 世纪后，随着风电场自动化水平的提高，常规的系统被融合计算机、保护、控制、网络、通信等技术于一体的网络化系统所代替，并终将打破现行的专业分工，引起系统设计的一场革命。以 SCADA 系统为例，SCADA 系统融合了多信息、多工种的平台，其功能包括：

(1) 过程监视显示。过程监视以制造全过程的数据采集为基础，实时显示整个生产过程的各种现场数据，是生产实时调度指挥、质量在线控制实现的基础。某风电场监控系统界面如图 6-24 所示，风电场监控系统如图 6-25 所示。

(2) 监测数据显示。风电场监控系统实时监测各风电场和风电机组的生产情况，同时系统自身生成的模拟图和各生产控制系统的监控画面一样，以多种形式详细地显示运行数据和操作条件，其中运行数据包括发动机功率、风速和风向、累计发电量、维护方式、风扇状态、故障类型、时间等，如风电机组剖面图显示其主要部件参数情况，包括电压、电流、功率、转速、风电机组累计发电量、风电机组日发电量及风电机组当前运行状态等，并可通过趋势图查看参数的历史信息。风电机组和变桨控制系统剖面图如图 6-26 所示。

(3) 数据查询与趋势分析。数据查询模块主要是表格化的数据查询和导出，主要包括多测点单时间值查询，可以查询指定测点的实时值和历史值；统计分析并显示风电机组关键业务指标的统计结果，如电能完成、停电损失、风电机组利用率、

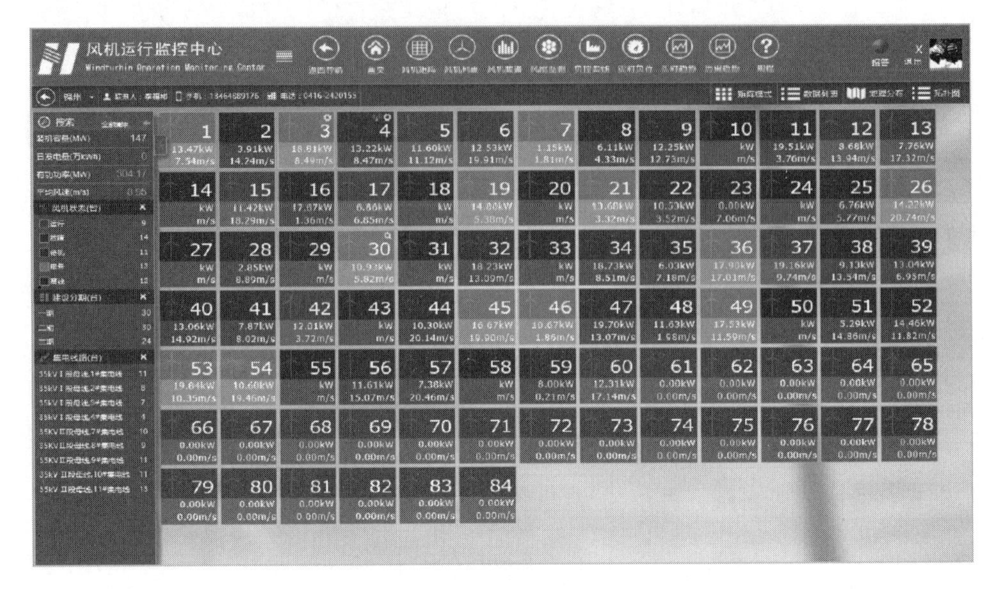


图 6－24　某风电场监控系统界面

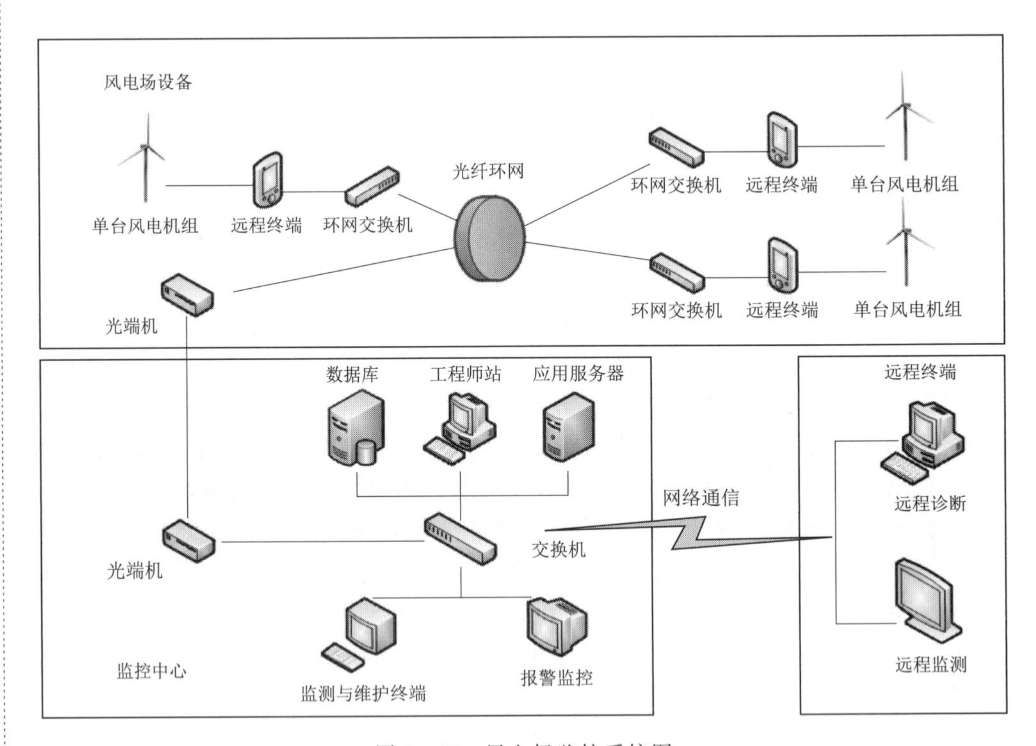


图 6－25　风电场监控系统图

当量利用小时数、年/月平均电耗率、实时风速负荷曲线、风电机组故障组合查询、平均无故障时间等。数据结果能够为用户提供直观的统计和分析数据，为风电机组进一步优化分析提供数据基础。电量损失情况对年度、月度电量损失情况及对各种类型损失的计算结果进行统计分析和比较。数据查询与趋势分析如图 6－27 所示。

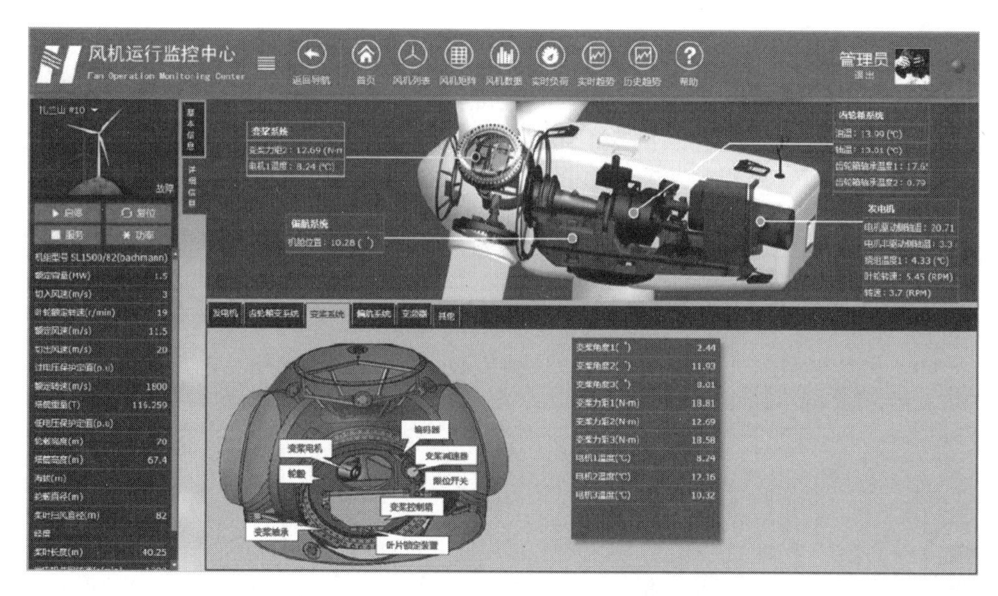

图 6-26 风电机组和变桨控制系统剖面图

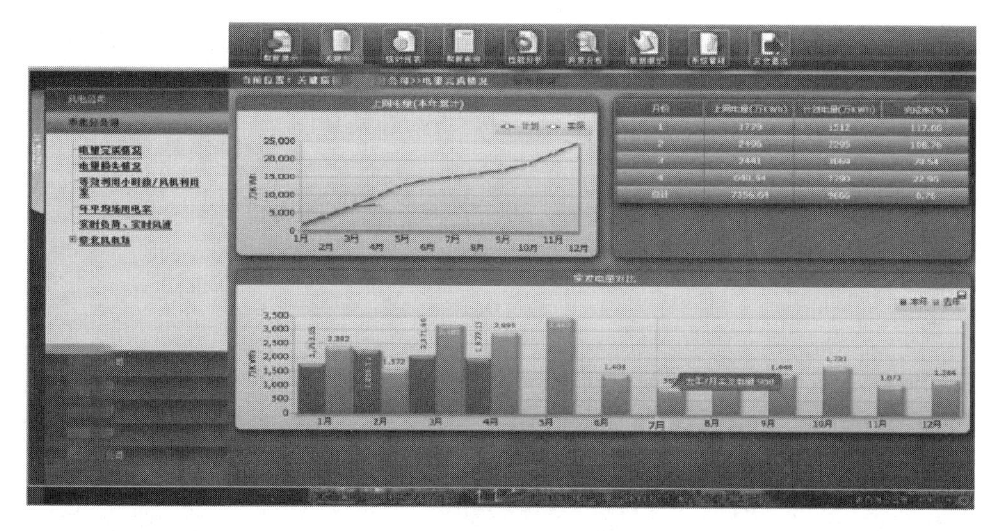

图 6-27 数据查询与趋势分析

(4) 报表功能。统计报表基于 NET 架构，根据最终用户的实际需求，实现了对公司、风电场、项目期的生产日报、月报的功能。报表功能如图 6-28 所示。

(5) 性能分析。性能分析主要包括风电机组功率曲线分析、电量统计分析等内容，由此分析风电机组当前或历史时间内运行性能的优劣。功率曲线分析对风电机组功率曲线进行分析，并与理论功率曲线进行比较，将历史数据拟合出的功率曲线与理论功率曲线进行比较，使用户能够直观明了地看到风电机组当前运行状况相对于理论运行状况的差距；同时提供单风电机组不同时间（年度、春、夏、秋、冬）的同类型风电机组拟合曲线对比功能，通过风电机组拟合曲线和理论曲线的对比，明确同一风电机组不同时间段、同一时间段不同风电机组的运行情况的优劣对比情

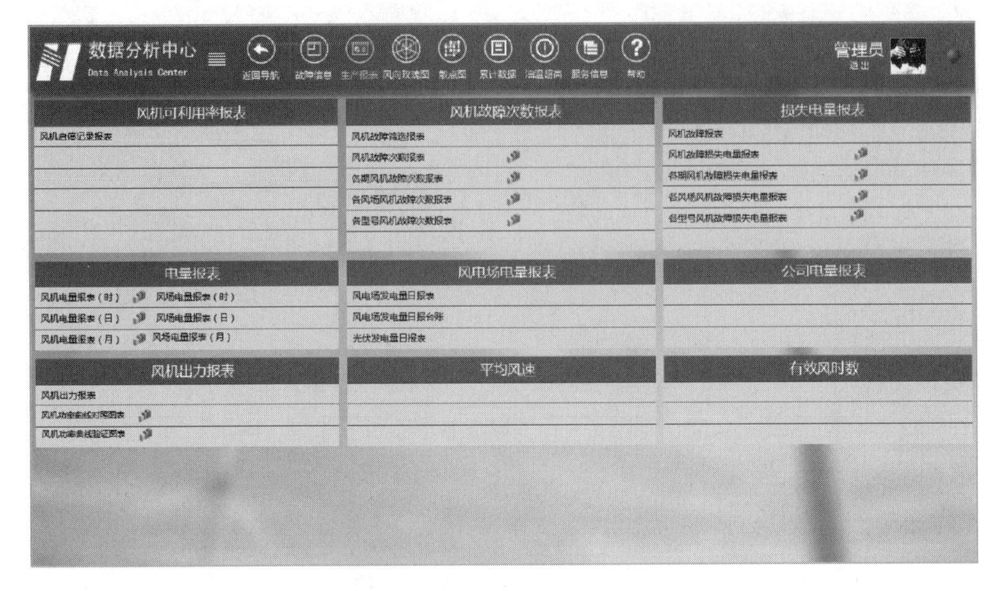

图6-28　报表功能

况。电量统计分析是对风电机组的故障损失、受累损失、计划统计损失、限负荷损失和功率曲线损失进行详细统计，使用户能够明确历史时间段内风电机组的各项损失情况及今后努力减少可控损失的目标。性能分析模块如图6-29所示。

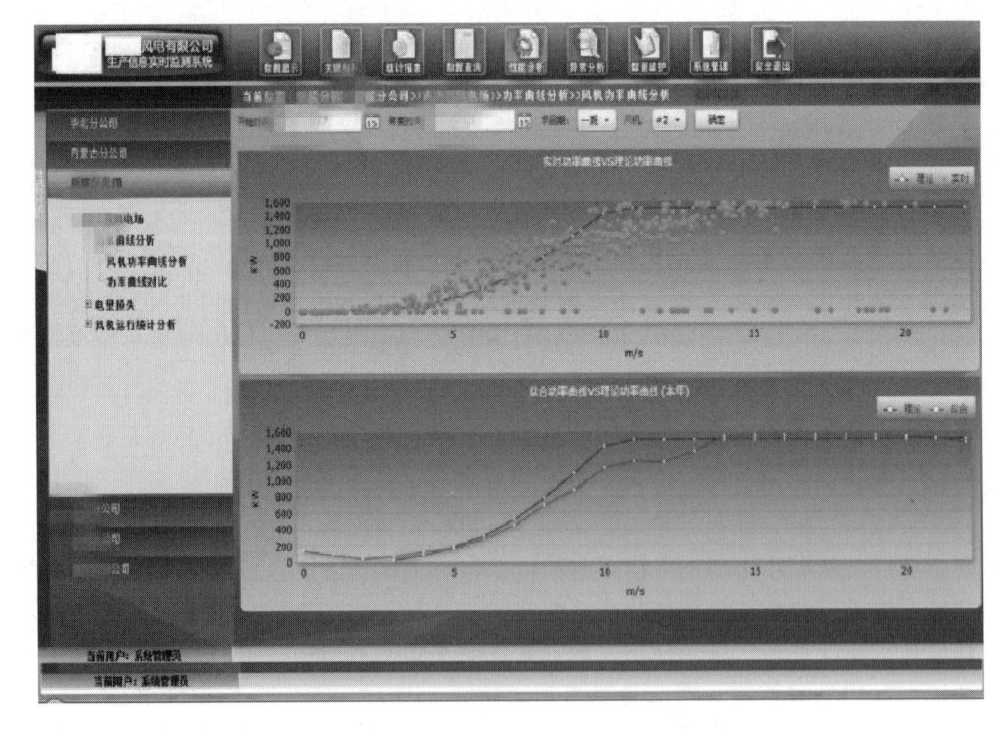

图6-29　性能分析模块

（6）异常分析。异常分析包括故障分析、超限统计分析和参数异常预警三部分。故障分析模块根据风电机组故障码，对风电机组历史上的各种故障时间和停机时间进行查询和分析，使用户可以清楚地知道当前或历史时期发生的各种故障的时间和频率。超限统计分析对风电机组主要参数的运行情况进行监测，并对发生超限的参数进行统计分析和报警提示处理，使用户能够及时根据报警信息采取措施进行处理。异常预警包括风电机组运行状态预警和通信机状态异常预警，对风电机组的异常参数进行预警，及时提醒现场人员检查处理，以消除故障；还提供了工程期间风电机组重要参数实时监测值和历史值比较的功能，并对异常风电机组参数进行报警。运行维护人员对风电机组进行早期加工和维护，可以一定程度上避免风电机组故障的发生。异常分析模块如图 6－30 所示。

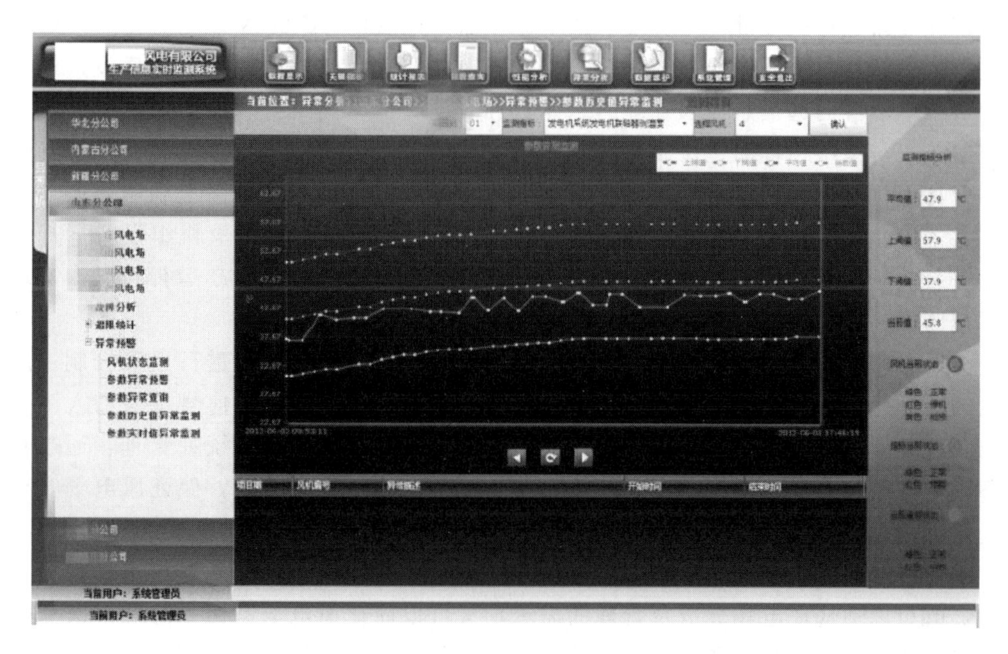


图 6－30　异常分析模块

（7）数据维护。数据维护功能提供风电场发电量数据、故障启停机数据的录入和查询入口，使具有权限的用户能够对现场的统计结果、抄表记录数据及其他记录等进行录入。数据维护包括风电场上下网电量维护、风电机组故障维护、风电机组限负荷时间段维护、故障时间维护、拟合功率曲线维护、故障停机时间维护、计划电量维护等。

#### 6.4.1.2　风电场远程监控中心

1. 风电场远程监控构架

风电场的选址由地理条件及气候条件所决定，一般风电场的分布非常分散，大多处于偏远地区，各风电场之间的距离可能非常遥远（特别是对于海上风电场的情况），风电场远程监控中心与其所控制的风电场之间的距离有时甚至达到几百米、上千千米。为此，必然要求风电场监控系统向远距离传输和严格可靠性这两个方向发展。而Internet网络的普遍应用正好符合风电行业发展的要求，现有风电场远程监控中心大都采用Internet网络构架来解决风电场之间的数据通信和实时监控的功能。

风电场远程监控中心能够实现的功能和中央监控系统一样，随着技术的发展和无人值班风电场的推出，远程监控中心将发挥更大作用。远程监控系统的实现中，通信网络是关键环节，根据《电网和电厂计算机监控系统及调度数据网络安全防护规定》，电力监控系统和电力调度数据网络均不得与互联网相连，因此远程监控中心通常只能使用专线或电力调度数据网络。

当前的风电场SCADA系统已经实现对风电机组的状态监测和数据记录，而将多个风电场的数据进行汇总和集中处理，挖掘数据中有价值的信息，以风电场为单位实现区域性风电生产调度，是当前各大风电远程监控中心提高竞争优势、保证风电产业高效运行的关键。为实现上述目标，需在已有的SCADA系统监控的基础上进行远程通信、数据传输、统一的实时数据库以及远程监控中心平台的建设，以实现对风电场群的远程监控和管理的总体目标。计算机与网络技术的高速发展、现代控制技术与系统在自动化控制领域中的充分应用为该目标的实现提供了技术基础。通过计算机、光纤通信网络和现代化通信技术，风电场远程集控系统利用遥调、遥控、遥测、遥信技术，可以实现对分布在偏远地区的风电场及风电机组设备运行状况进行实时监测。远程集控系统可以及时、实时、准确地了解生产运行状况，实现远程监测、集中控制。

远程监控系统是以计算机网络为基础对风电场中的风电机组进行远程控制、监测的自动化系统，能实现调度管理、远程数据采集、设备控制、信号报警和人工复位、统计计算以及生成统计报表等功能；可实现对多个风电场的统一管理，通过对各风电场进行有效的协调，实现统一指挥、统一调度、统一管理，保证风电场安全稳定运行，发挥各风电场最大的综合利用效益；可实现对多个风电场的远程监控，在风电场逐步推行“无人值班、少人值守”运行管理模式。设置风电场远程集控中心，既可以适应风电场分散及管理的需求，又可以简化风电场监控系统硬件及软件设施配置及运行维护人员配置，满足安全、可靠、开放、先进、实用原则，满足国家和电力行业相关技术标准。多风电场远程监控系统框架如图6-31所示。

2. 风电场远程监控的功能

风电场实时监控模块重点包括集控中心综合监控、风电场升压站监控、风电场风电机组综合监控、功率控制子系统监控、风功率预测监控、电能量信息监控及报表生成。实时监控模块总体结构如图6-32所示。

风电场远程监控的功能包括：

（1）实现区域级、场站级、设备及部件级多维度综合监视。

（2）实时报警、故障预警、设备健康状态评估、设备检修预警。

（3）风功率预测结合气象、船舶等条件实现智能指挥。

（4）提供风电机组性能报告。

（5）对生产运行的设备设施进行实时监控，下辖的各个场站通过数据采集装置将采集到的生产运行信息统一上送至前置采集服务器，随后将在各个工作站的图形

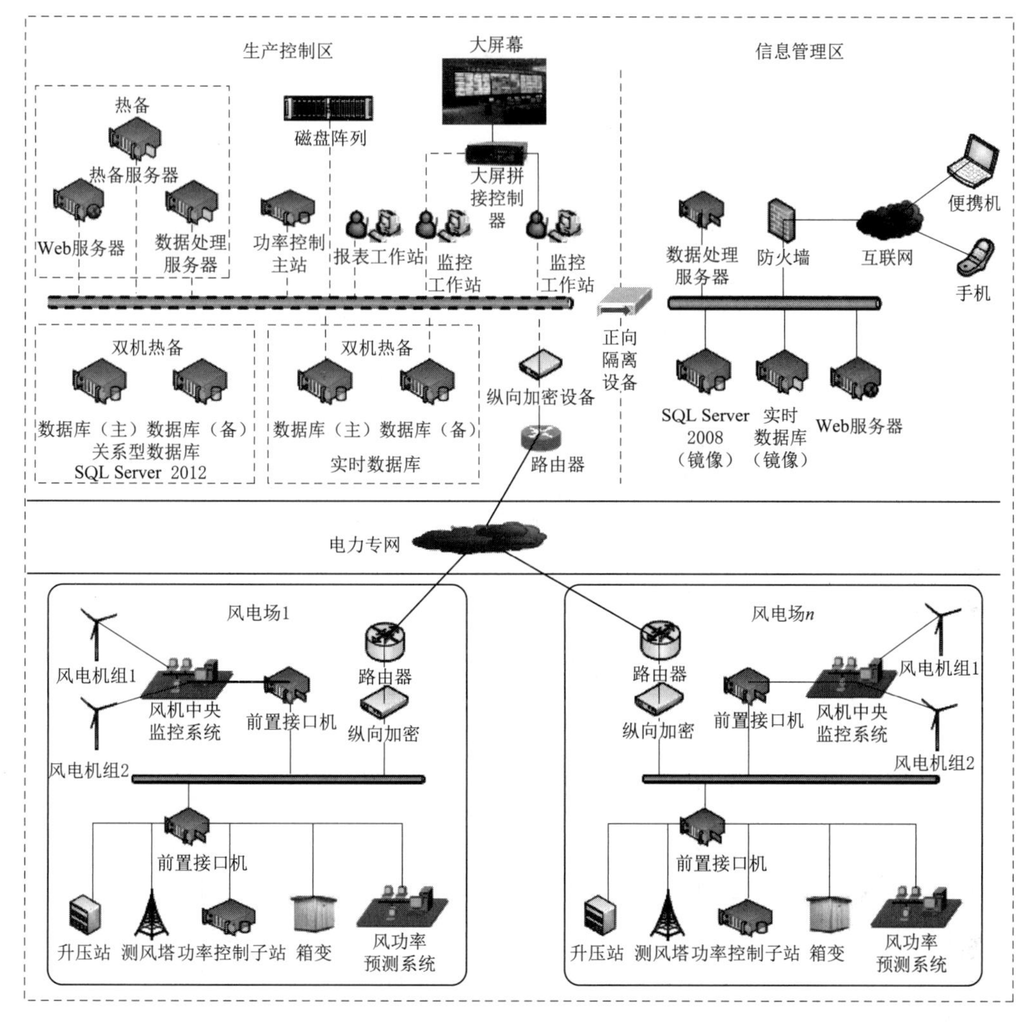


图 6-31 多风电场远程监控系统框架

界面中进行实时显示。

风电场远程监控后，除了拥有 SCADA 系统的功能外，由于数据量增多，可以利用现代的大数据技术开展深层次的挖掘，实现其价值。大数据被称为“碎片中的智慧”，被视为驱动新一轮技术革命的关键力量，正在显现出巨大的经济价值。当前，大数据在风电领域已有所建树，大部分风电整机企业已积累了多年的经验，国内风电企业也在借助智能控制、智能传感、云计算、大数据和能源管理等技术，积极构建全球智慧能源蓝图，推动传统能源领域的智慧变革。

结合了大数据分析和天气建模技术的能源电力系统能够提高风电的可靠性。以往对风资源的预测不够精准，在风资源无法贡献预期功率时，火电就要作为后备电力。这样，电网对风电的依赖程度越高，需要建设后备电站的成本就越高。然而，在大数据分析的帮助下，温度、气压、湿度、降雨量、风向和风力等变量都得到充分考虑，对风电的预测更加精准，电网调度人员可以提前做好调度安排，也有助于

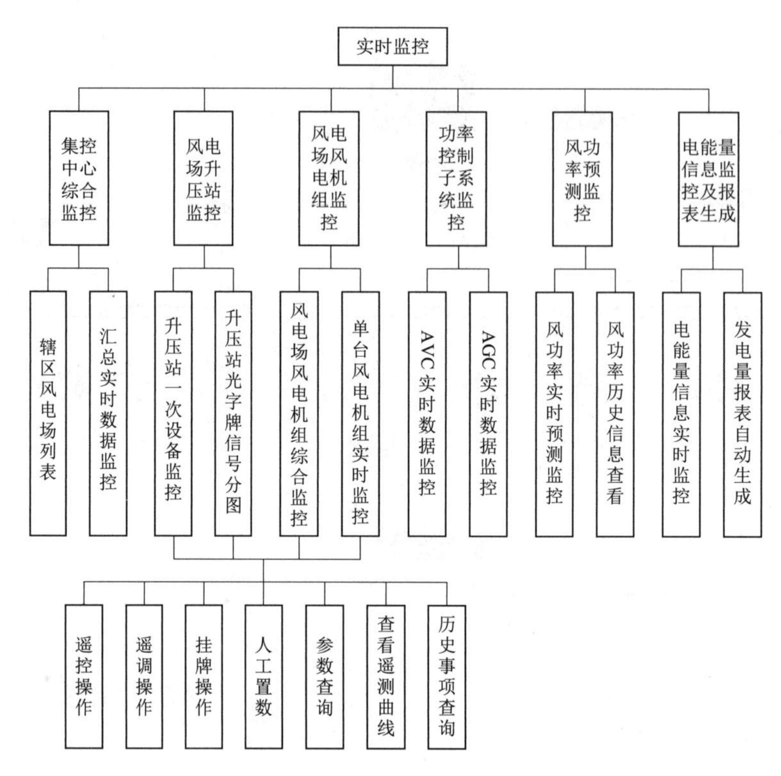


图6-32 实时监控模块总体结构图

电网消纳更多风电。除了做到更精准的预测，检测和采集风电机组的运转数据、风电场的运营数据还有利于风电机组制造商更好地改善风电机组的性能。风电场业主在追求效益最大化时也离不开大数据。基于大数据进行预测性维修使得风电场运维流程发生了根本性变化，系统的提前预测可以让风电企业优化运维计划，在提升设备可靠性的同时降低运营成本。同时，随着风电运维管理的标准化和专业化，风电运维服务市场将快速增长并整合，基于大数据的风电运维服务平台将成为风电运维服务商的核心竞争力。对所有安装的风电机组进行集中的运维监控，可以随时获取每台风电机组的实时运行和历史信息，然后结合资产、人员、专家知识以及气象等外部环境信息进行分析和预测，优化风电场运维。

风电大数据是一个系统工程，需要从数据标准、数据共享、数据分析、数据融合、数据资产化和大数据应用创新等不同层面同步推进。利用风电大数据中心全方位地汲取和存储风电工程开发建设和运行维护信息，通过云存储、大数据分析技术，实现风电海量数据的存储和再分析，在为风电工程提供风险预警和稳定经济运行的基础上，可以全面共享风电建设经验和历史信息，加快推进风电建设和管理由传统管理模式向主动型、持续性、精益化方向转变；为风电滚动开发提供决策依据，同时为风电相关产业实现智能研发和智能制造提供智能服务。通过大数据手段，提升风电建设和运营的事中、事后全过程监管水平，能够提高工程质量，落实生态环境监测保护措施。量化、可视化定期评估检查监测结果，能更好地指导监督

项目并改进防范措施。为了更好地落实资源开发与产业发展相促进，通过风资源规模化开发，带动风电相关产业骨干企业做大做强，提高风电产业研发、制造和系统集成的水平与能力，更好地支撑服务于风电规模化发展。

以海上风电大数据中心建设为例，考虑到海上风电数据分布散、种类多等特点，采用分布式大数据＋实时数据＋关系型数据作为总体数据架构，记录全部设计、施工和重要运维数据，充分利用集群的威力进行高速运算和存储。大数据中心可以存储和应用于海上风电规划、建造、运营等全过程数据，包括：①海上风电所有系统和设备的相关数据，包括风电机组、电气设备、海缆、结构监测、测风塔、雷达、气象水文监测设备、海洋生物监测等各种类型设备的运行数据和基础数据；②基于规划期的数据，包括场址数据，港口、风资源、海上海下地质条件数据、电源接入点、生产基地等数据；③基于建设期的数据，包括平台勘测、地质数据，设计图纸，三维模型，采购及施工相关等数据；④基于运维期的实时数据，包括海浪、气象条件、船舶数据，风电机组运行、风电机组结构监测、海缆监测数据，升压站运行数据，升压站结构监测等数据；⑤基于以上数据产生的管理及决策数据，包括风功率预测、运维诊断数据，调度及适时维修方案等数据。

### 6.4.2 风电场检修与维护

风电机组是集流体力学、气象学、材料力学、机械、电气、控制、电力电子、空气动力学等各学科于一体的综合产品，各部分紧密联系，息息相关。风电机组维护的质量直接影响到发电量的多少和经济效益的高低，风电机组本身的性能也要通过维护检修来保持。及时有效的维护工作可以发现故障隐患，减少故障的发生，提高风电机组效率。风电机组维护可分为定期检修维护和日常排故维护两种方式。

1. 定期检修维护

定期检修维护可以使设备保持最佳状态，并延长风电机组的使用寿命。定期检修维护工作的主要内容有风电机组连接件之间的螺栓力矩检查（包括电气连接），各传动部件之间的润滑和各项功能测试。

风电机组在正常运行时，各连接件之间的螺栓长期运行在各种振动的合力当中，极易松动，为了不使其在松动后导致局部螺栓受力不均被剪切，必须定期对其进行螺栓力矩的检查。在环境温度低于－5℃时，应使其力矩下降到额定力矩的80％进行紧固，并在温度高于－5℃后进行复查。一般对螺栓的紧固检查都安排在无风或风小的夏季，以避开风电机组的高输出功率季节。

风电机组的润滑系统主要有稀油润滑（或称矿物油润滑）和干油润滑（或称润滑脂润滑）两种方式。风电机组的齿轮箱和偏航减速齿轮箱采用的是稀油润滑方式，其维护方法是补加和采样化验，若化验结果表明该润滑油已无法再使用，则进行更换。干油润滑部件有发电机轴承、偏航轴承、偏航齿等，这些部件由于运行温度较高，极易变质，易导致轴承磨损，定期检修维护时，必须每次都对其进行补加。另外，发电机轴承的补加剂量一定要按要求数量加入，不可过多，防止过多挤入电机绕组，使电机烧坏。

定期检修维护的功能测试主要有过速测试、紧急停机测试、液压系统各元件定值测试、振动开关测试、扭缆开关测试等。还可以对控制器的极限定值进行一些常规测试。

定期检修维护除以上三大项以外，还要检查液压油位、各传感器有无损坏、传感器的电源是否可靠工作，闸片及闸盘的磨损情况等方面。

2. 常规维护

风电机组在运行中，也会出现一些故障需要工作人员必须到现场去处理，这样就可同时进行常规维护。首先要仔细观察风电机组内的安全平台和梯子是否牢固，有无连接螺栓松动，控制柜内有无焦味，电缆线有无位移，夹板是否松动，扭缆传感器拉环是否磨损破裂，偏航齿的润滑是否干枯变质，偏航齿轮箱、液压油及齿轮箱油位是否正常，液压站的表计压力是否正常，转动部件与旋转部件之间有无磨损，各油管接头有无渗漏，齿轮油及液压油滤清器的指示是否在正常位置等。其次是听，听一下控制柜里是否有放电的声音，有声音就可能是有接线端子松动，或接触不良，须仔细检查；听偏航齿的声音是否正常，有无干磨的声响；听发电机轴承有无异响；听齿轮箱有无异响；听闸盘与闸垫之间有无异响；听叶片的切风声音是否正常。最后，清理干净工作现场，并将液压站各元件及管接头擦净，以便于今后观察有无泄漏。

虽然上述的常规维护项目并不一定很完备，但是只要每次都能做到认真、仔细地检查维护，就能最大限度地防止出现故障隐患，提高设备的完好率和可靠性。要想运行维护好风电机组，在平时还要对风电机组相关理论知识进行深入的研究和学习，认真做好各种维护记录并存档，对库存的备件进行定时清点，对各类风电机组的多发性故障进行深入细致的分析，并力求对其做出有效预防。只有防患于未然，才是运行维护的最高境界。

## 6.5　风功率预测与并网

### 6.5.1　风功率预测

#### 6.5.1.1　风功率预测背景

风资源已经成为我国可再生能源发电战略的一个重要组成部分。我国部分省份的风电接入已超过10%。但因为风本身的不稳定特性导致风电场输出功率不稳定，而不稳定的功率输出会对电力系统安全稳定的运行造成极大的危害，当风电在电网中所占比重达到一定程度时，会危害电网的安全运行、增加电网经济成本。因为风电输出功率的不稳定以及前期规划的问题，导致我国目前部分地区仍存在严重的“弃风限电”问题，这已经成为制约风电在我国发展的根本因素。准确的风功率预测是缓解上述问题的有效途径，其价值有：

（1）业主可以根据未来的预测结果，合理安排检修计划，减少风资源浪费，提高风电场的经济效益。

（2）根据风电场预测的未来数小时内的功率，电网可以及时调整调度计划，有利于降低运行成本，节省社会成本。

（3）根据预测结果，可以让发电企业在电力市场交易中具有竞价优势。

#### 6.5.1.2　风电场功率预测方法

目前，已经有很多风功率预测方法，分类如图6－33所示。

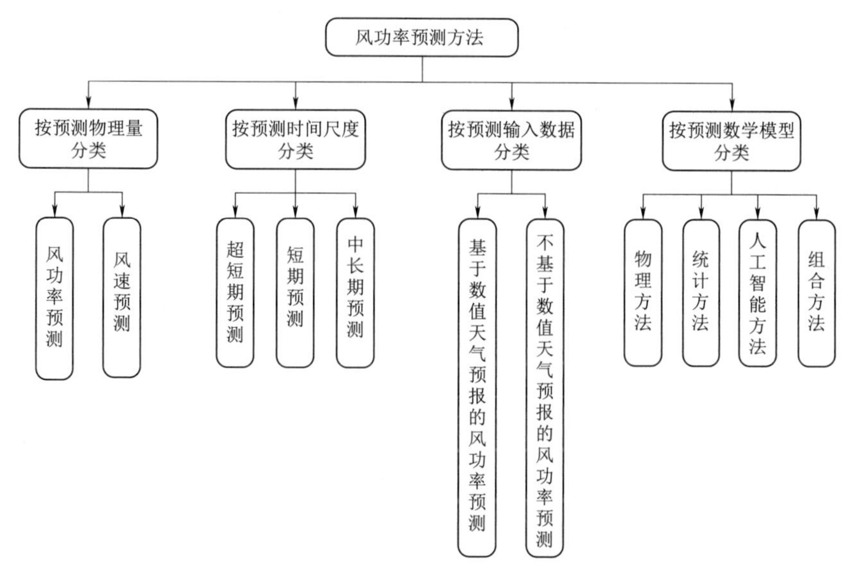


图6－33　风功率预测方法分类

（1）按照预测物理量的不同，可以分为风功率预测和风速预测，再根据风电机组的功率曲线得到风功率预测的两种方法。风功率预测一般采用统计方法，即在输入数据与风功率间建立某种数学关系，而不用考虑实际风速与风功率的关系。风速预测是首先预测风速，然后结合风电机组的功率曲线来插值获得单台风电机组或整个风电场的预测功率。

（2）按照预测时间尺度来看，可以分为超短期预测、短期预测、中长期预测。不同的时间尺度，用途不同，所用的方法也不同。超短期预测通常用于风电场的控制、电能质量评估、机械部件设计等。短期预测不仅可以提供优化常规风电机组产量的必要信息给调度部门，使得该部门能够根据风电场输出功率曲线安排备用风电机组，而且为制定电网日发电计划提供了科学依据。中长期预测可用于安排风电场的运行与维护，预测准确性目前还有待提升。超短期预测一般为不超过4h的预测，短期预测一般是指4～72h的预测，中长期预测一般是指预测时间尺度超过72h的预测。

（3）按照预测输入数据分类，可以分为基于数值天气预报（numerical weather prediction，NWP）的风功率预测和不基于数值天气预报的风功率预测。

（4）从所用预测数学模型分类，主要可以分为物理方法、统计方法、人工智能方法以及组合方法。

1）物理方法对风电场的历史数据没有要求，新建风电场可利用该方法实现功率预测，但需要准确的数值天气预报数据及风电场的详细物理信息，如风速、风向、密度、温度、气压、湿度、表面粗糙度、障碍物等气象和地形数据等，模型较复杂，需要考虑的参数也较多，且数值天气预报数据的采集和处理较为烦琐。受假设条件件和计算网格分辨率的制约，数值天气预报数据对于流场的湍动能无法充分预测，影响精度。物理方法更适于长期预测，且被广泛应用于长期预测。

2）统计方法可建立一种映射关系，该映射关系的对象为历史数据与待预测物理量，进而预测风速或者风功率。该方法主要用于超短期及短期风速及风功率预测，对中长期预测，往往达不到要求，而且对突变信息的处理能力较差。统计模型主要是基于已有的统计方程式，用历史风速或风功率序列来建立预测模型，最常见的即时间序列法，如自回归滑动平均（auto - regressive moving average，ARMA）模型、差分自回归滑动平均（auto - regressive integrated moving average，ARIMA）模型、卡尔曼滤波（kalman filter，KF）法、模糊逻辑等。

3）人工智能方法通常通过最小化训练误差来建立一个高维的非线性函数，以拟合风速及其影响因素，应用较为广泛的主要有机器学习方法与人工神经网络方法。

机器学习方法主要有支持向量机（support vector machine，SVM）、支持向量回归（support vector regression，SVR）、最小二乘支持向量机（least square SVM，LSSVM）、支持向量聚类等。与传统的统计方法相比，基于结构风险最小化原则的支持向量机对非线性和小样本问题具有更好的性能。然而，在支持向量机的研究中，如何优化核参数和惩罚因子是一个关键问题。不同的参数确定方法得到的参数会产生不同的预测结果，因此提出一种合理的参数确定方法尤为重要。

人工神经网络方法具有并行处理、分布存储、容错性好等特性，自学习、自适应能力强，适于复杂、非线性问题的求解，主要分为前馈网络和反馈网络。其中，前馈网络包括 RBF 神经网络、BP 神经网络等；反馈网络是一种动态递归网络，诸如 Elman 神经网络，该网络对普通前馈网络进行了改进，增加了一个相当于一步延迟算子的承接层，使网络有记忆功能并直接反映系统的动态特性，计算能力及网络稳定性较前馈网络更为突出。

随着人工智能理论及技术的发展与逐渐成熟化，更多的研究者将深度学习（deep learning，DL）应用于风电场风速及风功率预测方向。

4）单一物理模型或统计模型的预测精度往往难以满足电网调度及风电场控制的要求，因此，很多研究者提出了组合方法，以期提高风速及风功率预测精度。组合方法结合了各单一模型的优势及各类优化算法，采用加权组合、参数优化、数据预处理、误差修正等方法，使得预测精度有所提高。研究表明，相比于单一模型，组合模型在风速及风功率预测方面性能更佳，如结合经验模态分解对风速数据进行预处理，并利用 Elman 神经网络建立预测模型，从而得到一种新的组合深度学习方法来进行短期风速预测。

## 6.5.2　风电场并网

### 6.5.2.1　风电场并网要求

目前，国际上美国、加拿大、北欧等国家一些电力协会或电力公司均编制有风

电场并网技术规范、标准或相关研究报告。如美国能源标准委员会的编制的风电并网标准 *Interconnection for Wind Energy*。我国的风电场并网技术指导标准主要有 GB/Z 19963—2005《风电场接入电力系统的技术规定》、Q/GDW 392—2009《风电场接入电网技术规定》。国内电力行业现有的适用于风电场并网的国家和行业标准有 DL 755—2001《电力系统安全稳定导则》、SD 325—1989《电力系统电压和无功技术导则》、GB/T 20320—2006《风力发电机组 电能质量测量和评估方法》、DL/T 1040—2007《电网运行准则》、GB/T 12325—2008《电能质量 供电电压偏差》、GB/T 12326—2008《电能质量 电压波动和闪变》、GB/T 14549—1993《电能质量 公用电网谐波》、GB/T 15945—2008《电能质量 电力系统频率偏差》、GB/T 15543—2008《电能质量 三相电压平衡》。风电场并网技术规范和标准基本包括：电压、有功功率、无功功率、低电压穿越能力、频率、电压质量。

在风电场无功配置方面，Q/GDW 392—2009《风电场接入电网技术规定》中规定无功补偿装置应具有自动电压调节能力，对于直接接入公共电网的单个风电场，其配置的容性无功容量除了能够补偿风电场汇集系统及主变压器的感性无功损耗外，还要能够补偿风电场送出线路一半的无功容量配置。

在风电场电压方面，风电场并网后输出功率的变化及功率因数的调节都会对接入电网的电压产生一定的影响，同时电网电压水平也将影响风电场并网点高压侧母线以及风电机组机端电压水平。GB/Z 19963—2005《风电场接入电力系统的技术规定》和 Q/GDW 392—2009《风电场接入电网技术规定》中规定风电场变电站的主变压器应采用有载调压变压器，当风电场并网点的电压偏差在其额定电压－10％～＋10％时，风电场内的风电机组能正常运行；当风电场并网点电压偏差超过＋10％时，风电场的运行状态由风电场的风电机组的性能确定。同时风电场应配置无功电压控制系统，根据电网调度部门指令，风电场通过其无功电压控制系统自动调节整个风电场发出或吸收的无功功率，实现对并网点的电压控制，其调节速度和控制精度应能满足电网电压调节的要求。当公共电网电压处于正常范围内时，风电场应当能够控制风电场并网点电压在额定电压的 97％～107％范围内。

在电网故障引起并网点电压跌落时，将风电场切出的策略不再适合，风电场应具有保持不脱网连续并网运行的能力，甚至还可以为电网提供一定的无功功率以帮助电网恢复正常，即为风电场低电压穿越能力。Q/GDW 392—2009《风电场接入电网技术规定》中规定我国风电场内的风电机组应具有在并网点电压跌至 20％额定电压时能够保证不脱网连续运行 625ms 的能力；风电场并网点电压在发生跌落后 2s 内能够恢复到额定电压的 90％时，风电场内的风电机组能够保证不脱网连续运行。为了保证故障后电网的稳定与功率平衡，尽可能降低系统功率缺额，要求风电场应具有有功恢复能力，风电场在故障消除后应快速恢复有功功率，应以至少 10％额定功率/s 的速度恢复至故障前的值。

风电场有功功率变化限值应根据所接入电网的调频能力及其他电源调节特性由电网调度部门确定。风电场并网风速增长以及风电场正常停机时，风电场有功功率变化应当满足电网调度部门的要求。有功功率变化包括 1min 有功功率变化和

10min 有功功率变化，其限值推荐值见表 6-2。

**表 6-2　　风电场有功功率变化限值推荐值**　　单位：MW

| 风电场装机容量 | 有功功率变化 | |
|---|---|---|
| | 10min 最大变化量 | 1min 最大变化量 |
| $<30$ | 20 | 3 |
| 30～150 | 1/3 装机容量 | 1/10 装机容量 |
| $>150$ | 50 | 15 |

在风电场电能质量方面，风电场并网点的电压波动值应满足 GB/T 12326—2008《电能质量 电压波动和闪变》，风电场在并网点引起的电压波动 $d$（%）应当满足表 6-3 的要求。

**表 6-3　　电 压 波 动 限 值**

| $r$/(次/h) | $d$/% | $r$/(次/h) | $d$/% |
|---|---|---|---|
| $r\leqslant 1$ | 3 | $10<r\leqslant 100$ | 1.5 |
| $1<r\leqslant 10$ | 2.5 | $100<r\leqslant 1000$ | 1 |

表 6-3 中，$d$ 表示电压波动，为电压方均根值相邻两个极值电压之差，以系统标称电压的百分数表示；$r$ 表示电压变动频度，指单位时间内电压变动的次数（电压由大到小或由小到大各算一次变动）。

风电场所接入的公共连接点的闪变干扰值应满足 GB/T 12326—2008《电能质量 电压波动和闪变》的要求，其中风电场引起的长时间闪变值按照风电场装机容量与公共连接点上的干扰源总容量之比进行分配。风电场所接入的公共连接点的谐波注入电流应满足 GB/T 14549—1993《电能质量 公用电网谐波》的要求，其中风电场向电网注入的谐波电流允许值按照风电场装机容量与公共连接点上具有谐波源的发/供电设备总容量之比进行分配。

### 6.5.2.2　电气主接线

风电场的电气设备由一次设备（也称主设备）和二次设备共同组成，但由于风电场自身的电气特点，风电场电气部分与常规发电厂站的电气部分也不尽相同。

风电场的一次设备是风电场直接生产、变换、输送和分配电能的设备，它们构成了风电场的主体。按照在电能生产过程中的整体功能，风电场一次设备主要分为四个部分：风电机组的一次设备、集电系统的一次设备、升压变电站的一次设备及风电场场用电系统的一次设备。其中，风电机组的一次设备除了风电机组和发电机以外，还包括电力电子换流设备和对应的机组升压变压器。集电系统的一次设备主要有汇流母线、电缆线或架空线路。升压变电站的一次设备主要有升压变压器、导线、开关设备等。风电机组发出的电能并不是全都送入电网，有一部分在风电场内部就用掉了，包括维持风电场正常运行及安排检修维护等生产用电和风电场运行维护人员在风电场内的生活用电等，也就是风电场场内用电部分，该部分用电由风电场用电系统供给。风电场场用电系统的一次设备主要有场用变压器（也称为站用变压器）。

风电场的二次设备是对风电场一次设备进行监测、控制、调节和保护的设备，包括风电场的控制设备、继电保护和自动装置、测量仪表、通信设备等。风电场的二次设备通过电压互感器和电流互感器与一次设备进行电气联系，即通过电压互感器和电流互感器将一次设备的高电压和大电流转换为低电压和小电流，从而传递给进行测量和保护的设备，测量和保护设备对所测得的电压和电流进行判别，以监视一次设备的运行状态并记录，在此基础上，工作人员便可根据监视结果，使用控制设备去分、合相应的开关设备。因此，风电场中的电压互感器和电流互感器按作用来分可以认为是二次设备，但由于其直接并联和串联于一次电路中，通常将其归为一次设备。

风电场电气主接线如图 6-34 所示。

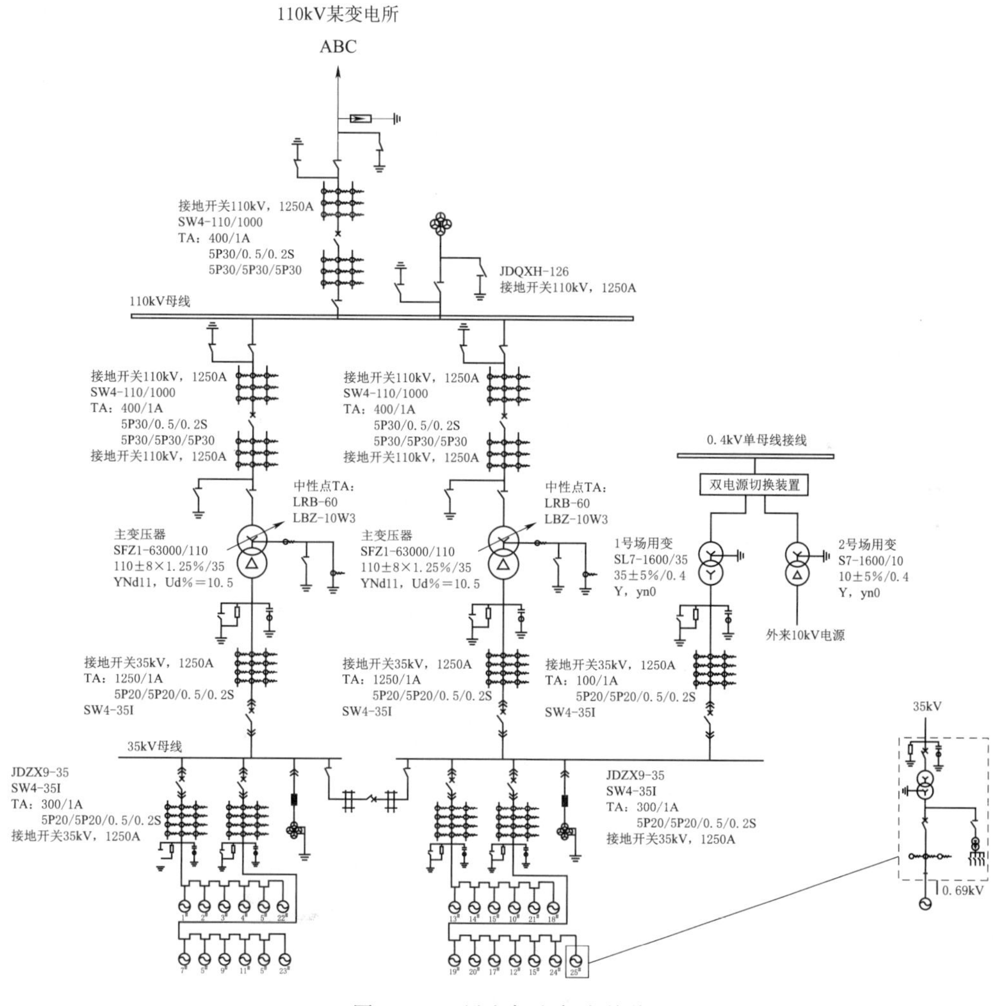


图 6-34 风电场电气主接线

### 6.5.2.3 风电场并网控制

（1）随着风电场容量的增大，风电场从系统吸收的无功功率逐渐增多，风电场自身发出的无功功率也会增多，如果系统不能提供足够的无功功率，接入点电压会逐渐降低。风电场对系统电压的影响主要是风电场自身所发无功功率和系统无功功率不足造成的，所以风电场自身需要有一定的无功电源配置。一方面，风电机组可以采用双馈异步发电机和永磁同步发电机，风电机组本身配备变换器，可以实现一定范围的有功功率和无功功率控制；另一方面，风电场变电站内可以集中加装无功补偿装置来提高并网点的电压水平和电压稳定裕度，无功补偿装置可以采用投切的电容器组或者采用静止无功补偿器和静止同步补偿器。从电网角度来看，电网公司应该加强网架建设和无功储备，增强系统之间无功电源的互供能力。

（2）由于风电场风速随机性较大，风电机组功率频繁变化会引起电压频繁波动和闪变，此外，风电机组在运行过程中会受到塔影效应、偏航误差和风剪切等因素影响，风电机组风轮产生的转矩波动会造成风电机组输出功率的波动。对于变速恒频风电机组，变流器由整流和逆变装置组成，电力电子装置始终处于工作状态，会产生很严重的谐波问题。风电并网引起的电压波动、闪变和谐波等电能质量问题主要是风电机组本身特性造成的，由于风电机组输出功率波动和电力电子元件装置产生的谐波难以完全消除，因此需要进一步加强风电机组特性的系统研究，改善风电机组性能。规划设计单位在进行风电场接入系统设计时，要考虑到风电场周边电网实际情况，尽量做好相关电网规划和选择合适的系统接入点，将风电并网对电网的影响降低到最低。

（3）风电并网增大调峰、调频难度，风电的间歇性、随机性增加了电网调频的负担。风电场功率输出并不稳定，受风力、风电机组控制系统影响很大，特别是存在高峰负荷时期风电场可能输出功率很小、而非高峰负荷时期风电场可能输出功率很大的问题，这种风电的反调峰特性增加了电网调峰的难度。由于风资源具有不可控性，因此需要一定的电网调峰容量为其调峰。一旦电网可用调峰容量不足，那么风电场将不得不限制输出功率。风电场容量越大，这种情况就会越发严峻。我国风电场位置一般处于电网末端，所处的地区网架较为薄弱，接纳风电场容量有限，短期内大规模风电场集中接入电网后，可能造成风电场接入点多个输送断面潮流加重，由于风电场与系统的电气距离较远，大规模风电机组造成电网转动惯量减小，减弱了系统对振荡的阻尼作用，降低了系统的运行稳定度。所以需要从以下几个方面改善风电并网对系统调度的影响：

1）做好风电调度的计划管理，进一步完善风功率预测系统，传统的电力调度方式可以根据风电场功率和负荷预测曲线来安排常规机组发电计划，优化发电机组调度计划。

2）改善电源结构，适当配套建设调峰调频能力，降低电网运行费用。

3）风电机组采用双馈异步发电机和永磁同步发电机，增强风电场自身无功调节能力。

4）加强风电场并网管理，制定《风电并网调度协议》，明确技术参数、调峰指标、调管关系以及场网双方承担的责任、义务及相关行为，为运行管理提供依据。

# 6.6 风电场项目及开发

## 6.6.1 风电场开发流程

1. 风电场选址

业主方进行实际现场考察，确定风电场规划建设范围，根据风电机组布点间距要求、场区实际可利用情况确定风电场规划开发范围，利用GPS确定风电场范围拐点坐标。

主要考虑风能质量好、风向基本稳定、风速变化小、风垂直切变小、湍流强度小、交通方便、靠电网近、对环境影响最小、地质条件满足施工的地区。

2. 与地方政府签订开发协议

与政府相关部门确定项目开展前期工作函（根据省份要求办理），收集相关资料后签订风电开发协议，主要包括风电开发区域、近期开发容量、远期规划、年度投资计划、工程进展的时间要求等。

需相关地区发展和改革委员会（以下简称发展改革委）盖章批复同意此风电场开展前期工作（将拟选风电场范围坐标进行盖章确认），通常本文有效期为1年，同时文件抄送省自然资源厅、生态环境厅、国网电力公司。

3. 风资源测量

委托相关单位在该风电场设立测风塔并进行测风服务，安装地点应选在该风电场有代表性的地方，数量一般不少于2座，若条件许可，对于地形相对复杂的地区应增加至4～8座，测风仪应安装在10m、30m、50m、70m的高度进行测风，现场测风时间至少1年以上。

4. 风资源评估

委托相关单位进行风资源评估分析，编制风资源评估报告（根据地方要求及业主需求）。

（1）业主协助相关单位收集临近气象站资料（气象站同期测风数据、累年平均风速、多年平均风速、盛行风向及风能情况）。

（2）委托单位对收集的测风数据进行分析（数据完整性、合理性、缺测及不合理数据处理、代表年分析、湍流强度分析、风切变分析、威布尔分布情况等）。

（3）风资源条件判断（分析测风塔代表年风资源、盛行风向及盛行风能方向、可利用小时数、发电量初步估算）。

（4）根据风资源评估情况，判定拟选风电场风电机组类型，判定该风电场是否具有开发使用价值，给出合理化风资源建议。

5. 项目总体规划

（1）地形图购买。业主从项目所在地相关测绘单位购买所需地形图（可研阶段比例尺：1∶10000）。

（2）收集资料。

1）向项目所在地气象站、气象局收集气象资料，包括：①距离风电场现场最近气象站的基本描述，包括建站时间、仪器情况、测风仪器变更及安装高度变更记录、站址变迁记录、气象站所在地的经纬度及海拔；②气象站基本气象参数，包括累年平均气温、月平均最高/最低气温、极端最高/最低气温及持续小时数；累年平均气压、相对湿度、水汽压，累年平均降水量、蒸发量、日照小时数；累年平均冰雹、雷电次数、结冰期、积雪、沙尘、温度低于－20℃/－25℃/－30℃的天数统计等，气象站累年各个风向百分比统计；③气象站近30年各年及各月平均风速资料；④气象站测风仪器变更后对比观测年份人工站和自动站的月平均风速；⑤气象站建站至今历年最低气温和大风（最大风速与风向）统计；⑥气象站关于该地区的灾害性天气记录；⑦与风电场现场实测测风数据同期的气象站逐小时风速、风向资料；⑧风电场现场测风塔的基本描述，包括经纬度、安装时间、高度、所用仪器型号和仪器标定书等；⑨风电场现场测风塔完整一年逐小时测风数据与逐10min测风数据。

2）向电气主管部门收集资料，包括：项目当地电网状况、区域电力系统概况及发展规划。

（3）现场踏勘：业主协助可研单位完成对项目的现场踏勘，具体工作包括：

1）确定现场地形地貌条件、项目升压站位置、进站道路条件、场区内道路条件，解决施工临水临电问题。

2）了解当地工人工资情况、各种建筑材料进货初步位置。

3）确定拟接入变电站位置，明确拟建升压站容量，是否为后续工程考虑等。

4）沟通业主有无意向的风电机组机型或厂家。

5）现场踏勘实际情况照片留存。

（4）项目规划开发：根据具体开发情况，确定项目是否分期开发、开发流程及开发顺序。

6. 委托咨询单位编制初可研报告并进行评审

测风数据收集齐全后可委托咨询单位编制初可研报告，初可研报告主要包括：

（1）投资项目的必要性和依据。

（2）拟建规模和建设地点的初步设想。

（3）资源情况、建设条件、协作关系的初步分析。

（4）投资估算和资金筹措设想。

（5）项目大体进度安排。

（6）经济效益和社会效益的初步评价。

初可研报告编制完成后，由业主组织专家对初可研报告进行评审，形成书面评审意见，咨询单位根据评审意见进行修改。

7. 报发展改革委取得立项批复

初可研报告编制完成后由投资商上报发展改革委，等待发展改革委给予立项批复。

8. 委托咨询单位编制可研报告

可研报告是在初可研报告的基础上进行细化，主要包括：

（1）确定项目任务和规模，论证项目开发的必要性及可行性。

（2）对风电场风资源进行评估，查明风电场场址工程地质条件，提出工程地质评价和结论。

（3）选择风电机组机型，提出优化布置方案。

（4）计算上网电量，规划技术可行、经济合理的风电场升压站主接线。

（5）确定风电机组变压器系统、集电线路方案以及工程总体布置，确定工程占地范围及建设征地主要指标，选定对外交通运输方案，主体工程施工方案。

（6）拟定风电场定员编制，提出工程管理方案。

（7）进行环境保护和水土保持设计、编制工程投资估算、项目财务评价和社会效果评价。

9. 取得相关支持性文件

（1）核准前。

1）规划选址意见书：省住房和城乡建设厅办理。

2）项目用地预审批复函：省自然资源厅办理。

3）环境影响评价批复函：10 万 kW 以上项目省生态环境厅办理，10 万 kW 以下项目市生态环境局办理。

4）节能评估批复函：10 万 kW 以上项目需委托相关单位出具节能评估报告，10 万 kW 以下项目需出具节能评估登记表。

（2）开工前。

1）接入系统批复函：以电力主管部门最终批复意见为准。

2）压覆矿藏批复函：项目所在地自然资源局办理。

3）地质灾害评估批复函：有相关专家批复意见。

4）银行贷款承诺函：相关银行出具证明。

5）林业系统批复：相关林业和草原部门出具证明。

6）无军事设施证明批复：中国人民解放军相关部门办理。

7）无文物批复函：项目所在地文物局办理。

8）水土保持方案批复函：10 万 kW 以上项目由省水利厅办理（含 10 万 kW）。

9）其他：根据各省要求。

10. 编制项目申请报告

委托具有相关资质的单位编写项目申请报告，对拟建项目从规划布局、产业政策、资源利用、征地移民、生态环境、工程技术、经济和社会效益等方面综合论证，为项目核准提供依据（重点审查其支持性文件是否符合要求）。

11. 项目核准

由省级投资主管部门核准，取得核准批复文件后，方可开工建设。

12. 微观选址、详勘、初步设计、施工图设计

（1）委托具有相关资质的单位完成微观选址。为风电场风电机组进行排布，影响因素主要有排布效率、地形、设备运输和施工、环境影响及土地类别等，使其风电场发电量最大化、荷载最小化。

(2) 委托具有相关资质单位完成详细地质勘查。详细的岩土工程资料以及设计、施工所需的岩土参数；对建筑地基作出岩土工程评价，并对地基类型、基础型式、地基处理、基坑支护、工程降水和不良地质作用的防治等提出建议，需满足施工图要求。

(3) 委托具有相关资质的单位完成初步设计、施工图设计。风电场施工图设计（含初设）包括：风电机组基础施工图、箱变基础施工图、杆/铁塔基础施工图、升压站内建筑物建结水暖电（建筑施工、结构施工、水路施工、暖气施工、电路施工）、升压站总平面图、电气主接线图、电气总平面图等。

13. 施工阶段

委托相关单位进行风电场项目施工。需委托：施工单位、工程监理单位、电气设备监理单位、地勘单位（桩基检测单位）、风电机组厂家及吊装单位、土方单位、沉降观测单位、护坡单位、门窗单位、消防单位、弱电及其智能化单位、外保温涂料单位、通信单位、具有相应资质的升压站电气设备供货单位等。

14. 竣工并网发电

甲方、设计、监理、施工参与工程竣工验收，项目并网发电。设计单位依据项目周期内发生的设计变更及工程洽商，出具项目竣工图，并到政府相关档案馆进行备案登记，沟通协调项目所在地电网公司，并网送电。

## 6.6.2　典型风电场项目

### 6.6.2.1　低风速复杂地形风电场项目

2015 年，中国风电开始经历弃风限电的压力和市场的考验，伴随着风电开发企业向中东部和南方市场突围，国内整机制造企业开始以高塔筒、大叶片为发力点实现技术突破，使得我国可开发风资源地区的风速下探至 5～6m/s。进入 2017 年下半年，国家发展改革委印发《关于全面深化价格机制改革的意见》提出，“到 2020 年实现风电与燃煤发电上网电价相当”，风电平价上网已成为必然趋势。低风速风资源的开发为风电发展打开了一扇前景广阔的大门，通过风电设备制造企业，长叶片、高塔筒等技术不断取得突破，数据运维能力不断提升，为风电场实现降低度电成本、实现高收益奠定了技术基础。

某集团济源低速风电场（图 6-35）是该集团新能源公司在河南的第一个自建的分散式项目，采用智慧风场解决方案将超低风速开发走进村落，此风电场于 2019 年 7 月开始吊装，同年 12 月即实现了全容量并网，共采用 4 台某集团 SE14625（2.5MW 风电机组）和 16 台 SE13120（2.0MW 风电机组），这两种机型适用于年平均风速 4.8m/s 及以上的低风速和超低风速风电场，如图 6-36 所示。济源低速风电场为该集团探索平价时代的中东南部风电开发提供新思路，该风电场最终仅用时 231 天就实现了全容量并网，并且其年满发小时数预计达到 1900h，度电成本比同行低 5%～10%。

### 6.6.2.2　大型化风电机组项目

某集团福清兴化湾海上风电场的年发电量为 14 亿 kW·h，可满足 70 万个三口之家一年的正常用电需求。其中，编号为 58 的风电机组是我国首台 10MW 海上风

图 6-35 某集团济源低速风电场

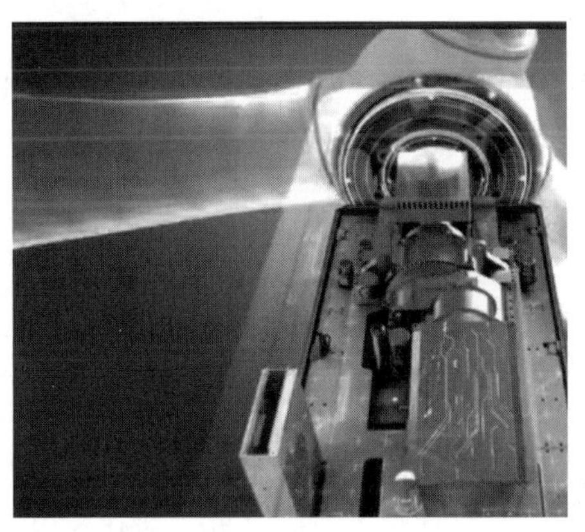

图 6-36 某集团济源低速风电场风电机组

电机组，于 2020 年 7 月成功并网发电，如图 6-37 所示，该风电机组是单机容量亚太地区最大、全球第二大的 10MW 海上风电机组，刷新了中国海上风电单机容量新纪录，该风电机组针对福建、广东等海域 I 类风区设计，其环境适应性、设备可靠性、风资源利用率得到极大提高，具备超强抗台风能力。风电机组轮毂中心高度距海平面约 115m，相当于 40 层居民楼的高度，风电机组风轮直径 185m，风轮扫风面积相当于 3.7 个标准足球场，年发电量可达 4000 万 kW·h，相当于每年减排二氧化碳 3.35 万 t，可满足 20000 个三口之家的正常用电需求。同时，大型化风电机组的推广使用，可大幅降低基础、征海、安装、海缆及后期运维成本，促进海上风电度电成本降低，也有利于减少风电场用海面积，提高海洋利用率，促进海上风电高质量发展。

**6.6.2.3 “海上风电+海洋牧场”海上风电场项目**

2021 年 11 月，我国某集团“海上风电+海洋牧场”海上风电场项目的 46 台风电机组已全部并网发电。项目于 2016 年 12 月获得核准，2019 年 11 月主体工程正

图6-37　某集团10MW海上风电机组

式开工。项目先后攻克了海底地质复杂、水上大体积混凝土温控等多项施工技术难题，守住每个施工窗口期，保质保量完成各项建设任务。2020年9月首台风电机组成功吊装，同年12月底首批两台风电机组并网发电，2021年10月全部风电机组吊装完成。该项目装机容量299.2MW，年发电量约11.3亿kW·h，每年可节约标煤31.92万t，减少二氧化碳排放约93.91万t。

项目建设贯穿“精品工程”理念，坚持基建服务生产，稳步推进基建安全标准化创建，实现全程安全施工，获得基建安全标准化一级达标评级；加强科技创新，首次成功投运四方联合研制的自主可控国产6.2MW海上风电主控系统，研发投运了该集团公司首套海上风电场一体化监控及运维系统；坚持绿色发展理念，采用六桩直桩高桩承台、“犁沟填埋”海缆敷设等新技术，最大限度减小海滩占用面积以及对近海养殖影响，为“海上风电+海洋牧场”等融合发展新模式打下基础，实现“风电与渔业互补共生”。图6-38为福建福清海上风电场项目。

图6-38　福建福清海上风电场项目

#### 6.6.2.4 “一带一路”——中巴平坦地形风电场项目

巴基斯坦面临严重能源短缺，其中最大挑战就是电力短缺，尤其在夏季用电高峰期间，首都伊斯兰堡每天停电时间可达 12h，在大部分农村地区，每天停电可达 18h 以上，而巴基斯坦大部分地区夏季气温总是高达 40～50℃，能源电力问题成了困扰巴基斯坦经济发展和人民幸福生活的最大阻碍之一。习近平主席于 2013 年提出“一带一路”倡议后，获得了巴基斯坦的热烈响应，中国与巴基斯坦迅速达成了建设中巴经济走廊的共识，并于 2014 年正式进入实际建设阶段。

巴基斯坦吉姆普尔风电场项目是巴基斯坦和中巴经济走廊目前最大的风电场项目，由中国某集团设计规划并投资建设而成。项目位于巴基斯坦卡拉奇市以东北 50km 的风资源走廊之内，是中巴经济走廊首批投产能源项目之一，总装机容量为 99MW，占地面积约 $14km^2$。项目正式开工令于 2016 年 1 月 27 日生效，包括 66 座风电机组，每个风电机组高达 140m，有 26 层楼高。风电机组塔身全部在巴基斯坦生产制造，带动了当地的经济发展。在 16 个月的建设期内，项目部在两国政府的大力支持下，克服重重困难与挑战，最终于 2017 年 6 月 15 日完成 168h 试运行，6 月 16 日凌晨零点正式进入商业运行，成为中巴经济走廊第一批成功并网的项目之一。该项目惠及了当地 50 万户家庭用电，有力缓解了巴基斯坦当地的电力短缺局面。

该风电场项目还解决了当地百姓的失业难题。项目一直坚持本土化运营，曾最多雇佣过 800 余名巴基斯坦人，给他们带来了经济收入，缓解了其贫苦状况。目前，仍有约 150 名巴基斯坦人在项目现场工作，受到当地政府、媒体舆论、社会民众的高度赞誉，在企业发展中践行社会责任，为深化中巴两国之间的经济合作和增强人民友谊树立了典范。巴基斯坦《黎明报》《论坛快报》《商业纪事报》等重要媒体曾多次发表文章，赞扬：“这是一家具有高度社会责任感的公司，一直以来投身社会公益事业，服务社会公众，陆续发起多项主旨为健康、教育、建设能力的社会责任项目，不遗余力地为维护和加强中巴两国人民友好关系做最大努力。”在丝路精神的感召下，人与人之间跨越国境的情感，在潜移默化中凝聚起彼此互信、共同前行的正能量。图 6－39 为巴基斯坦吉姆普尔平坦地形风电场项目现场。

图 6－39 巴基斯坦吉姆普尔平坦地形风电场项目现场

#### 6.6.2.5　阿根廷风电基地项目

由中国企业投资承建的阿根廷赫利俄斯风电场项目群并入阿根廷国家电网系统，已正式投入商业运营。赫利俄斯风电场项目群是阿根廷最大的风电场项目群，共包括5个独立项目。其中，位于阿根廷南部丘布特省的罗马布兰卡一期和三期项目共建造风电机组32台，总装机容量为100MW，投运后可满足10万户居民用电。罗马布兰卡六期风电场项目位于阿根廷南部丘布特省玛德琳市，总装机容量100MW，共计32台单机容量3.2MW风电机组，是风电场项目群的独立项目之一。

赫利俄斯风电场项目群总装机容量354.6MW，共109台风电机组，项目群全部投产后可满足36万户居民用电。每年可让阿根廷减少燃烧标准煤65万t，减少碳排放180万t，减少约200万t二氧化碳排放，对促进阿根廷能源转型和经济发展，改善当地民众生活具有重要意义。图6-40为阿根廷赫利俄斯风电基地项目。

图6-40　阿根廷赫利俄斯风电基地项目

## 思考与习题

1. 风电场的定义是什么？风电场有哪些分类？

回答：风电场定义：风电场是在风资源良好的地域范围内，统一经营管理的由所有风电机组及配套的输电设备、建筑设施和运行维护人员等共同组成的集合体，是将多台风电机组按照一定的规则排成阵列，组成风电机组群，将捕获的风能转化成电能，并通过输电线路送入电网的场所。

按建设位置分类：陆上风电场和海上风电场，其中，陆上风电场按照地形可以分为平坦地形风电场、复杂地形风电场；按照规模可以分为分散式风电场、集中式风电场和大规模风电基地等。海上风电场又分为潮间带和潮下带滩涂风电场、近海风电场和深远海风电场。

2. 风电场宏观规划与选址时需要考虑哪四方面的影响因素？

回答：宏观规划与选址必须综合考虑地理、技术、经济和环境等因素。

3. 风电场微观选址的技术步骤有哪些步骤？

回答：

（1）判断盛行风向。

（2）地形分类，包括平坦地形、复杂地形等。

（3）考虑湍流作用及尾流效应的影响。

（4）确定风电机组的最佳安装间距和台数。

（5）综合考虑其他影响因素，最终确立风电场的微观布局。

4. 什么是风电场SCADA系统？SCADA系统有哪些组成部分，可以实现哪些功能？

回答：风电场监控系统基于数据采集与监视控制系统（supervisory control and data acquisition，SCADA）。SCADA系统是以计算机为基础的生产过程与调度自动化系统，它可以对现场的运行设备进行监视和控制，实现数据采集、设备控制、测量、参数调节以及各类信号报警等功能。

5. 风电场远程监控可以实现哪些具体的功能？

回答：风电场远程监控的功能：

（1）实现区域级、场站级、设备及部件级多维度综合监视。

（2）实时报警、故障预警、设备健康状态评估、设备检修预警。

（3）风功率预测结合气象、船舶等条件实现智能指挥。

（4）提供风电机组性能报告。

（5）对生产运行的设备设施进行实时监控，下辖的各个场站通过数据采集装置将采集到的生产运行信息统一上送至前置采集服务器，随后将在各个工作站的图形界面中进行实时显示。

6. 风速及风功率预测方法很多，按照预测物理量的不同如何分类？不同方法是如何预测的？按照预测时间角度用途不同，所用的方法有哪些？各有什么用途？

回答：（1）按照预测物理量的不同可分为直接预测风功率和风速预测后再根据功率曲线得到风功率的风速-风功率预测的两种方法。

（2）直接预测风功率一般采用统计方法，即在输入数据与风功率间建立某种数学关系，而不用考虑实际风速与风功率的关系；风速-风功率预测是首先预测风速，然后结合风电机组的功率曲线来插值获得单台风电机组或整个风电场的预测功率。

（3）按照预测时间尺度可分为：超短期预测、短期预测、中长期预测。

（4）超短期预测通常用于风电场的控制、电能质量评估、机械部件设计等，一般不超过4h；短期预测一般是4～72h，可提供优化常规风电机组产量的必要信息给调度部门，为制定电网日发电计划提供科学依据；中长期预测一般超过72h，可用于安排风电场的运行与维护。

7. 风电场风速随机性高，风电机组功率频繁变化会引起电网电压频繁波动和闪变，那么可以从哪些方面改善风电并网对系统调度的影响？

回答：（1）做好风电调度的计划管理，进一步完善风功率预测系统，传统的电力调度方式可以根据风电场功率和负荷预测曲线来安排常规机组发电计划，优化发电机组调度计划。

(2) 改善电源结构，适当配套建设调峰调频能力，降低电网运行费用。

(3) 风电机组采用双馈异步发电机和永磁同步发电机，增强风电场自身无功调节能力。

(4) 加强风电场并网管理，制定《风电并网调度协议》，明确技术参数、调峰指标、调管关系以及场网双方承担的责任、义务及相关行为，为运行管理提供依据。

## 参 考 文 献

[1] 贾子文. 风电机组运行状态监测与健康维护系统的研究 [D]. 北京：华北电力大学，2020.

[2] 张晶. 风电生产信息实时监测平台的设计和实现 [D]. 兰州：兰州交通大学，2018.

[3] 邹继行. 风电场群集控中心 SCADA 系统的设计与开发 [D]. 天津：河北工业大学，2018.

[4] 王兆严. 风力发电场远程集中监控系统的设计与实施 [D]. 北京：华北电力大学，2017.

[5] 许昌，钟淋涓. 风电场规划与设计 [M]. 北京：中国水利水电出版社，2014.

[6] 赵显忠，郑源. 风电场施工与安装 [M]. 北京：中国水利水电出版社，2015.

[7] 全国二级建造师执业资格考试用书编写委员会. 建设工程施工管理 [M]. 北京：中国建筑工业出版社，2018.

[8] 高海涛，李彬. 风电场运行与维护 [M]. 北京：中国商业出版社，2014.

[9] 朱莉. 风电场并网技术 [M]. 北京：中国电力出版社，2011.

[10] 吴俊玲. 大型风电场并网运行的若干技术问题研究 [D]. 北京：清华大学，2004.

# 第7章 风能其他利用

第7章 风能其他利用

风能除了通过风电机组转换成电能之外，还具有广泛的利用方式，如传统的风力提水等。随着科学技术的进步，风能利用更加多样化，风力致热与制冷、风力制氢、风力制水与风力海水淡化、风能与其他能源互补利用、风能储存等内容也逐渐推广应用。

## 7.1 风 力 提 水

### 7.1.1 概述

当今社会，风力提水在许多边远地区和沿海岛屿的推广应用对于节省常规能源、改善生态环境、促进当地经济社会的可持续发展都有重要的现实意义。

在我国，农业是基础产业，粮食的生产至关重要。而粮食增产的重要突破口是灌溉面积的进一步扩大。一些地区由于能源短缺和架设电网不便等原因，限制了灌溉面积的进一步扩大。我国“三北”（东北、西北、华北）地区蕴藏着丰富的风资源，开发风力提水灌溉是这些地区发展农业生产的一条重要途径。

风力提水可分为风电机组机械提水和风电提水，风电机组机械提水通过风电机组将风能转换为机械能，通过传动装置直接带动水泵，达到提水目的，无其他形式的能量转换。风电提水是由风能转换的机械能带动电泵，转换成电能实现提水作业。风电机组机械提水对使用维护技术要求较高，而且不能提供足够大的扬程，制约了其在灌溉上的应用。与风电机组机械提水相比，风电提水由于使用潜水泵提水，能够提供灌溉系统所需要的水力压头，是风力提水的最适宜方式。

利用风力提水来取代大型喷灌溉机是用低成本无污染的能源来取代目前设备所采用的耗电或燃油的驱动方式，从目前国内外对风能的开发成果看，一些中小功率的产品技术已完全成熟，并在生态建设项目中得以应用，一些大功率、低成本、性能优良的产品尚需各科研单位和企业的进一步研制开发。图7-1为风力提水示意图。

风力提水在我国北方及沿海地区都已成功使用多年，并已形成了一批技术较完善，规模较大的定点生产厂家。但总体来看，与国外同类产品相比，在技术和性能上均有明显的差距，主要表现在提水扬程小，流量也不大。

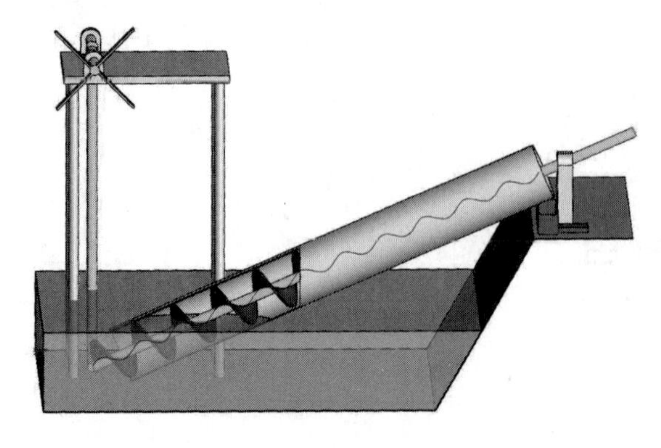

图 7 - 1　风力提水示意图

风力提水的运行特点是，平时靠风能将水提起并储蓄起来，待作物灌溉期使用。图 7 - 2 为风力提水灌溉系统工作流程图。由于水量有限，不能采用传统的地面漫灌的浇水方法，应根据作物种植结构、需水特性以及地形等条件，因地制宜地采取不同的节水灌溉形式。在作物播种和需水的关键时期施放储蓄水，最大限度地发挥灌溉水的效益。风力提水灌溉系统利用风能进行扬水，选用不同的水源条件（河、池塘、水库、水井等），广泛用于农田节水灌溉工程、农户用水、果园菜园、水产养殖，能充分利用小水源，低水高扬，零存整取，储用结合。同时，配套建设地下固定输水管路，节省了搬运灌溉设备和铺放软管的时间和劳力，避免了传统能源消耗对环境造成的污染和影响，使水利工程建设与生态环境保护有机结合，有着良好的经济效益、社会效益和生态效益。

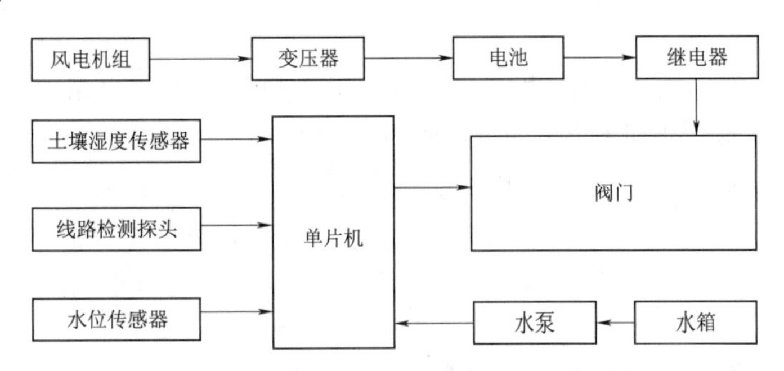


图 7 - 2　风力提水灌溉系统工作流程图

### 7.1.2　风力提水机组

风力提水系统包括水源、水泵、风电机组、上游输水管线、控制室、蓄水池、下游输水管线、用水终端等，如图 7 - 3 所示。

（1）风力提水系统的风电机组应综合考虑以下因素：

1）当地风资源条件。整理收集风力提水工程点的风资源资料，包括但不限于历年年平均风速、年平均风能密度、有效风功率密度、有效风速小时数、极端气温、相对湿度、降水量等其他气象数据。

2）扬程及提水的流量。总扬程需要按照水源动水位到出口中心的垂直高度与输水管道的阻力之和确定。提水的流量需要根据用水量确定。

3）地形地势对风电机组机位布置是否便利。风电机组周围 500m 内没有阻风障碍物，或者高度在风电机组高度的 1/3 以下。风电机组容量在 5kW 以上的需要有

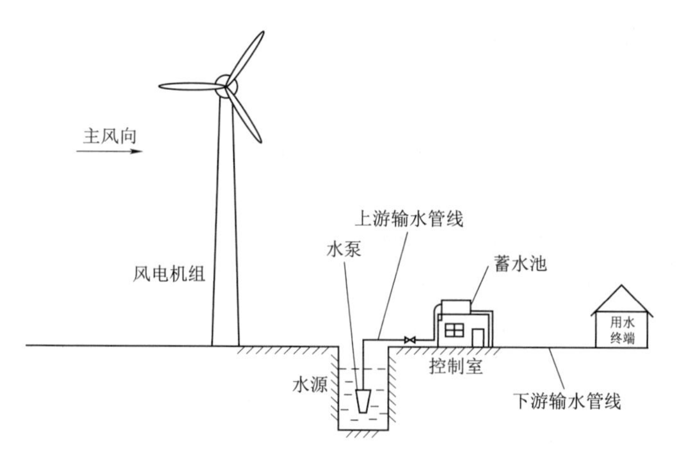


图 7-3　风力提水系统示意图

相应的控制室，风电机组及控制室应距离水源 30m 以内。

4）水源位置。风电机组机械提水的水源井应该在风电机组附近区域，机位与水源工程需要协同布置。风电提水机位和水源工程可分体布置，但也是距离水源越近越好。

5）蓄水。蓄水工程的选择应综合考虑地形、地址等因素选择水罐、水池等蓄水形式。

6）上下游输配水管线。输水线路应根据地形、蓄水构筑物布置以及用户的分布等，通过技术经济比较确定。

（2）风力提水机组基本上有三大类型：一是提取地表水的低扬程大流量风力提水机组，主要用于东南沿海地区的农田排灌、盐场制盐、水产养殖等提水作业；二是既可提取地下水又可提取地表水的中扬程大流量风力提水机组，主要用于丘陵地带的农田灌溉、获取生活用水等提水作业；三是提取地下水的高扬程小流量风力提水机组，主要用于北方牧区，为农牧民提供生活用水和牲畜饮水，为草场和园田提供灌溉用水。

1）低扬程大流量风力提水机组。该系统是由低速或中速风电机组与钢管链式水车或螺旋泵相匹配形成的一类提水机组。它可以提取河水、海水等地表水，用于盐场制盐、农田排水、灌溉和水产养殖等作业。该系统扬程为 0.5～3m，流量可达 50～100$m^3$/h，风轮直径为 5～7m，风轮轴的动力通过两对锥齿轮传递给水车或螺旋泵，从而带动水车或水泵提水。

2）中扬程大流量风力提水机组。该系统是由高速桨叶匹配容积式水泵组成的提水机组，用于提取地下水，进行农田灌溉或人工草场的灌溉。该类风力提水机组的风轮直径为 5～6m，扬程为 10～20m，流量为 15～25$m^3$/h。一般均为流线型升力桨叶风电机组，性能先进，适用性强，但造价高于传统式风车。

3）高扬程小流量风力提水机组。该系统是由低速多叶式风电机组与单作用或双作用活塞式水泵相匹配形成的提水机组，可以提取深井地下水。该类风力提水机组的风轮直径为 2～6m，扬程为 10～100m，流量为 0.5～5$m^3$/h。其风轮能够自动对风，并采用风轮偏置—尾翼挂接轴倾斜的方法进行自动调速。

低扬程大流量风力提水机组因扬程太低（一般小于3m），其使用范围受到限制。中扬程大流量风力提水机组主要用于中西部的农业灌溉，因当地的经济条件所限，进展艰难，有待国家的进一步扶持。高扬程小流量风力提水机组采用低速风轮拉杆泵型，在成本及可靠性方面几乎一直是不可替代的。

我国先后研制生产多种风力提水机组机型，表7-1是其中7种型号的主要性能。FSH-250x、FSH-350和FSH-400型风力提水机组，风轮均采用了弧形扭角叶片、辐条连接和外环支撑的结构型式，既增加了风轮强度，减轻了质量，又保证了叶片安装角和扭角的稳定性，还可根据使用地域年平均风速调整叶片安装角及扭角；安装的大风自动保护装置能调速和自动停车，提高了风力提水机组的可靠性和安全运行技术保障，实现无人值守运行。而FSQ-250型风力提水机组，选用标准气动阀控制气动水泵，能实现自动控制。风轮转动通过齿轮传动带动气动水泵工作产生气压，气动水泵开始工作进行提水作业，在寒冷季节也能使用。其仅在2004年生产过1台样机，是技术尚不成熟，存在效率低、故障多的问题。

**表7-1　风力提水机组性能比较**

| 型号 | 结构设计 | 优点 | 缺点 | 研制年份 | 生产数量/台 |
|---|---|---|---|---|---|
| FSH-200 | 无变速箱 | 结构简单 | 阀门损坏严重 | 1987 | 120 |
| FSH-200x | 有变速箱 | 运行平稳 | 功率小 | 2008 | 20 |
| FSH-250 | 无扭角平叶片 | 结构简单 | 效率较低 | 1985 | 80 |
| FSQ-250 | 用标准气动阀控制气动水泵 | 在寒冷季节也能用 | 效率低，维修量大 | 2004 | 1 |
| FSH-250x | 机头变速箱与连杆分离 | 无漏油，密封性好 | 塔架有振动 | 2004 | 300 |
| FSH-300 | 机头变速箱与连杆分离 | 运行平稳，改进塔架设计，筒井、机井通用 |  | 2008 | 20 |
| FSH-350 | 采用弧形扭角和高速流线型的复合叶片 | 效率提高，降低了启动风速 |  | 2010 | 5 |
| FSH-400 | 采用弧形扭角和高速流线型的复合叶片 | 效率提高，降低了启动风速 |  | 2010 | 5 |

21世纪初，我国开始引进国外机型用于对比试验。其中，加拿大设计的一种风轮外圈为八角形的风力提水机，叶片为无扭角平板结构，采用多叶片、大角度安装方法，当风速超出额定风速时，起到失速作用，来限制风轮转速，起到控制失速作用，限制风轮转速，保障机组安全。

## 7.1.3　风力提水滴灌技术

滴灌系统是通过干管、支管和毛管上的滴头，在低压下直接向土壤供应已过滤水分、肥料或其他化学剂的一种灌溉系统，其技术可广泛应用于大棚蔬菜、农田、果园、荒漠化治理等，是目前最为节水和有效的一种灌溉方式，近年来在国内外得到了广泛应用。

风力提水滴灌技术是采用当前国内领先的风力提水技术与传统滴灌系统相结合

的新型技术，属于发展较快的可再生能源利用技术。风力提水滴灌系统主要针对灌溉面积比较小的灌区，利用小型风车就可以达到目的。利用风力提水进行节水型农业灌溉，省水节能，是平原干旱地区解决农作物灌溉的一种有效措施和方法，经济效益显著。对于松嫩平原干旱地区，发展风力提水滴灌，有利于带动当地经济及农业发展。开发丰富的风能等清洁可再生能源，有利于建立完善的多元化能源结构。

风力提水滴灌系统一般由机井（水源）、水泵、风力提水机组、过滤器、输水管、滴灌干管、滴灌支管、滴灌毛管组成。根据需求，在各级管段上装设水表、压力表、压力传感器等量测设备。风力提水滴灌系统组成如图 7-4 所示。

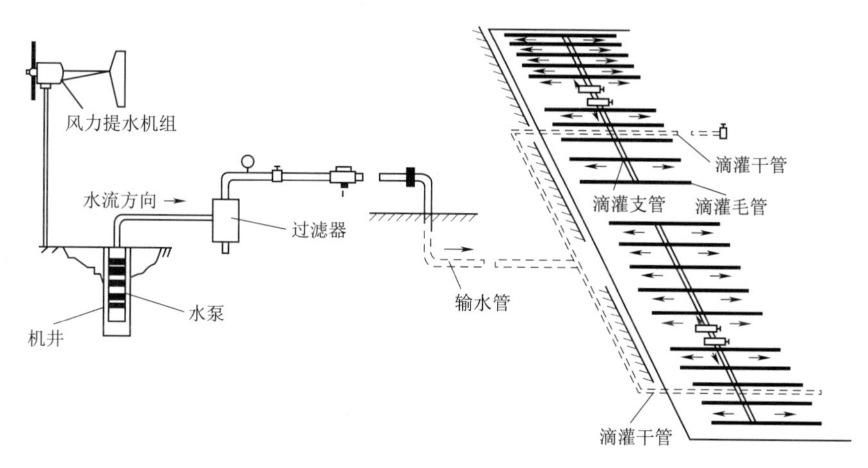


图 7-4　风力提水滴灌系统组成示意图

节水灌溉技术在我国的推广使用基本上是按图 7-5 中的顺序进行的。用风力提水机配套微灌、滴灌的思路在我国尚未见到。通过微灌、滴灌设计计算，一些性能较高、流量较大的风力提水机完全能满足作物灌溉定额。

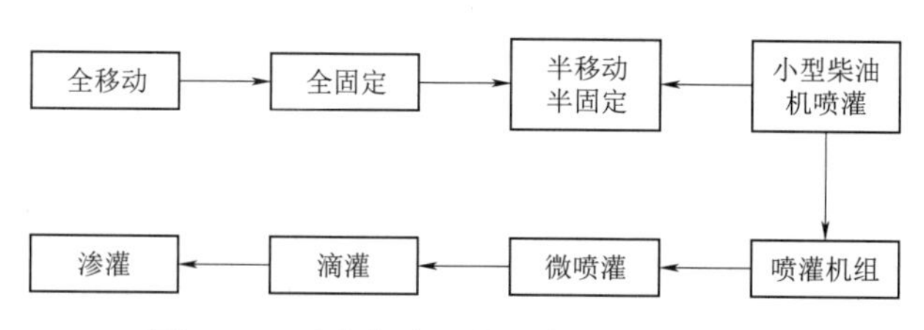


图 7-5　近十年我国节水灌溉技术顺序图

### 7.1.4　风力提水灌溉的作用

1. 解决牧区人畜饮水

内蒙古、甘肃、新疆等边远牧区，由于干旱缺水，明显地制约了畜牧业生产经营活动，是现代牧区亟待解决的现实困难之一。20 世纪 80 年代末在锡林郭勒盟进行的示范试验表明，采用风力提水，一年四季都可以有水供应，与柴油机组提水相比，每头牲畜的年均饮水费用可降低一半。

2. 牧区饲料地灌溉

随着退牧还草、舍饲圈养、草原生态补偿等国家政策的实施，建设牧区小型高产饲料基地是减低牧民饲养成本、提高生产生活水平的重要保证。中扬程中流量的风力提水机可配套微灌或滴灌系统，可为饲料基地或人工草地实现低成本灌溉，为天然草场灌溉实现低成本运行。

3. 治沙种草

沙漠治理一直是生态环境建设的重中之重，也是难中之最。经多年比较可以看出，凡风力提水引水能覆盖的地区，植被恢复迅速，流沙基本遏止，故在西部109万 $km^2$ 的沙地、荒漠边缘，可以划定围封保护区，对沙地荒漠运用拉力式的供水覆盖，并逐步建立综合林草防护带，其对生态建设及开发是切实可行的。

# 7.2　风力致热与制冷

## 7.2.1　风力致热

### 7.2.1.1　风能转换热能的途径

在实际的生产、生活中，人们所需要的能量大部分最终以低品位热能的形式体现。但这部分热能的供应需要消耗大量的化石燃料和二次电能，同时造成了极大的环境污染。若能够将不稳定的风能用于生产热能，则可有效缓解目前严峻的能源、环境问题，带来巨大的社会效益和环境效益。从国外早期风力致热的研究和应用情况来看，风力致热系统在农业温室保暖、生活热水供应、畜牧业棚舍保暖等方面卓有成效。通过风电机组供暖如图7-6所示。

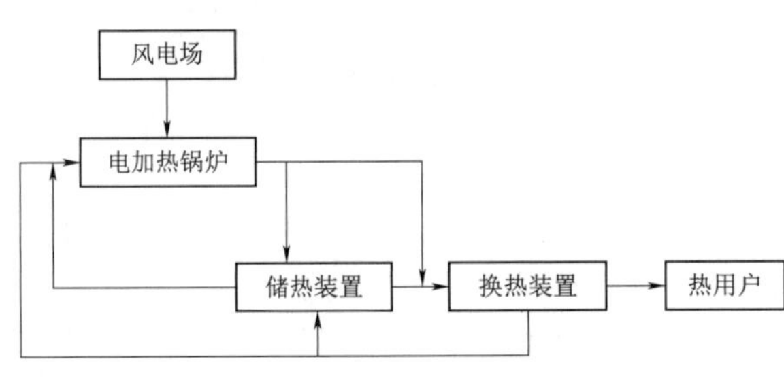


图7-6　风电机组供暖示意图

风力致热具有能量转换效率高、对风的品质要求低、适应宽、与风电机组匹配较好、致热系统相对简单、造价较低等优点，因此风力致热技术具有较好的发展前景。

风力致热可以按照“风能—机械能—电能—热能”的途径进行能量转换。通过风电机组将风的动能转换为风轮的机械能，然后由发电机将机械能转换为电能，再由电加热器将电能转换为供用户使用的热能，如图7-7所示。在上述风力致热系统中，还存在设备成本较高导致初始投资高、回收周期长的问题。此外，较多的能量转换次数也对系统的能源利用率产生了一定的影响，上述因素限制了这种致热方式的应用与发展。

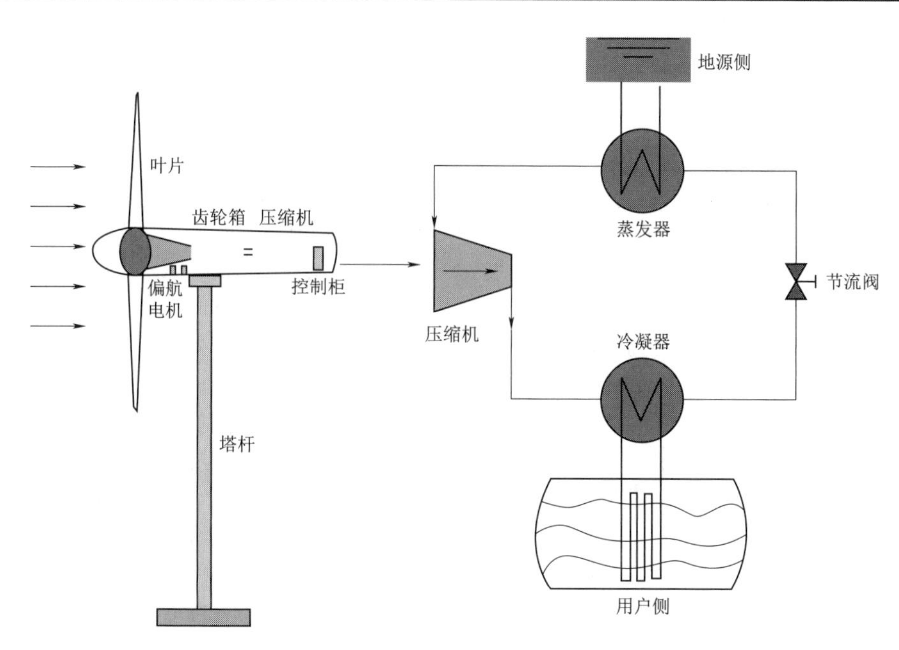


图 7-7 “风能—机械能—电能—热能”转换途径示意图

#### 7.2.1.2 风力致热技术类型

目前主要的风力致热技术类型有液压式风力致热、搅拌式风力致热、磁涡流致热等直接致热方式和风电间接致热（风力发电，电再致热）。国内外学者对液压式风力致热和搅拌式风力致热研究较早，在致热机理、影响因素和致热机结构设计等方面取得了一定成果，并通过实验得到了额定功率等技术指标。但研究中也发现，由于液压式风力致热和搅拌式风力致热的致热原理原因，其工程应用上存在难以克服的困难。磁涡流致热虽然在原理上具有独特的优势，但起步晚，在实际的工程化运用过程中还有许多问题需解决。

1. *液压式风力致热*

液压式风力致热又称为油压阻尼孔致热，通过液体工质在风电机组、液压泵、阻尼孔（节流阀）、换热器的能量转换，获得较高温度的水作室内供热介质，系统原理如图 7-8 所示。

风电机组吸收风能获得能量，以机械能的方式传递给液压泵。液压泵中的工质选用等压比热容小、较高黏度、较高密度的油类。液压泵将从风电机组获得的机械能转换为压力能，之后压力能通过致热器（即阻尼孔）将油所获得的压力能转换为高速喷出的工质动能。在阻尼孔的输出端，动能通过高速油与低速油的摩擦碰撞转化成热能，使油的温度升高，最后通过换热器完成致热工质与水的换热。

随着液压式风力致热技术研究的深入，其技术缺陷开始暴露出来：

(1) 风力匹配性差，当风速低于额定风速时，液压泵启动困难且无法将足够的压强传递给致热液体，液压泵效率将急剧降低，系统的致热效率随之降低。

(2) 机械结构复杂，液压泵的运动部件较多，且设备内部压力大，密封要求高，使得设备事故率高、使用寿命短且维护复杂。

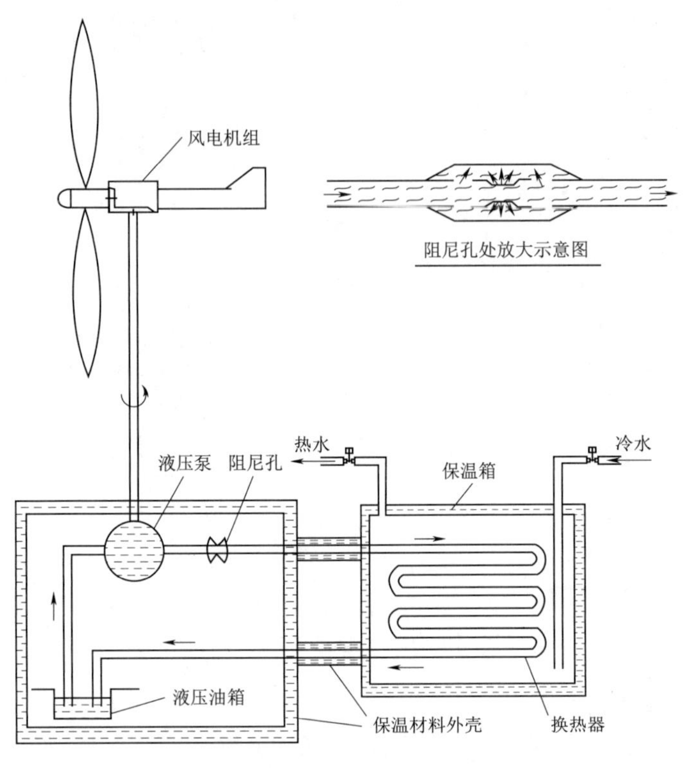


图 7-8　液压式风力致热系统原理图

2. 搅拌式风力致热

搅拌式风力致热机理为液体分子相互摩擦致热，致热技术方式为：风电机组将动力传递到搅拌致热装置，搅拌致热装置中搅拌转子旋转对腔内液体进行搅拌，液体相互摩擦、碰撞产热。搅拌式风力致热原理如图 7-9 所示。

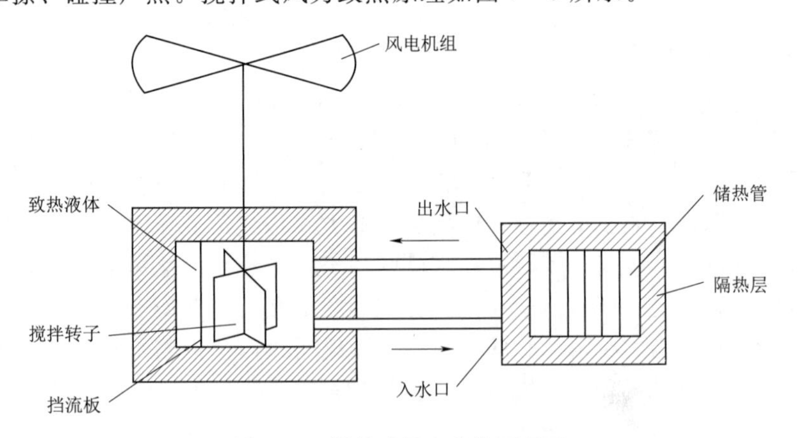


图 7-9　搅拌式风力致热原理图

搅拌式风力致热系统风电机组选型问题的研究发现，垂直轴风电机组启动风速低，无须对风装置，环境适应性强，结构简单，叶片寿命长，较水平轴风电机组更适合搅拌式风力致热系统。搅拌式风力致热具有机械结构简单、运行可靠等优点，

但受液体摩擦产热效率低和液体黏度变化的影响，致热效率和温度无法得到保证。液体摩擦产热效率远低于固体摩擦，发生摩擦时，液体会发生连续形变（即流动），又因为液体分子间作用力弱，无法高效将定向动能转换为内能。随着液体温度升高，液体黏度的降低会使液体摩擦致热效率进一步降低，致热温度难以继续上升。受到以上原因和系统惯性的影响，风速的增加不会引起致热量和温度的显著增加，因此搅拌式风力致热在实际使用过程中的致热效率和致热温度都无法得到保障，限制了搅拌式风力致热的发展。

3. 磁涡流致热

磁涡流致热技术是利用电磁感应现象、涡电流致热原理，将机械能直接转换为热能的技术，其致热过程为：风电机组带动发热转子转动，软磁材料制成的转子转动并切割永磁体阵列释放出的磁力线，产生感应交变电流从而生成焦耳热，使转子温度升高。图 7-10 为磁涡流致热模型。

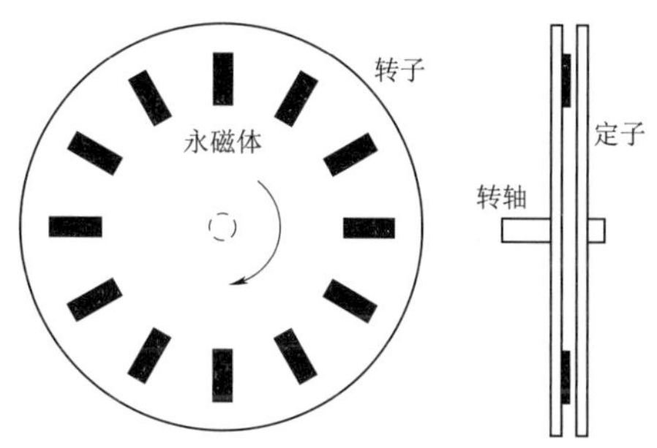

图 7-10 磁涡流致热模型图

磁涡流致热技术与其他风力直接致热技术致热原理上的较大不同，决定了风能到热能转换的途径和载体不同。

磁涡流致热的能量转换途径为：风的动能转变为旋转体动能，旋转体动能利用电磁感应现象和涡电流原理直接转换为旋转体内能，旋转体升温后加热液体介质，这其中，旋转体是动能到热能转化的载体。其他风力直接致热技术先将风的动能转变为机械结构的动能，机械结构的动能通过挤压、搅拌等方式转变为液体介质的动能，液体介质通过撞击、摩擦将动能转变为热能，这其中，液体介质是动能到热能转化的载体。

磁涡流致热具有以下优势：

（1）致热效果更可靠。磁涡流致热以旋转体为载体实现风能到热能的转换旋转体为固体，有一定形状，内部分子间相互作用力强，结构稳定，更容易保证致热功率和致热温度。

（2）机械系统简单，设备寿命长。磁涡流致热运动部件结构简单，没有类似液压泵的高压部件，工作压力小；磁涡流致热的转子发热体与磁极不直接接触，磨损小、运行噪声小、使用寿命长。图 7-11 是圆筒型磁涡流致热机模型。

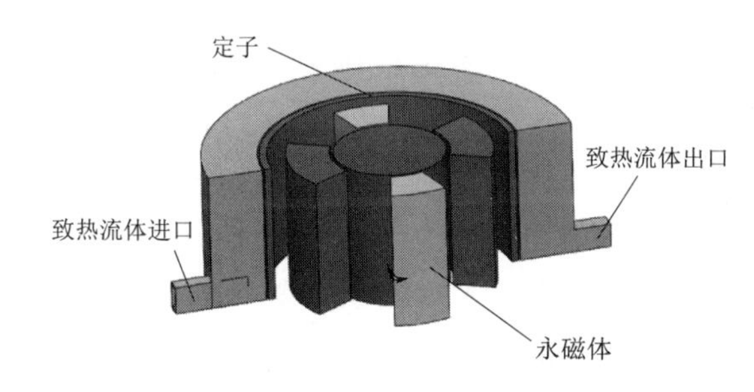

图 7-11 圆筒型磁涡流致热机模型

磁涡流致热技术在原理方案上是可行的，且具有诸多优势，但由于起步较晚，在工程化实施过程中还存在一些问题亟待解决：

首先，在风电机组设备结构、磁路设计方面，还需进行深入的研究。发热体尺寸、发热体与磁极的间隙、磁极数量和磁极排布是影响磁涡流致热机发热量的因素，要用相应的理论计算进一步定量地评价各因素对发热量的影响。

其次，在实际运用中，磁涡流致热机作为采暖系统的热源，还需考虑热源与风电机组、采暖末端的组合问题，选择恰当的风电机组和采暖末端设备与致热机组成采暖系统，才能最大地发挥磁涡流致热机的优越性。在具体工程化应用的过程中，还需对自然条件下的致热效果、致热换热的耦合等实际效能进行测定，增强致热机的适用性。

磁涡流致热技术由于其致热原理的优越性和结构简单的特点，在风力致热领域有很大的潜力，为风力富集地区的分散式建筑采暖问题提供了很好的解决方案，但一些技术问题制约着磁涡流致热技术的工程化应用，未来这些问题的解决将会极大推动磁涡流致热技术的发展。

4. 风电间接致热

风电间接致热的能量转化途径为：风电机组产生电能，电能再通过电阻丝产热或通过热泵技术等方式转换为热能。风电间接致热的优势在于电热转化效率高，电热直接转化效率接近100%。但风电间接致热的劣势同样明显：

（1）风能利用率低，小型风力发电的风能利用效率低，系统风能到热能的总利用率低于20%。

（2）系统复杂，造价昂贵。风电间接致热系统的复杂程度远高于其他直接风力致热形式。

#### 7.2.1.3　风力致热主要设备

1. 风力致热器

风力致热器是风力致热系统的核心部件，其致热效率的高低直接决定了风力致热系统的技术水平。风力致热的研究内容多集中于致热理论和实验研究，所研究的致热形式包括液体搅拌致热、液体挤压致热等。

（1）液体搅拌致热器。液体搅拌型致热器主要由搅拌转子、挡流板、搅拌容器、保温层、管道及用热终端等构成。液体搅拌致热器利用直联或通过传动装置连接在风电机组转轴上的搅拌转子搅拌液体，液体在搅拌转子叶片、挡流板及搅拌容器壁面之间做涡流运动，并不断发生撞击、摩擦，提高液体温度，从而将机械能转换为热能。不同的搅拌叶片在搅拌过程中产生不同的流态，从而影响液体搅拌致热器的致热效率。在同一搅拌转速下，平直叶片的温升效果优于圆柱叶片，如图7-12所示。

(a) 平直叶片

(b) 圆柱叶片

图7-12　两种搅拌叶片

（2）液体挤压致热器。液体挤压致热器的原理如图7-13所示。风电机组的转轴与油泵（通常为齿轮泵）的转轴相连接，驱动油泵使得油液（通常为液压油、导热油等）的压力提升，高压油经由阻尼阀形成高速射流冲击油箱内的油，油液分子相互碰撞、摩擦，使得挤压油液的动能最终转变为热能，从而提升油液温度。

油泵、阻尼阀作为油液能量转换的核心部件，其性能优劣直接决定了液体挤压致热器的吸收功率和致热效率。在输入功率一定的条件下，节流孔板孔径越大、孔板厚度越薄，油液流量越大，节流孔板前后压差越小，油液温升越大。

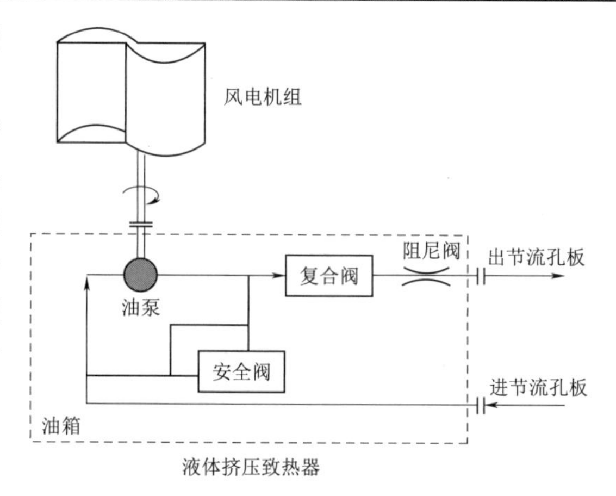


图 7-13 液体挤压致热器原理示意图

2. 蓄热装置

对风力致热系统而言，由于风能的不稳定性和用热负荷的不断变化，可规模化利用且实用的风力致热系统必须具备一定的热能存储能力，因此，作为调整能量平衡的蓄热装置是风力致热系统中不可缺少的组成部分。

由于蓄热原理不同，蓄热装置结构也不尽相同。图 7-14 是一种具有“弹性”的热管式蓄热装置，该蓄热装置可分为取热室、蓄热室和加热室三部分，由隔板隔开，蓄热、放热功能由多根上下贯穿的重力式热管实现。为了增强传热效果，在蓄热室段，每根热管加装肋片，在取热室和加热室的通道上，增加挡板以增大湍流强度和增加流体停留的时间。

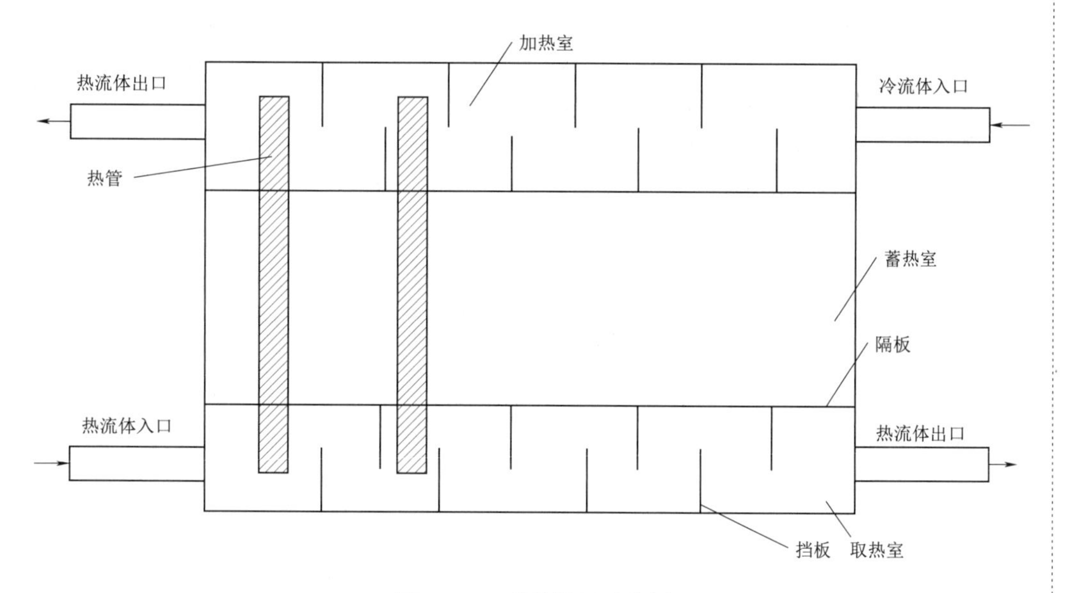


图 7-14 蓄热装置示意图

3. 控制系统

控制系统作为风力致热系统实际工程应用的重要组成部分，其流程如图 7-15 所示。该控制系统按照功能可分为两个部分，即液位控制系统和热介质循环控制系统。液位控制系统采集风电机组转速和蓄热装置内水温度信号，打开、关闭水泵和电磁阀，强制自动调整搅拌器内的液位高度。当风电机组转速高于额定转速时，致热系统停止工作，当蓄热装置内水温达到60℃，开启热介质循环，向外界输出热能；当蓄热装置内水温低于40℃时，关闭热介质循环。此外，控制系统还应当实现以下功能：

(1) 过速保护控制，即大风速下对风电机组和致热装置过热的保护控制。

(2) 致热系统蓄热、放热过程控制。

(3) 变风速下致热效率最优化控制。

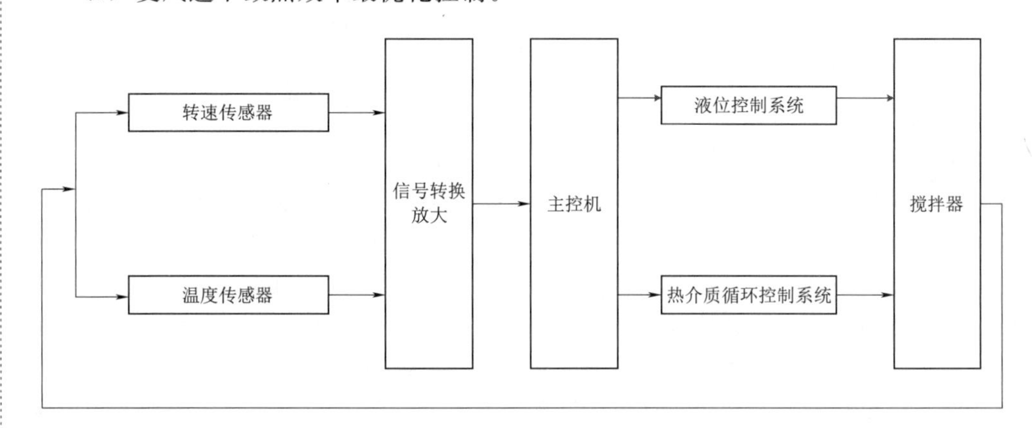


图7－15　风力致热控制系统流程图

#### 7.2.1.4　风力致热机组及系统

当前，发电机组及配套电气系统在风电系统中的成本接近30%，为了降低风力致热系统的成本，可以利用液压式风力致热、搅拌式风力致热和磁涡流致热等方式开展风力直接致热系统的研究，但该类风力致热系统的效率只有40%左右，系统经济性较差。如果利用风能直接驱动热泵机组来获得采暖所需的低质热能，则可以节约大量能源。

风力致热系统一般都采用风力系统与热泵系统相结合的形式，热泵系统作为热力学中的常见系统，有着能从环境中吸收热量来提高循环效率的特征。以致热能效比COP作为衡量热泵循环品质的依据，一般来说，热泵循环的致热能效比大于100%。图7－16展示了五种不同的风力致热系统，分别使用了电锅炉、流体减速器和热泵。

鉴于现有风力致热技术研究的不足，中国科学院工程热物理研究所徐建中院士领导团队提出了“风热机组”的首创思想，风热机组是一种基于空气动力学和热力学理论的新型风能利用技术，不经过发电环节而直接将风能转化为热能，使系统造价降低的同时系统效率大幅度提升。风热机组机舱结构示意图如图7－17所示，主要包括叶片、轮毂、齿轮增速箱、压缩机、偏航电机、变桨电机和塔架等。风热机组的工作原理为：利用风力带动叶片旋转，再通过齿轮增速箱增速后驱动压缩机做功，压缩机通过金属软管与放置于地面的换热器相连，将机械能及低温热源的热能一起转移至高温热源，从而实现高效致热和制冷。

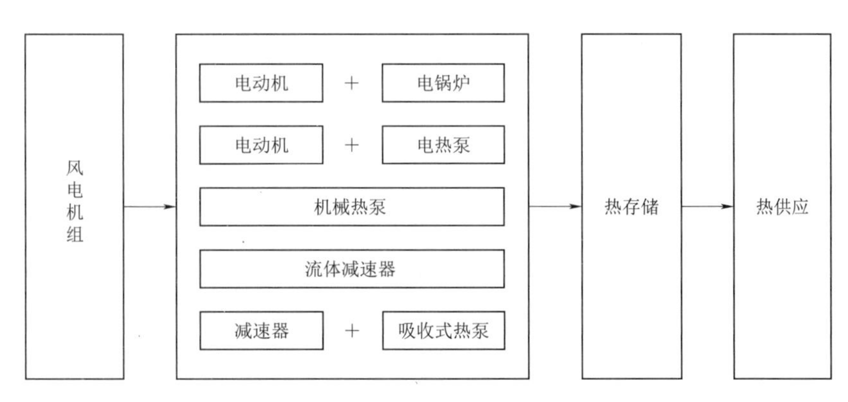


图 7-16 五种不同的风力致热系统

## 7.2.2 风力制冷

### 7.2.2.1 风力制冷转换途径

1. 风力压缩制冷

风力压缩制冷系统由风电机组、齿轮箱、压缩机、冷凝器、蒸发器、节流装置构成，如图 7-18 所示。当风速达到额定风速时，风电机组带动水平轴转动，此时的低速转动轴经由齿轮箱将能量传递至高速转动轴，带动压缩机工作。压缩机吸入蒸发器内产生的低温低压制冷剂蒸汽，并将其压缩，使其温度、压力升高。高温高压制冷剂进入冷凝器，在压力基本保持不变的情况下被冷却介质冷却，放出热量，温度降低，并进一步冷却成液体，从冷凝器流出，高压制冷剂液体经过节流装置进入蒸发器。在蒸发器中，低温低压的制冷剂液体在压力不变的情况下吸收被冷却介质的热量而汽化，形成低温低压的蒸汽进入压缩机，实现制冷循环。

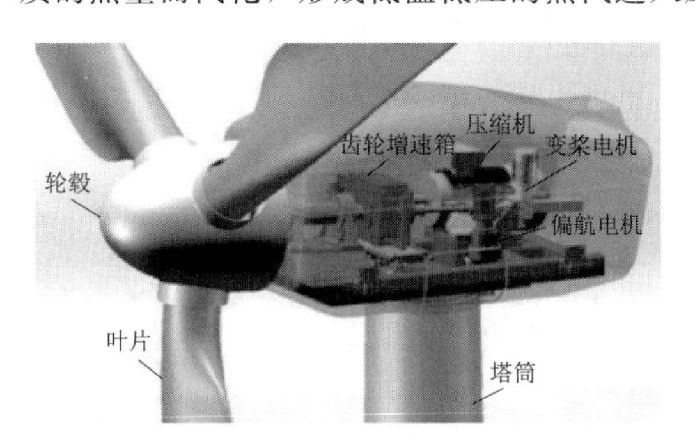


图 7-17 风热机组机舱结构示意图

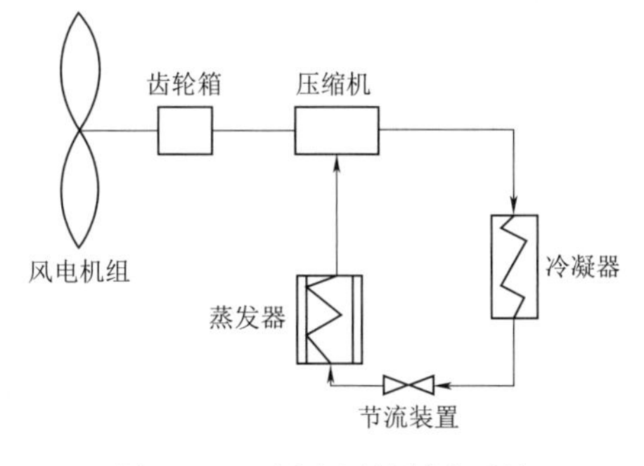


图 7-18 风力压缩制冷系统

2. 风力吸收制冷

风力吸收制冷系统由风电机组、齿轮箱、发生器（致热器）、冷凝器、蒸发器、吸收器、节流装置、辅助泵组成，如图 7-19 所示。风电机组带动发生器致热，产生的热量用来提供制冷循环中所需要的动力。在发生器的外围安装一组摩擦片，当达到额定风速时，风电机组带动水平轴转动，此时风力机输出轴驱动摩擦片，利用摩擦生热来加热液体。它们组成了制冷剂循环与吸收剂循环两个循环环路。右半部

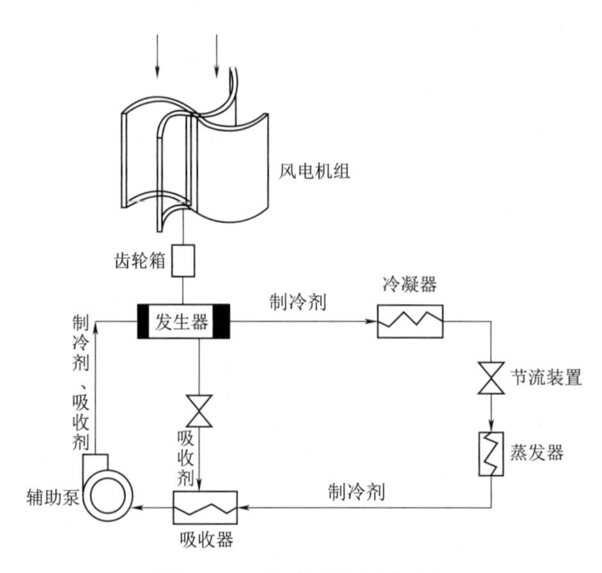


图7-19　风力吸收制冷系统

分是制冷剂循环，属逆循环，由蒸发器、冷凝器、节流装置组成。高压气态制冷剂在冷凝器中向冷却水放热被凝结成液态后，经节流装置减压降温进入蒸发器。在蒸发器，该液体被汽化成低压冷却蒸汽，同时吸取被冷却介质的热量，产生制冷效应。左半部分为吸收剂循环，属正循环，由吸收器、发生器、辅助泵组成。在吸收器中，用液态吸收剂吸收蒸发器产生的低压气态制冷剂，以达到维持蒸发器内低压的目的。吸收剂吸收制冷剂蒸汽而形成的制冷剂—吸收剂溶液经辅助泵升压后进入发生器，在发生器中该溶液被风电机组产生的热加热、沸腾，其中沸点低的制冷剂形成高压气态制冷剂，又与吸收剂分离，前者去冷凝器液化，后者返回吸收器。

### 7.2.2.2　风力制冷机组

风力制冷机组在风电机组基础上增加了螺杆压缩机，通过高速齿轮箱直接拖动螺杆压缩机，使得机组具备了制冷、致热和发电功能，且效率更高，更加节能；结合地源热泵可以实现社区、工厂等场所的供冷和供热需求；还可以实现蒸汽、制冰等需求；在没有冷热需求时可发电，用于自发自用或者售电。风力制冷机组应用场景流程如图7-20所示。

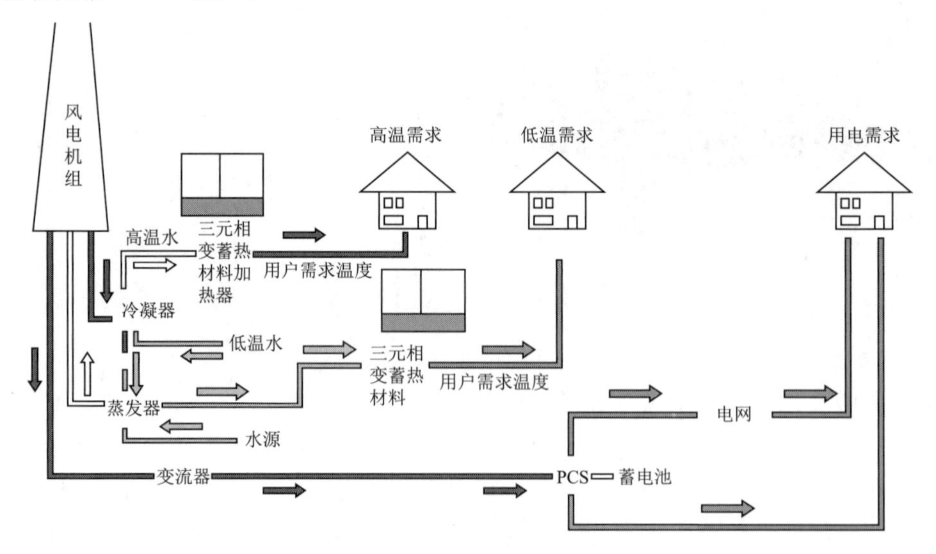


图7-20　风力制冷机组应用场景流程图

风力制冷机组的特点如下：

(1) 在无电和缺电地区可以离网运行。

(2) 风力涡轮直驱致热、制冷、发电效率更高。

(3) 不受电力供应和电力负荷影响实现冷热电的供应。

(4) 在岛屿、山区及偏远的地方不需要燃料供给实现冷热电联供。

## 7.3 风力制氢

氢能是一种来源广泛、清洁无碳、灵活高效、应用场景丰富的二次能源，是推动传统化石能源清洁高效利用和支撑可再生能源大规模发展的理想互联媒介，是实现交通运输、工业和建筑等领域大规模深度脱碳的最佳选择。

近年来，全球的能源供应主要是由三大化石能源（石油、煤和天然气）提供。化石能源的储备是有限的，从能源安全的角度考虑，人类必须在石油、煤和天然气等化石能源之外，寻找新的能源来保障能源安全。氢能是由氢和氧进行化学反应释放出的化学能，是一种二次清洁能源，被誉为“21 世纪终极能源”，也是在碳达峰、碳中和的大背景下加速开发利用的一种清洁能源。风力制氢技术的转化路径是：风能通过风电机组转化成电能，再通过电解水制氢设备生成氢气，将氢气输送至氢气应用终端，完成从风能到氢能的转化。

### 7.3.1 风力制氢基本原理

根据风电的来源不同，可以将风力制氢技术分为并网型风力制氢和离网型风力制氢两种。并网型风力制氢是将风电机组接入电网，从电网取电的制氢方式，比如从风电场的电网侧取电，进行电解水制氢，主要应用于大规模风电场的弃风消纳和储能。离网型风力制氢是将单台风电机组或多台风电机组所发的电能，不经过电网直接提供给电解水制氢设备进行制氢，主要应用于分布式制氢或局部应用于燃料电池发电供能。

风力制氢技术主要涉及电氢转换和氢气输运两大关键技术，大规模风电场风力制氢技术模块包括风电机组及电网、电解制氢系统、储氢系统，如图 7-21 所示。

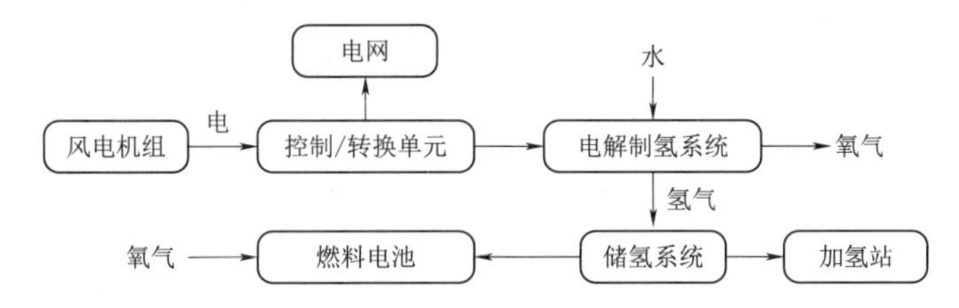


图 7-21 大规模风电场风力制氢技术模块

### 7.3.2 风力制氢的优势

(1) 充分利用弃风电力，解决风电大发或电网容量有限时产生的弃风问题，同时有效降低制氢成本。在强风条件下，电网容纳风电的能力有限。当风电注入电网已达到一定容量后，超出电网负荷的部分风能被弃风，以避免电网的过载。然而，通过风力制氢技术，可以将这部分被弃风能转化为氢气，从而实现能源的有效存储。这样一来，即使在强风条件下，风电机组仍能持续发电，将多余的风能转换为氢气进行储存，避免了因电网容纳能力不足而造成的弃风现象。

(2) 利用电解制氢装置的快速响应特性或结合燃料电池、氢燃气轮机发电提高风电供电质量和可靠性，增加风电的渗透率。风力制氢不仅可以将风能转化为氢气，还可以将氢气应用于其他领域，如燃料电池车辆、工业生产等。通过将氢气应用于不同领域，可以实现能源的多元化利用，提高能源的综合利用效率，推动可再生能源与其他能源形式的融合，促进能源结构的优化升级。

(3) 可以减少温室气体的排放。相比传统的化石能源，风力制氢所使用的风能是一种无污染的能源，不产生二氧化碳等温室气体的排放。同时，氢气作为一种清洁的能源，燃烧后只产生水蒸气，不产生有害物质和大气污染物。因此，风力制氢不仅符合环保要求，还能有效减少碳排放，对于解决气候变化和改善大气环境具有重要意义。

### 7.3.3　风力制氢的主要设备

风力制氢的主要设备包括风电机组、电解池和储氢罐，此处仅介绍电解池和储氢罐。

1. 电解池

电解池主要应用于工业制纯度高的氢气，是一种将电能转化为化学能的装置，其工作原理如图 7－22 所示。电解池所需要的原料仅仅为水和电，非常适用于现场制气，因此广泛应用于工业生产的各行各业，包括：冶金、化工、建材、电力、油脂加工、宇航以及军工，同时由于其生产的氢气成分简单、纯度高、杂质含量少，尤其适用于对氢气品质要求高的行业，如电子、光纤等。

2. 储氢罐

氢气为易燃、易爆气体，当氢气浓度为 4.1%～74.2%时，遇火即爆。因此，储氢罐的使用是非常重要的。常用的储氢罐有金属内衬纤维缠绕储氢罐和全复合轻质纤维缠绕储氢罐。

(1) 金属内衬纤维缠绕储氢罐。纤维材料（如酚醛树脂）具有轻质、高强度、高模量、耐疲劳、稳定性强的特点，一般将其用于制造飞机金属零件。

目前，常用的纤维材料为高强度玻纤、碳纤、凯夫拉纤维等，缠绕方案主要包括层板理论与网格理论。多层结构的采用不仅可防止内部金属层受侵蚀，还可在各层间形成密闭空

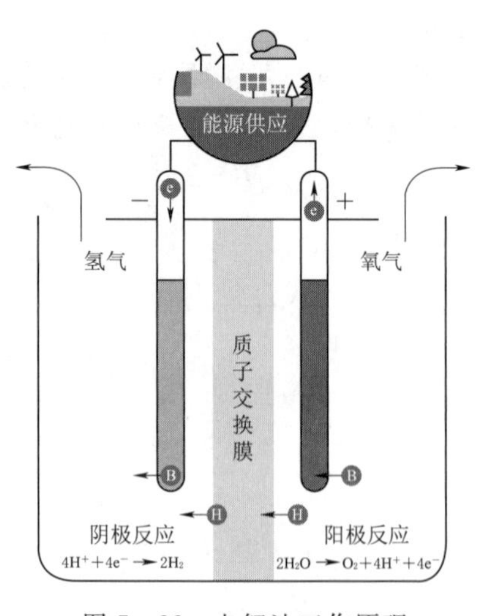

图 7－22　电解池工作原理

间，以实现对储氢罐安全状态的在线监控，如图 7-23 所示。

目前，加拿大的 Dynetek 公司开发的金属内胆储氢罐已能满足 70MPa 的储氢要求，并已实现商业化。同时，由于金属内衬纤维缠绕储氢罐成本相对较低，储氢密度相对较大，也常被用作大容积的储氢罐。北京飞驰竞立加氢站使用的世界容积最大的储氢罐（$P>40$MPa）就是金属内衬纤维缠绕储氢罐，如图 7-24 所示。

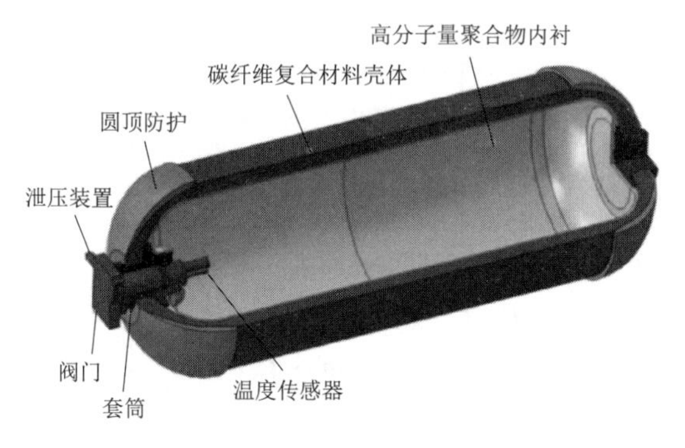


图 7-23 储氢罐示意图

图 7-24 金属内衬纤维缠绕储氢罐

（2）全复合轻质纤维缠绕储氢罐。为了进一步降低储氢罐的质量，人们利用具有一定刚度的塑料代替金属，制成了全复合轻质纤维缠绕储罐，如图 7-25 所示。

这类储氢罐的筒体一般包括 3 层：塑料内胆、纤维缠绕层、保护层，如图 7-26 所示。塑料内胆不仅能保持储氢罐的形态，还能兼作纤维缠绕的模具。同时，塑料内胆的冲击韧性优于金属内胆，且具有优良的气密性、耐腐蚀性、耐高温和高强度、高韧性等特点。

图 7-25 全复合轻质纤维缠绕储氢罐（碳纤维）

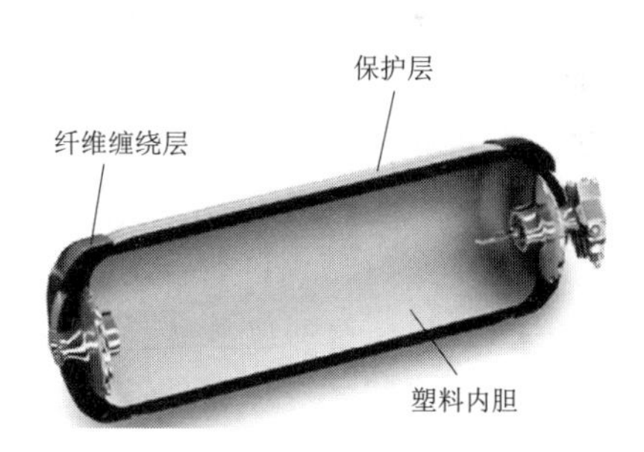


图 7-26 全复合轻质纤维缠绕储罐结构

### 7.3.4 风力制氢的综合能源架构

风力制氢与其他能源共同发电的综合能源架构可以实现能源的高效利用、可持续发展和供应的稳定性，为解决能源危机和环境问题提供了一种可行的路径。通过不断推动相关技术的研究和开发，可以进一步完善综合能源架构，促进清洁能源的普及应用，实现可持续发展的目标。

以风力制氢与热电联产相融合为例，其架构如图 7-27 所示。

风力制氢和热电联产相融合的结构，可以实现能源的多元化和高效化利用。其

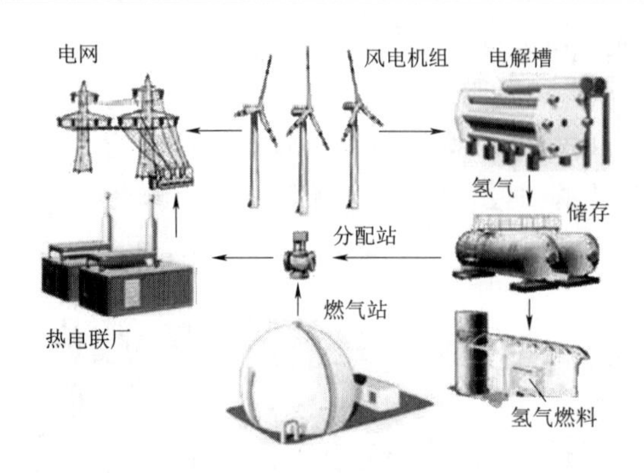


图 7 - 27　风力制氢与热电联产相融合的能源架构

主要实现方式包括：

(1) 利用热电联产系统中产生的废热，为风力制氢过程提供热能。将废热通过热交换等技术，用于加热电解水反应中所需的热能，从而减少外部能源的消耗。

(2) 利用风力制氢过程中产生的氧气，为热电联产系统提供氧气供氧，增加燃烧效率。同时可以提高燃烧产生的热能，并减少废气的排放。

(3) 风力制氢过程中产生的氢气可用作燃料，参与燃烧过程，提供额外的热能，并减少对传统燃料的需求。

(4) 通过智能控制系统，将风力制氢与热电联产系统实现互联互通，实现能源输入输出的优化分配和协调控制。

这种融合结构将风力发电、氢气制备以及热能产生和利用相互结合，实现能源的互补利用。通过充分利用风能、热能和电能的互补优势，实现能源的高效利用和可持续发展，减少对传统能源的依赖，降低碳排放和环境污染，推动清洁能源的推广应用。

## 7.4　风力制水与风力海水淡化

### 7.4.1　风力制水

#### 7.4.1.1　空气取水技术

水是自然环境中最丰富的资源，地球的总储水量约为 $1.386\times10^{18}\,m^3$，但可直接使用的淡水资源非常有限，仅占水资源总量的 0.36%，这部分水资源主要存在于地下、地表及空气中。目前解决淡水资源短缺问题的主要措施包括节约用水、海水淡化等，但是目前这些措施并没有从根本上解决淡水资源短缺问题。空气是淡水资源存在的重要场所之一，据估算，整个大气层中约含 $1.4\times10^7\,m^3$ 的水蒸气，其储水量巨大，若能采用行之有效的方法将空气中的水汽凝结并利用，将成为解决淡水资源匮乏的有效途径。在面积较小的海岛、地下水污染严重以及人均密度较低且缺水的农村地区，风力制水可作为海水淡化技术的补充，以保证可饮用淡水的供应。

空气取水是将湿空气温度降到露点以下，使其中的水蒸气结露而获得液态水，其工作原理如图 7 - 28 所示。在给定的大气压力下，已知湿空气的两个独立状态参数——温度及湿度，可确定唯一的初状态点 $W$ 和末状态点 $L$，在冷却结露的过程中，湿空气从初状态点降温到露点（$W\rightarrow A$），空气达到饱和状态，进一步冷却时空气始终在饱和状态下，水蒸气在冷凝壁面上不断冷凝出来（$A\rightarrow B$），设法除去凝结水后，将所得的空气加热（$B\rightarrow L$），达到空气取水的目的，单位质量空气的凝结水量为 $m=H_W-H_L$，即两个状态点的湿度之差。

#### 7.4.1.2 风力制水机结构及工作特点

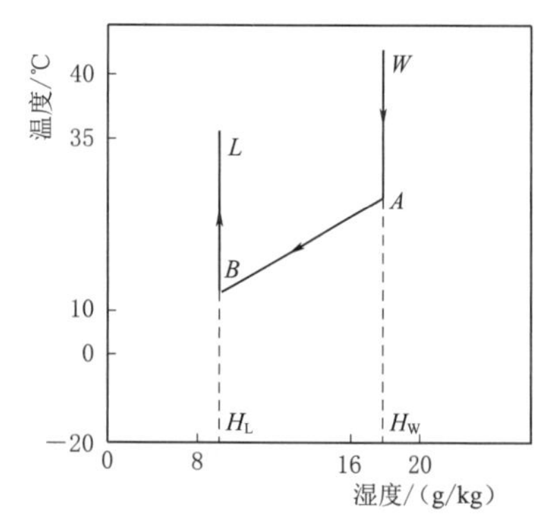

图 7-28 空气取水原理图

风力制水技术主要是通过风轮驱动热泵（制冷），然后由热泵将空气中的水蒸气制冷凝结成水，净化过滤后，就可以直接用于饮用和灌溉。目前，风力制水机已经在国外多地成功实现造水。我国也有多家公司及科研单位进行了相关装置的研发。风力制水机如图 7-29 所示。

一般风力制水机由风轮、主传动轴、离合器、制冷压缩机、蒸发器、冷凝器、膨胀节流装置、储水槽组成，如图 7-30 所示。风轮与主传动轴的一端连接，主传动轴的另一端与制冷压缩机的转子连接，制冷压缩机的排出口连接冷凝器，制冷压缩机的吸入口连接蒸发器，冷凝器与蒸发器之间连接着膨胀节流装置，蒸发器的下方安装有储水槽。

图 7-29 风力制水机

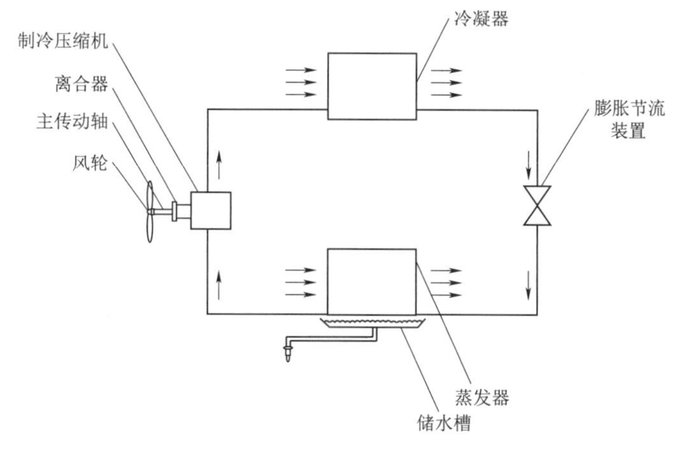

图 7-30 风力制水机结构图

风力制水机的工作原理是：压缩机将冷媒压缩，并将空气不断送入设备中，使气流流经冷凝器和蒸发器，空气经过冷凝器时，使高温高压的冷媒冷却，冷却后的冷媒通过膨胀节流装置进入蒸发器蒸发吸热，使另一侧空气经过蒸发器时凝结产生水滴，水滴被收集到储水槽中。该装置虽然能够实现风力制水的功能，但由于外界空气直接吹向蒸发器，两者的温差较大，要使空气受冷并迅速降到凝点仍然存在一定的难度，因此存在能源利用率及制水效率偏低的缺陷。另外，风力制水机因为其特殊结构，并不适用于所有自然环境。当气温低于 15℃时，将不能顺利提取水。

## 7.4.2　风力海水淡化

### 7.4.2.1　海水淡化技术

1. 海水淡化发展概述

海水淡化是一种通过物理或化学方法脱除海水中的大部分盐类获得淡水的技术，是解决我国淡水资源短缺的重要途径之一，对缓解沿海地区和海岛水资源短缺、保障水安全具有重要意义。

从国际看，海水淡化已得到大规模利用。全球海水淡化产能从 2000 年的不足 0.3 亿 t/天已发展到 2023 年的 1 亿 t/天，年均增幅超过 7%。海水淡化成本从 20 世纪 70 年代的 10 美元/t 下降到目前不足 1 美元/t，160 多个国家的约 3 亿人长期饮用海水淡化水。

从国内看，目前我国已建成海水淡化工程 144 个，海水淡化能力超过 185 万 t/天，是世界上少数掌握海水淡化技术的国家之一，具备规模化发展的技术条件和产业基础。2021 年颁布的《海水淡化利用发展行动计划（2021—2025 年）》指出，到 2025 年，全国海水淡化总规模达到 290 万 t/天以上，新增海水淡化规模 125 万 t/天以上，其中沿海城市新增海水淡化规模 105 万 t/天以上，海岛地区新增海水淡化规模 20 万 t/天以上。同时强调应大力开展可再生能源耦合淡化、水电联产等技术研究。

2. 海水淡化技术分类

海水淡化技术主要分为热法和膜法，前者是将海水加热汽化，再使蒸汽冷凝为淡水；后者是给海水加压，使水分子通过半透膜而留住盐分，从而得到淡水。海水淡化技术分类如图 7 - 31 所示。

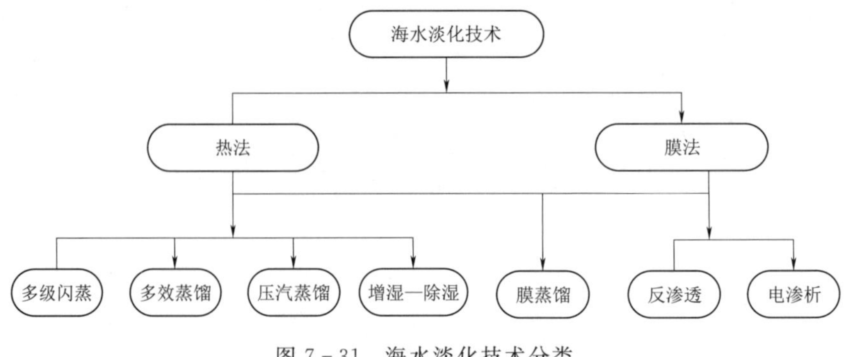


图 7 - 31　海水淡化技术分类

(1) 多级闪蒸是热法海水淡化的主要方法之一。多级闪蒸海水淡化首先在预热管内将具有一定压力的海水加热到一定温度，使其处于饱和状态，然后引入闪蒸室，由于该闪蒸室中的压力控制在该热盐水温度所对应的饱和压力以下，所以热海水进入闪蒸室后立即成为过热水，热海水迅速蒸发汽化，由于蒸发吸热，热海水自身的温度随水分的蒸发而降低，直到热海水的温度低于闪蒸室内压力所对应的饱和温度，此时闪蒸结束，所产生的蒸汽冷凝后即得到所需的淡水，工艺流程如图 7-32 所示。

(2) 多效蒸馏海水淡化用蒸汽加热第一效蒸发器中的海水，海水受热蒸发，蒸发出来水蒸气称为二次蒸汽，将二次蒸汽引入第二效蒸发器用于加热该蒸发器内的海水，同时自身冷凝为蒸馏水，海水再次蒸发成为二次蒸汽，如此依次进行，第一效蒸发器一般由汽轮机抽汽加热，因此，多效蒸馏需要同火力发电厂联产，但规模一般不大，在 1 万 t/天以下。工作原理如图 7-33 所示。

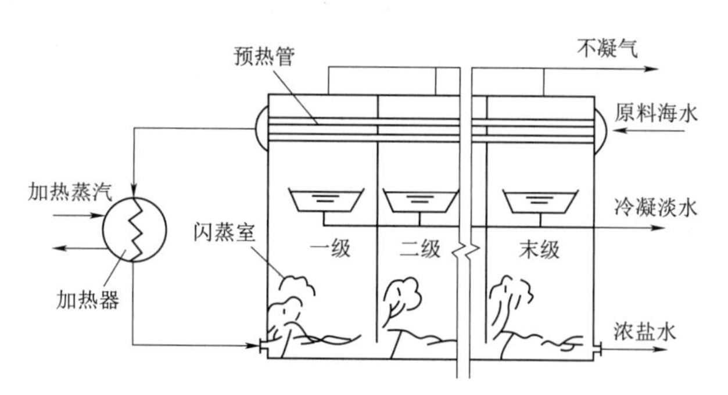


图 7-32　多级闪蒸海水淡化工艺流程图

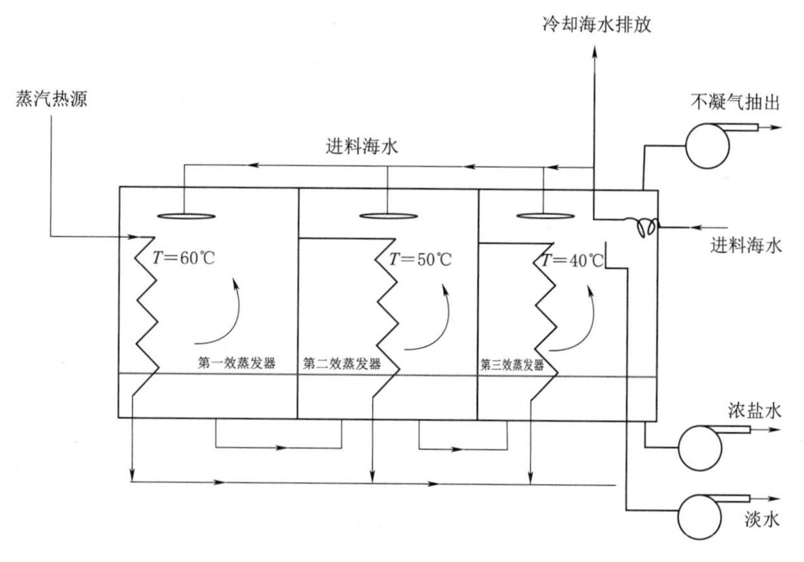


图 7-33　多效蒸馏海水淡化原理图

(3) 压汽蒸馏法也称蒸汽压缩蒸馏法，利用压缩机的动能把海水在蒸发器中的蒸汽抽出进行压缩，使其升压和升温，将此温度的蒸汽作为热源送回蒸发器中来加热海水，再使海水蒸发，而经过压缩机压缩的蒸汽进入蒸发器后冷凝得到淡水。

(4) 增湿—除湿海水淡化技术也称露点蒸发海水淡化技术，是用预热过的海水对载气（空气）进行增湿，随后又使其冷凝去湿得到淡水。

(5) 膜蒸馏海水淡化技术是将膜技术与蒸馏过程结合，膜的一侧与热的海水直接接触（称为热侧），另一侧直接或间接与冷的水溶液接触（称为冷侧），热侧溶液中水分了在膜面处汽化通过膜进入冷侧并被冷凝成液相，其他组分则被疏水膜阻挡在热侧，从而得到淡水。

（6）反渗透海水淡化方法是通过反渗透膜来实现的。首先海水经过杀菌、凝絮、过滤等前处理后由高压泵从一侧送入膜组件内，高压泵为膜组件提供具有稳定流量和合适压力的海水，在反渗透器中海水中的水分子透过半渗透膜，在另一侧得到淡水，其余的浓盐水则被截留而排出。由于该过程没有相变，故其能耗小，但需要对海水进行严格的预处理，其工作原理如图 7－34 所示。

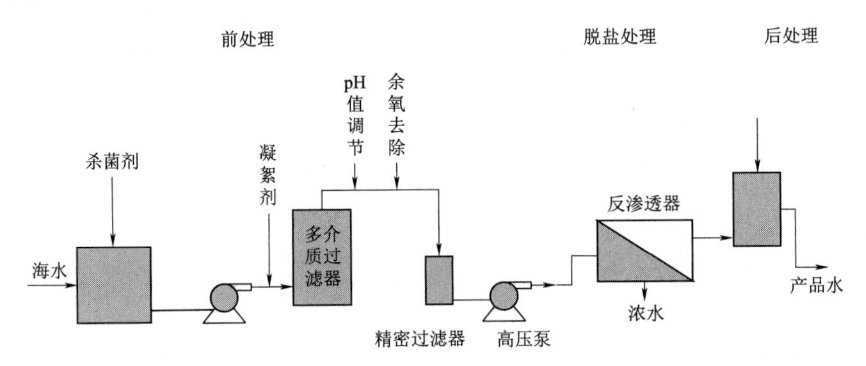


图 7－34　反渗透海水淡化原理图

（7）电渗析法海水淡化技术使用电渗析器进行海水淡化，其中交替排列着许多阳膜和阴膜，分隔成小水室，当原水进入这些小室时，在直流电场的作用下，溶液中的离子作定向迁移。阳膜只允许阳离子通过而把阴离子截留下来；阴膜只允许阴离子通过而把阳离子截留下来。结果使这些小室的一部分变成含离子很少的淡水室，出水称为淡水；而与淡水室相邻的小室则变成聚集大量离子的浓水室，出水称为浓水。从而使离子得到了分离和浓缩，水便得到了淡化。

3. 海水淡化技术比较

热法海水淡化技术当中较易商业化运行的有多级闪蒸、多效蒸馏法，膜法海水淡化技术应用较多的是反渗透法。

采用多级闪蒸的方式进行海水淡化，其单机组的淡水产量大，但是其设备也更加昂贵，因能源要求高所以需要与发电厂联合运行，其技术的提升主要围绕提高能源利用率、提升单机组产水能力等。多效蒸馏同样需要与发电厂共同建设运行，其单机设备相对便宜，需要海水的预处理难度并不高，但是其产水量相对较小。

反渗透海水淡化技术相比其他海水淡化技术，能够满足各种规模的海水淡化需求，可以同时关闭和启动部分反渗透海水淡化单元，提高系统的自适应性，来适应风电的波动性和间歇性，故反渗透海水淡化技术与风能结合在技术和经济上最佳，并且操作灵活，适用于偏远海岛的小型海水淡化装置，也会是未来重要的发展方向。

#### 7.4.2.2　风力海水淡化技术

1. 风力海水淡化技术发展概述

海水淡化属于高耗能产业，而我国很多地区风能及太阳能资源丰富，从长远角

度看，大力发展可再生能源并用于海水淡化将是解决海水淡化高耗能的重要途径。近年来，风力海水淡化技术发展迅速，很多国外项目在利用风能进行海水淡化方面取得了较好的研究成果。随着海水淡化技术和风力发电技术的不断进步，国内外建设了多个风力海水淡化技术示范工程。

1982 年，世界上第一座风力海水淡化装置在德国吕根岛投入使用，装置功率为 300kW，日生产淡水 360$m^3$。西班牙 LosMoriscos 市利用风能驱动反渗透海水淡化系统对苦咸水进行淡化，产水规模为 200$m^3$/天；同时 Pajara 市也利用风能驱动反渗透海水淡化系统进行海水淡化，产水规模为 56$m^3$/天。德国著名风电公司 Enercon 进行了基于风力发电的海水淡化研究，设计并生产出以反渗透海水淡化技术为基础的新型可变负荷运行的风力海水淡化装置，成功地解决了因风电不稳定而需要独立为海水淡化系统供电的限制。该系统已经在挪威 Utsira 进行了运行测试。并将抽水蓄能和风电机组结合起来，不仅能大量储存风电，稳定地给负荷供电，提高系统的稳定性，而且节能环保。

1992 年，国家海洋局海洋技术研究所在山东长岛县小黑山岛开发风能驱动海水蒸馏工艺系统实验站，日产淡水 24$m^3$，解决了当地群众饮用苦咸水的问题，项目运行使用至今，运行情况良好。2009 年，适用于海上养殖区的新型“风能海水淡化装置”在福建东山县调试成功并投入使用，由 6 台 3kW 的风电机组提供动力能源，每天可以生产 10t 的淡水。世界首个兆瓦级非并网风力海水淡化示范项目——大丰万吨风力海水淡化示范项目，利用 1 台 30kW 的风电机组直接给反渗透海水淡化装置供电，于 2014 年 5 月成功调试出水，出水水质符合国家饮用标准。

2. 风力海水淡化技术分类

风力海水淡化技术一般分为：①耦合式，将风电机组转动轴与高压水泵通过传动装置耦合，直接由风电机组驱动进行海水淡化；②分离式，由风电机组将风能转化为风轮机械能，再将风轮机械能转化为电能，由电能驱动海水淡化装置的高压水泵等流体机械。

（1）耦合式风力海水淡化。耦合式风力海水淡化技术省略了机械能—电能—机械能的能量转化过程，有利于提高能源利用效率和简化系统结构，但该技术对风电机组和流体机械设备耦合性能要求较高，且因为风能的瞬时性，造成风电机组输出功率波动性较大，海水淡化装置难以安全、稳定运行，因此其通用性较差。另外，海水质量是海水淡化厂的重要指标，耦合式风力海水淡化由于其分散特性，一旦规模达到几十台甚至上百台以后，由于取水点不同，难以保证每台机组具有相同的海水质量、海流条件及生态情况，因此，耦合式风力海水淡化技术应用规模一般较小，且相关研究相对较少。

（2）分离式风力海水淡化。由于目前风电技术较为成熟，风电各部件、控制设备、储能设备的产业化程度越来越高，因此在风力海水淡化工程中一般优先选用间接风力海水淡化技术，以减少风险，提高系统的兼容性、稳定性。在分离式风力海水淡化技术中，按照风电是否并入常规电网，又可分为并网型风力海水淡化和非并网型风力海水淡化两种。美国 GE 公司对这两种供电方式的风力海水淡化厂均进行了系统的理论和实体模型研究，研究结果表明，并网型风力海水淡化厂的成本更低一些。

1）并网型风力海水淡化技术。澳大利亚珀斯市海水淡化厂是目前世界上最大的并网型风力反渗透海水淡化厂，位于西澳大利亚，于2006年11月建成，采用二级反渗透工艺，一级产水160000m$^3$/天，二级产水144000m$^3$/天，项目建成后成为珀斯市最大的独立水源，为该市提供17%的水资源。珀斯市海水淡化厂基本参数见表7-2。

**表7-2　珀斯市海水淡化厂基本参数**

| 一级通道的总容量（PX的装机容量） | 160000m$^3$/d |
|---|---|
| 渗透水容量 | 144000m$^3$/d |
| SWRO设备处理能力 | 13500m$^3$/d |
| SWRO设备数 | 12 |
| 膜水回收率 | 43% |
| SWRO能耗 | 2.32kW·h/m$^3$ |
| 工厂能耗总量 | 3.2～3.5kW·h/m$^3$ |
| 效率 | 96.70% |
| SWRO工厂总成本 | 2.9亿美元 |

鉴于风功率具有间歇性、波动性的特征，目前风力海水淡化工程往往需要通过接入风、储及海水淡化构建的微电网来减小风电上网对大电网造成的冲击，这种微电网主要为交流微电网，如珀斯市海水淡化厂及我国东福山岛“风—光—柴—储”海水淡化综合系统工程，其组网方式及运行经验相对成熟。徐岩等人则构建了风—储—海水淡化直流微电网模型，直流微电网不涉及频率调整和无功补偿问题，并且避免了风电、储能交—直—交两级功率变换，系统的安全运行能力及成本均可得到显著改善。

风—储—海水淡化直流微电网系统包括风电机组、蓄电池、交流主网、日常直流负荷以及交流的可调节海水淡化设备机组等，如图7-35所示。其中风电机组、蓄电池和可调节海水淡化设备机组均通过AC/DC或DC/DC变换器接入直流母线，与日常直流负荷一同构成了直流微电网，再通过断路器实现与交流主网的连接和断开。此系统对淡化设备的淡水生产量没有固定要求，只作为消纳风电、配合其他单元平抑风功率波动的负荷单元，因此系统可通过投入机组数量（1～$n$台）对海水淡化负荷进行调节。

2）非并网型风力海水淡化技术。非并网型风力海水淡化技术可以避免风电上网电压差、相位差、频率差等难以控制的问题，绕开电网这一限制风电大规模应用的瓶颈，也避免了风电并网对电网系统的影响；突破终端负荷使用风电的局限，使大规模风电在非并网风电系统中100%利用；由于没有了上网条件的束缚，风电机组可以采用一些低成本、高效能的设备，也可以简化甚至省去成本高、结构复杂的设备；但是，现有工程项目实施表明即使风电不并网而直接为海水淡化厂供电，其淡水产量也不稳定，难以保证向城市稳定地提供淡水。解决这一问题的方法主要有蓄水池法、蓄电池法、抽水蓄能法等，目前采用蓄水池法较多。

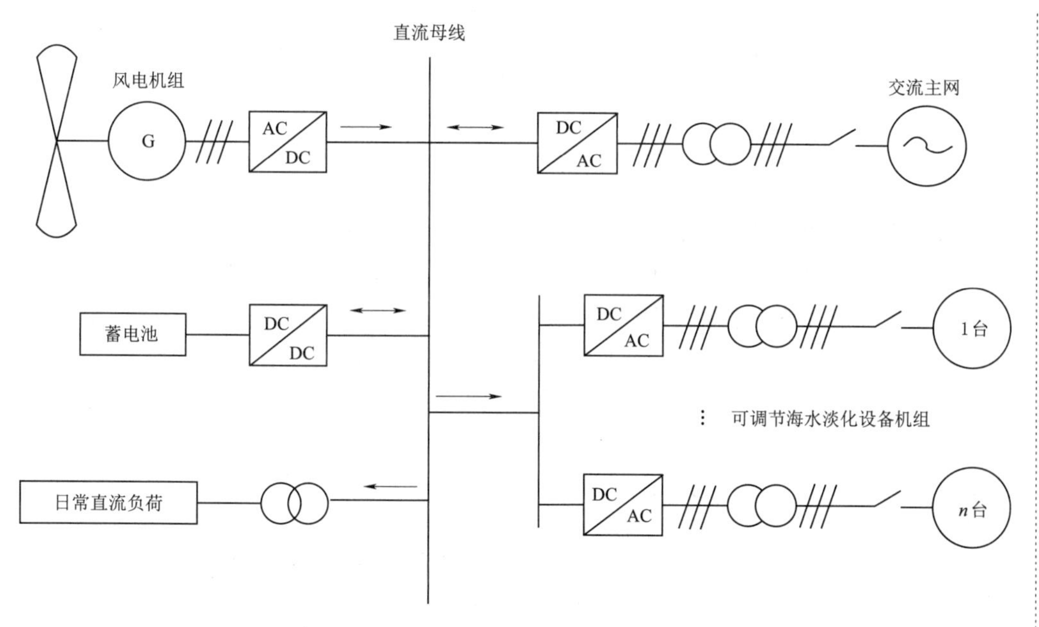


图 7-35 风—储—海水淡化直流微电网系统

2011 年 1 月，江苏盐城大丰区建立了世界上首个非并网型风力海水淡化项目，一期建设可实现海水淡化系统供水 6000t/天。项目主要电力来源为 1 台 2.5MW 风电机组，配备有电池储能组件以及控制系统，由于没有稳定的电网供电，该项目需充分考虑电的不稳定性和海水淡化系统运行负荷的耦合性。

根据大丰港地区海水的水质特点并对比不同种海水淡化处理技术，该项目的工艺流程主体为“沉淀→过滤→一级海水淡化→二级海水淡化→三级海水淡化→淡水”，海水淡化工艺流程如图 7-36 所示。

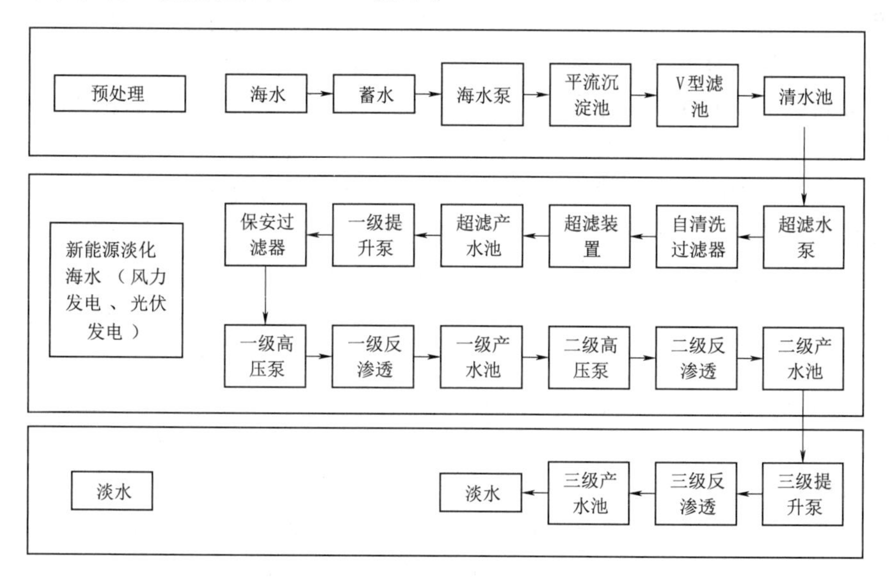


图 7-36 海水淡化工艺流程

# 7.5　风能与其他能源互补利用

## 7.5.1　概述

风能作为可再生能源的重要组成部分，具有不确定性强、波动性大以及对电网的运行存在安全隐患等特点。风能、太阳能等与常规能源互补利用是有效提高风能的转化效率和利用率，保障电网运行安全的重要举措。

2016 年，国家能源局《关于推进多能互补集成优化示范工程建设的实施意见》（发改能源〔2016〕1430 号）中指出，“要加快推进多能互补集成优化示范工程建设，主要从两方面进行：一是面向终端用户电、热、冷、气等多种用能需求，因地制宜、统筹开发、互补利用传统能源和新能源，优化布局建设一体化集成供能基础设施，通过天然气冷热电三联供、分布式可再生能源和能源智能微电网等方式，实现多能协同供应和能源综合梯级利用；二是利用大型综合能源基地的风能、太阳能、水能、煤炭、天然气等资源组合优势，推进风光水火储多能互补系统建设运行”。建设多能互补集成优化示范工程有利于提高能源供需协调能力，推动能源清洁生产和就近消纳，减少弃风，是提高风能及其他能源系统效率的重要途径，对于建设清洁低碳、安全高效的现代能源体系具有重要的现实意义和深远的战略意义。

### 7.5.1.1　终端用户型能源互补发展现状

终端用户型能源互补的应用形式一般有社区能源站和微电网。社区能源站所应用的建筑类型包含了村镇、产业园区大型公共建筑等。社区能源站在国外应用比较多，如丹麦有 50%以上用户采用风能、生物质能、太阳能等多种能源，并配有蓄热和蓄电系统，为用户提供冷、热、电所需，当电价较低时还可以利用电蓄热系统提供采暖，这对消纳更多的风电和光伏发电提供了很好的解决方案，在提高风能和太阳能利用效率的同时增强了电网的灵活性。社区能源站典型结构如图 7 - 37 所示。

为提高包含风能在内的分布式能源利用效率及电网接纳能力，国内外对微电网技术也进行了很多技术研究及应用示范，如因常规能源短缺，日本的风能和太阳能应用非常广泛，为降低大规模风电和光伏发电上网对电网的冲击，其一直致力于风电及光伏发电微电网技术研究，因风能和太阳能这类新能源的不稳定性难以保证电能质量和供电的可靠性，使得微电网技术研究多侧重控制系统及储能方面的研究。同样，美国的“Grid 2030”、加拿大的“Integrated Community Energy Solutions（IC-ES）”、欧盟的“European Commission Project Microgrids”都对风电、光伏发电等能源系统组成的微电网技术进行了专项研究和支持。

近年来，我国也开展了微电网的相关研究，以提高分布式能源利用效率和电网接纳能力为目标。比如，浙江东福山岛微电网、珠海东澳岛微电网、蒙东太平林场微电网、内蒙古陈巴尔虎旗微电网、江苏盐城大丰微电网、青海玉树微电网等一批微电网工程已经投运，目前还有一批微电网工程正在建设中。2023 年 1 月，工业和信息化部等六部门发布了《关于推动能源电子产业发展的指导意见》（工信部联电子〔2022〕

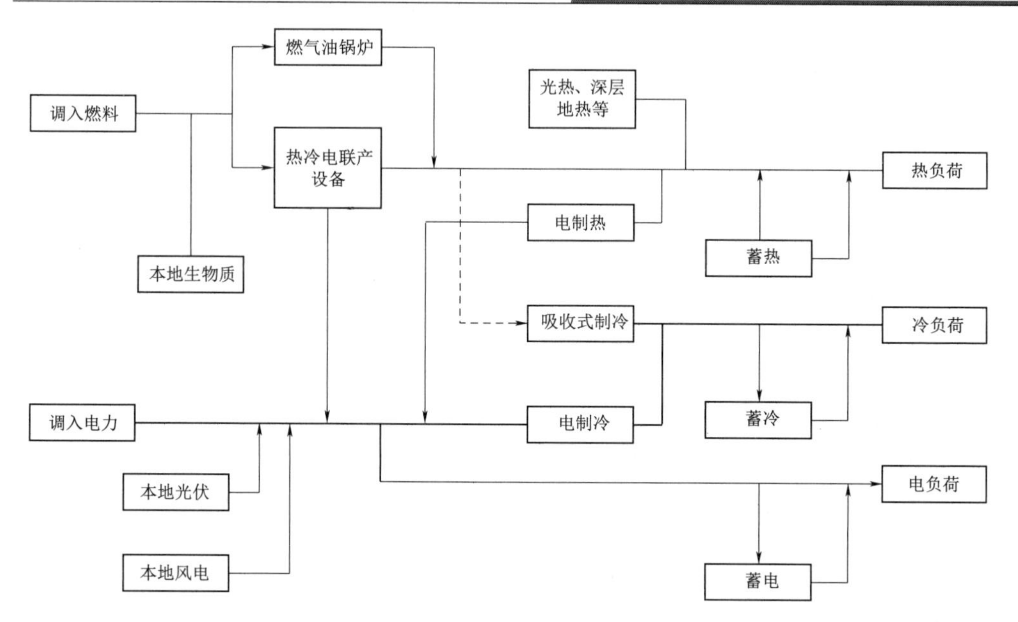

图 7-37 社区能源站典型结构

181 号），指出应探索开展源网荷储一体化、多能互补的智慧能源系统、智能微电网、虚拟电厂建设，开发快速实时微电网协调控制系统和多元用户友好智能供需互动技术，加快适用于智能微电网的光伏产品和储能系统等研发，满足用户个性化用电需求。

在微电网中考虑冷、热供应后，可将微电网转变为微能源网。微能源网可以利用储电/储热等储能设施并通过优化配置来满足当地能源生产和用能负荷的平衡，这样可以根据风能、太阳能以及常规能源的供能特点进行互补达到可再生能源的最大化利用。

#### 7.5.1.2 大型综合能源基地型能源互补发展现状

目前，大型综合能源基地型能源互补工程项目主要集中在我国风能及太阳能丰富的地区，主要分布于我国新疆、青海、内蒙古、宁夏及河北张家口等地区，这些地区以风能和太阳能组成的大型电站为主。随着风电和光伏发电规模的扩大，弃风、弃光现象也越来越严重，为此，需要大力发展多能互补集成应用技术。主要从不同能源形式的功率配置、电力系统运行调度、运行控制策略以及各能源的互补特性方面进行研究。同时，在不同地区依据当地能源条件建设了多个示范工程，如由财政部、科学技术部、国家能源局及国家电网有限公司联合建设的国家风光储输示范项目——“金太阳工程”，一期建设风电 9.85 万 kW、光伏发电 4 万 kW 和储能 2 万 kW，二期建设规模为风电 40 万 kW、光伏 6 万 kW、储能 5 万 kW，是目前世界上规模最大的集风电、光伏发电、储能及输电工程于一体的大型综合能源基地能源互补项目。还有位于青海海西蒙古族藏族自治州格尔木市境内的风光热储多能互补示范项目，总装机容量 70 万 kW，其中风电 40 万 kW、光伏 20 万 kW、光热 5 万 kW、储能 5 万 kW。另外，在青海海南藏族自治州还建设了单体最大的水光风多能互补集成优化示范工程，该工程包括 200 万 kW 风电、416 万 kW 水电、400 万 kW 光伏，三种电源将通过 750kW 汇集站集中送出，实现水光风电协调控制，多能互补后送入电网。

## 7.5.2　风能与太阳能

### 7.5.2.1　概述

风能和太阳能均属于清洁无污染的可再生能源，但是这类能源存在能量密度低、空间上分散以及随着时间变化能量波动较大等问题，如风能随着季节、昼夜的交替性，太阳能随着天气、日照的波动性等，极大地阻碍了风能、太阳能作为一种独立能源的应用。而风光互补可以有效地解决风能和太阳能受季节和天气制约的问题，如在我国季风气候区，冬季风资源全天候较丰富而太阳能辐射强度较小，夏季风资源相对匮乏而太阳能丰富；并且风电机组塔架高度一般较高且机组分散，光伏电池板可以充分利用低空间且布置相对集中，两者的结合可充分利用空间资源，解决各自特定时间段出力不足等问题，还能优化人员配置、降低运行维护成本。

目前，中小规模离网型风光互补发电技术已基本成熟，国内外已有大量文献对其配置优化、运行和控制技术进行了研究并成功应用。而大规模并网型风光互补发电（单机装机容量一般在兆瓦级以上）工程项目还处于研究和示范阶段，大规模并网型风光互补还存在较多技术问题有待解决。

### 7.5.2.2　光伏发电

1. 光伏发电原理

光伏发电系统中，光伏电池是一种利用光电（光生伏特）效应直接将太阳辐射能转换成电能的金属半导体器件。光伏阵列是由光伏电池经过串联和并联组成。

根据所用材料的不同，光伏电池可分为硅光伏电池、多元化合物薄膜光伏电池、聚合物多层修饰电极型光伏电池等，其中硅光伏电池是发展最成熟的，在应用中居主导地位。硅光伏电池由 P 型半导体和 N 型半导体结合而成，N 型半导体中含有较多的空穴，而 P 型半导体中含有较多的电子，经向对方扩散，在 PN 结形成 N→P 的内电场。太阳光照射到光伏电池表面，其吸收具有一定能量的光子，在内部产生处于非平衡状态的电子—空穴；在 PN 结内建电场的作用下，电子（带负电）、空穴（带正电）分别被驱向 N、P 区，从而在 PN 结附近形成与内建电场方向相反的光生电场；光生电场抵消 PN 结内建电场后的多余部分使 P、N 区分别带正、负电，于是产生由 N 区指向 P 区的光生电动势；当外接负载后，则有电流从 P 区流出，经负载从 N 区流入光伏电池，光伏电池发电原理如图 7－38 所示。

硅光伏电池在使用时有三种安排方式，即硅光伏电池单体、硅光伏电池组件和硅光伏电池阵列。硅光伏电池的三种典型安排方式如图 7－39 所示。

由光伏电池组成的光伏阵列供电系统称为光伏发电系统。目前光伏发电系统有三种运行方式：一是将光伏发电系统与常规的电力网连接，即并网连接运行；二是由光伏发电系统独立地向用电负荷供电，即独立运行；三是由风力发电系统与光伏发电系统联合运行。

2. 光伏发电系统

与风力发电系统相似，按照输送方式划分，光伏发电可以分为独立型光伏发电系统、分布式光伏发电系统、并网型光伏发电系统。独立型光伏发电系统和分布式

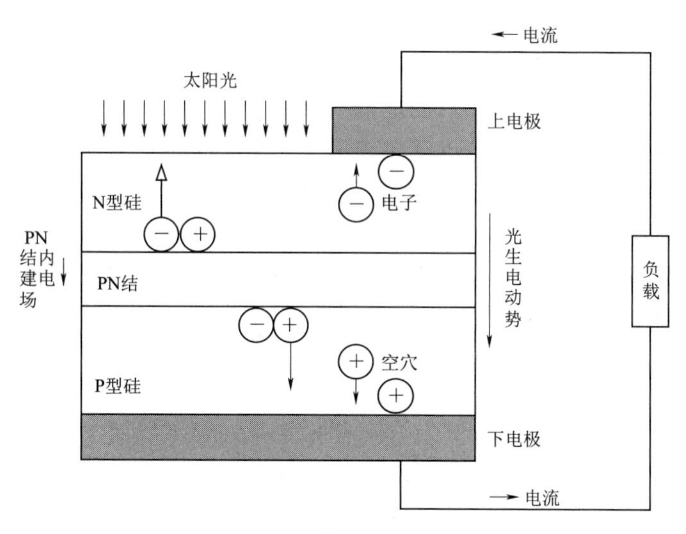


图 7-38 光伏电池发电原理图

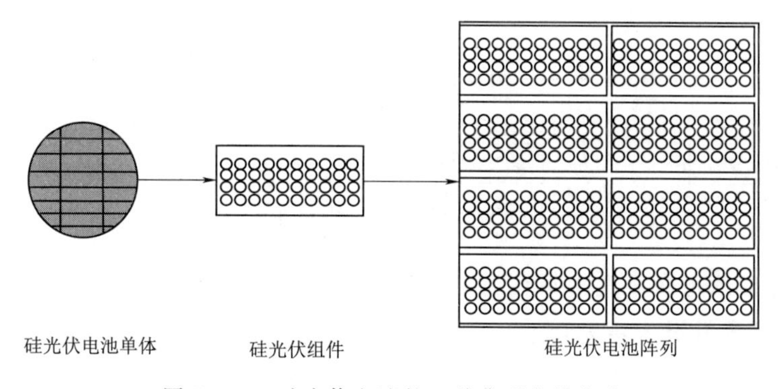


图 7-39 硅光伏电池的三种典型安排方式

光伏发电系统均可称为离网型光伏发电系统。

不论是独立使用还是并网发电，光伏发电系统主要由光伏电池板（组件）、控制器和逆变器三大部分组成，它们主要由电子元器件构成，不涉及机械部件，光伏发电设备没有活动部件，可靠稳定，寿命长且安装维护简便。

### 7.5.2.3 风光互补发电系统

1. 离网型风光互补发电系统

离网型风光互补发电系统主要构成包括风力发电部分、光伏发电部分、储能部分、控制部分、逆变系统、负载等。

风力发电部分利用风电机组将风能转换为电能，再通过控制器对蓄电池充电，经过逆变器对负载供电。

光伏发电部分利用光伏电池板将太阳能转换为电能，通过逆变器将直流电转换为交流电对负载进行供电，或将剩余的电量对蓄电池充电。

储能部分由多块蓄电池组成，在系统中同时起到能量调节和平衡负载两大作用。它将风力发电系统和光伏发电系统输出的电能转化为化学能储存起来，以备供电不足时使用。

控制部分根据日照强度、风力大小及负载的变化，不断对蓄电池组的工作状态进行切换和调节：一方面把调整后的电能直接送往直流或交流负载；另一方面把多余的电能送往蓄电池组存储。发电量不能满足负载需要时，控制器把蓄电池的电量送往负载，保证了整个系统工作的连续性和稳定性。

逆变系统由逆变器（或整流器）组成，把蓄电池中的直流电变成标准的220V交流电，保证负载设备的正常使用。同时还具有自动稳压功能，可改善风光互补发电系统的供电质量。

离网型风光互补发电系统结构如图7-40所示。

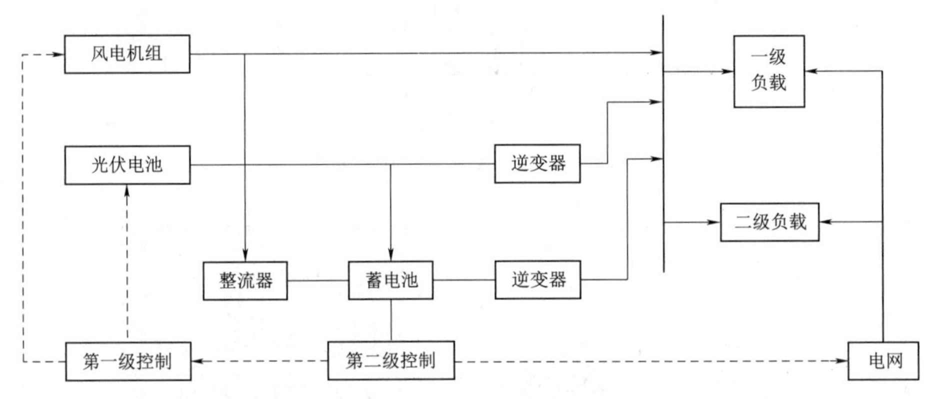


图7-40　离网型风光互补发电系统结构

2. 并网型风光互补发电系统

并网型风光互补发电系统主要由分布式发电系统、储能系统、并网逆变器等几部分组成，分布式发电系统包括风力发电子系统和光伏发电子系统，如图7-41所示。并网型风光互补发电系统设计的原理是将风光互补发电系统发的直流电转换为交流电，通过并网逆变器，转换后的交流电要满足电网标准，且使用时不区分是哪一部分提供的能量。在负荷需求低于并网型风光互补发电系统发电量的情况下，若蓄电池还未满电且荷电状态未到上限，则开始吸收能量，处于充电状态；若蓄电池的荷电状态达到上限时，考虑到蓄电池的寿命和安全性，停止充电。当风光互补系统的发电量不能满足负荷需求时，蓄电池开始释放存储的能量，以补偿所需的负荷差，蓄电池处于放电状态。

### 7.5.3　风能与多种能源互补利用

各类能源形式、能源生产及消费在时间、空间上存在互补性。供能系统可以使用清洁燃料的内燃机驱动、燃气轮机驱动、燃料电池为主要供能系统，也可以使用风能、太阳能、生物质能、热泵等多种能源所组成的联合运行的互补性综合供能系统。这样可以充分地发挥各类能源的特性，最大限度地提高其效率，真正实现节省能源、保护环境的目的。目前包括电力系统、热力系统和燃气系统等在内的能源供应系统，都各自规划、各自建设，出现问题也都是在各自系统内部解决，彼此不协

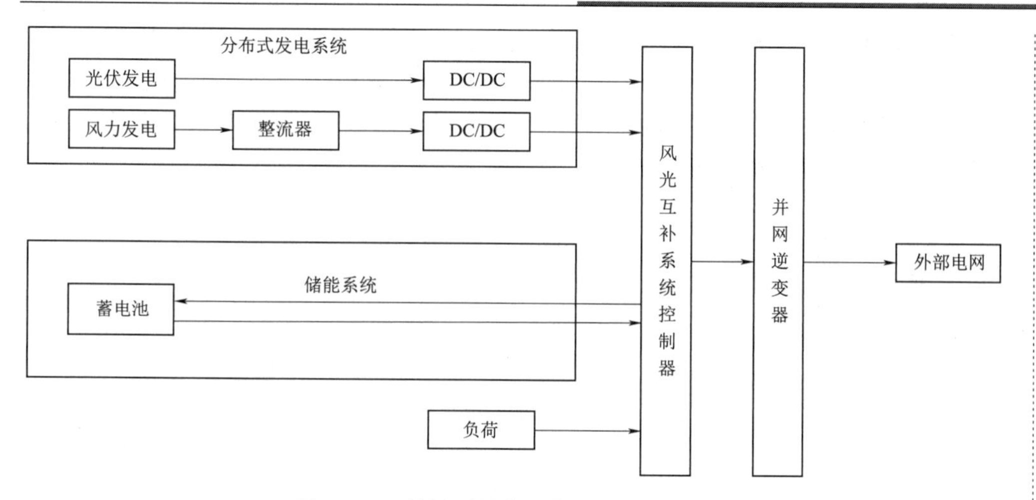


图 7-41 并网型风光互补发电系统结构图

调，这种情况不利于从全社会总能源供应上实现清洁、高效、可靠的目标。社会各部门应进行协调、优化和配合，最终实现社会能源一体化供应的综合能源系统。根据电力和热能的各自特点，电能可以远距离输送，但大量能量储存困难；热能需求是终端能源消耗的最主要部分，热能长距离输送困难，而储存容易。所以将电能、热能以及其他能源联合，实现优势互补性能源系统是可行的。多种能源互补性综合分布式供能系统如图 7-42 所示。

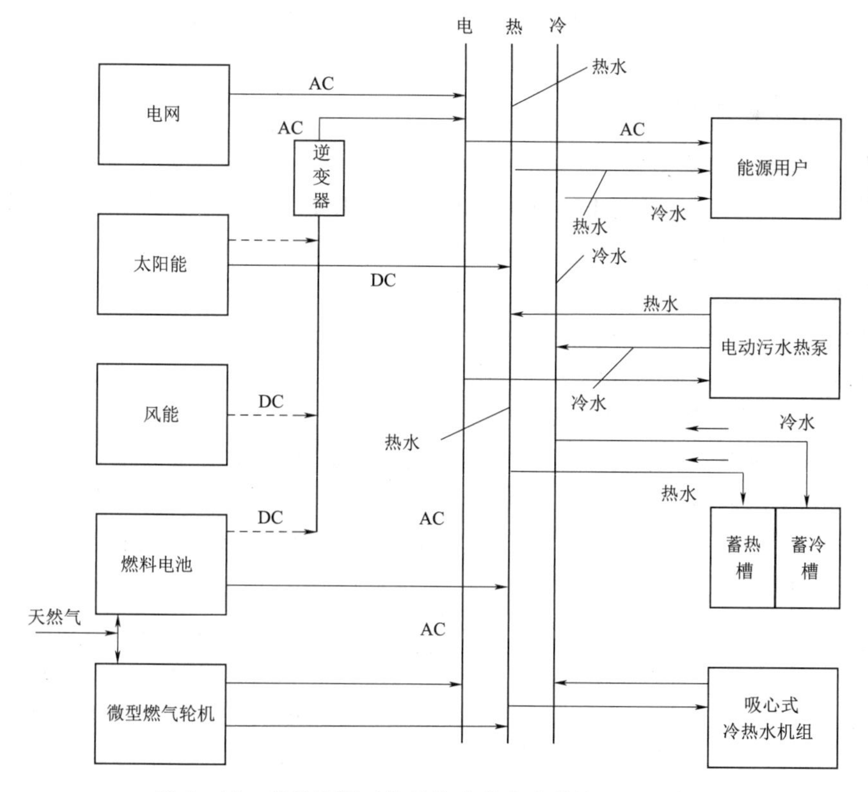


图 7-42 多种能源互补性综合分布式供能系统示意图

如挪威北海的于特西拉岛发电系统，利用风力发电的电力通过电解法制氢，利用氢气燃料电池发电供给居民用电。图7-43中主要设备为600kW的风电机组、500kW的水电解槽、2400$m^2$的储氢罐、10kW的燃料电池、50kW的蓄电池、5kW的调速轮，该系统结构如图7-43所示。

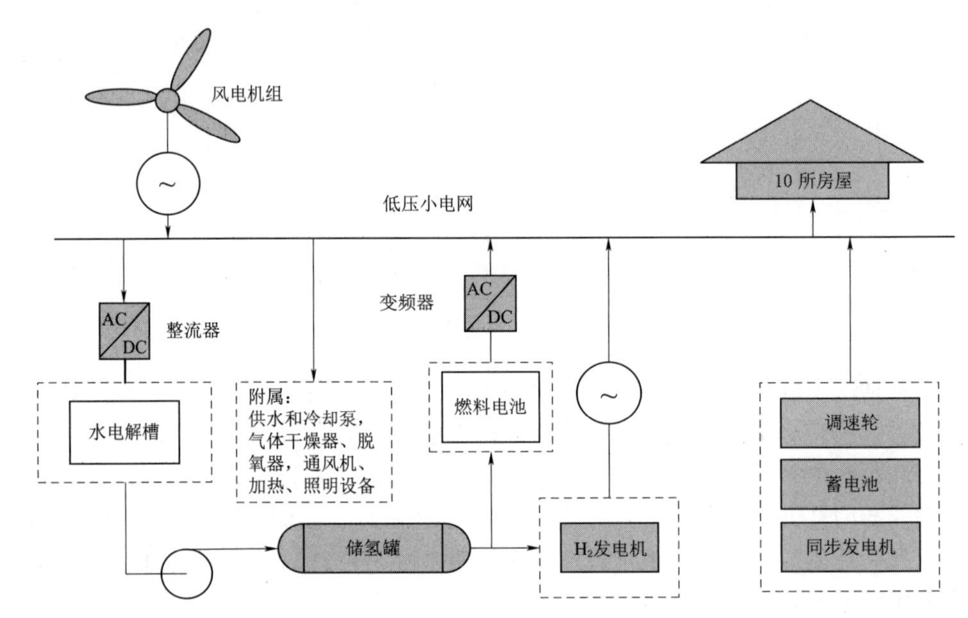


图7-43　挪威北海的于特西拉岛发电系统结构图

## 7.5.4　分布式发电

### 7.5.4.1　风电分布式供能

一般大型风力发电站与电力系统并网，且远离城镇，不适宜作为分布式供能系统的能源点。而远离城镇和电网的偏僻山村、海岛可作为这些地区的分布式供能系统的能源点。

风电分布式供能系统主要形式有：①风电直供分布式供能系统；②风电致热分布式供能系统；③风电制氢分布式供能系统。

1. 风电直供分布式供能系统

风电直供分布式供能系统使风力发的电力经过箱式变压器升压后直接供给用户，用户利用空调器、电热水器等家用电器实现供电、供暖、空调、热水供应等分布式供能。同时该系统还设置了蓄电池装置，以保证设备的安全运行。风电直供分布式供能系统示意如图7-44所示。

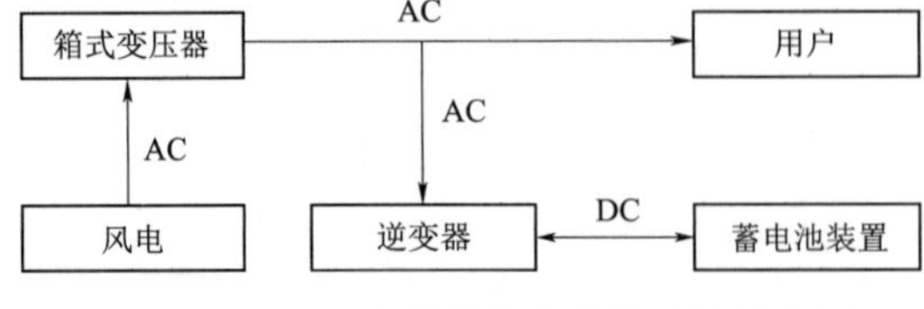


图7-44　风电直供分布式供能系统示意图

2. 风电致热分布式供能系统

风电致热分布式供能系统使风电机组发的电力通过箱式变压器升压之后进入电锅炉，生产热水供给用户，同时多余的热水进入储热

罐。风电致热分布式供能系统如图 7-45 所示。

3. 风电制氢分布式供能系统

风电制氢分布式供能系统使风力发的电力直接进入电解制氢器生产氢气，利用氢气通过燃料电池生产电能、热能供给用户，同时多余的氢气进入储氢罐。风电制氢分布式供能系统如图 7-46 所示。

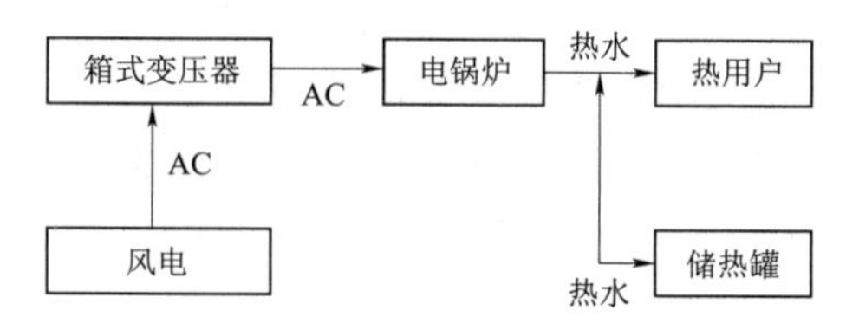


图 7-45 风电致热分布式供能系统示意图

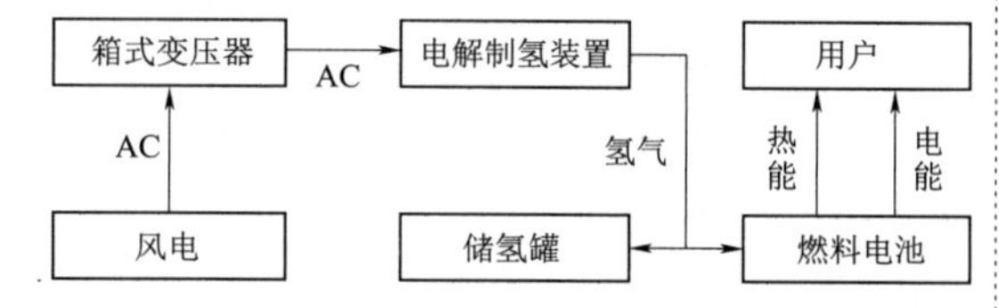


图 7-46 风电制氢分布式供能系统示意图

#### 7.5.4.2 多能互补型分布式发电

现有的新能源发电基本采用升速和稳速的机械装置来克服新能源源头不稳定的问题，效率比较低，投资成本比较大，系统维护量比较大。因此，可以设计一个相对完整的新能源多能互补分布式发电系统，如图 7-47 所示，用太阳能板、海洋能发电机、风电机组和交流发电机将获取的电能通过转换电路获得统一的直流电能，再利用充电电路进入蓄电池中或者直接逆变成稳定标准的交流电能。储存在蓄电池中的电能在用户需要电力时通过逆变器将电池组件中存储的直流电能转换为交流电能，将电能发送给交流负载，或需要时直接对直流负载供电。同时系统的电能互换环节通过电能的能量互换来代替升速和稳速的机械装置的能量互换，即电变换代替了机械变换，将机械的动态能量变换变成了电的静态能量变换，克服了效率比较低、投资成本比较大和系统维护量比较大的问题。风能、太阳能和海洋能互补分布式发电系统是利用多能源的互补性，比单种能源输出稳定，能量的相互补充不仅提高了新能源的转化效率和利用率，同时也保证了供电的可靠性。新能源多能互补分布式发电系统是一种全新、成本效益高的发电系统，具有良好的使用前景。

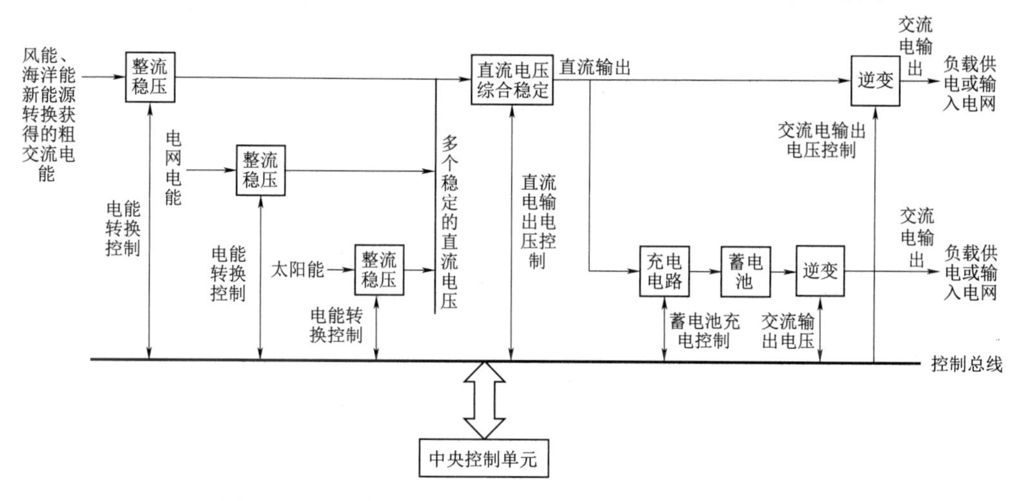


图 7-47 新能源多能互补分布式发电系统总体设计框图

### 7.5.5　微电网

分布式发电具有环保性好、运营成本低、操作灵活性高等优点，但是其数量多而分散，会增加电力系统调度难度，并且其不可控性及随机波动性影响大电网的电压和功率稳定性。鉴于此，2001 年，美国可靠性技术解决方案协会（CERTS）率先提出了微电网的概念。微电网配置在近用户侧，涉及冷/热/电/气多能源载体，包含分布式能源、负荷（电、冷/热）、储能及相应控制、监控、保护装置和能量管理系统，可实现区域内源荷储协调优化的单一可控微型能源系统。目前，最为权威的微电网结构是由美国 CERTS 提出的微电网结构，很多微电网示范工程都以该结构为基础，并根据自身特点来建设本地的微电网。

美国 CERTS 提出的微电网基本结构呈辐射状，包括光伏发电、燃气轮机、燃料电池、馈线和负荷等，如图 7-48 所示。燃气轮机不仅承担供电任务，还向本地热负荷供热，从而保证能源被最大限度地利用。微电网负荷按其重要程度的不同接入到不同的馈线，较敏感的负荷接入到含可再生能源（风电、光伏发电）的馈线 A；可断负荷则接入到不包含任何分布式发电能源（DG）的馈线 B，可由主网供电；可调负荷则接入到含燃气轮机与燃料电池的馈线 C。敏感负荷和可调负荷均采用双电源供电，当微电网母线发生故障时，可断开馈线断路器将故障隔离，馈线上的 DG 可继续给敏感负荷和可调负荷供电，但可断负荷将会失去电能供应。微电网管理器通过信号线同断路器和各 DG 单元连接，通过采集断路器和 DG 单元的信息，并应用优化运行控制策略来调控各 DG 单元，从而实现整个微电网的优化运行。与此同时，微电网还可与主网配合运行，实时为主网提供支持。通过控制公共连接点（PCC）的通断可实现微电网的并网运行和孤岛运行。当主网发生故障时，PCC

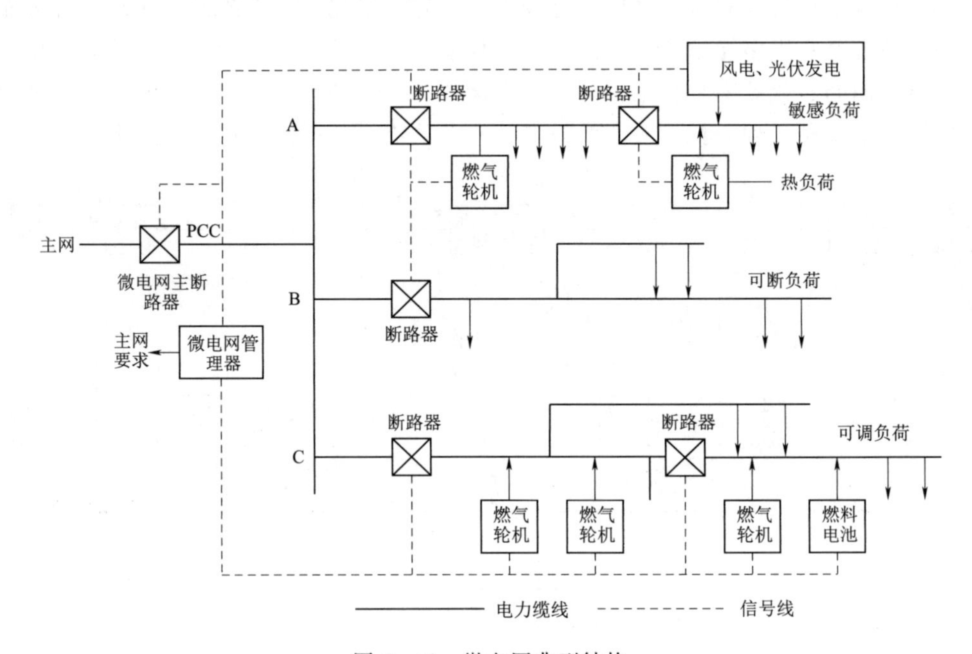


图 7-48　微电网典型结构

断开，微电网进入孤岛运行；当排除主网故障后，PCC 重新闭合，微电网切换为并网运行。由于微电网管理器可对网内各 DG 实施有效地控制，相对于主网表现为一个可控单元，所以微电网并网运行时，只要其各项指标在 PCC 处满足并网标准即可，而网内各 DG 不受并网标准的限制。

相对于大电网，微电网在网络中可以被看作一个可控的单元，它可以在几秒钟内动作，来满足外部输配电网络的需求；对于用户来说，微电网可以满足他们特定的需求，如增加当地供电可靠性，减少馈线损耗和保持局部电压稳定性，并通过余热利用来提高能源利用的效率，提供不间断电源等。微电网通过 PCC 和大电网连接，进行电能的交换，双方可以互为备用电源，从而提高了供电系统的安全性、可靠性和灵活性，是未来的发展方向。

## 7.6 风能储存

### 7.6.1 概论

#### 7.6.1.1 风能储存的重要性

储能即能量存储，是通过某种介质或者设备，将一种能量形式用同一种或者转换成另一种能量形式储存起来，以备在需要时以特定能量形式释放出来的循环过程。储能过程往往同时伴随着能量的传递和形态的转化。

近年来，风能利用率不断提高，风电机组装机容量逐渐增大。但在风能实际开发和利用过程中，由于风资源的波动性、间歇性和不可准确预测性，不具有定量持续供应的特性，导致能源的供应和需求之间往往存在数量、形态和空间上的差异，高品质能源没有得到有效的利用，不能满足工业化大规模连续供能的要求，同时也给电网的消纳应用带来了稳定性和可靠性的难题，从而产生了不可避免的弃光、弃风限电的现象，因此，迫切需要额外的备用容量来实现动态供需平衡以及提供调频调压辅助服务。储能技术在接纳风电、太阳能发电等间歇性新能源中发挥着不可或缺的作用。发展储能技术的重要意义包括削峰填谷、调节能源供给、提高电力电网系统效率、减少建设投资、保证电力电网系统安全等方面。

如在某一供电系统中，风电的发电功率和电力负荷的需求功率是不匹配的，风力发电系统中增加储能设备后，可以在用电低峰期利用储能装置将多余发电量储存起来，待用电高峰期再通过储能装置将电量释放出来，这样可以达到削峰填谷和平衡负载的目的，其工作原理如图 7-49 所示。

#### 7.6.1.2 储能技术分类

储能技术是用于储存能量的技术，在风能发电技术中主要是储存电能。储能技术主要包括：①机械储能，其中包括抽水蓄能、飞轮储能以及压缩空气储能；②热质储能，显热储热、相变储热等；③化学储能，主要是利用各种电池来储存电能，电池包括铅酸电池、锂离子电池、钠硫电池以及液流电池等；④电磁储能，包括超导储能以及超级电容器储能。

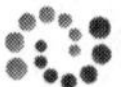

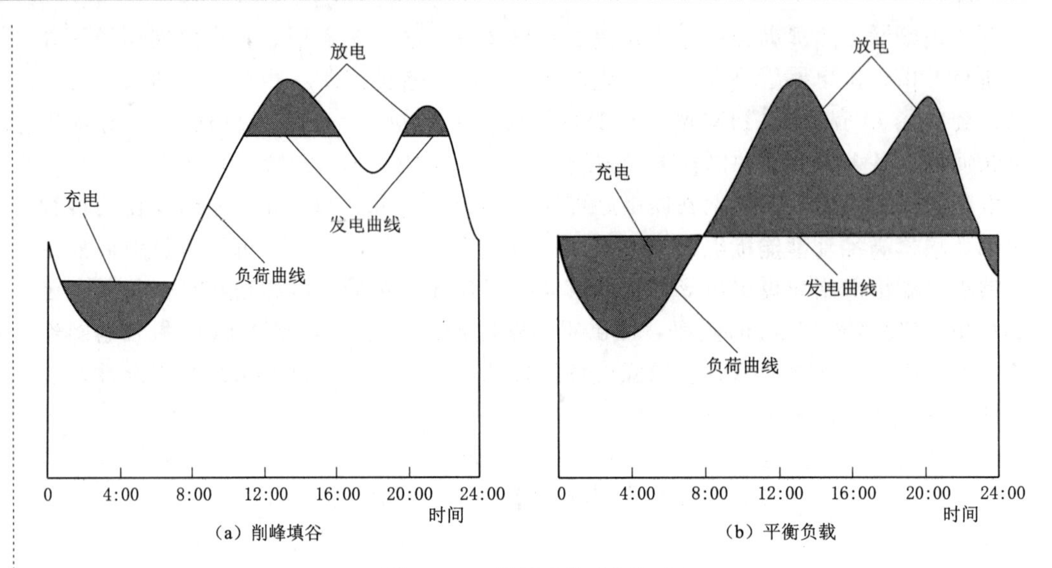


图7-49　储能系统应用原理

## 7.6.2　机械储能

### 7.6.2.1　抽水蓄能

抽水蓄能电站是当前唯一能大规模解决电力系统峰谷困难的途径。抽水蓄能电站通常由上水库、下水库和输水发电系统组成，上下水库之间存在一定的落差，抽水蓄能电站利用电力负荷低谷时系统难以消耗的电能（或者风电）把下水库的水抽到上水库内，以水力势能的形式蓄能；在系统负荷高峰时段，再从上水库放水至下水库进行发电，将水力势能转换为需要的电能，为电网提供高峰电力，其工作原理如图7-50所示。因此，抽水蓄能电站不是真正意义上的发电电源，而是电力系统的能量转换器，其基本流程为“低谷电能→电动机旋转机械能→水泵抽水→水力势能→水轮机旋转机械能→发电机组发电→高峰电能”。

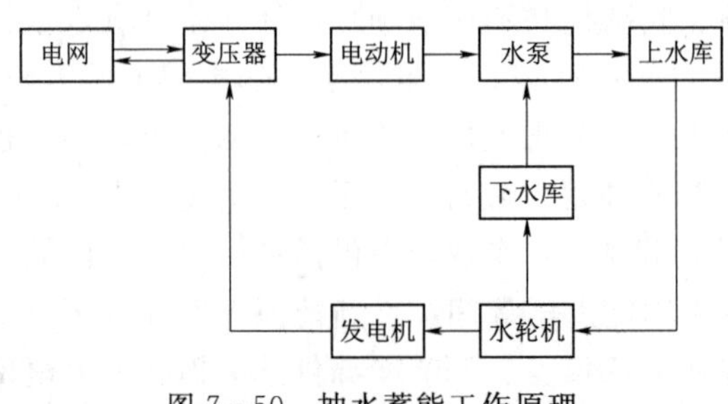


图7-50　抽水蓄能工作原理

抽水蓄能电站具有循环效率高（70%～85%）、额定功率大（10～5000MW）、容量大（500～8000MW·h）、使用寿命长（40～60年）、运行费用低、自放电率低、负荷响应速度快等优点。水泵水轮机和水轮发电电动机组成的二级可逆式机组，极大地减少了土建和设备投资。其缺点主要是电站建设选址受地理资源条件约束，以及涉及相关生态环保问题。例如在站址的选择上需要有水平距离小、上下水库高度差大的地形条件，岩石强度高、防渗性能好的地质条件，以及充足的水源保证发电用水的需求；另外还有上、下水库的库区淹没问题，水质的变化以及库区土壤盐碱化等一系列环保问题需要考虑。

我国抽水蓄能电站建设起步较晚，20 世纪 60 年代末才开始现代抽水蓄能技术的研究工作，于 1968 年和 1973 年先后建成岗南和密云两座小型混合式抽水蓄能电站，装机容量分别为 11MW 和 22MW。20 世纪 90 年代先后建成了广蓄一期（1200MW）、十三陵（800MW）和天荒坪（1800MW）等我国第一批大中型抽水蓄能电站。近年来，我国抽水蓄能电站迎来了建设高潮。“十三五”期间，我国持续快速大幅提高抽水蓄能机组比例，根据国务院《能源发展“十三五”规划》，加快大型抽水蓄能电站建设，新增开工规模 6000 万 kW，2020 年在运规模达到 4000 万 kW。国家发展改革委《关于促进抽水蓄能电站健康有序发展有关问题的意见》提出，到 2025 年全国抽水蓄能电站总装机容量达到约 1 亿 kW，占全国电力总装机的比重达到 4%左右。

基于离网可再生能源系统的抽水蓄能电站具有很好的运行效果，可以有效地取代价格昂贵和有环境污染的蓄电池，能在低负荷的时候很好地吸收多余功率，负荷高峰的时候释放能量，可调整风能、太阳能发电系统输出与负荷之间的平衡。抽水蓄能同风电、光伏发电的联合运行是开发利用可再生能源系统的有效途径，不但提高了可再生能源系统发电的效益，同时实现了平滑风电场和光伏电站的功率输出，具有可观的经济效益和社会效益。这种复合系统已经在国内外得到了应用，比如希腊、加拿大和我国新疆的阿里地区，值得进一步研究和探索，将是未来一种极具有潜力的离网发电模式。

#### 7.6.2.2 飞轮储能

飞轮储能的基本原理是把电能转化成旋转体的动能进行储存。在储能阶段，电机作电动机运行，从系统吸收能量，通过飞轮转子加速，将电能转化为动能。在释能阶段，电机作发电机运行，向系统释放能量，通过飞轮转子减速，将动能转化为电能。飞轮储能结构如图 7-51 所示。

飞轮储能的一个突出优势是功率密度高，可达电池储能的 5～10 倍以上；还有充电时间短，响应速度快，属于分钟级别；寿命较长，当采用新型技术处理轴承后，可使用超过 100000 次循环；能量转化效率高，一般可达 70%～80%；运行过程中无有害物质产生等优点。飞轮储能的主要缺点为自放电率较高，即空载下的能量损失大，每小时超过 2.5%。从技术研发的角度看，一方面将飞轮国产化以降低成本是大势所趋；另一方面寻求新型飞轮材料以提升能量密度或者降低成本是飞轮储能应用推广的关键。

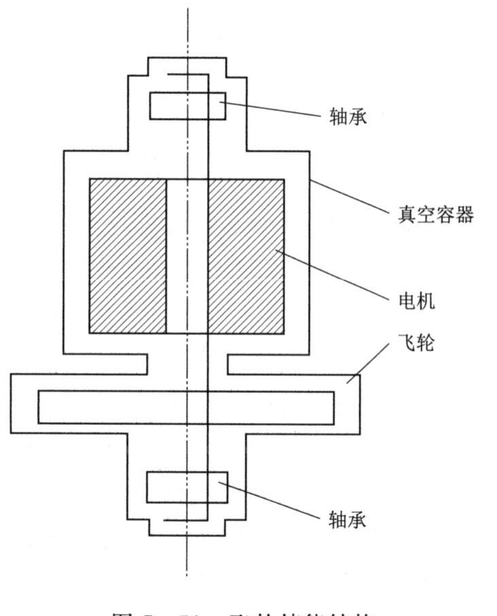

图 7-51 飞轮储能结构

飞轮储能技术的研究主要分为两个方面进行：其一是以接触式机械轴承为代表

的大容量飞轮储能技术，其主要特点是储存动能、释放功率大，一般用于短时大功率放电和电力调峰场合；其二是以磁悬浮轴承为代表的飞轮储能技术，高温超导磁浮轴承的开发和应用解决了传统轴承摩擦力大和高速运行时寿命短的问题，从而加快了高速飞轮储能系统的研究进程。

#### 7.6.2.3 压缩空气储能

压缩空气储能的主要部件一般包括：压气机、燃烧室及换热器、透平、储气装置（地下/地上洞穴或压力容器）、电动机/发电机。它是基于燃气轮机技术发展起来的一种能量存储系统，其工作原理如图7-52所示。传统的压缩空气储能是利用电力系统负荷低谷时的剩余电量（来自热电厂、核电厂或可再生能源电站），由电动机带动压气机，将空气压入密闭大容量储气装置，即将不可储存的电能转化成可储存的压缩空气的气压势能并贮存于储气装置中，当系统发电量不足需要释放能量时，将压缩空气经换热器与油或天然气混合燃烧，导入燃气轮机做功发电，完成空气气压势能到电能的转换，满足系统调峰需要。与传统燃气轮机不同的是，压缩空气储能系统分为储能、释能两个工作工程，压气机与透平不同时工作。当用电低谷时，多余的电力用来驱动压气机，产生高压空气，实现电能存储。当用电高峰时，压缩空气通过燃烧室获得热能，然后进入透平做功，产生电力。由于压缩空气来自储气装置，透平不必消耗功率带动压气机，透平的出力几乎全用于发电。

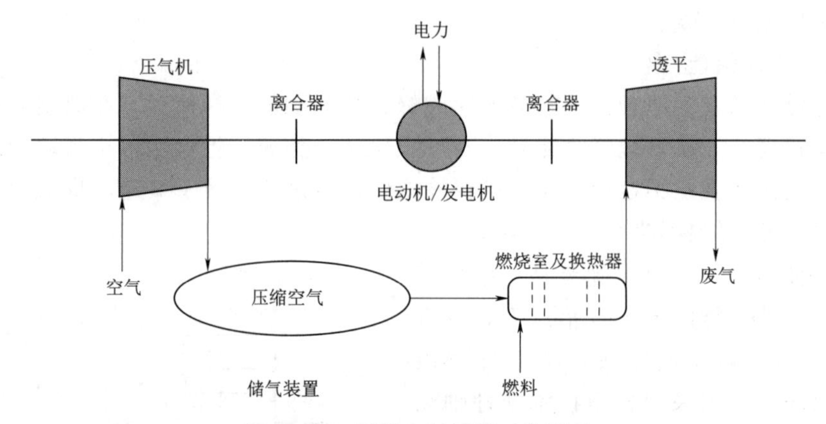


图7-52 压缩空气储能工作原理

传统的压缩空气储能系统均为大型系统，其单机可达100MW级。目前，世界上已有大型压缩空气储能电站投入商业运行。第一座是1978年投入商业运行的德国 Huntorf 290MW×2h 电站（后经改造提升至321MW），该电站从热备用状态到达最大储能量只需要几分钟启动时间。第二座是于1991年投入商业运行的美国亚拉巴马州 McIntosh 110MW×26h 压缩空气储能电站。第三座是位于日本的 Sunagawa，建于1997年，装机容量为35MW×6h。

针对传统的压缩空气储能的不足，近年来各种先进的压缩空气储能技术不断发展，如绝热压缩空气储能、液化空气储能、超临界压缩空气储能、与可再生能源耦合的压缩空气储能等。

尽管我国目前尚未有投入商业运行的压缩空气储能电站，但已经部署力量对新

型压缩空气储能技术开展研究和小型实验验证。2013 年，中国科学院工程热物理研究所建成了其自主研发的国际首套 1.5MW 超临界先进压缩空气储能示范系统，系统效率为 50%～60%。2016 年，中国葛洲坝集团机械船舶有限公司及其控股子公司葛洲坝能源重工有限公司与中国科学院工程热物理研究所、澳能（毕节）工业园发展有限公司等重组成立葛洲坝中科储能技术有限公司，主要研制 1.5MW 压缩空气储能系统以及天然气余压发电机组等产品。2017 年 3 月下旬，中国葛洲坝集团装备工业有限公司联合中国科学院成功研发了 10MW 级超临界先进压缩空气储能系统。目前，样机已进入测试、试运行阶段。中国科学院工程热物理研究所目前已开始 100MW 级先进压缩空气储能系统设计和关键技术研发。

### 7.6.3 热质储能

热质储能大体可分为显热储能、相变储能（潜热、储能）两大类。显热储能通过提高介质的温度实现热存储；相变储能利用材料相变时吸收或放出热量实现能量存储和释放，目前以固—液相变为主。与显热储能相比，相变储能具有较稳定的温度以及较大的能量密度。

#### 7.6.3.1 显热储能

1. 显热储能基本原理

所谓显热，是指物体在加热或冷却过程中，温度升高或降低而不改变其原有相态所需吸收或放出的热量（如水的升温所吸收到的热量就称为显热），当热量加或移去后，会导致物质温度变化，而不发生相变。物质的质量、比热容和温差三者的乘积即为显热。

显热储能技术利用显热储能介质的温度变化来储存热能，即通过温度升高或降低而实现热量的储存或释放的过程，这种蓄能方式由于原理简单、技术成熟、材料来源丰富、成本低廉而广泛应用于可再生能源发电等高温储能场合。但这种储能方式的缺点是在释放能量时，其温度发生连续变化，不能维持在一定的温度下释放所有的能量，无法达到控制温度的目的，此外部分显热储能介质（液体或固体）密度小，从而导致储能装置体积大，因此，为了使储能装置具有较高的容积储热密度，要求储能介质具有较高的比热容和较大的密度。显热储能装置一般由储能介质、容器、保温材料和防护外壳等组成。太阳能热水器的保温水箱是典型的利用水作储能介质的显热储能装置。

2. 显热储能介质

显热储能介质利用物质本身温度的变化过程来进行热量的储存，由于可采用直接接触式储能或者流体本身就是储能介质，因而储、放热过程相对比较简单，是早期应用较多的储能介质。显热储能介质大部分可从自然界直接获得，价廉易得。

由于显热储能是依靠储能介质的温度变化来进行热量储存的，放热过程不能恒温，储能密度小，造成储能设备的体积庞大，储能效率不高，而且与周围环境存在温差时会造成热量损失，热量不能长期储存，因此不适合长时间、大容量储能。

显热储能介质分为液体和固体两种类型，常见的液体介质有水、海水、油类、液态金属等，固体介质有镁砖、混凝土、岩石、鹅卵石、土壤和熔融盐等。其中，水、水蒸气等既可以是储能介质，又可以是传热介质，消除了传热介质与储能介质之间的温差。

#### 7.6.3.2　相变储能

1. 相变储能基本原理

所谓潜热，是指单位质量的物质在等温等压情况下，从一个相变化到另一个相吸收或放出的热量。因物质在吸入或放出热量发生相变时不致引起温度的升高（或降低），这种热量对温度变化只起潜在作用，所以称为潜热，又称为相变潜热。材料的相变潜热值通常比其比热值大得多，甚至超出几个数量级。以水为例：水在固—液相变（1atm，0℃）和液—气相变（1atm，100℃）时的相变潜热分别为 335.2kJ/kg 和 2258.4kJ/kg，而水的比热容仅为约 4.2kJ/(kg・K)。由于相变储能密度高（即潜热大），放热过程温度波动范围小（储热、放热过程温度近似），储能装置简单、体积小、设计灵活、使用方便且易于控制等优点，因此往往成为储能系统的常用形式。

2. 相变材料

根据材料化学组成可分为有机相变材料和无机相变材料。有机相变材料主要有石蜡、脂肪酸和高分子化合物等，其特点是相变热熔大、过冷度小、腐蚀性弱，但高温稳定性差、导热系数小、成本较高。

无机相变材料主要有水合盐、无机盐和金属合金等。水合盐主要是指盐水化合物，是盐（如 MgCl）和水分子（$H_2O$）结合形成的化合物（如 $MgCl \cdot 6H_2O$），其特点是容易相分离、过冷度大等，还可以利用冰相变时的溶解/凝固潜热来储存热量，每 1kg 冰的潜热为 335kJ，约为水的比热容的 80 倍。无机盐一般以盐的熔融态液体呈现，通常说的熔融盐是指无机盐的熔融体，现已扩大到氧化物熔体和熔融有机物。最常见的熔融盐是碱金属或碱土金属与卤化物、硅酸盐、碳酸盐、硝酸盐及磷酸盐等。熔融盐在常温下是固态，但熔化成液态后可利用其显热作为中高温利用领域中的热载体和储能介质，因而也可将液态熔融盐归类为显热储能介质。无机盐特点是相变热熔高、性价比好，但导热系数较低，且大多数盐高温腐蚀性能严重。金属合金的特点是导热系数高、密度大，但高温腐蚀性强、易被氧化、成本高昂。

单一的储能材料往往既有优点，又有缺点，解决这些问题需要采用复合技术，因此通常实际应用的相变材料是由多组分构成的，包括主储热剂、相变温度调节剂、防过冷剂、防相分离剂、相变促进剂等组分。

### 7.6.4　化学储能

化学储能又可分为电化学储能和热化学储能，本书主要介绍电化学储能。电化学储能技术主要是通过化学元素之间的化学反应实现充放电过程的一类储能技术。电化学储能具有安装灵活、响应速度快、能量转换不受卡诺循环限制、适合规模化应用和批量化生产等优点，在为电网提供功率服务和能量服务中可起到重要作用。但同时存在循环寿命有限、成本高、安全性有待提高等缺点，这也是电化学储能技

术需要重点突破的方向。近年来，电化学储能技术在能量转换效率、安全性和经济性方面均取得了重大突破，极具产业化应用前景。

**7.6.4.1 铅酸电池**

传统铅酸电池的电极由铅及其氧化物制成，电解液采用硫酸溶液。在荷电状态下，铅酸电池的正极主要成分为二氧化铅，负极主要成分为铅；放电状态下，正负极的主要成分均为硫酸铅。放电时，正极的二氧化铅与硫酸反应生成硫酸铅和水，负极的铅与硫酸反应生成硫酸铅；充电时，正极的硫酸铅转化为二氧化铅，负极的硫酸铅转化为铅。基本的电池反应为

总反应：$$PbO_2+Pb+2H_2SO_4 \underset{充电}{\overset{放电}{\rightleftharpoons}} 2PbSO_4+2H_2O$$

负极：$$Pb+HSO_4^- \underset{充电}{\overset{放电}{\rightleftharpoons}} PbSO_4+2e^-+H^+$$

正极：$$PbO_2+3H^++HSO_4^-+2e^- \underset{充电}{\overset{放电}{\rightleftharpoons}} PbSO_4+2H_2O$$

铅酸电池的缺点是充放电速度慢，一般需要6～8h，而且能量密度低，过充电容易析气导致寿命下降等，因此，铅酸电池有其适宜的应用场景，如对场地空间要求不高、有较长的充放电时间等，铅酸电池仍然是非常有竞争力的储能技术。对于大容量铅酸电池储能电站，环境温度尤其是温差对电池的一致性具有重要影响。

铅酸电池在电力储能系统也有较多应用，美国加利福尼亚州Chino市于1988年建成当时世界上最大的10MW/40MW·h铅酸电池储能电站。目前，我国铅酸电池产量超过全球电池产量的1/3，成为全球电池的主要生产地，研发生产技术已达到国际先进水平。基于铅酸电池的大容量储能系统也纷纷建成，尤其在用户侧削峰填谷和微电网的应用上，如无锡新加坡工业园区160MW·h铅碳电池储能电站，江苏中能硅业科技发展有限公司12MW·h铅碳电池储能电站，国家风光储输示范电站12MW·h管式胶体铅酸电池储能系统，西藏自治区尼玛县可再生能源局域网工程36MW·h铅碳电池储能系统，西藏羊易光伏电站19.2MW·h铅碳电池储能系统等。

**7.6.4.2 锂离子电池**

锂离子电池是以锂离子为活性离子，充放电时锂离子经过电解液在正负极之间脱嵌，将电能储存在嵌入（或插入）锂的化合物电极中的一种储能技术，是目前能量密度最高的实用二次电池（充电电池）。

锂离子电池主要由正极、负极、电解质以及隔膜4部分组成。目前市场上的锂离子电池正极材料主要有钴酸锂、镍酸锂以及锰酸锂；负极主要是碳材料。

锂离子电池本质上是一个锂离子浓差电池，正负电极由两种不同的锂离子嵌入化合物构成。充电时，锂离子从正极脱嵌经过电解质嵌入负极，此时负极处于富锂态，正极处于贫锂态；放电时则相反，锂离子从负极脱嵌，经过电解质嵌入正极，正极处于富锂态，负极处于贫锂态。锂离子电池工作原理如图7-53所示。

锂离子电池的工作电压与构成电极的锂离子嵌入化合物本身及锂离子的浓度有关。因此，在充放电循环时，锂离子分别在正负极上发生“嵌入—脱嵌”反应，锂

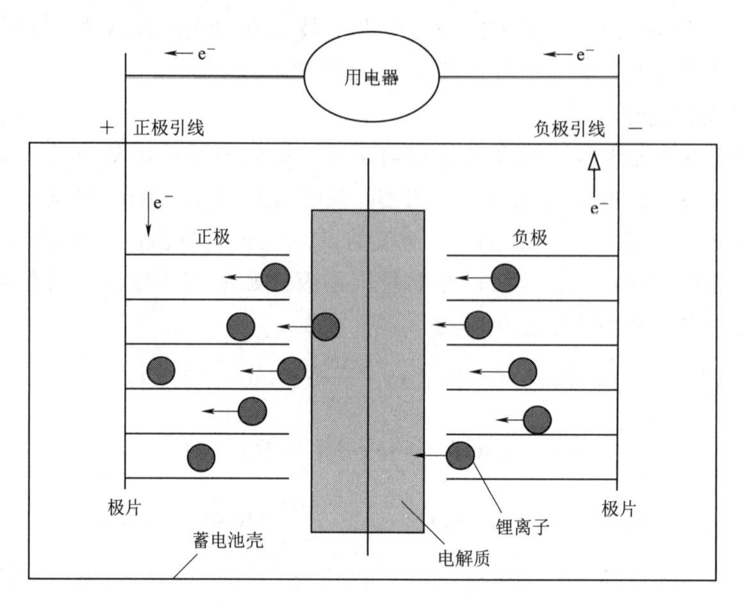


图 7-53　锂离子电池工作原理

离子便在正负极之间来回移动。因此，锂离子电池的实质为一种锂离子浓差电池，依靠锂离子在正负极之间的转移来完成充放电工作。以正极为磷酸铁锂、负极为碳材料的锂离子电池为例，其总化学反应和负极、正极化学反应分别为

总反应：　$LiFePO_4 + 6C \rightleftharpoons Li_{1-x}FePO_4 + Li_xC_6$

负极：　$xLi^+ + xe^- + 6C \rightleftharpoons Li_xC_6$

正极：　$LiFePO_4 \rightleftharpoons Li_{1-x}FePO_4 + xLi^+ + xe^-$

与铅酸电池相比，锂离子电池具有如下优点；①能量密度大，锂离子电池体积能量密度可达 350W·h/L，质量能量密度可达 200W·h/kg，且还在不断提升；②功率密度大，目前三元锂电池质量功率密度已达到 3000W/kg；③无环境污染，锂离子电池不含有镉、铅、汞这类有害物质，是一种洁净的绿色能源；④无记忆效应，可随时反复充、放电使用；⑤重量轻，是镉镍或镍氢电池重量的 60%；⑥转化效率高，锂离子电池充放电效率可达 95%，是十分有效率的电池，安装锂电池的系统效率可达 90%。但是其主要的缺点是价格昂贵，不适合大型的离网系统。

#### 7.6.4.3　钠硫电池

钠硫电池技术首先由福特公司于 1960 年提出。自 20 世纪 80 年代以来，各国都在钠硫电池的研究上做了很多工作。钠硫电池是高温钠系电池的一种，是以金属钠为负极、硫为正极、陶瓷管为电解质兼隔膜的熔融盐二次电池。与大多数传统常温体系电池相比，高温电池具有体积能量密度高、质量功率密度大，同时对环境温度状况不敏感等优点。钠硫电池工艺原理如图 7-54 所示，电池采用加热系统把不导电的固态盐类电解质加热熔融，使电解质呈离子型导体而进入工作状态。固态 β-氧化铝陶瓷管作为固体电解质兼隔膜，只允许带正电荷的钠离子通过并在正极和硫结合形成硫化物。钠硫电池的基本化学反应式为

总反应：$2Na+xS \rightleftharpoons Na_2S_x$

负极：　$S+2e^- \rightleftharpoons S^{2-}$

正极：$2Na \rightleftharpoons 2Na^+ +2e^-$

钠硫电池系统的平均寿命为10～15年。电池在寿命结束时需要更换，只有管理系统可以重复使用。一般的系统效率是75%～85%，响应时间为3～5ms。95%以上的材料可以回收再利用，比较环保，但是钠需要作为危险品处理。

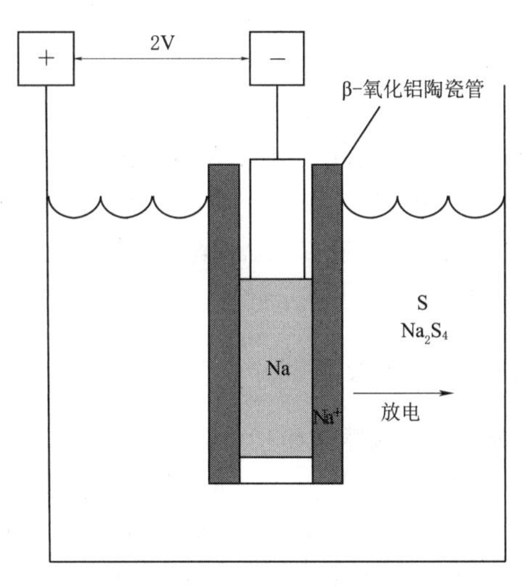


图7-54　钠硫电池工艺原理示意图

#### 7.6.4.4　液流电池

氧化还原液流电池简称液流电池，由美国国家航空航天局（NASA）资助设计，1974年由Thaler L H公开发表。液流电池是一种正、负极活性物质均为液体的电化学电池，其液态活性物质既为电极活性材料，又为电解质溶液，被分别储存在独立的储液罐中，通过外接管路与流体泵使电解质溶液流入电池堆内进行反应。在机械动力作用下，液态活性物质在不同的储液罐与电池堆的闭合回路中循环流动，采用离子交换膜作为电池组的隔膜，电解质溶液平行流过电极表面并发生电化学反应。系统通过双极板收集和传导电流，从而使得储存在溶液中的化学能转换成电能。这个可逆的反应过程使液流电池顺利完成充电、放电和再充电。

目前主要的液流电池研究体系有：多硫化钠/溴体系、全钒体系、锌/溴体系和铁/铬体系。其中，全钒体系发展比较成熟，具备兆瓦级系统生产能力，已建成多个兆瓦级工程示范项目。全钒液流电池结构如图7-55所示。全钒液流电池采用液体溶液电极电对，正极电对为$VO_2^+/VO^{2+}$，负极电对为$V^{3+}/V^{2+}$，电解液为酸性，正负极电解液之间用隔膜隔开，隔膜只允许氢离子通过。

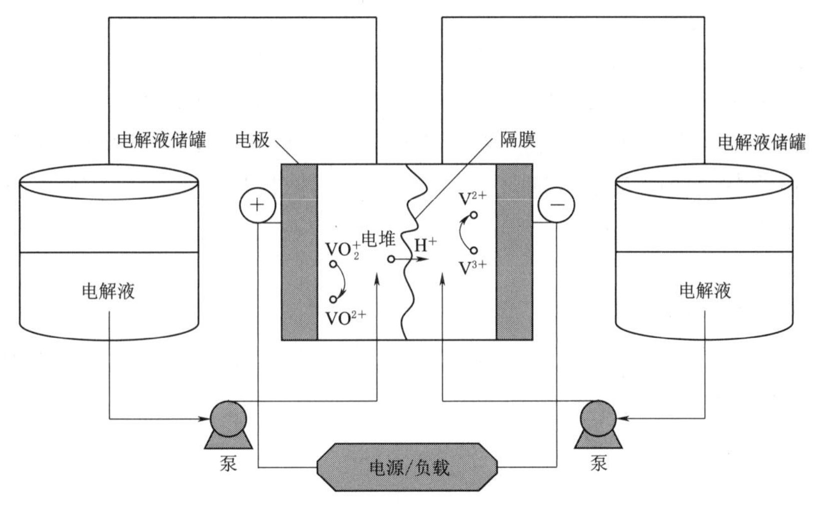


图7-55　全钒液流电池结构

全钒液流电池具有如下优点：在电池反应过程中，钒离子仅发生价态变化，而无相变，且电极材料本身不参与反应，电池寿命长；输出功率取决于电池堆的大小，储能容量取决于电解液储量和浓度，功率和容量独立设计；在常温、常压条件下工作，无潜在的爆炸或着火危险，安全性好等。全钒液流电池的缺点有：能量效率低、能量密度低、运行环境温度窗口窄，而且相对于其他类型的储能系统增加了管道、泵、阀和换热器等辅助部件，使得全钒液流电池更为复杂，从而导致系统可靠性降低。

## 7.6.5 电磁储能

### 7.6.5.1 超导储能

超导储能是指利用超导线圈通过变流器将电网能量以电磁能的形式直接储存起来，需要时再通过变流器将电磁能返回电网或其他负载的一种电力设施。超导储能系统主要由超导线圈、低温冷却系统、磁体保护系统、变流器、变压器和控制系统等部件组成，其中，超导磁储能系统的核心部件是超导线圈，它也是超导磁储能装置中的储能元件，能够将电流以电磁能形式无损耗地储存于线圈中。超导磁储能系统结构如图7-56所示。

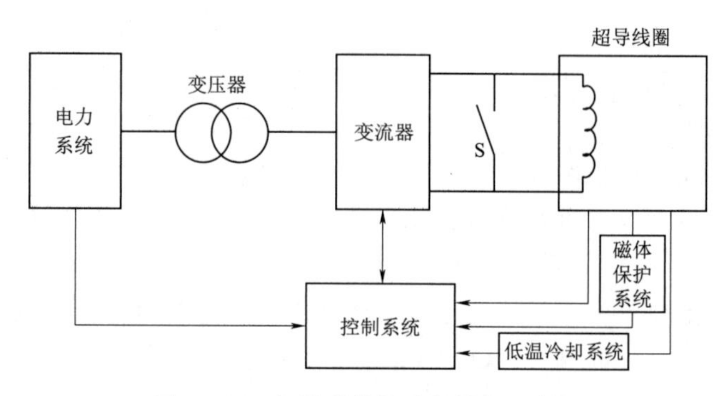


图7-56 超导磁储能系统结构示意图

总的来说，超导储能的优点主要有：①储能装置结构简单，没有旋转机械部件和动密封问题，因此设备寿命较长；②储能密度高，可做成较大功率的系统；③超导储能系统可长期无损耗地储存能量，其转换效率超过90%；④规模大小和系统运作皆可控；⑤超导储能系统可通过采用电力电子器件的变流技术实现与电网的连接，响应速度快（毫秒级）；⑥超导储能系统在建造时不受地点限制，维护简单，污染小。

### 7.6.5.2 超级电容器储能

超级电容器是近年来受到广泛关注的一种新型储能元件，超级电容器的储能原理与电容器相同，其存储能量为

$$E=\frac{1}{2}CU^2 \tag{7-1}$$

式中 $E$——超级电容器所储存的总能量，J；

$C$——超级电容器电容，F；

$U$——超级电容器端电压，V。

通过控制超级电容器端电压，可控制电容器的充放电，其充放电深度 $DOD$ 为

$$DOD=\left(\frac{U}{U_{max}}\right)^2 \tag{7-2}$$

式中 $DOD$——充放电深度，%；

$U$——超级电容器端充放电电压，V；

$U_{max}$——超级电容器最大额定端电压，V。

超级电容器充放电电压一般在最大额定电压的 50%以上变化，因此 $DOD$ 一般在 0.25～1 范围内。

超级电容器按照储能原理可以分为双电层电容器和电化学电容器两大类。双电层电容器的应用最为广泛，它采用高比表面积活性炭作为电极材料，通过炭电极与电解液界面上的电荷分离而产生双电层电容，如图 7-57 所示。对于双电层电容器，一对浸在电解液中的固体电极在外加电场的作用下，在电极表面与电解质接触的界面，电荷会重新分布、排列。作为补偿，带正电的正电极吸引电解液中的负离子，负极吸引电解液中的正离子，从而在电极表面形成紧密的双电层，由此产生的电容称为双电层电容。双电层由相距为原子尺寸的微小距离的两个相反电荷层构成，这两个相对的电荷层就像平板电容器的两个平板一样。能量以电荷的形式存储在电极材料的界面。充电时，电子通过外加电源从正极流向负极，同时，正负离子从溶液体相中分离并分别移动到电极表面，形成双电层；充电结束后，电极上的正负电荷与溶液中的相反电荷离子相吸引而使双电层稳定，在正负极间产生相对稳定的电位差。在放电时，电子通过负载从负极流到正极，在外电路中产生电流，正负离子从电极表面被释放进入溶液体相呈电中性。

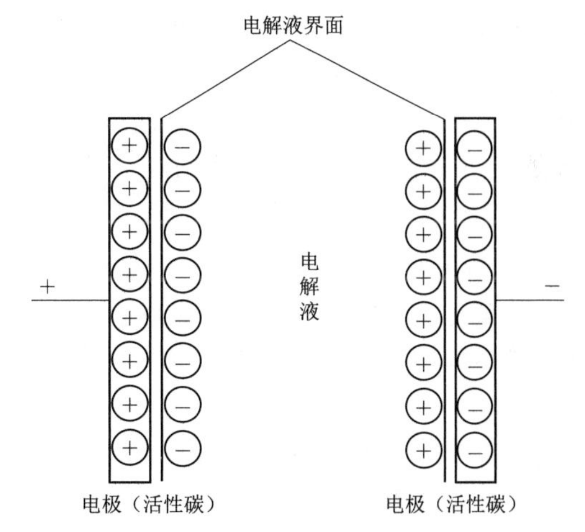


图 7-57　超级电容器系统装置示意图

超级电容器作为一种新型能源器件，其根据电化学双电层理论研制而成。蓄电池和超级电容器的充放电过程截然不同，前者为一个化学反应过程，后者从始至终都是物理过程。超级电容器具有响应速度快、循环使用寿命长、能量转换效率高、功率密度高、绿色环保、安全可靠等优点。随着超级电容器高性能电极及电解液关键材料技术的突破，降低成本的同时，其应用将逐渐广泛。

在超级电容器储能应用方面，2005 年美国加利福尼亚州建造了一台 450kW 超级电容器储能装置，用以减小 950kW 风电机组向电网输送功率的波动。西门子公司 2011 年成功开发出储能量达到 21MJ/1MW 的超级电容器储能系统，安装在德国科隆市地铁750V直流供电网络。美国纽约州Malverne于2013年建设了一座容量为2MW的超级电容器储能电站，主要目的是为当地电力系统提供电压支撑。我国也有一些超级电容器储能系统的应用，如中国国电集团公司于2012年在辽宁锦州和风北镇的风电场项目建设1MW超级电容器储能系统，与锂离子电池和全钒液流电池一起对风电的电源特性进行改善；浙江鹿西岛建有500kW×15s超级电容储能系统，与铅酸电池一起用于并网型微电网的运行管理。

### 7.6.6　其他

还有一些储能新材料、新技术正在研发之中，尽管目前还不能准确判断这些新材料、新技术的可行性及规模化应用前景，但值得持续关注。例如，纳米技术的出现，很可能会颠覆现有一些电池的结构，极大地提高电池的功率密度、能量密度，提高电/热性能的稳定性，并有助于降低成本，在能源和电力系统中发挥更大的作用，如液态金属电池、金属—空气电池、液态空气储能等。

## 思考与习题

1. 风力提水机组的能量转化效率为多少，其中高扬程小流量风力提水机组适用于哪种应用场合？

回答：一般而言，风力提水机组的能量转化效率为20%～50%；高扬程小流量风力提水机组适用于山区或偏远地区的水源供应、农田灌溉、牧场供水、农村生活用水等。

2. 我国现阶段应用的最先进的节水灌溉技术是什么？

回答：滴灌系统及技术。

3. 风力致热的能量转换途径是什么？

回答：风的动能转变为旋转体的动能，再直接转换为旋转体内能，旋转体升温后进一步加热液体介质。

4. 风力磁涡流致热的优势有哪些？

回答：致热效果更可靠，机械系统简单，设备寿命长。

5. 风电机组是如何通过带动致热机致热，进而实现制冷的？

回答：风电机组带动致热机致热，产生的热量用来提供制冷循环中所需要的动力。

6. 风力致热器主要分为哪几类？

回答：两大类，分别是液体搅拌致热器、液体挤压致热器。

7. 风力制氢是如何实现利用弃风电力的？

回答：通过风力制氢技术，将部分弃风能转化为氢气，从而实现能源的有效存储，即将多余的风能转换为氢气进行储存，避免了因电网容纳能力不足而造成的弃风现象。

8. 风力制氢与热电联产相融合时，制氢产生的气体是如何被利用的？

回答：利用风力制氢过程中产生的氧气，为热电联产系统提供氧气供氧，增加燃烧效率。同时，产生的氢气用作燃料，参与燃烧过程，提供额外的热能，减少对传统燃料的需求。

9. 在风力制水和风力海水淡化中，风能是怎样被利用的？

回答：在风力制水和风力海水淡化中，风能一般有两种利用方式：一是可以将风轮与机械器件直接连接为其提供动力，如风力制水中可以将风轮驱动热泵（制冷），风力海水淡化中可以将风轮驱动高压水泵；二是由风电机组发出的电直接驱动制水和海水淡化系统的动力设备。

10. 风力海水淡化工程种通过哪些措施可以应对风能的不稳定性？

回答：为解决风能的不稳定性可以从三方面解决：①选择反渗透海水淡化技术与风能结合，该技术能够满足各种规模的海水淡化需求，可以同时关闭和启动部分反渗透海水淡化单元，提高系统的自适应性，来适应风电的波动性和间歇性；②将风能海水淡化系统进行并网，风电并网后可以为用户提供安全、稳定的电能，有效克服风能波动引起用电的不稳定性；③将风电、储能及海水淡化有机结合以降低风能的不稳定性。

11. 风能与其他能源多能互补集成优化的技术途径有哪些？

回答：一是面向终端用户电、热、冷、气等多种用能需求，因地制宜、统筹开发、互补利用传统能源和新能源，通过天然气冷热电三联供、分布式可再生能源和能源智能微电网等方式，实现多能协同供应和能源综合梯级利用；二是利用大型综合能源基地的风能、太阳能、水能、煤炭、天然气等资源组合优势，建设风光水火储多能互补系统。

12. 风能储存的重要性及技术措施有哪些？

回答：必要性：风能实际开发和利用过程中，由于风资源的波动性、间歇性和不可准确预测性，不具有定量持续供应的特性，导致能源的供应和需求之间往往存在数量、形态和空间上的差异，高品质能源没有得到有效的利用，不能满足工业化大规模连续供能的要求，同时也给电网的消纳应用带来了稳定性和可靠性的难题，从而产生了不可避免的弃光、弃风限电的现象，因此，迫切需要额外的备用容量来实现动态供需平衡以及提供调频调压辅助服务。

风能储存的技术措施：①机械储能，其中包括抽水蓄能、飞轮储能以及压缩空气储能；②热质储能，显热储热、相变储热等；③化学储能，主要是利用各种电池来储存电能，电池包括铅酸电池、锂离子电池、钠硫电池以及液流电池等；④电磁储能，包括超导储能以及超级电容器储能。

## 参考文献

[1] 韩舒淇，李文鑫，陈冲，等. 基于风电制氢与超级电容器混合储能的可控直驱永磁风电机组建模与控制 [J]. 广东电力，2019，32 (5)：1-12.

[2] 何青，沈轶. 风氢耦合储能系统技术发展现状 [J]. 热力发电，2021，50 (8)：9-17.

[3] 姜海凤，侯立安，张林. 空气取水非常规技术及材料、装备研究进展 [J]. 高校化学工程学报，2018，32 (1)：1-7.

[4] 方兴伦. 直联式风力制水机：CN201420360986.9 [P]. 2014-11-05.

[5] 唐仁敏，陈思锦. 保障我国水资源安全 促进海水淡化产业高质量发展——国家发展改革委有关负责同志就《海水淡化利用发展行动计划（2021—2025年）》答记者问 [J]. 中国经贸导刊，2021（18）：17-19.

[6] 袁渭贤，武东生，张雷. 小黑山岛风能淡化苦咸水实验站 [J]. 海洋技术，1993，12（3）：45-51.

[7] 许升超，周福元，黄锋. 漳州非传统水资源开发利用措施探讨 [J]. 福建建筑，2013（2）：109-111.

[8] 杨志峰. 大丰非并网风电淡化海水示范工程设计介绍 [J]. 给水排水，2014（11）：22-24.

[9] 徐岩，黄馗，张祥宇. 风—储—海水淡化直流微网功率协调控制 [J]. 电力系统及其自动化学报，2018，30（3）：17-24.

[10] 董慧. 基于非并网风电的大丰市海水淡化系统设计与运行效能 [D]. 哈尔滨：哈尔滨工业大学，2018.

[11] 谢嘉，桑成松，马勇，等. 新能源供电多能互补发电系统设计 [J]. 南京理工大学学报，2020，44（4）：501-510.